Julius Robert Mayers Kausalbegriff

Seine geschichtliche Stellung, Auswirkung
und Bedeutung

Von

Alwin Mittasch

Berlin
Verlag von Julius Springer
1940

ISBN-13: 978-3-642-94038-5   e-ISBN-13: 978-3-642-94438-3
DOI: 10.1007/978-3-642-94438-3

Vorwort.

Wenn ein Nichtphysiker sich unterfängt, über ROBERT MAYER zu schreiben, so kann sein Vorgehen nur dann auf Billigung und Zustimmung rechnen, wenn es andere als physikalische Gesichtspunkte sind, die ihn dabei leiten. Das ist hier in der Tat der Fall. R. MAYERs *Vermächtnis geht über Physik und Chemie weit hinaus*, indem es auch wesentliche Fragen der *Erkenntnistheorie* betrifft; und der Verfasser meint, daß dieser Teil des Vermächtnisses, der sich vor allem auf die *Kausallehre* bezieht, noch nicht hinreichend zur Entfaltung und Würdigung gelangt ist. Es ist nicht hinreichend bekannt, daß R. MAYER *dem eng mechanistischen Kausalbegriff seiner Zeit einen weiteren und freieren Kausalbegriff dualer Art entgegengestellt* hat, der an die Überlieferung von LEIBNIZ anschließt und der geeignet ist, nicht nur für sämtliche Naturwissenschaften, sondern auch für Psychologie und Geisteswissenschaften als logischer Rahmen zu dienen. *Erhaltungs- und Auslösungskausalität*, konservative und impulsive Tendenzen, entsprechend den komplementären Grundbegriffen *Sein und Werden*, sind nach R. MAYER die Hauptformen, in denen das allgemeine Kausalpostulat als Denkerwartung seine Befriedigung finden kann, von Physik und Chemie über die Biologie bis zu den Kultur- und Sozialwissenschaften.

Bestimmter Mängel seiner Darstellung von R. MAYERs Kausallehre nach Entstehung, Artung und Auswirkung ist sich Verfasser ohne weiteres bewußt. Solche Mängel bestehen unter anderem in der Unvollkommenheit des Quellennachweises der zahlreichen Zitate, die für eine auf Vergleichung, Ausgleichung und Angleichung gerichtete Arbeit wie die vorliegende unerläßlich sind. Ferner möchte sich Verfasser ein Bedauern R. MAYERs zu eigen machen, dahingehend, daß es ihm nicht möglich gewesen ist, ,,mathematische Studien gehörig fortzutreiben, wodurch eine Lücke entstand, die ich oft schmerzlich empfunden habe und empfinde" (M. I. 39). Hier dürfte eine Ergänzung von fachmännisch-physikalischer Seite erwünscht, ja geboten sein.

Andererseits glaubt Verfasser mit der Niederschrift dieser Abhandlung einer Dankbarkeitsverpflichtung ledig geworden zu sein. Eine Vorlesung von WILHELM OSTWALD über ,,Energetik" ist es gewesen, die vor fast 50 Jahren (1894) für ihn den Anstoß gab, von pädagogisch-philosophischer Arbeitsrichtung nach der physikalischen Chemie hinüber zu wechseln. Dann hat durch Jahrzehnte die *Katalyse* im Mittelpunkt seines Wirkens gestanden, und die Katalyse ist es, die späterhin den Blick auf R. MAYER: ,,Auslösungskausalität" gelenkt hat, der MAYER selber die Erscheinung der Katalyse unterordnet. Wird es dann nicht recht und billig sein, wenn der Verfasser am Ende seiner Laufbahn zum Anfang zurückkehrt, indem er dem Genius des Mannes huldigt, auf den er zuerst durch WILHELM OSTWALD mit Nachdruck hingewiesen worden ist! Der Kreis ist geschlossen.

Große Männer sind Organe supramundaner Mächte (nach KEPLER); und große Männer sind wie Berggipfel, nach denen sich der im Tale dahinziehende Wanderer zu orientieren hat. In einer Zeit, da das Deutschtum in hartem Daseinskampfe steht, wird es auch geboten sein, hervorzuheben, daß JULIUS ROBERT MAYER einer der tiefsten wissenschaftlichen Denker ist, die der deutsche Geist der Welt geschenkt hat. —

Herzlicher Dank sei befreundeten Fachgenossen gesagt, welche mir bei der Abfassung der Arbeit behilflich gewesen sind; insbesondere Professor Dr. H. G. GRIMM und Dr. K. KRAZE für bereitwillige Durchsicht und nützliche Hinweise.

Heidelberg, im März 1940.

A. MITTASCH.

Inhaltsverzeichnis.

Einleitung.

Cognoscere causas!

Im Februar 1940 war ein Jahrhundert verflossen, seit JULIUS ROBERT MAYER als junger Arzt die denkwürdige Schiffsreise nach dem fernen Osten antrat, von der er den *Gedanken der "Unzerstörlichkeit der Kraft"* und der Äquivalenz von mechanischer Arbeitsleistung und Wärme heimbringen sollte (1). Der geistige Ertrag jener Reise nach Ostindien, 1840—1841, geht jedoch noch weiter: JULIUS ROBERT MAYER hat — was oftmals übersehen wird — von Surabaya auf Java auch die *Idee eines umfassenden naturwissenschaftlichen Kausalbegriffes* mitgebracht, eines Kausalbegriffes, der geeignet war, die damals bestehende *Vorherrschaft des mechanistischen Kausalbegriffes zu brechen* und als universell gültig an seine Stelle zu treten. Es wird die Mühe lohnen, jenen neuen Kausalbegriff von R. MAYER, der unmittelbar an seine Vorstellung von der Unzerstörlichkeit der Kraft (nach heutigem Ausdruck: "Erhaltung der Energie") (2) anschließt, zum Gegenstand einer eingehenden Betrachtung zu machen und dabei auch Beziehungen zu unseren heutigen Vorstellungen über das Wirken in der Natur zu gewinnen.

A. Allgemeines über das Kausalprinzip und seine Gestaltung in der Wissenschaft.

Jede Kausalitätserörterung begegnet der Schwierigkeit, daß „*Kausalität*" ein Proteusbegriff ist, der die verschiedensten Gestaltungen annehmen kann. Aus biologischen Urgründen hervorquellend und im Alltagsdenken bewährt, hat er *in der Wissenschaft seine höhere Ausgestaltung erfahren*, und mit dieser haben wir es vorwiegend zu tun, wenn wir JULIUS ROBERT MAYERs Kausalbegriff einreihen wollen in die Entwicklung kausalen Denkens überhaupt. Volles Verständnis und rechte Würdigung der Stellung R. MAYERs in der Fortbildung naturwissenschaftlicher Kausalbegriffe können mithin nur gewonnen werden, wenn man sich zuvor über *das Verhältnis naturwissenschaftlicher Kausalbegriffe zum allgemeinen Kausalprinzip*, sowie über den historischen Stand der Dinge bei R. MAYERs Auftreten klargeworden ist.

I. Inhalt und Sinn des allgemeinen Kausalprinzips, von dem die speziellen naturwissenschaftlichen Kausalbegriffe abgeleitet sind.

„Wie soll ich es verstehen, daß, weil
etwas ist, etwas anderes sei." KANT.

1. Formulierungen des Kausalprinzips gemäß dem Satze vom Grunde.

Kausalität ist nach KANT „Voraussetzung der Möglichkeit der Erfahrung", ein Urordnungsbegriff (DRIESCH), die Denkform oder Kategorie „der Veränderung" (WINDELBAND) oder „der Satz vom zureichenden Grunde des Werdens" (SCHOPENHAUER), welcher Antworten auf die Fragen: warum? weshalb? aus welchem Grunde? verlangt (3). Jedes Kausaldenken des Menschen ist eine Anwendung dieses Satzes vom Grunde, d. h. der logischen Setzung: „Nichts ist ohne Grund, warum es sei" (SCHOPENHAUER) auf Erlebnisse. Es handelt sich demgemäß um *die in der psychophysischen Organisation des Menschen begründete und durch regelmäßige Erfahrung und Gewöhnung* (HUME) *gestützte Überzeugung und Denkerwartung:* „Alles was geschieht (anhebt zu sein), setzt etwas voraus, worauf es nach einer Regel folgt" (KANT). Oder: „Wenn ein neuer Zustand eines oder mehrerer realer Objekte eintritt, so muß ihm ein anderer vorhergegangen sein, auf welchen der neue regelmäßig, d. h. allemal, so oft der erstere da ist, folgt. Ein solches *Folgen* heißt ein *Erfolgen*, und der erstere Zustand ist die *Ursache*, der zweite die *Wirkung*. — Jede Veränderung wird durch eine Ursache herbeigeführt, sagt das Gesetz der Kausalität: wo keine Ursache hinzukommt, tritt keine Veränderung ein, sagt das Gesetz der Trägheit. — Jede Veränderung kann nur eintreten dadurch, daß eine andere, nach einer Regel bestimmte, ihr vorhergegangen ist, durch welche sie aber dann als notwendig herbeigeführt auftritt; diese Notwendigkeit ist der Kausalismus" (SCHOPENHAUER). „Die Zustände des Einen sind Gründe (die wirksame Bedingung) für die Veränderung der Zustände des Anderen; die in Beziehung stehenden Elemente müssen fähig des Wirkens und des Leidens sein" (LOTZE). „Es ist eines der bedeutendsten Prinzipien des gesunden Menschenverstandes, daß nichts ohne Ursache oder bestimmenden Grund geschieht" (LEIBNIZ). Wenn A geschieht, *muß* B folgen. Dazu: „Ursache und Wirkung sind ein unteilbares Phänomen" (GOETHE).

„Der Satz des zureichenden Grundes ist nicht wesentlich verschieden von dem Kausalgesetz oder dem Satze: Die Wirkung ist durch die Ursache bestimmt" (MACH). „Jede konkrete Zustandsänderung erfordert einen zureichenden Grund" (TH. GROSS). „Kausalität ist die Anwendung des Satzes vom Grunde auf die zeitliche Veränderung der Erscheinungen ..., demnach jenes Verhältnis zwischen gleichzeitigen oder aufeinanderfolgenden Vorgängen, das uns berechtigt, von dem einen Vorgang auf den anderen zu schließen." Begreifen heißt „den Zusammenhang zweier Erscheinungen in Gedanken in ein Verhalten der logischen Begründung umgestalten" (RIEHL).

Dieses Kausalprinzip hat nach Inhalt und Ursprung die verschiedenartigsten *Formulierungen* erfahren, die jedoch sachlich im allgemeinen auf das Gleiche hinauslaufen. „Kausalität ist die Verknüpfung der Erscheinungen als Ursache und Wirkung", oder „die Tatsache des Wirkens der Dinge aufeinander" (J. REINKE). „Kausalität besagt, daß überall und zu allen Zeiten, insoweit dieselben Umstände wiederkehren, auch derselbe Erfolg wiederkehrt" (FECHNER). „Jede zeitliche Tatsache ist durch eine andere, ihr unmittelbar vorausgehende, eindeutig bestimmt" (FRANKL). Kausalität ist „eine Verknüpfung von Seiendem überhaupt, wonach, wenn eines gesetzt wird, ein anderes notwendig mitgesetzt ist" (E. V. HARTMANN). STUART MILL erblickt im Kausalgesetz die Aussage, „daß ein jedes Ereignis oder der Anfang einer jeden Erscheinung eine Ursache, ein Antezedens haben muß, von dessen Existenz es unveränderlich und unbedingt die Folge ist". Nach HELMHOLTZ (1847) wird der Naturforscher zum Kausaldenken „genötigt und berechtigt durch den Grundsatz, daß jede Veränderung in der Natur eine zureichende Ursache haben müsse". „Die Gesamtsumme des Geschehens in jedem Augenblick ist völlig und eindeutig bestimmt durch die Gesamtsumme des Geschehens im vorigen Augenblick" (RIEZLER).

„Das Prinzip der Kausalität ist nichts anderes als die Voraussetzung der Gesetzlichkeit aller Naturerscheinungen" (HELMHOLTZ) oder (nach PLANCK) „der gesetzliche Zusammenhang im zeitlichen Ablauf der Ereignisse". — Das Kausalpostulat besagt, daß „was gerade augenblicklich in der gesamten Welt vorgeht, die vollständig bestimmende Ursache dessen bildet, was im nächsten Moment geschehen wird". — Es gilt, „an der einen Grundvoraussetzung jeglicher wissenschaftlichen Forschung festzuhalten, daß alles Weltgeschehen unabhängig verläuft von den Menschen und ihren Meßwerkzeugen" (PLANCK). „Die Physik führt jede Qualität auf einen außenweltlichen, angeblich rein quantitativ beschreibbaren, von der Psyche unabhängigen Zustand oder Vorgang zurück" (BUCHHOLZ). „Kausalität ist die Bedingtheit des späteren Seins durch das frühere" (BURKAMP). Nach NERNST besagt das Kausalgesetz „in seiner strengsten (fiktiven) Form" für die Natur, „daß bei gleichartigen Anfangsbedingungen zwei verschiedene Systeme auch einen gleichen Verlauf ihrer Änderungen zeigen". NIELS BOHR ist „mit NEWTON darin einig, daß die eigentliche Grundlage der Wissenschaft in der Überzeugung besteht, daß die Natur unter denselben Bedingungen immer dieselben Gesetzmäßigkeiten aufweist".

Der rein *logische* Charakter der Kausalität prägt sich in einem Satz von LIEBIG aus: „Man sollte doch endlich zur Einsicht kommen, daß man Ursachen auch mit Mikroskopen nicht sehen kann." Das Doppelgesicht der Kausalität — Denkform und Geschehensform, subjektive Ordnungsregel und objektive Naturordnung — deuten folgende Sätze von DRIESCH an: „Kausalität würde vorgefunden, nicht gemacht. — Oft erfinden wir Ursachen, z. B. im Biologischen. — Daß überhaupt Kausalität Erfüllung findet, ist eine ‚glückliche Tatsache' im Sinne LOTZES. — Ding und Kausalität liegen in der empirischen Wirklichkeit."

Über die *Bedeutung des Kausalprinzipes* heißt es: „Das Kausalgesetz — ist ein heuristisches Prinzip, ein Wegweiser ..., den der wissenschaftliche Forscher braucht" (PLANCK). „Die Kategorie der Kausalität ist und bleibt das grundlegende Prinzip aller Naturforschung. — Naturerkenntnis, auch die biologische, kann nur mit der Kategorie der Kausalität (Gesetzlichkeit) errungen werden" (M. HARTMANN). „Das Kausalgesetz ist eine conditio sine qua non jeglicher Naturforschung" (WEINSCHENK). HOCHE spricht von einem „Denkzwang des Kausalitätsbedürfnisses", RICKERT nennt den „Gedanken des kausalen Zusammenhanges aller individuellen Ereignisse ... für die Wirklichkeitswissenschaft unentbehrlich". Nach WUNDT ist Kausalität ein Postulat des Denkens, weil „unser Denken nur Erfahrungen sammeln und ordnen kann, indem es dieselben nach dem Satz vom Grunde verbindet"; Voraussetzung ist eine Wechselwirkung und eine Art Kongruenz zwischen den Objekten und unserem Denken, „ohne welche überhaupt Erkenntnis unmöglich wäre". Jedes Kausaldenken aber steht im Dienste des Lebens mit seinen Aufgaben der Selbsterhaltung und Selbststeigerung.

2. Biologischer Ursprung des kausalen Denkens.

Schon die Tierwelt (und in gewisser Weise auch die Pflanzenwelt) ist nicht nur passiv, sondern auch aktiv in die Naturkausalität gestellt. Bereits der Einzeller benimmt sich wahlhaft kausal zur Erhaltung seines Lebens; in jeder Trieb- und Instinkthandlung höherer Tiere kommt ein teleokausales „Denken des Leibes" zur Geltung, das der Fortführung und Steigerung des Daseins dient. Ist doch Denken „ein auf Gedächtnis-

leistung beruhendes Mittel zum Erreichen von Zielen" (FISCHEL). —
„Kenntnis der Kausalität reicht wohl durch die ganze Tierwelt" (MACH).
„Unsere Denkformen haben sich gebildet in der fortwährenden Auseinandersetzung des Menschen mit der Natur. — Ursachenurteile fällt
schon das Kind und der Wilde, ja selbst das Tier, wenn auch ohne Worte"
[BAVINK (4)]. „Auch die Tiere fällen sinnliche Kausalitätsurteile"
(A. RIEHL). „Sie haben recht: Kausalität wurzelt nicht nur in unserer
Organisation, sondern sie ist ein Stück derselben. — Der Kausalbegriff
ist der Anlage nach vor jeder Erfahrung" (FR. A. LANGE, in einem Briefe
an A. DOHRN). „Das wollende Ich setzt und findet in seinem unmittelbaren Erleben sich selbst als wirkend, um dann, zugleich veranlaßt
durch die äußere Erfahrung, das Kausalverhältnis ... auch in dieser
zu setzen" (EISLER). „Kausalität gründet sich auf die Anschauungs-
tatsache des Wirkens und Leidens; daran erst knüpft sich die Erwartungs-
spannung" (SCHELER).

So gesehen ist *Kausaldenken eine Teilgestalt kausalen Benehmens in
der Welt,* das schon die Tiernatur beherrscht und das im Menschen höhere
und höchste Stufen erreicht. Alles *Nachdenken* über Grund und Folge,
Ursache und Wirkung steht im Dienste kausalen (teleokausalen) *Handelns,*
indem es — auf oftmals recht beschwerlichem, schließlich aber doch
sicherem Wege — die Mittel zu zwecktätigem Bewirken und zur Beherrschung der Natur liefert. Wie jedes andere Geschöpf, so lebt auch
der Mensch im Kausalzusammenhang der Welt und muß sich demgemäß betätigen. Kausalität beginnt nicht im Denken, sondern im
Handeln und Wirken des Menschen, und geht von dort erst auf das
Denken über. *Der Mensch erlebt zuerst Kausalität, und dann denkt er
darüber nach;* oder: Nur darum kann der Mensch kausal denken, weil
er selber im Kausalgetriebe der Natur steht. „Wir suchen Ursachen in
der Natur, weil wir selbst Ursachen in ihr sind, wenn wir auch nicht
wissen wie" (A. RIEHL).

Auch die höchsten Formen menschlichen Kausaldenkens haben
Beziehung zur *Beherrschung der Naturordnung,* indem sie die *Schaffung
menschlicher Werte in der Natur* ermöglichen und erleichtern. Zugleich
aber entwickelt sich im Kausaldenken immer mehr die Freude am reinen
Erkennen, die Lust am Logos.

3. Übergang vom aktiv-personalen zum sachlichen und zum neutral-verbalen Kausalbegriff (Bewirken, Ur-Sache, Geschehensfolge).

Es ist schon wiederholt betont worden, daß *primitiver menschlicher
Kausalbegriff einen durchaus „personalen" Charakter aufweist.* „Ursache
und Wirkung geht zurück auf den Begriff Tun und Täter" (NIETZSCHE).
„Richtig ist, daß der Vorgang des Wollens das Bild ist, durch welches
sich das natürliche Denken die in der äußeren Natur stattfindenden

Wirkungen zu veranschaulichen sucht" (KOENIG). Willen und Gefühl beeindruckende Erfahrungserlebnisse (Erwirknisse und Erleidnisse) bilden den Ausgangspunkt allen kausalen Denkens. Schon D'ALEMBERT hat den Ansatzpunkt der Kausalität in der Einwirkung des Willens auf die Bewegung des Leibes gesehen. Nach SPENCER ist die *Widerstands-empfindung* der „Grundstoff für die Vorstellung" von äußeren Objekten und den Wirkungen, die davon ausgehen (terme de resistance nach MAINE DE BIRAN). Es handelt sich um eine analogiehafte Übertragung „des Verhältnisses zwischen Wollen und Handlung" (ADOLF WAGNER). „Die Urkategorie der Persönlichkeit liefert die Begriffe Kraft, Kausalität, Finalität; der persönliche Urheber war vor der Ursache da" (MÜLLER-FREIENFELS).

Die psychische Haltung des Frühmenschen und Naturmenschen, hervortretend in Animismus und Fetischismus, zeigt, daß *auffallende* und die eigene Person stark in Mitleidenschaft ziehende Naturvorgänge dazu führen, das eigene Tun gewissermaßen in die Außenwelt analogisch zu transponieren und projizieren. Demgemäß werden allenthalben persönliche gute oder böse Geister, Dämonen und Götter für erlebtes Naturgeschehen, vor allem für solches ungewöhnlicher und das Gemüts-leben erregender Art, verantwortlich gemacht; die Naturkausalität erscheint als Dämonenzauber und göttliches Wunder: animistische Kausalität; magisches Wirken und Bewirktwerden.

„Ehedem war alles Geistererscheinung. — Der erste Mensch war der erste Geisterseher" (NOVALIS). „Der Mensch sieht früher das Wunderbare und Seltsame als das Wahre und Schlichte. Der Animismus, die Beseelung auch der unbelebten Dinge durch Willenskraft ... ist das früheste System der Naturphilosophie. — Der wilden Metaphysik gelten für Ursachen nur wollende Wesen, nur Willensäußerungen für Wirkungen. — Der Wilde apperzipiert durch den Begriff des Willens, der Naturforscher durch den der Kraft" (RIEHL). „Alle Begriffe der Wissenschaft sind abgeblaßte Bilder, rational plattgewalzte Mythen und Anthropomorphismen, die ihren Ur-sprung zwar verdecken, aber nicht verleugnen können" (KRIECK).

Wesentlich gefühlbestimmtes magisches und mythisches Denken bildet den Ausgangspunkt sowohl für die höhere religiöse Entwicklung, wie für die Gestaltung von Recht und Sitte, und schließlich auch für das allmählich aufkeimende *wissenschaftliche Denken.* „Im magischen Weltbild hat die Kausalität ihren eigentlichen Sitz und Ursprung, damit im Anthropomorphismus, im Willen" [KRIECK (5)].

Der personale Kausalbegriff des Wirkens geht allmählich in einen substantivisch-sachlichen über, und dann erst kommt das Wort „Ur-sache" zu seinem vollen Rechte (6). Bezeichnenderweise besitzt im Deutschen das Wort „Sache" (bald auch „Ur-Sache") im Anfange vor-wiegend eine *juristische Bedeutung* als Rechtsangelegenheit, die die Ge-müter der Gemeinschaft beschäftigt (7). So erfährt der *dingliche Ursach-begriff*, der (neben dem personalen) vor allem in mittelalterlicher Scho-lastik Triumphe feiert (8), eine wesentliche Stärkung auch von juristischer Seite: das Verbrechen als „Ursache", die „Strafe als notwendige Folge" (Rechtsfolge). „Der ursprüngliche Begriff der Ursache war ein rein dinglicher, der eines Dinges" (BÜTSCHLI). „Der Sprachgeist verbindet den Kausalbegriff immer mit einem Ding- (Substanz-) Begriffe" (A. KOENIG) So galt schon in der griechischen Philosophie vielfach die Seele als Ursache der Bewegung, als Urgrund allen Geschehens. Die Ursache herrscht und setzt in Tätigkeit, sie ist „schuld" an der Wirkung.

Im ganzen vollzieht sich die Verschiebung des Kausalbegriffs vom Tun und vom Täter, also *vom Urheber zur dinglich gedachten Ur-Sache* mit einer Art logischer Notwendigkeit. Der Verstand knüpft mit Vorliebe seine sämtlichen kausalen Feststellungen über Begebenheiten an den ebenso denknotwendigen *Dingbegriff,* und man darf ihn gewähren lassen, solange eine schädliche vollkommene „Hypostasierung" der Begriffe (z. B. Kraft, Faktor, Potenz) vermieden wird, die auf ontologische Irrwege führt. „Man soll nicht Ursache und Wirkung fehlerhaft verdinglichen" (NIETZSCHE).

Erst in der Neuzeit (von GALILEI ab) bemerken wir eine Art *Rückkehr zum aktiven Kausalbegriff* frühester Zeiten, nur daß jetzt nicht mehr der Täter mit seinem erlebten persönlichen Tun, sondern das beobachtete und vom Täter gedanklich losgelöste natürliche *Geschehen* als Ur-lauf oder Ur-gang den Ausgangspunkt bildet; das Vor-sich-Gehen, der Vorgangs-Sachverhalt, als eine vom Subjekt unabhängige, objektive und mit den Sinnen wahrnehmbare Veränderung in der Natur steht im Vordergrund, so daß „*Ursache*" und „*Wirkung*" *primär durchweg Geschehnisse und „Abläufe"* sind. „Die Ereignisse sind es, die die Ereignisse bestimmen" (NIETZSCHE).

„Der Begriff der notwendigen Verknüpfung von Ursache und Wirkung muß durch den Begriff der unmittelbaren und regelmäßigen oder gleichförmigen Aufeinanderfolge ersetzt werden" (HUME). „Der Begriff der Ursache enthält eine Regel, nach der aus einem Zustande ein anderer notwendig folgt." „Die Möglichkeit eines Dinges überhaupt, als einer Ursache, sehe ich gar nicht ein" (KANT). Nach SCHOPENHAUER „steht das Gesetz der Kausalität in ausschließlicher Beziehung auf Veränderungen und hat es stets nur mit diesen zu tun. — Dies ist die Kette der Kausalität: sie ist notwendig anfangslos. — Es hat gar keinen Sinn zu sagen, ein Objekt sei Ursache eines anderen. — Nur auf *Zustände* bezieht sich die *Veränderung* und die *Kausalität*" (SCHOPENHAUER). (Siehe auch die Kausaldefinition S. 2.) „Jedes Geschehen steht mit einem anderen Geschehen in einem unabänderlichen Zusammenhang" (WUNDT). „Kausalität sagt, daß jedes Werden durch anderes Werden zu und in seinem Werden bestimmt ist. Daß *Werden* mit *Werden* verknüpft wird, ist stets für den Kausalitätsbegriff von grundlegender Bedeutung. Kausalität gibt es im Rahmen des Werdens." Der Forscher will Ordnung nicht nur im Zuständlichen, sondern auch im Werden finden: Abhängigkeiten im Strome des Werdens, „Werdefolge-Verknüpfung" (H. DRIESCH).

So führt jede *wissenschaftliche Kausalverknüpfung* auf ein konkret „*historisches*" *Verfahren* zurück; und auch den abstrakten Verallgemeinerungen und logischen Zusammenziehungen müssen schließlich historische Sätze von der Art zugrunde liegen: Weil a geschah, ist b eingetreten, oder: weil a jetzt stattfindet, wird b sicher folgen. („Zurückführung" oder aber „Voranführung" = Verknüpfung eines Früheren mit einem Späteren unter dem Gesichtspunkte der Notwendigkeit.) „Die Naturwissenschaft beschäftigt sich mit dem, was geschieht, und nicht mit dem, was ist" (DIRAC). „Die Ursache muß angefangen haben zu handeln" (KANT). So ist „Ursache" primär ein verbaler Vollziehungsbegriff und wird erst sekundär zum substantivischen Gegenstandsbegriff.

Hat sich geschichtlich im großen und ganzen eine Bewegung vom aktiv-personalen über den sachlich-substantivischen zum neutral-verbalen Kausalbegriff vollzogen, so wirft doch *das exakt-naturwissenschaftliche Denken den sachlich-substantivischen (und adjektivischen) Kausalbegriff nicht über Bord*; vielmehr läßt sie ihn als sekundär gewonnenes Verallgemeinerungs- und Abstraktionsprodukt weiter bestehen. „Alle Kausalbeziehung ist auf Dinge fundiert und an Dingverhältnisse gebunden" (SCHELER). Jede *substantivische* und jede *funktionale* Kausalität ist aber immer ein logisches „Destillationsprodukt"; *primär gegeben ist die verbale Kausalbeziehung* des Einzelgeschehens, und an dieses müssen zunächst auch alle höheren Kausalbegriffe — bis zum Erhaltungsprinzip — angelegt werden, wenn eine „Reproduktion" und eine Verwertung der Begebnisse im Denken beabsichtigt ist. „Kausalität ist Gemeinschaft der Funktion mit der Succession der Dinge" (RIEZLER).

„Echte Kausalität bezeichnet das ‚weil' im Strome des Geschehens, und sie geht stets auf die einzelnen Vorgänge im Rahmen der empirischen Wirklichkeit, also, wenn wir vom innerseelischen Geschehen absehen, der Natur. Aller Inhalt alles wahrhaft Naturgegebenen liegt im Einzelnen" (DRIESCH). „Am Anfang und am Ende aller Naturwissenschaft steht das Individuelle in der Welt" (ALOYS MÜLLER). „Das unmittelbar Erlebte muß Ausgangspunkt von allem sein" (CARNAP).

Da immer nur das Frühere Ursache des Späteren sein kann, ergibt sich ein „Einbahncharakter" der Kausalität (BURKAMP). „Das echte Kausalverhältnis ist ebensowenig reziprok wie die Relation Vater-Sohn reziprok ist" (DRIESCH). Von zwei Tatsachen her empfängt konkrete Naturkausalität ihr Gepräge einer nichtumkehrbaren Relation, eines einsinnigen Verlaufes. Sie nimmt zunächst teil an der Nichtumkehrbarkeit der Zeit, und sie wird weiter bestimmt durch das *Prinzip der Dissipation* (Zerstreuung) der Energie, der sich im organismischen Leben die in gewisser Weise entgegengesetzt gerichtete Entwicklungs- und Entfaltungstendenz zugesellt. Zu konkreter Kausalität gehört der „Zeitpfeil".

Die logischen Formen — und zugleich Entwicklungsstufen — des Kausalbegriffes werden durch folgende sprachliche Formen wiedergegeben:

a) Aktiv-personale Kausalität: Er oder es tut, handelt, wirkt, bewirkt.

b) Sachliche Kausalität: Eine Sache ist Ur-Sache, Voraussetzung, notwendige Bedingung einer anderen Sache.

c) Neutral-verbale Kausalität: Ein vorangehendes Ereignis hat ein neues Begebnis notwendig zur Folge; Geschehen führt zwingend zu neuem Geschehen.

Ganz allgemein fragt man in der Wissenschaft nicht nur nach Ursachen von *Ereignissen* (verbal), sondern auch nach Ursachen begrifflich festgelegter *Sachverhalte*, also z. B. nach den physikalischen Ursachen des permanenten erdmagnetischen Feldes (s. M.I. 354), oder nach der Ursache chemischer Affinität, oder nach den Ursachen nicht nur bestimmter Erkrankungen, sondern auch der verschiedensten Krankheiten. Schwerkraft, Licht, Seele, Geist, Wille werden als Wirkursachen bezeichnet. Man sucht weiter nach den Ursachen der Variabilität von Kulturpflanzen, der Formenkonstanz, der biologischen Entwicklung und Anpassung. ,,Die Addition von Chromosomen nichtverwandter Arten oder Gattungen ist uns heute als Ursache der Entstehung neuer Arten aus vielen Fällen bekannt'' (E. Schiemann) usw.

Je nachdem der *konkrete* (primäre, ,,geschichtliche'') oder der *abstrakte* (sekundäre, rein begriffliche) Kausalismus in den Mittelpunkt gestellt wird, ergeben sich verschiedene Stellungen zum Kausalbegriff. Nach Wundt muß die Ursache immer ein *Ereignis* sein; er preist Hume, ,,daß er die Auffassung der Ursache als einer Sache beseitigte''. G. Heim dagegen erklärt es als verfehlt zu fordern, daß Ursache und Wirkung immer ein Ereignis sein müßten: ,,Nach der Lehre der Physik sind es nur Dinge (Gewichte, Spiralen, Magnete usw.) und nicht Ereignisse, welche Arbeiten, Wirkungen hervorbringen.'' Beim Stoß z. B. ,,bleibt nur der den Stoß ausübende Arm samt Stab als Ursache übrig'' (s. auch S. 122).

4. Induktiv-deduktiver Weg des kausalen Denkens der neueren Naturwissenschaft, ausgehend von dem neutralverbalen Ursachbegriff notwendiger Geschehensfolge.

Von experimenteller *Beobachtung*, sowie auch — als ganz neuem Moment — von zielbewußter *Messung im Experiment* ihren Anfang nehmend, gestaltet die neuere Naturwissenschaft das Material der primären verbalen Kausalismen in logischem Denken, in begrifflicher Bearbeitung weitgehend um. Den Ausgangspunkt bildet durchweg das ,,*Geschehen*'' der Sinneswahrnehmung; von hier schreitet das Denken vorwärts, mit zunehmender Abstraktion am Leitfaden induktiver und deduktiver Methoden, bis dahin, wo im mathematisch formulierten Gesetz die Vernunft sich schließlich zufrieden gibt. Die Verkettung und Verfilzung der Naturvorgänge ist so ungeheuerlich, daß man nur durch begriffliche Vergewaltigung, Verallgemeinerung und Abstraktion zu Kausalgesetzen kommt. ,,Erklären heißt die Fülle des Wirklichen *vereinfachend* ordnen, das Neue auf ein schon Bekanntes zurückführen'' (E. May). ,,Begriffe sind gekonnte Griffe, in denen man den Dingen handhabend bzw. sichtend beikommt'' (H. Lipps).

Als ein prägnantes *Einzelbeispiel* für fortschreitendes Kausaldenken wählen wir Galileis Studium des freien Falles. Rein schematisch läßt sich hier die *Stufenfolge verallgemeinernden und abstrahierenden Kausaldenkens* folgendermaßen darstellen.

a) Konkreter Einzelvorgang: „Dieser Stein ist auf die Erde gefallen, nachdem ihm die Unterstützung entzogen oder die Aufhängeschnur durchschnitten worden ist." Diese rein *temporale* Verknüpfung, die immer im Anfange steht, geht durch einen logischen Akt über in die *kausale* Fassung: „*Weil* dem Stein die Unterlage entzogen wurde, fiel er zur Erde" (verbal-kausal). Weiter aber: „Dieser Stein konnte auf den Boden fallen, weil er zuvor in die Höhe gehoben worden war." Substantivisch umgestaltet: Die Wegnahme der Stütze verursachte den Fall, ist für das Fallen „verantwortlich", hat das Fallen „verschuldet".

b) Verallgemeinerungen, noch im konkreten, anschaulichen Gebiet. Etwa so: „Körper fallen zur Erde, wenn ihnen hierzu Gelegenheit geboten wird, und wenn keine Hindernisse und Widerstähde (für Eisen z. B. magnetische Gegenwirkung) bestehen. Das Vorhandensein einer offenen Strecke in der Senkrechten vom Körper zur Erde ist notwendige Bedingung des freien Falles." Oder, nach R. MAYER: „Man wird leicht gewahr, daß *die Erhebung des Gewichtes* die Ursache ist von der Bewegung desselben" (M.I. 49); die Gewichtserhebung ist Bewegungsursache, ist „Kraft". „Um daß ein Körper fallen könne, dazu ist seine Erhebung nicht minder notwendig als seine Schwere" (M.I. 25). [Über die Zitierung von R. MAYERs Aussprüchen s. Anm. (1)].

c) Fortlaufende Abstraktion, mit Abstreifung von Nebensächlichem und Zufälligem. „Die Mechanik anatomiert die Naturgegenstände, mit denen sie sich beschäftigt, durch möglichst weitgetriebene Abstraktion" (M.I. 46). Hierbei werden sehr bald *Analogien* als Denkbehelfe herangezogen: Figmente, Modelle u. dgl. Etwa: „Es besteht eine allgemeine Regel, daß von der Erdoberfläche erhobene Körper nach der Erdoberfläche zurück streben." „Der Körper fällt vermöge einer *ihm innewohnenden Kraft*, oder: infolge einer *von der Erde ausgeübten* Kraft, infolge einer Wechselwirkung zwischen beiden. Es ist, *als ob* der Stein von der Erde ‚angezogen' würde, oder als ob eine Einwirkung über die Distanz vorhanden wäre." Wie auch im einzelnen der „Mechanismus" der Gravitationswirkung vorgestellt wird, nie wird der Begriff einer *Wechselwirkung* von Erde und Stein fehlen dürfen. „Um also von der Energie der Schwere reden zu können, muß man sich stets, wenn auch stillschweigend, die Erde mit in das Grundsystem einbegriffen denken" (PLANCK). So wird das „Beschreiben" zum „Erklären". „Die Natur ist nur einmal da. Nur unser schematisches Nachbilden erzeugt gleiche Fälle" (MACH). „An die Einzeldinge mit ihrer Individualität kommt der naturwissenschaftliche Begriff nie heran" (RICKERT).

d) In a, b und c kann eine *Feststellung über Maßbeziehungen* eingreifen. Sobald bei kausaler Beziehung auch *gemessen* wird (beim Fall vor allem bezüglich korrespondierender Fallstrecken und Fallzeiten bei gegebener Fallhöhe), so verwandelt sich das „weil, darum" in ein „je mehr, desto mehr" u. dgl. „Je höher der Anfang des Falles, desto größer die Endgeschwindigkeit; die Erde erteilt allen fallenden Körpern die gleiche Beschleunigung usw. (R. MAYER berechnet, „daß in der Höhe von einem Erdhalbmesser der Fallraum und die Endgeschwindigkeit für die erste Sekunde viermal kleiner ist, als am Erdboden"; M.I. 241.) Ferner auch, als eine stark entwicklungsfähige Relation (s. S. 29): „Von je größerer Höhe ein Körper im elastischen Stoß herabgefallen ist, desto höher vermag er alsdann von selbst (aus eigener „Kraft") wieder anzusteigen. Der Begriff der „*Größe*" gibt die Grundlage messender Kausalforschung.

Das ist der *Ausgangspunkt für jegliche mathematisch formulierte* „*Gesetzlichkeit*", welche jede *qualitative* „Regelläufigkeit" an Bedeutung stark übertrifft, und für die als erste große klassische Beispiele KEPLERs Gesetze der Planetenbewegung, GALILEIs Fallgesetze und NEWTONs Gravitationsgesetz zu gelten haben. Hier ist die Stätte der *Differential-gleichung*, der mathematisch-physikalischen *Funktion* als einer Abhängigkeitsdarstellung von Variablen, mit dem Ziel einer *Ermittlung von Konstanten und Invarianten* wie der Erdbeschleunigung g oder des mechanischen Wärmeäquivalentes von R. MAYER oder des PLANCKschen Wirkungsquantums. Als wertvolle kausale Gruppenbegriffe treten bei quantitativer Schematisierung und Generalisierung vor allem folgende Begriffe auf: Impuls, Kraft, Potential, Energie, Faktor und Potenz. „Die Kausalität führt auf den Begriff der Handlung, diese auf den Begriff der Kraft" (KANT).

e) Im Anschluß an die Abstraktion von c) kann man noch weitergehende *spekulative Annahmen* machen, die dazu dienen sollen, „Unverständliches" durch Beziehung auf Bekanntes verständlicher erscheinen zu lassen. Während also NEWTON selber dauernd an dem „als ob" der „Anziehung" festhielt („hypotheses non fingo"), sind später die mannigfachsten konkreten Vorstellungen, meist im Anschluß an die Annahme des Weltäthers als feinster Materie entwickelt worden. So haben L. EULER und LESAGE die Gravitation auf Stöße dieses alles umgebenden oder durchdringenden Äthers zurückgeführt. (Darüber hinaus kann man endlich, wenn man HEGEL folgen will, die Schwere auch „aus dem Begriff der Sache" zu erweisen suchen!)

Auch an einem *chemischen Beispiel* soll kurz das Fortschreiten kausaler Betrachtung vom konkreten Einzelfall bis zum abstrakten Gesetz angedeutet werden. Beobachtung: Als in eine mit Knallgas gefüllte Glaskugel reiner Platinschwamm eingeführt wurde, geschah eine explosive „Vereinigung" der Gase zu Wasser; andere Körper waren unter gleichen Verhältnissen inaktiv, das Platin ging unverändert hervor. Hieraus, nebst anderen ähnlichen Beobachtungen folgt: Es gibt chemische Vorgänge, welche zwar an sich stattfinden können, infolge innerer Widerstände oder Hemmungen jedoch zu ihrer Realisierung der Zufügung eines bestimmten Körpers bedürfen. Manche Körper können gewisse chemische Vorgänge rein durch ihre Gegenwart einleiten, hervorrufen, verursachen, veranlassen, auslösen, richten. Schließlich gelangt man so zur reaktionskinetisch, ja vielleicht sogar bis zur quantenmechanisch dargestellten katalytisch-chemischen Gesetzmäßigkeit.

Bildet in jeder Wissenschaft die *verbal-kausale* Verfolgung des Einzelfalles den Ausgangspunkt für das darauf folgende Überdenken und Durchdenken, so gehen doch, wie erwähnt, die *substantivischen Kausalbegriffe* als „generalisierende Abstraktion" in jede begriffliche Bearbeitung kausaler Beobachtungen mit ein. Auf der Grundlage des „verbalen" Einzelfalles gebildete, substantivisch-sachlich und schließlich auch mathematisch-symbolisch formulierte Kausalbeziehungen genereller Art sind das erstrebenswerte „Gesetzlichkeits-Ziel" jeder naturwissenschaftlichen Forschung (9).

5. Das Moment der Zeitfolge ein notwendiges, aber noch nicht zureichendes Merkmal primär-verbaler Kausalität; Verflüchtigung der „Nichtumkehrbarkeit" der Kausalbeziehung im Funktionsbegriff.

Wenn konkrete *Ur-Kausalismen immer eine Zeitfolge von Geschehnissen voraussetzen*, so braucht doch — wie schon dem vorwissenschaftlichen Bewußtsein allmählich klar wird — das post hoc nicht ohne weiteres auch ein propter hoc zu bedeuten. Kausalität ist *mehr* als eine bloße Regel der Aufeinanderfolge. Der Tag wird nicht die Ursache der Nacht genannt, das Wachen nicht die Ursache des Schlafens, das Leben nicht die Ursache des Todes. Oft läßt schon eine flüchtige Überlegung über „Zufälligkeit" oder „Notwendigkeit" bloße Zeitfolge von „zwingender" Wirkungsfolge unterscheiden; in anderen Fällen bestehen noch für eine hochentwickelte Wissenschaft schwerlösbare Probleme. Es sei an das Beispiel der *phylogenetischen Entwicklung* erinnert. Die Paläontologie zeigt unbestreitbar ein „Kommen und Gehen", indem die Arten und Formen des Lebendigen zeitlich gewechselt und „einander abgelöst" haben, bestimmte Formen verschwanden und andere neue, vielfach höher differenzierte, dafür „auftauchten". Das große Problem aber ist bekanntlich, ob die späteren und oft „höheren" Formen nicht nur *nach* den früheren, sondern auch *aus* jenen — durch Umbildung — mit „physischer Notwendigkeit" entstanden sind, oder ob es hierzu besonderer schöpferischer „Anstöße" bedurfte.

Stellt nicht jegliche konkrete Zeitfolge zugleich eine Wirkungsfolge dar, so *können sich andererseits abstrakte Kausalismen von den Fesseln der Zeit weitgehend befreien*. Das gilt insbesondere von dem Funktionsbegriff, oder dem Begriff *funktioneller Abhängigkeit*, von dem einst ERNST MACH meinte, daß er den Ursachbegriff ganz überflüssig machen könne (10). Nehmen konkrete Urkausalismen mit ihrem „Einbahncharakter" teil an der Nichtumkehrbarkeit der Zeit, so ist bei dem abstrakten *Funktionsbegriff* der Physik eine Vertauschung der Glieder nichts Außergewöhnliches. Ist a eine Funktion von b, so kann andererseits auch b eine Funktion von a sein: ein Hinweis auf gewisse Beziehungen zu dem Begriff der *Wechselwirkung*. „Der Funktionsbegriff ist die mathematische Formel des Gesetzes" (ADOLF MEYER). Ein Beispiel: „Die Absorption der Kathodenstrahlen verläuft als durchaus stetige Funktion der Elektronengeschwindigkeit" (FRERICHS). „Das Kausalgesetz besteht in der Supposition, daß zwischen den Naturerscheinungen gewisse Gleichungen bestehen" (MACH). Nach VOLKELT ist Kausalität „die unabänderliche Regelmäßigkeit der Verbindung zweier Faktoren oder Faktorenkomplexe". „Jede Aktion ist die Funktion einer Konstanten und einer Variablen" (ALVERDES). (Siehe auch S. 68 über das Naturgesetz.) Funktionelle Verknüpfung besteht z. B. nach BOYLE-MARIOTTE zwischen Druck und Volumen von Gasen, nach

KIRCHHOFF zwischen Absorption und Emission des Lichtes. „Die Gemeinschaft zwischen Funktion, Ding und Zeit ist durchaus legitim" (RIEZLER).

„Die Ursachen an sich selbst kommen in der modernen Anschauungsweise gar nicht oder vielmehr nur als Formen der Zusammenfassung von Erscheinungsgruppen und der logischen Handhabung der phänomenalen Tatsachen in Frage" (DÜHRING). Der Satz von DRIESCH, daß „mathematische funktionelle Abhängigkeit", die nach MACH, PH. FRANK u. a. das Wesen der Kausalität ausmachen soll, „mit echter Kausalität gar nichts zu tun haben kann", schießt also ein wenig über das Ziel hinaus. Andererseits ist es eine Übersteigerung, wenn ADOLF MEYER sagt: „Das ideale Urbild der Kausalitätsidee ist der mathematische Funktionsbegriff, wie ERNST MACH unwiderleglich klar bewiesen hat."

Für den bestimmten Einzelfall gilt immer: „Es bleibt dabei, daß die Wirkung der Ursache folgt und daß das Verhalten zwischen beiden nicht umkehrbar ist" (NIEWEN). Ihrer konkreten Grundlage nach faßt Kausalität durchweg in sich: „Abhängigkeit" einer Erscheinung von einer anderen in dynamisch-zeitlichem Verlauf, Notwendigkeit und *logische* Nichtumkehrbarkeit (unbeschadet der *realen* Umkehrbarkeit eines Prozesses in einem neuen zeitlichen Akte gemäß Gleichgewichtsbeziehungen). Das Merkmal der „Notwendigkeit", eines „Zwanges" in der zeitlichen Verknüpfung deutet schon der alte scholastische Satz an: „Cessante causa cessat effectus", der auch von R. MAYER angeführt wird (M.I. 304).

6. Begriff der Wechselwirkung (W.W.).

Bereits im Gebiet einfachster Kausalismen, der sog. „Elementarakte" oder „Elementarprozesse" zeigt es sich, daß genau besehen, *jede Wirkung W.W.* ist [KANT, LOTZE (11)]. Wenn dies bei dem Größenverhältnis von Erde und fallendem Stein nicht ohne weiteres ersichtlich ist, so ist „W.W." doch im Begriff „Gravitation" festgelegt worden. Ferner erhellt eine derartige W.W., oft unter Aufgehen des einen im anderen, deutlich in Fällen wie der Wirkung eines Photons auf das Elektron (im COMPTON-Effekt u. dgl.), ferner dem „Aufprall" eines Strahlengeschosses auf den Atomkern, oder beim Zusammentreffen zweier in gegenseitiger „Affinität" oder „Resonanz" stehenden Atome wie Chlor und Natrium. W.W. besteht zwischen Elektron (also auch Atom oder Ion) und Kraftfeld, zwischen Materie und strahlender Energie (nicht aber *unmittelbar* zwischen Photonen und Photonen, darum durch einen materiefreien Punkt des Universums ohne gegenseitige Störung sämtliche elektromagnetische Wellen der Welt gehen können).

Elektronen dienen dem Verkehr der Atome untereinander, wie auch der W.W. dieser mit dem elektromagnetischen Wirkfeld samt seinen Wirkungsquanten. „Elektronen stehen in thermischer W.W. mit dem Kristallgitter" (MÖGLICH). W.W. besteht in den Austauschkräften von Proton und Neutron eines Atomkernes, in der chemischen Bindung durch Vermittlung von „Bindungselektronen" (zuerst von DRUDE behauptet). Die Chemie kennt ferner ein „Quantenprinzip der W.W. zwischen Kohlenstoffbindungen", einen Ionenaustausch an Plasma-Grenzflächen, antagonistische und synenergetische W.W. der verschiedenen lebenswichtigen Elemente K, Ca, Mg, Fe, P, Si usw. in der Pflanze. Physiologie und Biologie haben es dauernd mit W.W. verschiedenster Teilgebilde zu tun.

Alle Wirkungen hängen auf die stetigste Weise zusammen, gehen ineinander über" (GOETHE). „Alle Substanzen, sofern sie zugleich sind, stehen in durchgängiger Gemeinschaft" (KANT). „Alles in der Natur ist mit allem verbunden; alles durchkreuzt sich, alles wechselt mit allem; alles verändert sich in das andere" (LESSING). „Alles steht ursprünglich schon in Gemeinschaft — im Alleinen (LOTZE). „Kein Ding kann auf das andere unmittelbar, Ding zu Ding wirken, sondern nur mittelbar durch Erscheinung, Tätigkeit oder Leiden, in einer gemeinschaftlichen Sphäre ... die Sphäre der Freiheit ist's, und die Sphäre des Zwangs" (NOVALIS). „Alle Vorgänge in der beobachtbaren Welt sind mit allen anderen Vorgängen in derselben verknüpft" (LENARD). „Überhaupt, was stünde in der ganzen Welt *nicht* in W.W. ?" (BIER). Andererseits aber: „Es ist so, daß nicht Alles mit Allem zusammenhängt, daß es unter den Umständen eine Auswahl gibt" (MACH; ähnlich Wo. KÖHLER über einen „unstetigen Weltzusammenhang" mit weitgehender Selbständigkeit der Glieder). Aktuelle W.W. als „Ansprechung" setzt Überschreitung bestimmter Schwellenwerte voraus, sowie das Vorhandensein von Einstellung, Entsprechung, Resonanz, Sympathie. Nach DRIESCH findet W.W. statt, „wenn die Veränderung des einen Werdegrund der Veränderung des anderen ist".

Es ist beachtenswert, daß unter „W.W." *zwei im Grunde recht verschiedene Erscheinungsgebiete* verstanden werden. Einmal handelt es sich um das *Füreinander-Dasein und in Dauerbeziehung-Stehen* der Teile oder Glieder innerhalb eines *stationären Systems*. Die Sonne steht mit ihren Planeten, der Planet mit seinen Monden in W.W., auch wenn dauernd derselbe Zustand, derselbe Rhythmus waltet und, im ganzen genommen, nichts eigentlich Neues geschieht. Das gleiche gilt für ein nichtradioaktives (isoliert gedachtes) Atom, in welchem Elektronenhülle und Atomkern in ganzheitlicher *Relation* stehen, oder für die zwei oder mehr Atome, aus denen eine ruhende Molekel „zusammengesetzt" ist, oder für eine ruhende Gasmasse gemäß der kinetischen Theorie.

Der *ganzheitlichen W.W. von simultaner Art* (W.W. der Gleichzeitigkeit) steht gegenüber *temporal-kausale W.W.* mit einer Entscheidungsmöglichkeit über die Frage: Wer hat angefangen? (W.W. der Aufeinanderfolge, Wechselspiel nach Art zweier Schachspieler.) Derartige „echte" W.W. besteht in jedem *dynamischen System dauernd wechselnden Geschehens*, vor allem im Organismus. Hier wird von W.W. beispielsweise geredet im Falle des Hinüber- und Herüberwirkens von Wurzel- und Blattwerk einer Pflanze, oder wenn Vorgänge im Nerv hormonale Veränderungen erzeugen, hormonale Vorgänge aber wiederum nervöse Veränderungen hervorrufen. Es gibt eine W.W. von Stamm- und Rindenerregungen des Gehirns (ROHRACHER), ein Resonanzverhalten im ganzen nervösen System (P. WEISS). In solchen Fällen lassen sich bei genauem Analysieren *bestimmte Zeitfolgen in der Hin- und Herwirkung*, in Vorwirkung und Gegenwirkung konstatieren, und es herrscht in dieser Beziehung *wahre Kausalität*, zum Unterschiede gegenüber den *ganz-*

heitlichen Relationen eines stationären Systems, die simultaner Art sind. „Das Moment der Kausalität entspricht der sich sukzessiv auffüllenden Bedingungskette, das der W.W. dem simultanen Bedingungskomplex" (N. HARTMANN, s. auch S. 156). In biologischer Korrelation (Wechselbeziehung) fließen ganzheitliche und kausale W.W. zusammen.

Noch ist zu unterscheiden *elementare* W.W., wie zwischen Proton und Neutron im Atomkern, und *komplexe* W.W., wie zwischen den Gliedern eines lebenden Körpers. W.W. ist meist von weitverzweigter oder verfilzter Art, so daß einfache „Kausalketten" oder „Kausalfäden" nur durch künstliches Herauslösen aus „Kausalgeweben" zu gewinnen sind; kann man doch immer wieder beobachten, „wie proteusartig die Wirkungen einer Ursache in der Natur unter abgeänderten Bedingungen wechseln können" (HELMHOLTZ).

„W.W. ist energetischer Verkehr miteinander" (W. OSTWALD), in einem „Beziehungsgefüge" und beruht auf einer „Verzahnung und Verschränkung der Teile" (FISCHEL). „Um Kausalität in strengster Bedeutung feststellen zu können, müßte man zuvor sämtliche Faktoren ermitteln, die zu einem bestimmten Ereignis hingeführt haben. — Innerhalb des Komplexgeschehens des Lebens arbeiten die beteiligten Faktoren niemals linear, sondern stets integral" (ALVERDES). W.W. oder Korrelation ist die Kategorie des „Systems", System aber ist „Relation unter dem Begriff der Ergänzung" (LASSWITZ), wechselseitige Determination und Teilhabe an einem Ganzen, bis zur „vitalen Teilhabe am Kosmos" (KLAGES), zur W.W. von Mikrokosmos und Makrokosmos (PARACELSUS). „Wechselbeziehung erfordert stets eine Untersuchung des Kausalzusammenhanges an zwei Orten" (A. v. OETTINGEN). Auch der „circulus vitiosus" z. B. zwischen Funktionsstörung und organischem Defekt, beruht auf W.W. „Es gibt ein wechselseitiges Bestimmtsein physikalisch-chemischer und biologischer Prozesse" (EINSELE). Die W.W. der Organismen mit ihrer Umwelt ist Gegenstand der Oekologie (12).

Eine wichtige Sonderform der W.W. ergibt sich, wenn sich ein Zusammenwirken von zwei oder mehr Gebilden hauptsächlich auf einen dritten Körper als Objekt bezieht: dann konstatiert man *Koordination und Kooperation* der Glieder in bezug auf das Ganze, in ihren verschiedenen Abarten (als „Synergie" oder „Antagonismus" u. dgl.), wie solche schon in der Mehrstoffkatalyse auffällig wird, im Gebiet der Physiologie und Biologie aber die höchsten Grade der Verstrickung und Bedeutung erreicht. „In der Zellentwicklung wirken chromosomale und zytoplasmatische Faktoren zusammen" (CASPERSSON). Es gibt weiter hormonale und nervöse Zuordnungen funktionaler Art, je für sich sowie in höherer Gemeinschaft, mit einheitlichem Ziel.

W.W. von funktionell Niederem und Höherem ergibt Abstufungen und *Rangordnungen* der Kausalismen; z. B. zwischen Enzym und Hormon, Hormon und Nervensystem. Jede *Regulation* ist ein Hinweis auf Rangfolge und Stufenbau von Kausalismen im Kreise der W.W. Genau gesehen ist jeder einzelne *Kausalismus eingebettet in komplexe W.W.-Kausalismen höherer Art*, mit verstrickten Gliederungen in einer Abstufung von Höherem und Niederem. Aufgabe der Forschung aber ist es, die komplexen W.W.-Kausalismen (Ganzheitskausalismen) experimentell und gedanklich zu zergliedern: z. B. die chemische Gesamtreaktion in Urreaktion, Folge- und Nebenreaktionen, den physiologischen Vorgang des Blutkreislaufes in seine einzelnen konstituierenden Bestandteile höherer und niederer Art usw. (s. auch Abschnitt 40, Ganzheitskausalität).

W.W. herrscht nach SPEMANN u. a. bei der „Organisationswirkung" zwischen den einzelnen Raumgebieten mit ihren stofflichen Gestaltungen, zwischen Implantat und Wirt usw. Um W.W. handelt es sich auch bei v. UEXKÜLLs „Merkwelt" und „Wirkwelt"; Organismen als Bedeutungsträger und Bedeutungsverwerter, mit gegenseitiger kontrapunktischer Abstimmung gemäß Bedeutungs- und Kompositionsregeln (z. B. Säugetiere und Zecke, Blume und Schmetterling. „Die Eigenschaften der Tiere und seiner Mitspieler klingen überall im Punkte und Kontrapunkte eines vielstimmigen Chores mit Sicherheit zusammen".

7. Totalursache und Partialursache; eigentliche bestimmende Ursache und Bedingung.

Schon aus dem Begriff der W.W. folgt, daß *immer der Gesamtzustand eines Systems in einem bestimmten Zeitpunkte bestimmend ist für den unmittelbar darauf folgenden Gesamtzustand des Systems,* und daß also auch das gedanklich isolierte Einzelne doch nicht nur von einem Einzelnen „abhängig" sein kann. Nach HOBBES ist „Ursache" die Summe der Bestimmungsgründe eines Ereignisses; es gibt Ursachenkomplexe (ROUX), Bedingungskonstellationen (VERWORN), Systemgesetzlichkeit (BERTALANFFY). Durchgängig gilt, daß „der ganze Zustand die Ursache des folgenden ist" (SCHOPENHAUER). Die Wissenschaft aber analysiert die Totalursache in Partial- oder Teilursachen, mit Rücksicht auf Art des Zusammenwirkens und Bedeutsamkeit; sie scheidet Nah- und Fernursachen, offene und verborgene Ursachen, eigentlich bestimmende und zusätzlich mitbestimmende Ursachen (Hilfsursachen), adäquate und zufällige Ursachen (v. KRIES), Grundursachen und auslösende Ursachen usw. (13). „Im Grunde ist überhaupt alles, was es gibt, nur im ganzen Zusammenhange dessen, was es gibt, möglich. — Im Ganzen hat man allen Grund des Einzelnen zu suchen" (FECHNER). „Es steht zuletzt alles in der gemeinsamen Sphäre der Weltkugel" (LOTZE).

„Der Zustand der Welt während eines Zeitdifferentials erscheint als unmittelbare Ursache ihres Zustandes während des folgenden Zeitdifferentials" (E. DU BOIS-REYMOND). Ähnlich spricht POINCARÉ von der „Bestimmung des Weltalls durch den vorhergehenden Augenblick", SCHELER von der „fortwährend variablen gegenseitigen Durchdringung zwischen allen Teilen des Universums". „Theoretisch muß die Ursache das ganze Universum enthalten" (B. RUSSELL). „Der zureichende Grund jedes Geschehens ist in der Gesamtheit des voraufgehenden Geschehens zu erblicken" (v. KRIES). Ein Elektron wird außer von den Ursprungsstellen noch von sämtlichen den Raum erfüllenden Ladungsträgern, der Raumladung „beeinflußt". „In jedem Ereignis wirkt immer eine Mannigfaltigkeit von Ursachen zusammen, die wir nur nicht in ihrer Totalität zu übersehen vermögen; wohl aber können wir bestimmte Kausalreihen, vor allem experimentell, isolieren und in ihrer Richtung ein Ereignis voraussagen" (BR. BAUCH).

Angesichts des „Labyrinthes der Abhängigkeiten" in der Welt der Erscheinungen (DINGLER) erhebt sich die viel erörterte Frage nach dem *Verhältnis von „Ursache" und „Bedingung" oder „Voraussetzung".* Heute ist man sich darüber klar, daß *die Scheidung beider Begriffe im großen und ganzen keine scharfe sein kann,* da es weitgehend vom jeweiligen Aufmerksamkeits- und Interessestand abhängt, was man als „eigentliche" Ursache und was man als bloße mehr oder weniger wesentliche „Bedingung" bezeichnen will, wobei schließlich noch ein Rest von „zufälligen Begleiterscheinungen" bleiben kann (14).

„In der Natur gibt es keine isolierten Ursachen und Wirkungen" (MACH). „Die Summe der Bedingungen ist die Ursache" (SIGWART). „Im Sprachgebrauch nennt man oft Ursache, was nur Bedingung ist (nach FECHNER: ‚die Umstände'). — Einen Vorgang können wir in unserer Vorstellung erst dann erfassen, wenn die ganze Verkettung der Beziehungen klar ist. Zu solchen Bedingungen muß auch die Aussage über die *Kraft* kommen" (A. VON OETTINGEN). „Zwischen Ursache und ‚Bedingungen' gibt es keinerlei Unterschied, wenn wir nur den Tatbestand ins Auge fassen" [SCHELER (15)].

„Ursache im naturwissenschaftlichen Sinn wie im allgemeinen Sprachgebrauch ist derjenige zum Zustandekommen notwendige Faktor oder Faktorenkomplex, der entweder a) für unser Verständnis (theoretische Erklärung) oder b) für unser Handeln (praktische Erklärung) der wichtigste ist" (B. FISCHER). „Unter Ursache verstehen wir eine nach den wechselnden Erfordernissen einer bestimmten Fragestellung hervorgehobene Bedingung eines Geschehens, durch die unter Vernachlässigung oder selbstverständlicher Voraussetzung anderer Bedingungen das gesetzmäßige Abhängigkeitsverhältnis von Ereignissen ausgedrückt werden soll" (LUBARSCH).

„Es ist nützlich und notwendig, aus der Unzahl von Bedingungen *eine* als Ursache hervorzuheben" (HEIM). Indes gilt oft: „Es gibt kein wissenschaftliches Fundament für den Unterschied, den man zwischen der Ursache eines Phänomens und seinen Bedingungen macht. Die Ursache ist die Gesamtsumme der positiven und negativen Bedingungen, die Totalität der Umstände und Möglichkeiten jeder Art" (STUART MILL). Nach DRIESCH umfaßt die „Vollursache" auch „Bedingungen". „Bedingungen sind diejenigen Umstände an dem von der Ursache engsten Sinnes getroffenen System, welche erfüllt sein müssen, auf daß jener Vorgang als Wirkung an ihm sich einsetze" (gewordene und wechselnde Bedingungen sowie auch beharrliche, z. B. Kräfte, Potenzen). Oder: „Bedingungen heißen alle für das Eintreten der Wirkung notwendigen Umstände zustandhafter Art. — Ursache engsten Sinnes ist das *letzte* aller in der Vollursache einbegriffenen Geschehnisse. — Die Ursache strengen Sinnes ist *Auslösung* als *Reiz,* wenn das Quantum der Wirkung größer ist als ihr Quantum. — Ursache engsten Sinnes ist das letzte unter den der Wirkung vorhergehenden Geschehnissen." Die causa proxima, die causa principalis ist nach VIRCHOW als eigentliche Ursache „die entscheidende unter den zahlreichen Bedingungen".

In der alltäglichen Praxis wie in der Wissenschaft wird demgemäß oftmals *die „auslösende Ursache" (s. Kap. IV) als die eigentliche Ursache oder als Wirkungsursache bezeichnet,* während alles andere in der Regel dem Begriff der Bedingungen untergeordnet wird; diese „fließen mit ein", wirken „mit beeinflussend". Hat falsche Weichenstellung ein Zugunglück zur Folge, so wird der Beobachter nicht zögern, etwa zu sagen: die falsche Weichenstellung hat die Entgleisung verursacht; während die anderen sehr wesentlichen Momente: die sich umsetzenden Energien, die wirksamen Kräfte und sonstige notwendige oder auch mehr zufällige Momente den „Bedingungen" eingeordnet werden. Im einzelnen wird der Physiker, der Techniker, der Psychog, der Jurist über Hauptursache und Nebenursachen sowie Bedingungen verschieden urteilen. Besondere Komplikationen entstehen, wenn zum Durchdenken des Tatbestandes noch *Fragen der Wertung auf Gefühlsgrundlage* hinzukommen (16).

Oftmals ist doch eine grundsätzliche Scheidung am Platze; z. B. Oberflächenadsorption von Gasen ist eine notwendige *Bedingung* katalytischer Reaktion an einem festen Körper, jedoch nicht die eigentliche und „entscheidende" *Ursache*; denn: es gibt für jedes Gasgemisch feste Körper, an denen die reaktionsfähigen Gase zwar adsorbiert werden, jedoch *ohne* nachfolgende katalytische Vereinigung; entscheidende Ursache ist ein spezifischer verborgener Chemismus. Ferner: Es besteht eine direkte Abhängigkeit der Empfindungsstärke des Sehens von dem „Absorptionsvermögen der in den Sinneszellen der Retina vorhandenen lichtempfindlichen Substanzen" (C. v. STUDNITZ); ohne daß man jedoch die Lichtabsorption ohne weiteres als „Ursache" der Lichtempfindung bezeichnen wird. Gene sind nach DRIESCH nur „Bedingungen" der biologischen Formbildung, nicht eigentliche „Ursache". Das Protoplasma ist Bedingung organischen Lebens, nicht aber seine „Ursache". Das Licht ist nach SCHOPENHAUER „Bedingung der vollkommensten Erkenntnisart".

Ähnlich wie „Hauptursache" und „Nebenursachen" unterscheidet man auch Grundbedingung von Nebenbedingungen usw.; man spricht von Randbedingungen, Bedingungskomplexen usw. In den kunstvollen Scheidungen der Scholastik, so sehr sie oft in spitzfindige Künstelei ausartet, sind zahlreiche wertvolle Hinweise enthalten, die noch heute Beachtung verdienen (s. HELGA BAISCH). Als Bedingungen gelten Zustände und Umstände verschiedener Art wie Umgebung, Unterlagen, Grundlagen, Kräfte usw. So werden z. B. die Kulturpflanzen und ihre wilden Vorfahren als „materielle Grundlagen der primitiven Zivilisation" bezeichnet. (Über die Beziehungen von „Bedingung" und „Bedingungsinbegriff" zu Wahrscheinlichkeitsaussagen s. E. MALLY.)

8. Einfache und komplexe, konkrete und abstrakte Kausalismen.

Zur Verdeutlichung der Unterscheidung von *einfachen und komplexen und wiederum von konkreten und abstrakten Kausalismen* mit ihren mannigfachen besonderen Kausalbeziehungen seien einige Beispiele aus der Fachliteratur herausgegriffen. Es erhellt aus diesen zugleich, daß, solange konstatierte Kausalismen sich nicht allzu weit von ihrer konkreten Beobachtungsbasis entfernen, der Kausalität — unbeschadet der Tatsache der W.W. — immer ein „nichtumkehrbarer Richtungssinn" (BAVINK) oder ein „Einbahncharakter" (BURKAMP) zukommt. Ein konkreter und zugleich relativ einfacher Kausalnexus ist das erfolgreiche Zusammentreffen eines Photons mit einem Elektron der Atomhülle: das „Aufprallen" des Photons ist die Ursache, besser der Ur-Lauf, der Ur-Gang; die Loslösung des Elektrons, die Ionisierung, etwa die Wirkung.

Weiter einige *Beispiele komplizierterer und abstrakter Kausalbeziehungen:* „Das Wachstum der Coulombenergien im Tröpfchenmodell des Atomkernes wird noch einmal aufgehalten, wenn die Coulombkraft die von den Kernkräften erstrebte Kugelform des Kernes zu gestreckten Formen auszieht, am einfachsten zu einem Rotationsellipsoid" (WEFELMEYER). „Quantenmechanisch ist das Auftreten von Chemilumineszenz immer dann möglich, wenn zwei Potentialkurven oder -flächen des jeweils betrachteten Systems sich schneiden, oder aber sich zumindest an einer Stelle so nahe kommen, daß eine W.W. möglich wird. Erst durch Energieabsorption vermag ein Elektron in das höhere Energieband zu gelangen, ein positives Loch im Grundband hinterlassend" (KRANTZ). „Das Aufbauen des Magnetfeldes ist die Ursache für die träge Masse des Ringes (=Modell des Elektrons) in bezug auf die Rotationsbewegung" (RENNER). „Wir müssen annehmen, daß die photographische Wirkung der Korpuskularstrahlen von ihrer W.W. mit der durchlaufenen Materie, also besonders ihrem Ionisierungsvermögen, abhängt" (SCHOPPER).

„Die Grenzfeldstärke für Halbleiter hängt von der Störstellenkonzentration und der Höhe der Potentialschwellen ab" (HORST MÜLLER). Der Bau eines Kristalles ist bedingt durch Mengenverhältnis, Größenverhältnis und Polarisationseigenschaften seiner Bausteine" (V. M. GOLDSCHMIDT). „Wird Licht von einem Kristallatom absorbiert, so kann ein Elektron in das Leitfähigkeitsband gelangen, es kann dann frei im Kristall laufen" (C. WAGNER). „Bei der RAMAN-Strahlung trifft ein Photon der Energie $h\nu$ auf eine Molekel mit dem Energiezustand E_m und versetzt es in den Energiezustand E_n; das Photon strahlt dann den Rest seiner Energie aus" (SMEKAL). „Valenzwinkel sind von den Elektronenanordnungen an den Atomen abhängig, werden aber durch die abstoßenden Kräfte der Substituenten mit bestimmt" (A. LÜTTRINGHAUS). „Der Verbindungsreichtum der organischen Chemie beruht auf drei Ursachen: 1. auf dem hohen Selbstbindungsvermögen der C-Atome; 2. auf dem hohen Bindungsvermögen für einige andere Nichtmetalle wie H, O, N, Halogene usw.; 3. auf der Widerstandsfähigkeit der Molekeln gegen Sauerstoff" (H. G. GRIMM). Man hat anzunehmen, „daß die für die Rotationshemmung von CH_3-Gruppen in einfachen Kohlenwasserstoffen verantwortlichen Kräfte vorwiegend durch quantenmechanische Austauschwirkungen zustande kommen" (A. EUCKEN).

„In der Erregung von Ebbe und Flut liegt ein Grund zu einer Verminderung der Umdrehungsgeschwindigkeit der Erde" (R. MAYER ,M.I. 188). Die Sonne ist „Ursache der normalen Ionisation der Ionosphäre", d. h. „verantwortlich für die Existenz der Ionosphäre wie auch für einen wesentlichen Teil der Störungen dieser" (GROTRIAN). „Strahlung ist die primäre Ursache des meridionalen Luftkreislaufes und letzthin aller Wettererscheinungen überhaupt" (PHILIPPS). Perioden der Sonnenfleckenminima bewirken leicht eine Verschiebung des äquatorialen oder subtropischen Hochdruckgürtels der Atmosphäre (des Azorenhochs) nordwärts, was in unseren Breiten zu Trockenheit und Dürre führt. „Das erdmagnetische Kraftfeld hat seine Ursachen hauptsächlich innerhalb der Erdoberfläche" (BARTELS). „Die Grundfaktoren des tropischen Klimas, die hohe Temperatur, die Gleichmäßigkeit ihrer Tages-, Monats- und Jahresmittel und die hohe Luftfeuchtigkeit, unterliegen vielfachen Abwandlungen durch Höhenlagen, Windverhältnisse und Vegetationszustand des Landes" (RODENWALDT). „Zwei Gruppen von astronomischen Ursachen können das irdische Klima beeinflussen: die Wanderung des Frühlingspunktes mitsamt dem Wechsel in der

2*

Exzentrität der Erdbahn sowie der Wechsel in der Schiefe der Ekliptik"
(PENCK). „Großbewegungen der Erdkruste gehören zu den Kräften, die
das Verhältnis von Meeresspiegel und Landhöhe beherrschen" (W. WOLFF).
„Chemische Vorgänge sind die Ursache elektrischer Prozesse bei der
Nervenerregung" (v. MURALT). „Die Kopulation der Gameten (bei einer
bestimmten Alge) wird durch Sexualstoffe hervorgerufen. Die Anlockung
der Gameten und die Gruppenbildung (Zusammenballung) kommt durch
Chemotaxis zustande" (MOEWUS). Es wird vermutet, daß „die Malignität
von Krebszellen in stereochemischen Veränderungen ihre Ursache hat"
(F. KÖGL). „Die Kontraktion eines Muskels geht über Erregungsleitungen
und Umschaltungen etwa auf bestimmte Sinneswahrnehmungen bzw.
Umweltreize zurück." — „Das gesamte Entwicklungsgeschehen wird von
dem Genom und dem Plasmon der Keimzelle unter dem Einfluß von Umweltbedingungen determiniert." — „Stoff-, Form- und Energiewechsel des
Organismus fundiert auf dem Vorgange der Photosynthese" (FEUERBORN).
Die Mutabilität von Tier und Pflanze ist außer von Strahlungseinflüssen
auch vom Gesamtbestand der vorhandenen Erbanlagen (Idiotypus), der
Generationsdauer (Zeitfaktor), der Temperatur und anderen physiologischen
Faktoren wie z. B. Ernährungsdisharmonien abhängig (STUBBE). „Alle Impulse
der Formentfaltung setzen in Quellpunkten gekoppelter dynamischer Felder
ein, in denen der Organismus geformt wird" (TRIPP). Bei Tieren sind „oft
äußere Anlässe im Zusammenhang mit einer gewissen inneren Bereitschaft
(Disposition) die Ursache plötzlich ausbrechender Erregtheit" [FISCHEL].
Nach W. R. HESS (s. auch K. WEZLER) waltet in der Funktion des Sympathikus
das „ergotrope" Prinzip, das dem Organismus die Entfaltung animalischer
Energie erleichtert, in der Funktion seines Gegenspielers, des Parasympathi-
kus, das „histotrope" Prinzip, das der Erhaltung und Restituierung der
Gewebeelemente dient. Lebensäußerungen sind durchweg von einem kom-
plizierten und geordneten Zusammenwirken regulierender Faktoren abhängig.

„Jahreszeiteneinflüsse der Infektionskrankheiten beruhen meist auf
Änderungen der Empfindlichkeit des Menschen, nicht auf Änderungen des
Erregers" (DE RUDDER). „Manche Geschwülste haben zur Voraussetzung
eine Disposition als Allgemeinfaktor und den Lokalfaktor, wobei beide ererbt
oder durch Umwelteinflüsse bedingt sein können" (FISCHER-WASELS). Nach
ASCHOFF ist das Zusammenwirken vieler Faktoren für das Zustandekommen
der Arteriosklerose bestimmend. — Nach DÜLL bestehen kausale Zusammenhänge zwischen Sonneneruptionen, Ionosphärestürmen, erdmagnetischen
Störungen, Wetterschmerzen und Krankheitsanfällen, bis zur Steigerung
der Selbstmordneigung (kosmische Gebundenheit des Individuums) (17).

Wie diese Beispiele deutlich zeigen, prägen sich allgemeine und
abstrakte Kausalverhältnisse vielfach in *substantivischer sprachlicher
Fassung* aus; während jedem konkreten Elementarkausalismus lediglich
die *verbale Form* angemessen ist. Auch die abstraktesten und allgemeinsten
Kausalbeziehungen können nur durch wiederholte „Destillation" einfacher verbaler Kausalismen konkreter Art gewonnen werden.

Der *rein personale Kausalbegriff* ist aus Physik und Chemie ganz
geschwunden, in der Biologie als *empirischer* Naturwissenschaft ist er
stark zurückgewichen (aus dem „Archäus" des PARACELSUS ist im Begriffswandel DRIESCHs „Entelechie" geworden). Seine Domäne aber
bleibt das Gebiet des Psychischen bzw. Psychophysischen; wo motiv-
gebundener und doch „freier" Wille waltet, in Kulturwissenschaft und
in Geschichte, da ist personale Kausalität zu Hause!

Magische und mythische Kausalität schließlich, die in menschlichen Urbedürfnissen des Gemütes wurzeln, haben sich in Religion und Metaphysik geflüchtet, wo sie einem dauernden Veredlungsprozeß unterliegen (s. Abschnitt 48).

9. Mannigfaltigkeit und Wandlungsfähigkeit der Kausalbegriffe und Kausalschemata bei feststehendem Kausalpostulat oder Kausalprinzip.

Jede Betrachtung wissenschaftlicher Kausalität deckt eine unübersehbare Mannigfaltigkeit einzelner Kausalformen und Kausalbegriffe auf, die der Mannigfaltigkeit der Naturformen kaum nachsteht; auch ist ein dauernder Wandel der Formen und Begriffe sichtbar, wie wir an einem hervorragenden Beispiel (der „Kraft") noch genauer sehen werden. Aller *Kausalitätsstreit,* der die Weiterentwicklung kausalen Denkens fördert, betrifft genau besehen die mittleren und höheren Abstraktionsstufen, während über die konkreten einzelnen Kausal-Feststellungen im Grunde nur eine Diskussion darüber möglich ist, ob die *Beobachtungen* richtig gewesen sind.

Während die allgemeinen und abstrakten *Kausalbegriffe,* zumal die hochabstrakten wie Kraft, Potenz, Vermögen, dauerndem Wandel hinsichtlich Inhalt und Geltungsbereich unterworfen sind, steht das allgemeine *Kausalprinzip* als eine in der psychophysischen Organisation des Menschen und in der Beschaffenheit seiner Erlebnisse begründeten *Forderung des Denkens unerschütterlich und unwandelbar* fest: Kausalitätspostulat als logische Aufgabe. War schon der Frühmensch überzeugt, daß alles, was geschieht, nach bestimmten Regeln — allerdings oft Willkürregeln einer Dämonenwelt — geschieht, so kann auch hochentwickelte Vernunft von jener Überzeugung, jenem *Glauben einer geordneten Regelläufigkeit und Gleichförmigkeit der Welt* nicht lassen — würde sie ja sonst sich selber aufgeben. Wissenschaftliche Zuversicht gibt schließlich der Gedanke, daß das Denken selber ein Stück Natur ist.

Das leichte *Akausalitätsgeplätscher,* das in der Entwicklung naturwissenschaftlichen Denkens mitunter hörbar wird, kann zwar den Kausalitätsfelsen umspülen; ihn zu unterwühlen oder umzustürzen, liegt jedoch außerhalb seiner Macht. Das allgemeine *Kausalprinzip* als dringlicher logischer Wunsch, als allgemeine Denkgewohnheit und Denkerwartung nach dem Satze von Grund und Folge und als „starrer Panzer des Erkennens" (KANT) ist unwandelbar; wandelbar und einem stetigen Fortschreiten zugänglich (und dessen bedürftig) sind nur die speziellen *Kausalbegriffe* der Wissenschaften (s. auch Abschnitt 41: Akausalität).

HELMHOLTZ: „Das Kausalgesetz ist ein rein logisches ... Es betrifft nicht die wirkliche Erfahrung, sondern deren Verständnis und kann deshalb durch keine mögliche Erfahrung widerlegt werden ... Es ist nichts Anderes als die Forderung, alles, alle Naturerscheinungen begreifen zu wollen, mit der Voraussetzung, daß sie begreifbar sein werden." (Postulat der denkenden

Bearbeitung der Wahrnehmungen.) — Kausales Begreifen ist „die Methode, mittels deren unser Denken die Welt sich unterwirft, die Tatsachen ordnet, die Zukunft voraus bestimmt." RIEHL: „Welt und Leben können nie rein in die Wissenschaft aufgehen. — Aber dies muß behauptet werden, daß die Grundform, in der sich das Denken betätigt, mit der Form der Naturprozesse zusammentrifft, wie es sein muß, da das Denken, tiefer erfaßt, selbst ein spezieller Fall des allgemeinen Prozesses der Natur ist. — Das Kausalgesetz ist nicht selbst ein Naturgesetz, sondern das Gesetz, das die allgemeine Form der Naturgesetze bestimmt, und das der Geist befolgt, indem er die Natur erforscht. — In der Tat ist die Kausalität kein eigentliches Gesetz, sondern die allgemeine Formel, ein Gesetz zu suchen."

„Das Kausalgesetz, das Fundament jeder theoretischen Naturwissenschaft, läßt sich durch Erfahrung weder bestätigen noch widerlegen" (PH. FRANK). „Das Kausalprinzip ist nicht eine Tatsache, sondern Aufforderung und Vorschrift" (SCHLICK). „Das Gesetz der Kausalität als ein Prinzip der Naturwissenschaft kann nicht mit wenigen Worten formuliert werden und ist kein selbständiges exaktes Gesetz" (WEYL). „In der allgemeinsten Fassung ist das Kausalgesetz unangreifbar, aber auch vollkommen nichtssagend"(?) (E. SCHNEIDER). „Kausalität ist eine Grundform des Denkens, nicht eine Aussage über die Wirklichkeit" (A. WENZL). „Das Kausalgesetz trägt den Charakter eines Postulates und nicht mehr" (H. BERGMANN). „Allgemeine Sätze wie das Kausalprinzip sind nur ‚Postulate‘, deren Gültigkeit in der Erfahrung erst durch diese entschieden wird" [SIGWART (18)]. Die Geschichte der Wandlung des Kausalitätsbegriffes aber ist nach RIEZLER „die Geschichte der großen Entdeckungen der Naturwissenschaft".

Die zuweilen gestellte Frage: „Gilt Naturkausalität"? ist sinnleer. Sinnhaft muß man fragen: Wie muß ich meine Kausalbegriffe gestalten, um möglichst weitgehende Übereinstimmung mit dem Ganzen der Erfahrung, insonderheit des Experimentes, zu bekommen? Kausalität als Prinzip ist kein Sachverhalt, keine bisher traditionell geglaubte „Angelegenheit", die berichtigt werden könnte, sondern eine unserem Intellekt untrennbar anhaftende *Denkgepflogenheit*, die er so wenig aufgeben kann, wie der Leib das Essen und Trinken. Dabei muß es — wie für jedes Postulat — verfehlt sein, die Gültigkeit der Denkforderung von der Möglichkeit seiner restlosen und allgemeinen Erfüllung abhängig zu machen.

„Kausalität ist ein unablösbarer Bestandteil unserer Art zu begreifen" (E. SCHRÖDINGER). „Wirkliche Wissenschaft ist nur durch Erkenntnis der Kausalzusammenhänge möglich" (W. WIEN). Indem der Kausalgedanke eine Regelläufigkeit der Welt setzt (voraus-setzt), gewinnt er Beziehungen zu dem Satz des (vermeidhaften) Widerspruchs. „Unerläßliche Voraussetzung jeder wissenschaftlichen Forschung ist die Anerkennung des Kausalitätsprinzips" (K. BEURLEN). Kausal erklären heißt „Regeln aufstellen, nach denen man künftige Ereignisse voraussagen kann" (E. MAY). Dazu noch: „Der Satz des zureichenden Grundes ist ein vorzügliches Werkzeug in der Hand des erfahrenen Forschers, er ist eine leere Formel in der Hand des geistvollsten Menschen, dem die Sachkenntnis fehlt" (MACH).

II. Entwicklung des physikalischen Kausalschemas bis JULIUS ROBERT MAYER.

> „Damals wurde dem menschlichen Geist
> zum ersten Male wirklich klar, daß er durch
> seine logische Kraft befähigt sei, die Kau-
> salität der Naturvorgänge zu begreifen."
>
> W. WIEN.

10. Grundlegung der klassischen Mechanik mit ihren Prinzipien und Hauptbegriffen.

In den menschlichen Sinnesbeobachtungen überwiegen Geschehnisse, die sich als Orts- und Lage-Veränderungen von Körpern beliebiger Dimensionen kundtun, die also irgendwie als Bewegungen zu beschreiben sind (19). Es ist darum nur recht und billig, daß die Entwicklung der exakten neueren Naturwissenschaft seit etwa 1600 mit dem Studium von *Bewegungen* anhebt, und daß die so entstehende „*klassische*" *Mechanik diejenige Disziplin der Physik ist, innerhalb deren der verbale Kausalbegriff der neuen Wissenschaft seine Ausbildung erfahren hat.* „In der Mechanik ist das Wesen der causa zuerst ersehen worden" (DRIESCH), folgend einem „Selbstvertrauen der Vernunft" (FRIES).

Der mechanistische Grundgedanke lautet dahin, daß alles in der Natur, im großen wie im kleinen und kleinsten, *wesentlich und letzthin Bewegung* ist, so daß das Naturgeschehen durch Gesetze der Bewegung beschrieben und zusammengefaßt, ja erklärt und „verstanden" werden kann. Die große Epoche der Schaffung einer „kristallklaren" und mathematisch fundierten Mechanik des Himmels und der Erde beginnt mit den Großtaten von KOPERNIKUS (1543), KEPLER, GALILEI, NEWTON, HUYGENS, LEIBNIZ und setzt sich in einer Reihe weiterer berühmter Namen wie die drei BERNOULLIS, EULER, LAGRANGE, d'ALEMBERT, LAPLACE, GAUSS, HAMILTON, JACOBI bis in das 19. Jahrhundert weiter fort. Ihre philosophische Auswertung aber — vielfach mit kritischem Vorbehalt — erfährt diese Mechanik samt dem daran gebundenen allgemeinen Kausalprinzip in den Systemen von DESCARTES, LEIBNIZ, HOBBES, LOCKE, HUME, KANT (20).

„Die Aufstellung der Gesetze der Planetenbewegung und ihre Zurückführung auf die Gesetze der Mechanik und der allgemeinen Schwere durch KOPERNIKUS, GALILEI und NEWTON ist die großartigste Leistung gewesen, welcher sich die menschliche Vernunft bisher fähig gezeigt hat. — Die Zurückführung der Bewegung der Himmelskörper auf die Gesetze der Mechanik war die erste überragende Darlegung der Kausalität des Geschehens" (W. WIEN). Der Logos des HERAKLIT ist zur mechanischen Ursache geworden.

Als besonders *wichtige Kausalbegriffe*, die in der klassischen Punkt- und Körpermechanik ihre Ausbildung erfahren haben, erscheinen der elastische Stoß, Fall und Schwere, Attraktion oder Gravitation, samt Abstoßung oder Repulsion als Gegenstück, ferner Masse und Beschleunigung, Kraft, Impuls, virtuelle Bewegung, Potential, Arbeit als Arbeitsfähigkeit und Arbeitsleistung (effort nach EULER, effet dynamique nach

HACHETTE, travail nach PONCELET und CORIOLIS, puissance motrice nach CARNOT und CLAPEYRON, mechanical power nach JOULE). Durch Vereinigung induktiver und deduktiver Methode gelangte man zu weitgehenden Verallgemeinerungen und Abstraktionen, zu *allgemeinen Gesetzen und Prinzipien*.

Im Eingang stehen GALILEIs Fallgesetze samt dem von ihm erkannten *Trägheitsgesetz*, „daß ein ruhender Körper in der Ruhe und ein bewegter in der Bewegung mit gleichbleibender Geschwindigkeit und Richtung unter allen Umständen verharrt, bis äußere Umstände auf ihn einwirken". Schon bei NICOLAUS V. CUES und LIONARDO DA VINCI war die aristotelische Vorstellung zurückgetreten, daß die *Geschwindigkeit* eines Körpers der wirkenden Kraft entspreche. GALILEI aber erkennt in voller Klarheit, daß erst eine *Beschleunigung* das Walten einer *Kraft* anzeigt. An GALILEIs grundlegende Leistung knüpft die allgemeine Gravitationstheorie von ISAAC NEWTON an, mit den drei Grundgesetzen (1687): Trägheits- oder Beharrungsgesetz; Proportionalität der Bewegungsänderung mit der bewegenden Kraft; Gleichheit von Wirkung und Gegenwirkung (21). „NEWTON hat das Gesetz der Gleichheit von Wirkung und Gegenwirkung an die Spitze der Mechanik gestellt" (POINCARÉ). Auf die anschließenden besonderen Prinzipien von Forschern wie FERMAT, MAUPERTUIS, D'ALEMBERT, LAGRANGE, POINSOT, HAMILTON, GAUSS u. a., wie den Satz von der Summierung der Bewegungsgrößen, die Minimum-Sätze (den Satz von der kleinsten Zeitdauer nach FERMAT, vom kleinsten Aufwand nach MAUPERTUIS), den Satz von der virtuellen Bewegung, von der veränderlichen Aktion (als Integrationsgesetz) usw. ist hier nicht einzugehen. Der Geist der ganzen Mechanik aber tritt in einem Ausspruch von HUYGENS zutage (1690): „In der wahren Philosophie werden die Ursachen aller Erscheinungen mittels mechanischer Begriffe erfaßt. Wir müssen das tun, so viel ich sehe, oder alle Hoffnung aufgeben, je irgend etwas in der Physik zu begreifen" (22). („Physik" und „Philosophie" — natural philosophy — sind hier gleichbedeutend.)

„Die Mechanik ist das Prinzip der mathematischen Wissenschaften, weil man mit ihr zur Frucht des mathematischen Wissens gelangt" (LIONARDO DA VINCI). Die Lehre der neuen Wissenschaft geht nach A. KOENIG dahin, „daß materielle Erscheinungen immer auf materielle Ursachen bezogen werden müssen". Nichts aber steht dabei der Ansicht entgegen, „daß dem in sich zusammenhängenden Komplex der äußeren Vorgänge eine Mannigfaltigkeit ebenfalls zusammenhängender innerer Zuständlichkeiten entspricht". (KEPLER hatte für die regelmäßige Bewegung der Planeten „spiritus rectores" verantwortlich gemacht.) Für die Ausbreitung des Mechanismus ist entscheidend die Frage, „ob alles Geschehen gedacht werden kann, als ausschließlich statthabend zwischen den letzten Teilen der Materie auf Grundlage der Struktur" (DRIESCH). Es handelt sich um „Zurückführung aller Naturvorgänge auf Anordnungs- und Bewegungsbesonderheiten an und für sich unveränderlicher Urdinge" (E. May).

11. Der Kraftbegriff der klassischen Mechanik, sein Ursprung und seine zwiespältige Formulierung.

Von Anfang an gruppieren sich die Kausalitätserörterungen der Mechanik um den Begriff der *Kraft*. „Der Mensch fand, daß sich die unbelebte Natur so verhält, als übten die Dinge dieselben Druck- und Zugkräfte aufeinander aus, wie er durch die Anspannung seiner Muskeln es tat. — Man nahm an, daß Materiestücke Kräfte aufeinander ausübten, und die Kräfte wurden als die Ursachen für die Bewegungen der betreffenden Körper, oder genauer für ihre Bewegungsänderungen angesehen" (Jeans). „Die Idee der Kraft ist ein ursprünglicher, völlig selbständiger und undefinierbarer Begriff; wir wissen alle, was Kraft ist; wir haben ja eine direkte Anschauung davon. Diese direkte Anschauung entsteht aus dem Begriff der Anstrengung, der uns von Kindheit an vertraut ist" (Kirchhoff).

Daß in dem Worte „Kraft" ein unvermeidlicher *Anthropopathismus* enthalten ist, hat schon den großen Vertretern der klassischen Mechanik (von Galilei ab) nicht verborgen bleiben können; weisen doch schon Leibnizens Ausdrücke vis viva und vis mortua, lebendige und tote Kraft, oder auch aktive und passive Kraft (Lagrange) auf den *Ursprung des Kraftbegriffes* hin, der im menschlichen Bewußtsein gelegen ist, in der menschlichen Muskelanstrengung samt der Widerstandsempfindung, letzthin also im menschlichen Willen (s. auch S. 5). Aus dem Kraft*gefühl* und der anschließenden anthropistischen Kraft*vorstellung* ist der wissenschaftliche Kraft*begriff* erwachsen.

„Urbild aller Kraft ist das Streben des Ich" (Leibniz). „Wir verlegen unser Anstrengungsgefühl beim Überwinden eines Hindernisses in die Außendinge" (J. St. Mill). „Das Ich identifiziert sich mit der wirkenden Kraft" (Maine de Biran). „Unsere Muskelempfindungen sind die Quelle der Kraftvorstellung" (Wundt). „Kraft wird den Dingen eingefühlt" (Lipps). „Wir haben die Begriffe von Kraft und Arbeit aus der gewollten Muskelbewegung abstrahiert und auf die äußeren Bewegungserscheinungen übertragen" (A. Riehl).

„Das Kraftgefühl steht im Anfange" (Bütschli). „Ein Wille wird in den Körper verlegt. Die Kräfte treten uns durch Vergleich mit dem Willen näher" (Mach). „Der Kraftbegriff ist entstanden aus der Widerstandsempfindung bei Muskelanstrengung" (Bridgman). „Wir sind uns bewußt, daß wir eine Handlung vollziehen können, wenn wir wollen. Das ist der Ursprung des Begriffes eines Vermögens, einer Kraft" (Sigwart). „Widerstand, sofern er subjektiv durch die Empfindung der Muskelanstrengung erkannt wird, bildet die Grundlage unserer Vorstellung einer Kraft." Diese ist „eine Verallgemeinerung aus den Muskelempfindungen, welche wir haben. In den Dingen wird eine Art Disposition zum Wirken angenommen, unzweideutig nach dem Vorbilde der bald hervortretenden, bald verborgenen Fähigkeit des Menschen, außer sich Veränderungen hervorzubringen" (Koenig). „In jedem Widerstand, den wir erleben, gewahren wir das Wirken und die Kräftigkeit eines anderen, das nicht aus uns stammt und stammen kann" (SCHELER). „Seinem anthropistischen Ursprung gemäß ist der Kraftbegriff vieldeutig" (HELM).

Wie durchgängig in der Wissenschaftsgeschichte, so hat auch in der Ausbildung der Mechanik gerade die *Fixierung der allgemeinsten Kausalbegriffe die größten Schwierigkeiten bereitet*. Dies gilt in erster Linie von dem Begriff der „Kraft", der, so geläufig und selbstverständlich er dem Alltagsgebrauch ist, der Ökonomie des wissenschaftlichen Denkens doch immer neue Mühe gemacht hat; ist ja die Diskussion über den „wahren" Kraftbegriff und das „wahre" Kraftmaß geradezu *der* große Streit der Mechanik durch zwei Jahrhunderte gewesen (23). „Erst in der Zeit von DESCARTES und GALILEI hat die philosophische Bearbeitung des Substanz- wie des Kausalbegriffes einen festen Boden gewonnen." Dieses Zeitalter „schuf vor allem die Vorstellung des mechanischen Wirkens, den dynamischen Kraftbegriff. — BOSCOVICH versuchte den Nachweis, daß alle Wirkungen der Materie aus Anziehungs- und Abstoßungskräften punktueller Atome abzuleiten sind" (KOENIG).

Seine *mathematisch-physikalische Formulierung* hat der Kraftbegriff durch GALILEI, DESCARTES, NEWTON einerseits, durch HUYGENS und LEIBNIZ andererseits erfahren. Wie sich später herausgestellt hat, sind beide einander widerstreitenden Begriffsbestimmungen gleichberechtigt und gleichbrauchbar, und es ist nur die unglückliche Bezeichnung mit dem gleichen Worte „vis, Kraft", die zahllose Mißverständnisse und leidige Verwirrung verursacht hat. „Kraft" im Sinne von GALILEI, DESCARTES und NEWTON ist definiert durch die Dimension $m\,g$ ($=$ Masse mal Beschleunigung) und entspricht dem *heutigen* Gebrauch des Wortes „Kraft". „Kraft" im Sinne von HUYGENS und LEIBNIZ aber ist Arbeitsfähigkeit und Arbeitsleistung, repräsentiert durch die lebendige Kraft $m\,v^2$ ($^1/_2\,m\,v^2$: CORIOLIS 1829, REDTENBACHER 1852) und wird seit der Mitte des 19. Jahrhunderts allgemein mit „Energie" bezeichnet (24). (Von NEWTONs Kraftbegriff ausgehend, konnte noch FARADAY 1857 das Prinzip der Unzerstörlichkeit der Kraft als im Widerspruch mit dem Gravitationsgesetz stehend erklären.)

„LEIBNIZens Kraftbegriff ist die Leistung oder die Arbeit der NEWTONschen Kraft", die den bloßen „Antrieb" zur Arbeit, zur Leistung darstellt; jene NEWTONsche Kraft ist „eine notwendige, aber noch nicht hinreichende Bedingung, die Leistung zu vollbringen" (DÜHRING). NEWTONsche Kräfte aber wurden als *„Zentralkräfte"* gedacht, d. h. als Anziehungs- und Abstoßungskräfte materieller Punkte, die mathematisch scharf von der *Entfernung* abhängig sind und in der Richtung der kürzesten Verbindungslinie wirken.

In unserer heutigen Zeit, da so oft eine saubere Trennung von Physik und Metaphysik, Biologie und Metabiologie als wissenschaftliche Grundforderung aufgestellt wird, muß es eigenartig berühren, wenn man sieht, wie sehr in jenem Streit über das „wahre" Kraftmaß und ganz allgemein *in der Ausbildung der kausalen Grundbegriffe, vor allem des Begriffes der*

Kraft, exaktes wissenschaftliches Denken mit spekulativen Erörterungen verquickt gewesen ist, und wie oft philosophische Tradition und philosophische Grundhaltung die Gestaltung der Begriffe bestimmt haben (25). Wir müssen diesen Zusammenhängen einige Aufmerksamkeit widmen, da andernfalls die Leistung von R. MAYER mit seiner Überwindung des universellen „Mechanismus" historisch nicht klar hervortreten kann.

12. Das Prinzip von der Erhaltung der „lebendigen Kraft", sowie der Gesamtkraft und von der Unmöglichkeit eines perpetuum mobile.

Wie schon angedeutet, wird JULIUS ROBERT MAYERs Formulierung des Energieprinzips historisch nur dann voll verständlich, wenn man berücksichtigt, daß seine universelle „Unzerstörlichkeit der Kraft" (d. h. Erhaltung der Energie) ihren Vorläufer hat in dem auf die Mechanik beschränkten Prinzip von der *„Erhaltung der lebendigen Kräfte"*.

Daß die philosophische Idee von der Unzerstörbarkeit eines Etwas im Wandel der Welt bis in die Metaphysik des griechischen Altertums zurückreicht, ist allgemein bekannt. „Der spezifische Kern des Prinzips der Unzerstörbarkeit der Ursachen war schon den Alten bekannt, seine Kenntnis ist so alt, wie das Nachdenken über die Natur" (RIEHL). Bei R. MAYER heißt es: „Nichts entsteht aus Nichts, ist das erste Axiom in LUCRETIUS' Darstellung der Lehre EPIKURS" (M.I. 129; s. dazu die vielfache Bezugnahme auf GALILEI, NEWTON, LEIBNIZ, LAPLACE u. a. m.).

Wenn im ganzen zwei Richtungen eingeschlagen worden sind, die „idealistische", die vor allem an PLATO anknüpft, und die „mechanistisch-realistische" von DEMOKRIT, EPIKUR und LUCRETIUS, so ist beiden gemeinsam doch *das Streben, jede Veränderung in der Welt gedanklich mit einem dauernd Seienden zu verknüpfen, die Kategorie der Kausalität also in die Nähe der Kategorie der Substanz zu bringen.* Dieses Bestreben beherrscht auch die philosophische wie die wissenschaftliche Mechanistik der neueren Zeit; den „ruhenden Pol in der Erscheinungen Flucht" zu finden, wird die Kausalität angeheftet nicht nur an die Vorstellung einer *Beharrung der Substanz* — die philosophisch, ohne Messung und Wägung, schon vor LAVOISIER Überzeugung vieler Denker war (26), sondern auch an die *Beharrung bestimmter Zustände* jener Substanz, wie sie gleichfalls sehr früh von einzelnen Philosophen behauptet worden war. „Jeder Impuls neigt zu ewiger Dauer" (LIONARDO).

Hatte der *Beharrungsgedanke* („Substanz" im allgemeinsten Sinne) bereits in dem eleatischen Begriff des Seins unvergänglichen philosophischen Ausdruck gefunden, so war er doch nur hinsichtlich des *Stoffes* konsequent verfolgt worden, und zwar vor allem in der Atomistik von DEMOKRIT und EPIKUR, erneuert durch GASSENDI. Hinsichtlich der *Bewegung* als typischer Kraftäußerung aber hatte seit ARISTOTELES die Überzeugung geherrscht, daß Bewegung nach Aufhörung, nach Ruhe strebe. Erst durch GALILEI war auf Grund induktiver Schlußfolgerung der diametral entgegengesetzte revolutionäre Satz verkündet worden, daß auch *Bewegung eine vollkommene Beharrungstendenz in sich trägt.* Dieses Beharrungsprinzip aber barg die Wurzel des Satzes von der Erhaltung der Energie in sich.

Nach DESCARTES bleibt die zu Anfang geschaffene Menge der Materie *und die Quantität der Bewegung* unvermindert bestehen, wie dies allein mit der Beständigkeit des Schöpfers der Welt verträglich sei! „Wir haben keinen Grund zu denken, wie die Bewegung von selbst aufhören sollte, und das gleiche gilt für die Ruhe!"

Von der allgemeinen Idee der Erhaltung der Bewegung oder der Ruhe gelangte die Mechanik dazu, experimentell messend auch der *quantitativen Erhaltung bestimmter Größen* nachzugehen; so entstand für den elastischen Stoß der Begriff der *Erhaltung der Bewegungsgröße*, des Kraftantriebes, impetus, als Produkt von Masse und Geschwindigkeit $m\,v$ (DESCARTES, SPINOZA, HOOKE, TOLAND: Konstanz des Gesamtimpulses), und so entstand auch das *Prinzip von der Erhaltung der lebendigen Kraft* $m\,v^2$, die ja gleichfalls an einen Bewegungszustand gebunden ist. „Man nennt die Bewegung einer Masse, insofern sie Arbeitskraft vertritt, die lebendige Kraft der Masse" (HELMHOLTZ). — „Die *Größe* der Kraft aber, oder die sog. lebendige Kraft der Bewegung ist vor und nach dem Stoße konstant geblieben" (M.I. 49). BORDA konstatierte 1767 die Krafterhaltung für Wasserräder, COULOMB 1781 für Windmühlen. „Der Satz von der Erhaltung der lebendigen Kraft führt zur Erkenntnis der höchsten Wahrheiten" (CHRISTIAN WOLFF).

Große Bedeutung hat weiterhin die allmähliche Entwicklung des Begriffes *„latente Kraft"* als Arbeitsfähigkeit erlangt, die an die „Kompensationsidee" (HAAS) geknüpft war. Schon GASSENDI lehrt, daß die Atome unvergängliche Kraft noch im Zustand der Ruhe besitzen. LEIBNIZ aber hat (1695) der vis viva als der in Bewegung sich entwickelnden Kraft die vis mortua als Bereitschaft (Druck, Spannung) gegenübergestellt. „Der eigentliche Begründer des Begriffes der potentiellen Energie wurde LEIBNIZ. Er erweitert den Begriff der kinetischen Energie zu dem der Energie, für die er den Ausdruck ‚absolute lebendige Kraft' (force vive absolue) oder Potenz, Wirkungsvermögen (potentia) gebraucht" (HAAS). Als Beispiel gilt die Erhebung eines Gewichtes zu einer bestimmten Höhe und die Federkraft (HELMHOLTZ: „Spannkraft"). Nach JOHANN BERNOULLI ist „lebendige Kraft" äquivalent „demjenigen Teil der Ursache, welcher sich in ihrer Hervorbringung verzehrt". Solche Vorstellungsweisen wurden weitergeführt durch DANIEL BERNOULLI in seiner Hydrodynamik. Er weist u. a. darauf hin, daß die brennbare Kohle „verborgene lebendige Kraft" besitze, die in Wärme verwandelt werden kann. LAZARE CARNOT unterscheidet 1803 latente lebendige Kraft (force vive latente) und lebendige Kraft im eigentlichen Sinne.

Es ist von hohem Reiz zu sehen, wie der Satz der Erhaltung der lebendigen Kraft durch die Einführung der „latenten Kraft" schon bei LEIBNIZ in den Satz von der *Erhaltung der „Gesamtkraft"* übergeht. „Das Gesetz der Erhaltung drückte zunächst nur die Unveränderlichkeit der aktuellen Kraft aus, also vor allem für den elastischen Stoß. — Latente Kraft mußte man durch eine Umwandlung aus der aktuellen Kraft entstanden denken, die in dieser Form scheinbar verborgen und aufgespeichert bleibt, um unter gegebenen Verhältnissen wieder zum Vorschein zu kommen" (HAAS). Schließlich wird dann, um spätere Formulierungen zu gebrauchen, „die Summe der vorhandenen lebendigen Kräfte und Spannkräfte konstant" (HELMHOLTZ): ein Satz, der beim scheinbaren Verschwinden von Bewegungsenergie (im unelastischen Stoß, bei Reibung usw.) eine bedeutende Rolle erlangen sollte.

Die philosophische Grundüberzeugung, daß einmal vorhandene „Kraft" nicht wieder verloren gehen könne, verband sich mit der durch mannigfache Erfahrung bekräftigten Überzeugung, daß *Kraft nicht aus Nichts gewonnen* werden könne: Unmöglichkeit eines perpetuum mobile. S. STEVINUS hatte schon 1605 wichtige Gleichgewichtssätze aus dem Prinzip des unmöglichen perpetuum mobile abgeleitet (27). GALILEI war es geläufig gewesen, daß ein Körper durch die im Falle erlangte Endgeschwindigkeit alsdann „von selbst" bis in die Höhe steigen könne, von der er herabgefallen ist, aber nicht höher (Erhaltung der Steighöhe). „Aus Nichts kann keine Erhebungskraft entstehen; und dieser Satz hat GALILEI, wie es scheint, auch auf das Trägheitsgesetz geführt" (DRIESCH). „So entsprang dem unlösbaren Problem des perpetuum mobile das Prinzip der Erhaltung der Energie" (PLANCK). (Zu Beginn des 19. Jahrhunderts ist der Satz von der Unmöglichkeit eines perpetuum mobile in der Elektrizitätslehre von den Vertretern der chemischen Theorie, wie DAVY, FARADAY, SCHÖNBEIN gegen VOLTAs Kontakttheorie ausgespielt worden.) „In der Tat ist es durch die ganze Mechanik dasselbe Prinzip des ausgeschlossenen perpetuum mobile, welches fast alles verrichtet" (MACH).

HUYGENS verallgemeinert den *Satz von der Steighöhe* in seiner Lehre, daß der Schwerpunkt eines oszillierenden Körpersystems nicht von selbst ansteigt (Erhaltung des Schwerpunktes). Für den Stoß zweier elastischer Körper war die Erhaltung der lebendigen Kraft von HUYGENS und WREN schon 1669 erkannt worden. „Beim wechselseitigen Stoß zweier Körper ist die Summe der Produkte aus den Massen mit den Quadraten der Geschwindigkeit vor und nach dem Stoß gleich." Die Anwendung dieses Erhaltungssatzes auf die Pendelbewegung folgte bald nach. LEIBNIZ schließlich hat diese Gedanken in dem allgemeinen Satze der „Erhaltung der lebendigen Kraft" und der Erhaltung der „Kraft" überhaupt vereinigt (28).

LEIBNIZENS universelle Einstellung zum Begriff der „Kraft" und ihrer Erhaltung tritt besonders klar in einem Briefe an Marquis DE L'HOSPITAL hervor: „Sie sehen, daß der Satz von der Gleichheit von Ursache und Wirkung, d. h. die Ausschließung eines mechanischen perpetuum mobile, meiner Schätzung der Kraft zugrunde liegt. Diese erhält sich demgemäß in unwandelbarer Identität, d. h. es erhält sich immer das Quantum, das zur Hervorbringung einer bestimmten Wirkung — zur Erhebung eines Gewichtes auf eine bestimmte Höhe, zur Spannung einer Feder, zur Mitteilung einer bestimmten Geschwindigkeit usw. erforderlich ist, ohne daß in der Gesamtwirkung das Geringste gewonnen werden oder verloren gehen kann, wenngleich allerdings oft ein Teil von ihr, den man jedoch niemals in Rechnung zu ziehen vergessen soll, durch die nicht mehr wahrnehmbaren Teile der Körper selbst oder durch seine Umgebung absorbiert wird." (Auf diesen Schlußsatz werden wir noch zurückzukommen haben; s. S. 50.) Weiterhin: „Was durch die kleinsten Teile absorbiert wird, geht keineswegs absolut für das Universum verloren, obwohl es für die Gesamtkraft der zusammenstoßenden Körper verloren geht." (Nach heutigem Ausdruck: Molare Energie verwandelt sich in molekulare.) Oder: „C'est la force absolue, qui s'estime par l'effet, qui se conserve. Si cette force vive pouvait jamais s'augmenter, il y aurait l'effet plus puissant que la cause ... ce qui est absurde." Schließlich meint LEIBNIZ, daß nach dem neuen von ihm dargelegten Naturgesetz „nicht bloß die nämliche Menge der Gesamtkraft der miteinander in Verkehr stehenden Körper, sondern auch deren Gesamtrichtung sich erhält".

Die großen Physiker der Folgezeit haben den *Erhaltungsgedanken bewahrt und gefestigt.* Dahin gehören die Brüder JOHANN und JAKOB BERNOULLI und JOHANNs Sohn DANIEL BERNOULLI. JOHANN BERNOULLI, dem die *lebendige Kraft* etwas sehr Reales, ja Substanzielles ist, lehrte, daß „eine jede lebendige Kraft ihre bestimmte Größe hat, von der nichts verloren gehen kann, was nicht in einer entstandenen Wirkung wiedergefunden würde". D'ALEMBERT und LAGRANGE haben den Gedanken der conservatio vivium vivarum weitergeführt. „Im Arbeitsprinzip bildeten sich die Auffassungsweisen von Umformung und Aufspeicherung der Arbeit auf dem Gebiete der Mechanik und besonders auf dem des praktischen Maschinenwesens aus, die sich später zu einer alle Erfahrung umfassenden Naturauffassung umgestaltet haben" (G. HELM).

Nach HAAS gibt es *drei Stufen in der Entwicklung des Erhaltungsprinzips* vor R. MAYER:

    a) Erhaltung der lebendigen Kraft für den einzelnen Körper (GALILEI);

    b) desgleichen für Gemeinschaften, Systeme (HUYGENS);

    c) „die Summe von aktueller und latenter Energie ist konstant".

13. Das Erhaltungsprinzip als allgemeinster physikalischer Kausalbegriff; daneben Aufkommen eines eng mechanistischen Kausalbegriffes.

Noch aber ist nichts über die Beziehung des Prinzips der Beharrung lebendiger Kräfte (als „konservativer" Kräfte) zu dem allgemeinen *Kausalitätsprinzip* gesagt. Diese vollzog sich bei der herrschenden Gedankenrichtung in gewissem Anschluß an die aristotelisch-scholastische Philosophie ganz von selbst.

Wie in primitiver Rechtsordnung die Strafe als Sühne durchaus der Schuld entsprechen, ihr möglichst gleich sein soll, so wird in der Naturordnung schon früh eine „Gleichheit" von Ursache und Wirkung gefunden. Nach HERAKLIT gilt: „Alles ist Austausch des Feuers und das Feuer Austausch von allem, gerade wie für Gold Ware und für Ware Gold eingetauscht wird". DEMOKRIT sieht in jedem Bewirken eine Weitergabe der Urbewegung gleichbleibender Urgebilde, der Atome, aus denen der Kosmos zusammengesetzt sei.

Schon für DESCARTES, noch mehr für LEIBNIZ, ergibt sich die Vorstellung der Unveränderlichkeit und Unzerstörbarkeit eines Etwas, das in jeder Bewegung in der Natur zutage tritt, aus *dem logischen Gesetz der Gleichheit von Ursache und Wirkung, die wiederum eine einfache Folgerung aus dem Satze vom zureichenden Grunde sein soll.* „Wahre Ursache ist eine Ursache, zwischen der und ihrer Wirkung der Geist eine notwendige Verknüpfung erkennt" (MALEBRANCHE). Nach dem scharfen Rationalismus von DESCARTES ist das Verhältnis „Ursache und Wirkung" äquivalent dem Verhältnis „Grund und Folge"; und auch LEIBNIZ erscheint es als eine Folgerung des Satzes vom zureichenden Grunde, daß ein Etwas nicht aus Nichts entstehen kann. „Die Gesamtwirkung ist der vollen Ursache äquivalent" (nach HAAS). Eine Ursache kann mithin „nur diejenige Wirkung hervorbringen, die ihr größenmäßig gerade entspricht, keine größere und keine kleinere: es ist etwas da, das konstant bleibt. Das Gesetz der Erhaltung der lebendigen Kraft ist mit dem Satz der Gleichheit von Ursache und Wirkung identisch" (Formulierung von DÜHRING). So haben *Kraftbegriff und Kausalbegriff schon bei LEIBNIZ ein enges Bündnis eingegangen.*

Demgemäß gilt: Causa aequat effectum. „Ostendo aequationem latentem inter causam et effectum nulla ratione violabilem esse" (LEIBNIZ). *Der Satz von der Erhaltung der Gesamtkraft wird identisch mit dem Satz über die Gleichheit von Ursache und Wirkung,* ja schließlich mit dem apriorischen Satze vom zureichenden Grunde. Nach L. EULER muß die *Wirkung* der *Ursache* gleichen, die Quantität der *Bewegung* oder der *Kraft* kann nicht vermehrt oder vermindert werden. „Alles ist in der Natur so eingerichtet, daß bei Vergrößerung der Ursache auch ihre Wirkung wächst" (LOMONOSSOW 1750). „Les effets sont toujours proportionnels a leurs causes ou forces productrices" (VARIGNON 1725, als erstes Axiom der „Nouvelle Mécanique ou Statique", auf dem 1687 gleichzeitig von VARIGNON und NEWTON ausgesprochenen Parallelogramm der Bewegungen aufgebaut). Derselbe Gedanke tritt bei NEWTON schon 1709 auf.

Grundlegend war das Resultat, „daß für gleichförmig bewegte Körper das Produkt aus Masse und Quadrat der Geschwindigkeit als causa oder effectus in Betracht kommt. Ein durch $mv^2/2$ seiner Kausalpotenz nach gekennzeichneter Körper kann einmal als causa einen anderen entgegen einer wirkenden Kraft p bewegen, bis derselbe den Weg l zurückgelegt hat, so daß pl (Kraft × Weg) das Maß des effectus wird, zum anderen kann eine beschleunigende Kraft p als causa über die Wegstrecke l hin wirkend, $mv^2/2$ als effectus erzielen. Die Summe aller $mv^2/2$ und aller pl muß in einem geschlossenen System immer konstant bleiben. Die LAGRANGEschen oder die D'ALEMBERTschen Gleichungen drücken das für die drei Achsen des Raumes erschöpfend aus. Kraft × Weg = Arbeit, Energie allgemein = Arbeitswert. — Die Arbeit ist, wie aus der Mechanik erkannt, das tertium comparationis für die Anwendung des Satzes vom Kausalquantum" (DRIESCH 1904).

Kräfte im Sinne von LEIBNIZens „lebendiger Kraft" und „latenter Kraft" sind also *Ursachen,* die in ihrer Wirkung durchaus quantitativ fortbestehen und erhalten bleiben (29). Damit wird von LEIBNIZ ab allgemein, und zwar auch für die Folgezeit *die Differentialgleichung zum „mathematischen Schema für die kausale Beschreibung einer Erscheinung"* (KRAMPF), und kausale Gesetze treten auf als Differentialgleichungen, die „unveränderliche Beziehungen zwischen Erscheinungen zum Ausdruck bringen" (BRIDGMAN). Die causa physica wird zur causa mathematica, die lex physica zur lex mathematica. (R. MAYERs Äußerung über NEWTONs causa mathematica s. M.I. 59, 202.)

Weniger eng wie für die Beharrung der *Kraft* ist das Band zwischen dem Kausalprinzip und dem Gedanken der Beharrung des Stoffes oder der *Materie*, der seit BOYLE, JEAN REY, MAYOW und LAVOISIER das Stadium bloßer philosophischer Spekulation überschritten hatte und quantitativer Messung immer mehr zugänglich geworden war. Allgemein anerkannt war seit BOYLE (mit seinem neuen Elementbegriff) und LAVOISIER diese Unveränderlichkeit: *„Die Substanz beharrt:* d. h. sie kann nicht entstehen, noch vergehen, mithin das in der Welt vorhandene Quantum derselben nie vermehrt noch vermindert werden. — Daß die *Materie beharrt*, ist eine schon tausendmal ausgesprochene Wahrheit a priori" (Formulierung von SCHOPENHAUER). Daß aber im wissenschaftlichen Bewußtsein auch für die *Materie* das Erhaltungsprinzip dem philosophischen Kausalprinzip eingeordnet werden kann, lassen R. MAYERs Ausführungen wiederholt erkennen; z.B. „Knallgas, $H + O$ und Wasser HO verhalten sich wie Ursache und Wirkung, also $H + O = HO$" (M.I. 31; s. auch S. 43).

Im ganzen war durch die Entwicklung von 200 Jahren gewonnen der *Begriff einer Naturkausalität als mathematisch erfaßbarer Gesetzlichkeit*, die von dem Prinzip einer *Gleichheit von Ursache und Wirkung* beherrscht ist. Die besonderen Kausalbegriffe aber, die zur logischen Bewältigung der Wirklichkeit entwickelt worden waren, gehörten durchweg dem *Geist der Mechanik* an, beruhend auf dem Gedanken, daß letzthin alle Naturgesetzlichkeit eine solche zeiträumlicher Art, also *Bewegungskausalität* sein müsse. Nach HUYGENS können nur solche Erklärungen physikalischer Erscheinungen genügen, die auf Masseteilchen und ihre Bewegung sich gründen (s. S. 24). Strenger Mechanik galt als Ziel die Auflösung der Naturvorgänge in eine Mechanik der Atome mit ihren konstanten Zentralkräften („Stabkräften", „Radialkräften"). „Die Klarheit, Unbedingtheit und Durchsichtigkeit der Kausalbeziehungen der klassischen Mechanik ließen das in ihr entwickelte Kausaldenken zur Norm des Kausaldenkens überhaupt werden" (BEURLEN).

Bei genauerem Zusehen bietet sich dem Beschauer ein *Doppelaspekt*, der für die Zukunft bedeutungsvoll geworden ist: Einerseits wird eine experimentell wohlfundierte *dynamische Kausalität* vertreten, die von dem vielgenannten Satze „causa aequat effectum" ihren Ausgang nimmt und die in dem Satze von der „Erhaltung der Kraft" in geschlossenen mechanischen Systemen gipfelt.

Neben der dynamischen Naturauffassung eines LEIBNIZ (auch KANT) hat sich indes auch eine *einseitig mechanistische Betrachtung* entwickelt, deren Kausalitätsbegriff vollkommen in *Kinematik* aufgeht, und die im 18. und 19. Jahrhundert zu großem Einfluß gelangt ist. Eine spekulative Überspannung bestimmter Gesetzmäßigkeiten, die sich auf Ort und Impuls von Masseteilchen beziehen, hat zu einer *dogmatisch eingeengten mechanistischen Kausalitätsauffassung* geführt, die *nur Bewegungen* qualitätsloser Masseteilchen kennt, und die schließlich das *gesamte Naturgeschehen* als notwendige Folge von Druck und Stoß, Anziehung und Abstoßung jener Masseteilchen erscheinen läßt. „Die Kurve, die ein einziges Atom beschreibt, muß ebenso fest bestimmt sein wie die Bahn eines Planeten" (LAPLACE 1816). „Die sämtlichen physikalischen Erscheinungen reduzieren sich auf Gleichgewicht und Bewegung der Moleküle und Atome" (Formulierung von WUNDT). Diese engherzige Anschauung, die schon in der Elektrizität, sowie im Chemismus mit seinen spezifischen Qualitäten ungleicher Elemente Schiffbruch erleiden mußte, mündete aus in eine *unberechtigte Gleichsetzung von Kausalität mit der Möglichkeit strengster Voraussage zukünftigen individuellen Geschehens auf Grund räumlicher Konstellation.*

Sobald die Parameter einer gegenwärtigen Konstellation von Masseteilchen (Ort, Beschwindigkeit, Impuls) gegeben sind, sollen sich aus geltenden Gesetzen diese Parameter auch für einen künftigen Zeitpunkt streng exakt vorausberechnen lassen. In der auf die analytische Mechanik gegründeten *Weltformel von* LAPLACE (1814) hat diese mechanistische Dogmatik ihren klassischen Ausdruck gefunden. „Ist der Anfangszustand gegeben, so wird die zeitliche Entwicklung beherrscht durch Differentialgleichungen, welche die Variablen für alle folgenden Zeitpunkte bestimmen und jeden späteren Zustand in eindeutiger Weise aus dem Anfangszustand ableiten" (Formulierung von SOMMERFELD). PLANCK charakterisiert diese „LAPLACE-Kausalität" folgendermaßen: „Sie stellt sich dar als ein gewisses System von mathematischen Gleichungen, durch welche alle Vorgänge in irgendeinem gegebenen physikalischen Gebilde vollkommen bestimmt werden, sobald die zeitlichen und räumlichen Grenzbedingungen, d. h. der Anfangszustand und die von außen her auf das Gebilde stattfindenden Einwirkungen gegeben sind. Dadurch ist es möglich gemacht, alle in dem Gebilde sich abspielenden Vorgänge in allen Einzelheiten im voraus zu berechnen und so aus der Ursache die Wirkung abzuleiten."

Auf diesen *besonderen* Kausalbegriff („Mechanismus" im engsten Sinne, oder mechanischer Determinismus), dem lange Zeit allzu viel Ehre erwiesen worden ist, wird noch zurückzukommen sein. An dieser Stelle genügen drei Äußerungen: „Was heißt kausal erklären? Das muß nicht gerade in Differentialgleichungen zweiter Ordnung geschehen, wie sie in der klassischen Mechanik (LAPLACE u. a.) als Muster hingestellt wurden" (BAVINK). „Kausale Verknüpfung" hat auch in der Naturwissenschaft augenscheinlich eine Bedeutung, die nicht auf Vorausbestimmung ... zurückgeführt werden kann" (K. MARC-WOGAN). „Warum soll für jeden Kausalnexus ein haptisch-optisches Vorstellungsschema gelten?" (ADOLF WAGNER).

B. Weiterführung des naturwissenschaftlichen Kausalbegriffes durch R. MAYER.

Wie innig heute die Beziehung erscheinen mag, die R. MAYERs Grundgedanken mit den Resultaten der vorausgehenden klassischen Mechanik verknüpft, so gewaltig ist doch der tatsächlich erzielte Fortschritt. Dieser besteht darin, daß R. MAYER den von den großen Physikern der Vergangenheit gewonnenen und vielfach bestätigten *Satz von der Erhaltung der mechanischen Kraft (als Summe von latentem Arbeitswert und lebendiger Kraft) auf die Gesamtheit der bekannten allgemeinen Naturkräfte angewendet* und dieser universellen Anwendung ihre unerschütterliche empirische Stütze durch die *Berechnung des mechanischen Wärmeäquivalentes* gegeben hat. Hierbei hat er die Gleichsetzung der „Erhaltung der Kraft" mit dem Grundbegriff physikalischer Kausalität gewissermaßen mit übernommen, sie jedoch sinngemäß zu einer Gleichsetzung der Erhaltung der *Kraft im allgemeinsten Sinne* (Energie) bei allen „Umwandlungen" der Form weiterentwickelt (30).

Die Erstlingsschrift von 1841 beginnt: „Die Aufgabe der Naturlehre ist es, die Erscheinungen in der leblosen sowohl als der lebenden Welt nach ihren Ursachen und Wirkungen zu entwickeln".

III. R. MAYERs „Erhaltungskausalität": Gleichsetzung des generellen physikalischen Erhaltungsprinzips mit dem Begriff physikalischer Kausalität.

> „Der Begriff vom Entstehen ist uns ganz und gar versagt: daher wir, wenn wir etwas sehen, denken, daß es schon da gewesen ist. — Das große Geheimnis, daß nichts entspringt, als was schon angekündigt ist." GOETHE.

14. Stand des Kausaldenkens in der Naturwissenschaft um 1840.

Sowohl astronomische wie terrestrische Mechanik hatten schon zu Beginn des 19. Jahrhunderts einen sehr hohen Stand erreicht, die letztere wiederum in theoretischer und in angewandter Form. Ferner hatte es nicht ausbleiben können, daß die streng *mechanische Weise des Kausaldenkens sich auch andere Gebiete der Naturwissenschaft zu erobern suchte.* Schon früh hatte man begonnen, die neue Mechanik in die neue *Physiologie* (seit VESALIUS) zu tragen. HARVEYs erfolgreiches Studium des Blutkreislaufes (1628) und weitere Arbeiten zahlreicher Forscher (BORELLI, HALES u. a.) über Bau und Funktion des Knochengerüstes, über die Muskelbewegung, ja sogar über Verdauung und Stoffwechsel hatten eine ansehnliche Statik und Mechanik des menschlichen Körpers geschaffen

(31). Es ist bemerkenswert, daß neben der mechanistischen Physiologie, die zunächst namentlich in Italien und Frankreich vertreten wird, sich auch eine primitive chemische Physiologie und Medizin regt: PARACELSUS, VAN HELMONT, FRANZ DE LE BOË (SYLVIUS), BOERHAAVE, SPALLANZANI u. a. m. (Jatrochemie neben Jatrophysik).

Selbstverständlich waren auch die im 17. und 18. Jahrhundert erwachsenden *besonderen Disziplinen der Physik, wie Akustik, Optik, Wärmelehre und Elektrizitätslehre,* ja schließlich auch die *Chemie von der klassischen Mechanik samt ihren „Zentralkräften" beeinflußt* und gefördert worden. Hier hatte sich freilich fast durchgängig die Schwierigkeit ergeben, daß *man es nicht mit sichtbaren und greifbaren Bewegungen von Körpern zu tun hatte,* sondern mit Zuständen und Veränderungen an Körpern und Stoffen, die nicht ohne besondere „Annahmen", d. h. Hypothesen oder Figmente, als „Bewegung", d. h. Ortsveränderung eines Etwas in der Zeit angesprochen werden konnten; es sei nur an die Ausbreitung des Lichtes im „leeren Raume" zwischen den Gestirnen erinnert, sowie an die widerstreitenden Theorien von Fernkraft und Nahkraft (durch Äthervermittlung) hinsichtlich der Gravitation (32).

Der anthropomorphen Einstellung auch fortgeschrittener Wissenschaft entspricht es, wenn die Physik zur denkenden Bewältigung besonderer Naturvorgänge, die den Sinnen nicht unmittelbar als Bewegung von Körpern und Masseteilchen erscheinen, „Stoffe" erdachte und erdichtete, *Fluida* besonders feiner und zarter, vielleicht unwägbarer Art *(Imponderabilia),* deren Teilbewegungen (fortschreitende oder oszillierende) das ergeben sollten, was Sinne und Verstand als Wärme, Licht, Elektrizität usw. empfinden und auffassen. Der *Lichtäther,* als eine Art allerfeinster Gallerte oder auch als aus diskreten „Atomen" bestehend gedacht, bildet das klassische Beispiel, wie ergebnisreich und fruchtbar derartige Hilfsannahmen werden konnten: in der Emanationstheorie von NEWTON und später noch mehr in der Undulationstheorie von HUYGENS; und ähnlich ist es mit dem unveränderlichen „Caloricum", dem Wärmestoff von BLACK, LAVOISIER, FOURIER und SADI CARNOT gewesen und mit den „Fluiden" der Elektrizität und des Magnetismus (noch bei W. WEBER), sowie auch schließlich dem „fluidum nervorum" oder dem „spiritus" als Lebensprinzip, kreisend vom Gehirn zu den Muskeln und von den Sinnesorganen wieder zurück [BORELLI, FR. HOFFMANN u. a. (33)].

Bei der heterogenen Natur der verschiedenen Naturerscheinungsgebiete konnte es nicht ausbleiben, daß den Bemühungen einer durchgängigen Mechanisierung vielfach *Unstimmigkeiten und Schwierigkeiten* entgegentraten, die zu Unsicherheiten in den logischen Folgerungen, ja letzthin zu einer *Problematik der herrschenden mechanischen Auffassung* führen mußten. Dies machte sich insbesondere da geltend, wo bestimmte zusammenhängende Erscheinungen der Natur lediglich *auf einer gewissen Strecke oder innerhalb eines beschränkten Rahmens als „kinetisch" oder „mechanisch" im strengen Sinne des Wortes nachgewiesen und formuliert werden konnten.* Beim unelastischen Stoß verschwindet offensichtlich Bewegung; das gleiche gilt von der Reibung, indem an Stelle lebendiger Kraft Wärme oder in gewissen Fällen auch Elektrizität

3*

entsteht (34). Die *optischen* Vorgänge weiterhin lassen sich ebenso wie die *elektrischen* nicht restlos aus Bewegungsgesetzen der Körperwelt ableiten: der Lichtstrahl birgt dem Mechaniker ein Geheimnis, und der Blitz, die elektrische „Entladung" desgleichen, obwohl die schließlichen *Auswirkungen* unverkennbar *Bewegungen* aufbauender oder zerstörender Art sind (35).

Auch die *Chemie* mit ihren unzähligen *spezifischen Qualitäten* setzt einer restlosen Ableitung aus Gesetzen der Mechanik unüberwindliche Hindernisse entgegen; in die Willkürhandlungen der „Wahlverwandtschaft" dringen die Gesetzmäßigkeiten einfacher Attraktion und Gravitation nicht ein. „Schon lange war man sich darüber klar, daß die Gesetze der Mechanik für die kleine Welt der Atome nicht ausreichen. Etwas Ähnliches besteht in der Lehre vom Licht seit langem" (W. Wien).

Auf zahlreichen Gebieten der Physik, weiter auch der Chemie und der Physiologie, mußten sich also *dringliche Fragen über das Verhältnis sichtbarer Bewegung zu andersartigen Zuständen der Materie* ergeben, also etwa Fragen wie folgende: Woher kommt Bewegungskraft, die vorher in keiner Weise sichtbar war, oder wohin geht sie, wenn sie nachmals scheinbar völlig „zergeht"? Oder: Wie kann eine Bewegung, eine „Kraft", als solche völlig verschwinden und zu einem „Fluidum" werden, und wie kann ein Fluidum, ein Imponderabile, Bewegung erzeugen? (36). Schließlich: Warum streben gewisse chemische Elemente unwiderstehlich zueinander, während andere auch bei jahrelangem Beisammensein keine irgendwie geartete „Attraktion" zeigen und gegenseitige „Bindung" eingehen?

15. Methodische Möglichkeiten einer allgemeinen physikalischen Kausaltheorie.

Mit den Problemen, die die Vielgestaltigkeit der Naturerscheinungen — mechanischen, thermischen, elektrischen, magnetischen, chemischen, biologischen — dem Forschergeist bietet, konnte sich dieser in verschiedener Weise auseinandersetzen, und hat sich tatsächlich in verschiedener Weise auseinandergesetzt.

Von geringer unmittelbar *wissenschaftlicher* Bedeutung ist es, wenn man sich mit dem *philosophischen Gedanken einer Einheit der Naturkräfte* begnügt, ohne nach einer Einsicht in Art und Maß des Zusammenhanges jener Kräfte Verlangen zu tragen.

Vielfach hat schon in den Anfängen der Gedanke einer Identität der Naturkräfte die Gestalt des *Allmechanismus* angenommen, der sich in der Regel mit einem *Allmaterialismus* verband. In seinem „Leviathan" verkündete Hobbes 1651, daß „alles nur Bewegung der Materie" sei. Für die Kartesianer war die ganze Welt mit Äther erfüllt und Bewegungen dieses Äthers vermittelten alle Kraftwirkungen. Didérot (1754) sah in Schwere, Elastizität, Magnetismus, Elektrizität Erscheinungsformen derselben mechanischen Allkraft. Auch Boscovich nahm eine derartige *Grundkraft* an.

Eine Einheit der Kraft wurde durchweg, nunmehr völlig in „idealistischem" Sinne, auch von den Vertretern der *romantischen Naturphilosophie* geglaubt: KIELMEYER, OKEN, SCHELLING u. a., denen sich die „unromantischen" Philosophen HERBART und SCHOPENHAUER zugesellten (s. Anm. 62). „Alle Naturkräfte sind nur *eine* Kraft. Alle Wirkungen sind nichts als Wirkungen einer Kraft — der Weltseele ... Alle Kraft gehört zur Weltkraft" (NOVALIS). Bei SCHOPENHAUER heißt es: „Da es nun letzthin nur *einen* Willen in der Natur gibt, so ist auch Naturkraft und Materie im Grunde nur eine. Unberührt von dem Wechsel der Formen und Zustände bleibt einerseits die Materie und andererseits die Naturkräfte: denn beide sind die Voraussetzung aller jener Veränderungen."

Im ganzen war eine philosophische Haltung, welche die Überzeugung von einem *Zusammenhange aller Kräfte* in den Mittelpunkt stellt, nicht ohne *Anregungswert*, zumal wenn sie mit empirisch gestützten analogen Gedanken von Naturforschern zusammentraf (37). Entstand doch auf diese Weise eine Art *physikalischen Allgemeinbewußtseins* hinsichtlich der Einheit und demnach auch Umwandelbarkeit der Kraft, als eine verbreitete „Hypothese", die sicher auch auf den jungen R. MAYER in seinen Studienjahren ihre Wirkung nicht verfehlt hat. Schon in seiner Erstlingsschrift von 1841 heißt es: „Alle Erscheinungen können wir von einer Urkraft ableiten" (M.II. 101).

Bereits im 18. Jahrhundert hatten die *mannigfachen Analogien,* die die verschiedenen Naturkräfte bieten, auch in wissenschaftlichen Kreisen die Vorstellung einer *Einheit der Naturkraft* nahegelegt. Formale Ähnlichkeiten zwischen Schall und Licht hatten HOBBES 1651 und HUYGENS erkannt. GRAF RUMFORD wies um 1800 auf Zusammenhänge von Licht und Wärme hin; HERSCHEL (1801) und AMPÈRE (1832) zeigten, daß Wärmestrahlen und Licht nach denselben Gesetzen reflektiert und gebrochen werden. Für magnetische und elektrische Anziehung fand COULOMB 1788 die gleiche mathematische Gesetzlichkeit, wie sie nach NEWTON für die Gravitation von Masseteilchen besteht. Vielfach diente der Begriff eines (vollkommen elastischen) *Weltäthers* als eines allgegenwärtigen feinstofflichen Mediums (DESCARTES 1644) für die Herstellung von Beziehungen der Kräfte, so nach L. EULER (1762). GRAF RUMFORD (von R. MAYER öfters genannt) zeigte 1798 die Umwandlung von Reibungsbewegung in Wärme; SADI CARNOT (1824) verfolgte die Beziehungen von mechanischer Kraft und thermischen Vorgängen und begründete so den „zweiten Hauptsatz" der Thermodynamik. FRESNEL folgerte 1822, daß die Menge an lebendiger Kraft, die als Licht verschwindet, als Wärme wieder erscheinen kann; AMPÈRE lehrte 1832 die „Identität" von Licht und strahlender Wärme.

AMPÈRE führte 1822 magnetische Erscheinungen auf elektrische Ströme zurück. OERSTED verfolgte 1820 die Einwirkung strömender Elektrizität auf die Magnetnadel, FARADAY von 1831 ab die umgekehrte Erscheinung der Magnetinduktion. DAVY fand 1810 das elektrische Bogenlicht, SEEBECK 1821 die Thermoelektrizität. Auch die Anfänge einer Thermochemie regten sich (HESS u. a.). Schon 1792 war VOLTA den Zusammenhängen von Elektrizität und Chemie nachgegangen. CARLISLE hatte 1800 zum ersten Male Wasser elektrolytisch zersetzt; bald folgten die wichtigen elektrochemischen Arbeiten von DAVY (Zerlegung der Alkalien) und BERZELIUS.

DANIELL erfand 1836 sein Zink-Kupferelement. FARADAY ermittelte 1834 das elektrochemische Äquivalent; chemische Affinität und Elektrizität waren ihm wie BERZELIUS Äußerungen derselben Grundkraft: „the great power." „In FARADAY muß man den eigentlichen Schöpfer des Energiebegriffes erblicken" (HAAS). „FARADAY zeigt, daß alle Naturkräfte miteinander verknüpft sind und einen gemeinschaftlichen Ursprung haben" (E. SCHNEIDER; s. auch M.I. 315).

DANIEL BERNOULLI sah in der arbeitenden Dampfmaschine eine Umformung der latenten Kraft, die in der zugeführten Kohle enthalten sei (1 Kubikfuß Kohle = Leistung der täglichen Arbeit von 8—10 Menschen). STEPHENSON lehrte, das Licht, das uns Holz und Kohle gewähren, sei eine Wiederholung des Lichtes, das einst den Pflanzen von der Sonne zugegangen war. HERSCHEL (1833) erkannte in der Sonne die allgemeine Kraftspenderin irdischen Daseins. v. GROTTHUSS (um 1800), CHEVREUL, DAGUERRE (1839) u. a. verfolgten die chemischen Wirkungen des Lichtes.

Nach CHRISTIAN PFAFF (1845) ist die *Schwere* „die tätigste und am weitesten verbreitete Naturkraft (primitive Ursache), gleichsam die Weltseele, welche das Leben der großen Massen ... unzerstörbar und unerschöpflich unterhält" (M.II. 231). BERZELIUS glaubt, daß die *Elektrizität* das „primum movens" bei allen chemischen Wirkungen ist. Sie ist aber weiter „der Ursprung von Licht und Wärme, birgt sich in diesen vielleicht in veränderter Form und füllt den Raum als strahlendes Licht und strahlende Wärme". SCHOPENHAUER kennt eine „Metamorphose" von Licht in Wärme und umgekehrt, sowie auch von Elektrizität in Licht oder Wärme.

Bei LIEBIG heißt es 1841: „Wärme, Elektrizität und Magnetismus stehen in einer ähnlichen Beziehung zueinander wie die chemischen Äquivalente von Kohle, Zink und Sauerstoff. Die Elektrizität kaufe ich mit chemischer Affinität. Aus Nichts kann keine Kraft entstehen." Und wiederum (1842): „Es gibt verschiedene Ursachen der Krafterzeugung: eine gespannte Feder, ein Luftstrom, eine gewisse Geschwindigkeit, eine fallende Wassermasse, Feuer was unter dem Dampfkessel brennt, ein Metall was sich in einer Säure löst ... In dem tierischen Körper erkennen wir aber als die letzte Ursache aller Krafterzeugung nur eine, und diese ist die Wechselwirkung, welche die Bestandteile der Speisen und der Sauerstoff der Luft aufeinander ausüben. Die einzige bekannte und letzte Ursache der Lebenstätigkeit im Tier sowohl, wie in der Pflanze, ist ein chemischer Prozeß" (38).

Unmittelbar wissenschaftlich fruchtbar für die Entwicklung einer allgemeinen *Dynamik* konnten zwei einander entgegengesetzte Verhaltungsweisen werden, die je in ihrer Weise den historischen Zusammenhang mit den Ideen eines GALILEI, NEWTON, LEIBNIZ, HUYGENS u. a. wahrten. Zunächst konnte man in optimistischer Weise meinen, daß da, wo Naturerscheinungen nicht ohne weiteres *als Bewegungen wahrgenommen* oder verstanden werden können, es einer eindringlichen Forschung früher oder später doch gelingen werde, den Nachweis zu führen, daß es sich um *verborgene Bewegungen offenbarer (oder auch verborgener) Massen* handle, so daß also eine Erhaltungsgemäßheit der *mechanischen* Kraft schließlich doch auch hier existieren möchte, ja müsse.

Schon bei HUYGENS findet dieser Standpunkt des dogmatischen „*Allmechanismus*" seine Ausprägung dahin, daß „die wahre Philosophie" alle natürlichen Wirkungen auf mechanische Ursachen zurückführt (s. S. 24). „Man darf nicht zweifeln, daß das Licht in der Bewegung irgendeines Stoffes besteht" (1690) (Undulations- gegen Emanationstheorie). DESCARTES hatte Licht- und Elektrizitätserscheinungen auf Wirbel des hypothetischen Äthers zurückgeführt. Bei SADI CARNOT (in nachgelassenen Schriften, mit einer andeutenden Berechnung des Wärmeäquivalentes) heißt es: „Aber kann man denn die Erscheinungen der Wärme oder Elektrizität als etwas anderes auffassen, denn als Bewegungen gewisser Körper, und müssen sie als solche nicht den Gesetzen der Mechanik genügen?" (39).

Daß *fühlbare Wärme* (schließlich auch BLACKs „latente" Wärme) in Wirklichkeit ein Bewegungszustand (gehemmte Bewegung) kleinster Korpuskeln sei, ist schon früh vermutet und behauptet worden: BACON (1620), GASSENDI, HOBBES, LEIBNIZ (s. S. 29), EULER, DAVID BERNOULLI, BOSCOVICH, RUMFORD, DAVY, TH. YOUNG, AMPÈRE, HERAPATH u. a. m. „Was in unserer Empfindung als Wärme erscheint, ist am Gegenstand Bewegung" (LOCKE). „Wärme muß Bewegung sein" (Graf RUMFORD auf Grund seiner Versuche über Reibungswärme). Nach LOMONOSSOW (um 1750) besteht Wärme in einer „inneren Bewegung" der Körper, und zwar in kreisförmigen Bewegungen sich reibender kleinster Teilchen. Für H. DAVY (um 1800) ist es „die erhabenste Idee, daß die verschiedenen Arten Bewegung dauernd ineinander übergehen".

ACHARD (um 1780) meint, daß Wärme eine „Bewegung" sei und daß „der berühmte Lehrsatz von der Erhaltung der Kräfte gelte, die nicht verloren gehen können". Und GROVE 1842: Das Ding „Wärme" ist uns unbekannt. Am wahrscheinlichsten aber ist es, daß es sich bei aller Betätigung von Naturkräften um Arten von Bewegung handle. Auch LIEBIG neigte einer mechanischen Wärmelehre zu, noch deutlicher Fr. MOHR, ähnlich SÉGUINE, CLAPEYRON, JOULE, HOLTZMANN. Den Abschluß gab die *mechanische Wärmetheorie* von WILHELMY, CLAUSIUS und KRÖNIG: fühlbare Wärme als ungeordnete Bewegung der Molekeln (Überleitung zur kinetischen Gastheorie) (40).

Auch in der *Chemie* hatten mit dem allmählichen Ausklingen der phlogistischen Theorie (41) *mechanistische Betrachtungsweisen* Fuß gefaßt, die hier vorzugsweise solche *atomistischer Art* waren: LOMONOSSOW, LESAGE, BERTHOLLET, DALTON, FR. MOHR (fortgesetzt von LOTHAR MEYER) (42). Freilich hatte sich bald gezeigt, daß in das eigentliche Mysterium der Chemie: in die wahlhafte, sprunghafte, ja launenhafte „Affinität", die Mechanik mit ihrer lebendigen Kraft und ihren Minimumregeln nicht einzudringen vermag, und so haben Männer wie v. GROTTHUS, H. DAVY, FARADAY, DÖBEREINER, BERZELIUS, SCHÖNBEIN versucht, die Chemie auf die *Elektrizitätslehre* mit ihrer Polarität zu gründen.

Sogar die *Lehre vom Licht* hatte der Atomismus erfaßt, indem vielfach der Weltäther atomistisch zusammengesetzt gedacht wurde (LOMONOSSOW u. a.). In ähnlicher Weise die *Elektrizität* atomistisch anzusehen, war indes einer späteren Zeit (im Anschluß an FARADAY u. a.) vorbehalten. „Die Tatsache, daß die unmittelbare Wirklichkeit *diskret* struktuiert erlebt wird, verleiht dem Atomismus seine hohe Anschaulichkeit und seine erklärende Kraft" (E. MAY).

Wie *dogmatisch-panmechanistische Tendenzen* mannigfacher Art das naturwissenschaftliche Kausaldenken des 19. Jahrhunderts weiterhin beherrscht haben, wird noch zu schildern sein; nur sei schon hier bemerkt, daß die R. MAYERs Entdeckung in systematischer Hinsicht vielfach ergänzenden Bemühungen von HELMHOLTZ durchaus auf mechanistischer Basis ruhen; ihm schließen sich in Physik und Physiologie an E. DU BOIS-REYMOND, CARL LUDWIG, H. HERTZ u. v. a. m.   „Die Physiologie ist mit Bewußtsein in den Kreis der Mechanik getreten, wo das strenge Gesetz herrscht und wo die unerbittliche Logik der Bedingungen das Ganze der Atome regelt" (HIS in einer Abhandlung über CARL LUDWIG und THIERSCH, 1895).

Eine andere mögliche Art der Auseinandersetzung mit den tatsächlichen Grenzen klassischer Körpermechanik besteht darin, daß man *den speziellen Bewegungsgriff (die Kinematik) unterordnet einem allgemeinen Kraft- oder Arbeitsbegriff (Dynamik und Energetik)*, und daß man demgemäß die *Erhaltungsgemäßheit bei physikalisch-chemischen und sonstigen Umwandlungen durchweg in bloßen Zahlenbeziehungen sucht*, auf alle und jede mechanische Veranschaulichung des nicht anschaulich in Raum und Zeit Gegebenen mithin Verzicht leistet. *Diesen Weg hat R. MAYER beschritten.* Ein solcher *Verzicht auf mechanisches Verstehen und Begreiflichmachen des Nichtmechanischen* kann meinen, ein endgültiger Verzicht zu sein; in der Regel aber schlüpft nachträglich doch das Streben ein, das reine Zahlensymbol durch Bewegungssymbole, und seien es auch nur in rein fiktiver Weise, zu ergänzen: auf dem Wege der Analogie und der Modellsetzung (s. Abschnitt 34 und 47). Fast allgemein besteht „eine Sehnsucht nach mechanischer Erklärung, die mit der gleichen Heftigkeit wie die Erbsünde auftritt" (BRIDGMAN).

16. R. MAYERs Verallgemeinerung des LEIBNIZschen Kraftbegriffes.

R. MAYERs Vorstellungen über „das Wirken in der Natur" sind von vornherein dadurch gekennzeichnet, daß nicht der Begriff der „*Bewegung*" im Mittelpunkt steht, sondern der Begriff der „*Kraft*". Und zwar handelt es sich um „Kraft" im Sinne nicht der Definition von DESCARTES, sondern im Sinne von LEIBNIZ (s. S. 26), wie denn überhaupt so manches von der Dynamik des großen Norddeutschen LEIBNIZ in „der genialen Kombinationskraft" (GROSS) des sonst recht andersgearteten Süddeutschen R. MAYER widerklingt. So hat R. MAYERs große Tat der Berechnung des mechanischen Wärmeäquivalentes zur gedanklichen Grundlage einen *Kraftbegriff, der die Erweiterung des Kraftbegriffes* von LEIBNIZ darstellt (43).

Da R. MAYER „Kraft" im Sinne von LEIBNIZ auffaßt (s. M.I.250, 254, 278), so erscheint ihm der Begriff Schwerkraft „unsinnig"; nicht die Schwere bewirkt den Fall, „sondern die räumliche Differenz der Materie;

letztere wird deshalb Fallkraft genannt. — Der Begriff ‚*Schwerkraft*‘ ist es, den ich durchaus perhorreszieren muß‘‘ (An Baur, 17. Juli 1842; M.II. 134). „Der Utilität‘‘ hat R. Mayer also sogar „die Pietät gegen den Newtonschen Kraftbegriff zum Opfer gebracht. Der große Newton hat eben das Kilogramm-Meter noch nicht gekannt‘‘ (An Fr. Mohr, 28. April 1868; M.II. 419). „Dieses Produkt $ps = Mc^2$ nenne ich kurzweg ein Kraft‘‘ (M.I. 256). „Ich meine, Newtons Geist sollen wir anbeten, nicht dessen Gewand‘‘ (An Baur, 30. Nov. 1844; M.II. 169). Es handelt sich um die Gleichsetzung: „Kraft oder Arbeit‘‘ (M.I. 388). Und abermals: „*Igitur ceterum censeo:* Ich halte es für zweckmäßig, nie den Druck allein, sondern nur das Produkt aus dem Druck in den Wirkungsraum, in specie nicht das Kilogramm, sondern das Kilogrammeter Kraft zu heißen. — Den unproduktiven Druck haben wir umsonst, die Kraft aber oder das sog. Kilogrammeter kostet immer Geld‘‘ (An Mohr, 28. April 1868; M.II. 420, 419; s. auch Liebig, S. 38 und Anm. 101).

Es ist sehr bemerkenswert, daß R. Mayer trotz seiner mehrfachen absprechenden Urteile und ablehnenden Äußerungen gegenüber philosophischen Spekulationen (44) dennoch in Wirklichkeit von Anfang an den *Zusammenhang mit philosophischer Tradition* wahrt, und daß er insbesondere *nicht nur Leibnizens Kraftbegriff, sondern auch dessen hiermit eng verknüpften Kausalbegriff zur gedanklichen Grundlage* seiner gesamten Lehre macht.

Indem R. Mayer weiter in weiser Bescheidung darauf verzichtet hat, seinen Satz von der quantitativen Unzerstörlichkeit der Kraft *mechanistisch* zu untermauern, hat er den Vorteil gewonnen, daß jede Verquickung seiner neuen mathematischen Gesetzlichkeit mit der Frage der Zulässigkeit eines Panmechanismus von vornherein ausgeschlossen ist (45) (s. Abschn. 19).

Die glückliche Verbindung kritischer Empirie mit wahrhaft philosophischem Weitblick, die in R. Mayers Gesamtwerk zutage tritt (46), macht sich schon in seinen zahlreichen Definitionen der „Kraft‘‘ bemerkbar, von denen wir hier nur einige Formulierungen vorbereitend wiedergeben wollen. So heißt es bereits in dem unvollkommenen Aufsatz von 1841: „Alle Erscheinungen oder Vorgänge beruhen darauf, daß Stoffe, Körper das Verhältnis, in welchem sie zueinander stehen, verändern. Nach dem Gesetze des logischen Grundes nehmen wir an, daß dies nicht ohne Ursache geschähe, und eine solche Ursache nennen wir Kraft‘‘ (M.II. 101). Kraft ist „*Etwas, das bei der Erzeugung der Bewegung aufgewendet wird* und dieses Aufgewendete ist als Ursache der Wirkung, der hervorgebrachten Bewegung gleich‘‘ (M.I. 255). „*Es gibt in Wahrheit nur eine einzige Kraft*‘‘ (1845; M.I. 48). Diese Kraft ist ebenso wie der Stoff in der Form wandelbar, ihrem Wesen nach jedoch „unzerstörlich‘‘. „Kraft und Materie sind unzerstörliche Objekte‘‘ (1851; M.I. 262) (47).

Wie gewaltig der durch R. MAYER errungene Fortschritt des physikalischen Kausaldenkens trotz aller historischen „Vorbereitungen" gewesen ist (48), geht daraus hervor, daß sein Streben — und ebenso das seiner Konkurrenten und Nachfolger JOULE und HELMHOLTZ (49), die empirisch und denkmethodisch wertvolle Ergänzungen lieferten — zunächst so gut wie keine Resonanz gefunden hat. Zwei Jahrzehnte haben vergehen müssen, bis die Zeit zur allgemeinen Aufnahme und zur allgemeinen Auswertung reif war; dann allerdings (etwa von TYNDALLs Würdigung 1862 ab) ist, wie wir wissen, die Anerkennung und Verbreitung mit fast explosiver Heftigkeit auf allen Gebieten der Naturwissenschaften vonstatten gegangen (s. Abschnitt 31; sowie WEYRAUCH in M.I. 314f.).

17. Das Erhaltungsprinzip als allgemeinster Kausalbegriff in R. MAYERs Schrift von 1842.

R. MAYERs *Kausalbegriff deckt sich hier völlig mit den zwei Erhaltungsgesetzen: dem schon bekannten der Materie und dem von ihm gefundenen und bewiesenen der Kraft (Energie)*; der alte Satz „causa aequat effectum" wird weitergeführt, wobei in herkömmlicher Weise die „Kraft" der Ursache gleichgesetzt, inhaltlich aber von den Banden des Mechanismus befreit und zur allgemeinen „Naturkraft" wird.

Es kann nicht unsere Aufgabe sein, die Entwicklungsgeschichte seines Prinzips und dessen Gesamtgehalt hier ausführlich zu schildern (50); handelt es sich für uns doch nur darum zu zeigen, wie es durchweg *der allgemeine Kausalgedanke ist, der alle Erörterungen* R. MAYERs *leitet*, und in welcher Weise dieser allgemeine Kausalgedanke seine Formulierung findet. „Das großartige und weitläufige Gebäude der Erfahrungs wissenschaften ist auf einer kleinen Anzahl von Pfeilern errichtet" (M.I. 236).

Wie sehr R. MAYER trotz seines ausgeprägten Wirklichkeitssinnes einer *deduktiven Ableitung* von Gedankenansätzen zuneigte, wird ohne weiteres sichtbar schon in der bahnbrechenden Arbeit von 1842, die den Niederschlag schärfsten Durchdenkens von Erfahrungstatsachen, verbunden mit hoher Intuition darstellt. Die von JUSTUS LIEBIG in seine „Annalen" aufgenommene Arbeit (51) beginnt mit dem Satze: „Der Zweck folgender Zeilen ist, die Beantwortung der Frage zu versuchen, was wir unter ‚Kräften' zu verstehen haben und wie sich solche untereinander verhalten." Es wird dann vergleichsweise auf den gut definierten Begriff der „Materie" als eines Objektes mit sehr bestimmten Eigenschaften hingewiesen. Hierauf heißt es: „Kräfte sind Ursachen. Mithin findet auf dieselben volle Anwendung der Grundsatz: causa aequat effectum. Hat die Ursache c die Wirkung e, so ist $c = e$; ist e wieder die Ursache einer anderen Wirkung f, so ist $e = f$ usw. $c = e = f \ldots = c$. In einer Kette von Ursachen und Wirkungen kann, wie aus der Natur einer Gleichung erhellt, nie ein Glied oder ein Teil eines Gliedes zu Null werden. Diese erste Eigenschaft aller Ursachen nennen wir ihre *Unzerstörlichkeit*. Ursachen sind (quantitativ) *unzerstörliche* und (qualitativ) *wandelbare* Objekte. Zwei Abteilungen von Ursachen finden sich in der Natur vor, zwischen denen erfahrungsgemäß keine Übergänge stattfinden. Die eine Abteilung bilden die Ursachen, denen die Eigenschaft der Ponderabilität und Impenetrabilität zukommt — Materien; die andere die Ursachen, denen letztere Eigenschaften fehlen — Kräfte, von der bezeichnenden negativen Eigenschaft auch Imponderabilien genannt. Kräfte sind also: *unzerstörliche, wandelbare, imponderable Objekte*" (M.I. 23—24). (Ähnlich bezeichnet LIEBIG „chemische Kraft" als „Ursache": „Die Ursache ist immer eine chemische Kraft.") „Die geistige Tat MAYERs liegt in dem *Akt erfinderischer Divination*, aus welcher der Gedanke entsprang, daß in der Natur vielleicht nicht bloß das Quantum der Materie, sondern auch das Quantum der Wirkungsfähigkeit der Materie konstant bleibe . . . ." (KOENIG).

R. MAYER unterscheidet dann „Fallkraft" oder „räumliche Differenz ponderabler Objekte" (seit RANKINE 1853 allgemein: „potentielle Energie") und die Kraft der „Bewegung" selbst (heute: „kinetische Energie"). Beides sind „Kräfte, die sich zueinander verhalten wie Ursache und Wirkung, Kräfte, die ineinander übergehen, zwei verschiedene Erscheinungsformen eines und desselben Objektes. — Das Gesetz der Erhaltung lebendiger Kräfte finden wir in dem allgemeinen Gesetze der Unzerstörbarkeit der Ursachen begründet" (52) M.I. 24—25).

Bis dahin ist gegenüber Bekanntem noch nicht viel Neues vorgebracht. Nun wird aber weiter gefragt: „Ist die *Bewegung* die Ursache von Wärme?" Wenn beobachtet wird, daß bei Vorgängen wie Reibung Bewegung verschwindet und Wärme entsteht, „so ziehen wir die Annahme, Wärme entsteht aus Bewegung, der Annahme einer Ursache ohne Wirkung und einer Wirkung ohne Ursache vor, wie der Chemiker, statt H und O ohne Nachfrage verschwinden, um Wasser auf unerklärte Weise entstehen zu lassen, einen Zusammenhang zwischen H und O einer- und Wasser andererseits statuiert. Wie die Wärme als Wirkung entsteht, bei Volumensverminderung und aufhörender Bewegung, so verschwindet die Wärme als Ursache unter dem Auftreten ihrer Wirkungen, der Bewegung, Volumsvermehrung, Lasterhebung" (M.I. S. 26 bis 28). „Knallgas $H + O$ und Wasser HO verhalten sich wie Ursache und Wirkung, also $H + O = HO$. Wird aus $H + O$, HO, so kommt außer Wasser noch Wärme, cal. zum Vorschein; diese Wärme muß ebenfalls eine Ursache, x haben; es ist also: $H + O + x = HO + cal.$" — „Die Chemie . . . lehrt uns, daß einer Materie als Ursache eine Materie als Wirkung zukomme; aber mit dem gleichen Rechte kann man auch sagen, daß einer Kraft als Ursache eine Kraft als Wirkung entspreche, . . . kurz also, ist die Ursache eine Materie, so ist auch die Wirkung eine solche; ist die Ursache eine Kraft, so ist auch die Wirkung eine Kraft" (Absätze, in der „Mechanik der Wärme" 1867 ausgelassen; M.I. 31) (53). (Statt HO heißt es heute: H_2O; s. auch S. 32.)

Und weiter: „Wir' schließen unsere Thesen, welche sich mit Notwendigkeit aus dem Grundsatz ‚causa aequat effectum' ergeben und mit allen Naturerscheinungen im vollkommenen Einklang stehen, mit einer praktischen Folgerung." R. MAYER geht nun der Frage nach, „wie hoch ein bestimmtes Gewicht über den Erdboden erhoben werden muß, daß seine ‚Fallkraft' äquivalent sei der Erwärmung eines gleichen Gewichtes Wasser von 0° auf 1° C?" Aus vorliegenden Daten über den Unterschied der spezifischen Wärme von Gasen bei konstantem Volumen und bei konstantem Druck (GAY-LUSSAC, DULONG) berechnet R. MAYER das „mechanische Wärmeäquivalent" 1 Calorie = 365 kg m. (Nach dem Aufsatz von 1845 richtiger: 425 kg m.) „R. MAYER hat für die entstehende Wärme einen zureichenden Grund verlangt; dieser Grund liegt in der verschwindenden lebendigen Kraft" (GROSS) (54).

Sieht man von einzelnen Ausdrucks-Unvollkommenheiten und -Ungewöhnlichkeiten des physikalisch nicht vollausgebildeten Arztes Dr. R. MAYER ab, so ergibt sich eine überreiche und gedankentiefe Ausbeute. Im Mittelpunkte steht eine *enge Verbindung des Prinzipes von der Unzerstörbarkeit zweier Größen in der Welt, zwischen denen nach allen Erfahrungen zu* R. MAYERs *Zeiten keine Übergänge stattfinden* (55), *nämlich der Materie einerseits, der Energie andererseits, mit dem Prinzip der Gleichheit von Ursache und Wirkung: causa aequat effectum.* Zwei Erscheinungsgebiete gibt es nach R. MAYER, auf denen sichtbar wird, daß in der Natur *nur ein Wandel der Form* stattfindet, nie aber ein vollkommenes schöpferisches Entstehen oder auch ein vollkommenes Vergehen des Inhaltes in das Nichts: das Gebiet der Materie, deren Konstanz seit LAVOISIER nirgends mehr bezweifelt wurde, und das Gebiet der Kraft, der Energie, für die nach R. MAYERs felsenfester Überzeugung das gleiche gilt. *Stoffäquivalente und Arbeitsäquivalente bilden die logische Grundlage der Relation von Ursache und Wirkung* (56).

Es würde zu weit führen, wenn wir *den physikalischen und chemischen Folgerungen* nachgehen wollten, zu welchen R. MAYERs neues Prinzip der Erhaltung der Kraft bei allen Wandlungen und Umsetzungen, bald willkommen ergänzt durch die gleichgerichteten Resultate von JOULE und HELMHOLTZ, schon zu Lebzeiten R. MAYERs geführt haben. Wir haben es hier vielmehr lediglich zu tun mit seiner These, daß in *der Erhaltung der Materie einerseits, der Energie andererseits, die allgemeine Kausaldefinition „causa aequat effectum" ihre generelle Erfüllung findet, und daß der Begriff von Ursache und Wirkung in dem Prinzip der Erhaltung von Materie einerseits, Energie andererseits zunächst vollkommen aufgeht* (57).

Damit hat sich eine *grandiose Erweiterung des mechanistischen Erhaltungsgesetzes und des mechanistischen Kausaldenkens vollzogen:* nicht nur mechanische Bewegungsgrößen oder mechanische Kräfte zeigen innerhalb bestimmter Grenzen den Erhaltungscharakter, sondern auch da, wo nach rein mechanistischer Betrachtung ein „Loch" sich auftut, wie bei dem „Verschwinden" kinetischer Energie im Falle der Reibung oder bei dem „Verschwinden" potentieller chemischer Energie im Falle einer Gasexplosion: da sind in Wirklichkeit neue Energieformen entstanden, etwa thermische oder elektrische aus kinetischen, oder thermische bzw. mechanische aus chemischen (58). Für alle solche „Umwandlungen" lassen sich *feste Zahlenverhältnisse* ermitteln, die in dem mechanischen Wärmeäquivalent ihr Vorbild besitzen. Was einst LEIBNIZ genial geahnt hatte, das hat R. MAYER in ebenso genialer Weise exakt formuliert und an einem hervorragenden Beispiele quantitativ nachgewiesen (59). „Wärme und Werk sind äquivalent" (DANNEMANN).

So eifrig R. MAYER darauf bedacht ist, seinen physikalischen Grundgedanken nach Möglichkeit empirisch zu begründen und in alle Gebiete der Naturerscheinungen weiterzutragen — z. B. auf die Sonnenwärme und auf die Kopplung von mechanischen, thermischen, elektrischen und chemischen Erscheinungen in dem Organismus anzuwenden, ebensosehr legt er Wert darauf zu betonen, daß in solchen *gesetzmäßigen Wandlungen und Umformungen, in einer „Isomerie der Kräfte" der eigentliche und wahre Inhalt des Kausalitätsprinzipes der Physik besteht,* und daß daneben zunächst kein weiterer „ebenbürtiger" Kausalbegriff existiert: *Ursache und Wirkung als Arbeitsäquivalente.* Das Kausalaxiom des Philosophen ist in dieser Weise aus den hohen Regionen metaphysischer Spekulation „heruntergeholt" und zu einem Leitfaden für quantitative empirische Messungen des Naturforschers gemacht worden.

18. Durchführung des Erhaltungsgedankens als Kausalprinzip in R. MAYERs späteren Schriften sowie im Briefwechsel.

Wir haben noch an Beispielen zu zeigen, wie *immer und immer wieder bei* R. MAYER *die Identifizierung seines Erhaltungsprinzipes mit dem physikalischen Kausalbegriff zutage tritt,* so daß dieser sein Kausalbegriff in die Nähe des Substanzbegriffes rückt; die Energie wird gewissermaßen eine „zweite Substanz der Welt", deren Unzerstörbarkeit ebenso wichtig ist wie die Konstanz der Masse.

In dem großen Aufsatz von 1845 über „Die organische Bewegung" (von „wahrhaft monumentalem Charakter" nach MOLESCHOTT) werden die *Kausalbetrachtungen im Sinne des Erhaltungsprinzipes weitergeführt* (60). Es handelt sich darum, „die zahllosen Naturerscheinungen unter sich zu verknüpfen und aus ihnen einen obersten Grundsatz abzuleiten", der „als Kompaß dient, um unter sicherer Führung auf dem Meere der Einzelheiten fortzusteuern" (M.I. 46). — „Eine Bewegung entsteht nicht von selbst; sie entsteht aus ihrer Ursache, aus der Kraft. *Ex nihilo nil fit.* Ein Objekt, das, indem es aufgewendet wird, Bewegung hervorbringt, nennen wir *Kraft.* Die Kraft, als Bewegungsursache, ist ein *unzerstörliches* Objekt (61). Es entsteht keine Wirkung ohne Ursache;

keine Ursache vergeht ohne entsprechende Wirkung. Ex nihilo nil fit. Nil fit ad nihilum. Die Wirkung ist gleich der Ursache. Die *Wirkung* der Kraft ist wiederum Kraft. Die *quantitative* Unveränderlichkeit des Gegebenen ist ein oberstes Naturgesetz, das sich auf gleiche Weise über Kraft und Materie erstreckt. Die Chemie lehrt uns die *qualitativen* Veränderungen kennen, welche die gegebenen Materien unter verschiedenen Umständen erleiden", wobei „nur die *Form* und nicht die *Größe* des Gegebenen geändert wird. Was die Chemie in bezug auf Materie, das hat die Physik in Beziehung auf Kraft zu leisten. Die Kraft in ihren verschiedenen *Formen* kennenzulernen, die Bedingungen ihrer *Metamorphosen* zu erforschen, dies ist die einzige Aufgabe der Physik, denn die *Erschaffung* oder die *Vernichtung* einer Kraft liegt außer dem Bereiche menschlichen Denkens und Wirkens".

„*Es gibt in Wahrheit nur eine einzige Kraft.* In ewigem Wechsel kreist dieselbe in der toten wie in der lebenden Natur. Dort und hier kein Vorgang ohne Formveränderung der Kraft! *Die Bewegung ist eine Kraft.* Die Wärme erwärmt, die Bewegung bewegt" (M.I. 47—49). „*Gewichtserhebung ist Bewegungsursache, ist Kraft*" (M.I. 50). „*Die Wärme ist eine Kraft*; sie läßt sich in mechanischen Effekt verwandeln." „Die eine Seite" der Umwandlungsgleichungen können wir „Ursache", die andere Wirkung, jede aber „Kraft" nennen (M.I. 51). „Bei der Hebung des kleinsten Gewichtes muß Wärme (oder eine andere Kraft) latent werden, bei der Senkung des Gewichtes muß diese Wärme wieder zutage kommen" (M.I. 58). „Wenn wir uns unbedingt für das Letztere" (die unzerstörliche Wirkung der Kraft, d. Verf.) „entscheiden, so berufen wir uns auf die Denkgesetze und auf die Erfahrung" (M.I. 59). Im Sinne des energetischen, „ex nihilo nil fit" ist auch der an sich mißverständliche Satz aufzufassen: „Eine *konstante* Kraft, eine solche, welche Wirkung äußert, ohne abzunehmen, gibt es für den Physiker nicht" (M.I. 63).

Die Hauptformen der Kräfte, „nach dem jetzigen Stand der Erfahrungen" die einzigen „objektiven Kräfte in der leblosen Natur" (An Baur, 17. Juli 1847; M.II. 135) sind I. Fallkraft, II. Bewegung, III. Wärme, IV. Magnetismus, V. Elektrizität, VI. Chemische Differenz (späterhin „chemische Energie" genannt) (62). „*Bei allen physikalischen und chemischen Vorgängen bleibt die gegebene Kraft eine konstante Größe*" (M.I. 71). Das bekannte mechanische „Prinzip der Erhaltung lebendiger Kräfte" ist „eine spezielle Anwendung des Axioms der Unzerstörlichkeit der Kraft. — *Die Wärme ist eine Kraft*; sie läßt sich in mechanischen Effekt verwandeln" (M.I. 51), jedoch nicht „als *Ganzes*" (M.I. 57). Es folgt, „daß *ein Kilogrammgewicht, welches 425 m hoch herabfällt, durch Stoß oder Reibung wieder eine Wärmeeinheit (Calorie) entbinden muß*" (M.I. 59). Weiter kann „*der mechanische Effekt in Elektrizität verwandelt*" werden (M.I. 64). Auch „*die chemische Differenz der Materie ist eine Kraft*" (M.I. 67); die eigentliche Triebkraft oder anders „die Feder und den Widerstand kennen wir bei der chemischen Verbindung nicht" (M.I. 70).

„Der *Wärme* und der *Elektrizität* müssen wir eine Materialität unbedingt absprechen. — Sprechen wir es aus, die große Wahrheit: Es gibt keine immateriellen Materien" (M.I. 73). „Die Gleichheit von Ursache und Wirkung wird durch den GROVEschen Gasapparat zur unmittelbaren Anschauung gebracht" (M.I. 71).

Auch für Pflanzen und Tiere gilt, „*daß während des Lebensprozesses nur eine Umwandlung, so wie der Materie, so der Kraft, niemals aber eine Erschaffung* der einen oder anderen vor sich gehe" (M.I. 77). Die Pflanzen dienen dazu, „das der Erde zuströmende Licht im Fluge zu haschen und die beweglichste aller Kräfte, in starre Form umgewandelt, aufzuspeichern" (M.I. 74). In der Pflanze findet „nur eine *Umwandlung*, nicht eine *Erzeugung*" von Materie wie Kraft statt. — „Die Pflanzen nehmen eine Kraft, das Licht auf, und bringen eine Kraft hervor, die chemische Differenz" (M.I. 75). Die Tiere aber sind „eine Klasse von Geschöpfen . . ., die den Vorrat durch Raub sich zueignen und ihn zu individuellen Zwecken verwenden" (M.I. 78) (63).

„Es ist ein großes und anerkanntes Verdienst LIEBIGs", den Satz ausgesprochen und verteidigt zu haben: „Die einzige Ursache der tierischen Wärme ist ein chemischer Prozeß, in specie ein Oxydationsprozeß" (M.I. 81; s. auch M.I. 34). „Die vermehrte Erzeugung von Wärme geht auf Kosten der Bildung mechanischer Effekte" (M.I. 85). „So müssen wir gegen die Aufstellung einer besonderen Lebenskraft . . . Protest erheben" (M.I. 95). „In unzähligen Fällen gehen die Umwandlungen der Materien und der Kräfte auf unorganischen und organischen Wegen vor unseren Augen vor, und doch enthält jeder dieser Prozesse ein für das menschliche Erkenntnisvermögen undurchdringliches Mysterium" (M.I. 108). „Der Oxydationsprozeß ist die physikalische Bedingung der mechanischen Arbeitsfähigkeit des Organismus" (M.II. 249). „Der lebende Organismus kann weder Materie noch Kraft, sei es erzeugen oder vernichten; und kann auch nicht die gegebenen chemischen Urstoffe ineinander umsetzen" (M.I. 355; s. auch den kurzen Aufsatz: „Über die physiologische Bedeutung des mechanischen Äquivalentes der Wärme"; M.II. 247). (Hinsichtlich LIEBIG s. S. 38.)

Durch *briefliche Äußerungen* in den Jahren der Abfassung seiner Hauptschriften und weiterhin hat R. MAYER seine Anschauungen über die *Deckung des physikalischen Kausalbegriffs mit dem Erhaltungsprinzip* noch weiter erläutert und bekräftigt. „Der Chemiker hält durchaus den Grundsatz fest, daß die Substanz unzerstörlich und daß die zusammensetzenden Elemente und die gebildete Verbindung im notwendigsten Zusammenhange stehen . . . Ganz dieselben Grundsätze müssen wir auf die Kräfte anwenden; auch sie sind wie die Substanz unzerstörbar, auch sie kombinieren sich miteinander, verschwinden somit in der alten Form . . . treten dafür in einer neuen auf, der Zusammenhang der ersten und zweiten Form ist ebenso wesentlich als der vom H und O und HO. — Wenn Bewegung abnimmt und aufhört, so bildet sich immer ein dem verschwindenden Kraft- (Bewegungs-) Quantum genau entsprechendes Quantum von Kraft mit anderer Qualität, namentlich also Wärme". (An Baur, 24. Juli 1841; M.II. 109—113.)

„Als Axiom — und bei allen tausend Teufeln — nicht als Hypothese; eine Kraft ist nicht weniger unzerstörlich als eine Substanz." (An Baur, 1. Aug. 1841; M.II. 115.)

„Die Lehre von den Materien (Chemie) und die Lehre von den Kräften (Physik) müssen auf dieselben Grundsätze basiert sein ... daher datiert sich das Axiom von der unveränderlichen Quantität der Kraft. — Alle Arten von Bewegungen geben beim Aufhören Wärme (oder ‚etwas andres, ich wag' es kaum zu sagen')." (An Baur, 16. Aug. 1841; M.II. 121—124.) „Aus den allgemeinen Gesetzen des menschlichen Denkens, aus dem Satze vom logischen Grunde läßt sich die Unzerstörlichkeit von Materie und Kraft ableiten gemäß dem axiomatisch angenommenen Satze causa aequat effectum. — Bewegung entsteht nicht aus Null, sofern sie immer ihre Ursache haben muß, wird aber, einmal entstanden, nicht mehr zu Null, weil keine Ursache mit der Wirkung Null gedacht werden kann. Die Ursache der Bewegung, die Bewegung selbst und ihre Wirkung sind nichts als verschiedene Erscheinungsformen eines und desselben Objektes, wie dasselbe von Eis, tropfbarem Wasser und Wasserdampf gesagt werden kann. — Man kann sagen: Eis ist die Ursache des Wassers usw.; man gebraucht inzwischen diese Benennung bei den ponderablen Objekten bekanntlich nicht." (An Griesinger, 30. Nov. 1842; M.II. 177—178.) *„Ursache und Wirkung bezeichnet überhaupt nichts als verschiedene Erscheinungsformen eines und desselben Objektes".* „Fallkraft (d. h. räumlicher Abstand der Materien), Bewegung, Wärme, Elektrizität (d. h. elektrische Differenz) und chemische Differenz sind ein und dasselbe Objekt, aber freilich unter ganz verschiedenen Formen. Da es dem Sprachgebrauche gemäß ist, die Ursachen der Bewegung ‚Kräfte' zu nennen, so verdienen diese Objekte alle den Namen ‚Kräfte': ... so wird Dir einleuchten, daß nicht nur die im tierischen Organismus sich zeigende Wärme, sondern auch sämtliche mechanische Effekte, nur dadurch entstehen können, daß fortwährend chemische Differenzen ausgeglichen (geopfert) werden". (An Griesinger, 30. Nov. 1842; M.II. 178, 180, 181.) „Bewegte Materie verwandelt sich in warme und umgekehrt." (An Griesinger, 5. und 6. Dez. 1842; M.II. 188.) „In der Mitte der Burg weht das Panier: Wärme läßt sich in Bewegung verwandeln." (An Griesinger, 22. Juni 1844; M.II. 216.) „Ich betrachte es als die Aufgabe meines Lebens, die Wahrheit des Satzes $mc^2 = $ Wärme, von der ich mit dem klarsten Bewußtsein durchdrungen bin, zu konstatieren." (An Baur, 31. Juli 1844; M.II. 156.) „Bewegung verwandelt sich in Wärme, in diesen fünf Worten hast Du implicite meine ganze Theorie." (An Griesinger, 22. Juni 1844; M.II. 217.) „Meine Behauptung sagt nun: *Auch die Wärme kann sich vor unseren Augen verändern und zwar, was in einem Augenblicke Wärme ist, ist im nächsten Bewegung — und* *dies gilt auch umgekehrt.* Wenn es mir gelungen ist, Dir zu zeigen, daß es keineswegs eine ungewöhnliche und willkürliche Begriffsbestimmung des Kausalitätsverhältnisses ist, an der meine ganze Theorie hängt, so ist mein Zweck erreicht." (An GRIESINGER, 20. Juli 1844; M. II. 223; dieser Brief stellt nach JENTSCH ein „didaktisches Kabinettstück" dar).

R. MAYERs *Schriften* nach 1845, so wertvoll sie zur Vervollständigung seines energetischen Naturbildes sind, liefern zu der *Grundfrage der Kausalität* nur wenig zusätzlich Bedeutsames. In der Einleitung von „Beiträge zur Dynamik des Himmels" 1848 (M.I. 151—216) wird gesagt, er wolle „versuchen, auf eine allgemein verständliche Weise den hier obwaltenden Zusammenhang von Ursache und Wirkung genügender, als es bis jetzt geschehen, darzustellen" (M.I. 153). Der zur Erzeugung von Wärme erforderliche „*Aufwand,* so verschiedenartig er sonst sein mag, läßt sich immer auf zwei Hauptkategorien zurückführen; es besteht derselbe nämlich entweder in einem chemischen Material oder in einer mechanischen Arbeit".

In den „Bemerkungen über das mechanische Äquivalent der Wärme" 1851 (M.I. 235—276) heißt es unter anderem: „Wärme und Bewegung verwandeln sich ineinander" (M.I. 243). ... „so ist folglich eine unveränderliche Größenbeziehung zwischen der Wärme und der Arbeit ein Postulat der physiologischen Verbrennungstheorie" (M.I. 246). „Der Satz, daß eine Größe, die nicht aus Nichts entsteht, auch nicht vernichtet werden kann, ist so einfach und klar ... und dürfen wir ihn so lange als wahr annehmen, als nicht etwa durch eine unzweifelhaft festgestellte Tatsache das Gegenteil erwiesen ist" (M.I. 247).

In der Definition: „Kraft ist: Alles, was eine Bewegung hervorbringt oder hervorzubringen strebt, abändert oder abzuändern strebt" — können nach R. MAYER unbedenklich „die letzten elf Wörter gestrichen werden, ohne daß dadurch der Sinn ein andrer wird!" (M.I. 251). (Ähnlich später POINCARÉ: „Es gibt ein Etwas, das konstant bleibt.") Genauer aber ist „Kraft: Etwas, das bei der Erzeugung der Bewegung aufgewendet wird, und dieses Aufgewendete ist als Ursache der Wirkung, der hervorgebrachten Bewegung, gleich" (M.I. 255). — „Kraft und Materie sind unzerstörliche Objekte" (M.I. 262). Durchweg handelt es sich um „einen Zusammenhang zwischen Verbrauch und Leistung — bzw. die Erschöpfung der Kraft durch die Wirkung", etwa gemäß $ps = Mc^2$, oder $Mc^2 = $ Wärme (M.I. 256). „Bewegung ist latente Wärme und Wärme ist latente Bewegung" (M.I. 269). Schließlich erhebt sich die Frage, ob auch für die *Lichtentwicklung der Gestirne* das Naturgesetz der Erschöpfung der Ursache durch die Wirkung, „ein Gleichgewicht zwischen Leistung und Verbrauch", anzunehmen sei. Hier vertritt R. MAYER eine kühne „Asteroidtheorie" (M.I. 160f.). Allgemein gilt ihm sein neues Prinzip, erkenntnistheoretisch gesehen, als „ein nach dem Bisherigen als konstatiert anzusehendes Naturgesetz der Erschöpfung der Ursache durch die Wirkung" (M.I. 275).

Jedoch: „Die Regel von dem relativen Werte der verschiedenen Kraftformen" soll nur „für unsere irdischen ökonomischen Verhältnisse" gelten, ohne eine Anwendung „auf die Ökonomie des Makrokosmos" zuzulassen (M.I. 350). So hat R. Mayer (vorübergehend?) gemeint: „Die Sternsysteme sind Kompositionen mit göttlicher Weisheit geordnet (Organismen), in welchen wirklich ‚Kraft' produziert wird, und sie unterscheiden sich hierdurch wesentlich und himmelweit von unseren Maschinen." (An Baur, 17. Juli 1842; M.II. 139; s. auch M.I. 36.) (Ob hierin R. Mayer letzthin etwa Recht behalten kann?)

19. Ablehnung einer mechanistischen Wärmetheorie und sonstigen panmechanischen Kausaldenkens; Bedeutung des mathematischen Symbols.

In welchem Verhältnis steht R. Mayers *energetischer Kausalbegriff zu dem Kausalbegriff und Kausalanspruch der Mechanik?* Wie bereits im Abschnitt 15 ausgeführt, wurde zu R. Mayers Zeiten auch für die Erscheinungen Wärme, Licht, Elektrizität vielfach die Anschauung vertreten, daß sie im Grunde gleichfalls Bewegungserscheinungen, teils der „gewöhnlichen" Materie, teils besonderer „Fluida" als feinster „Stoffe" (Imponderabilien), etwa des Weltäthers, darstellen, und daß sie sich bei genauer Durchforschung als den Gesetzen der Mechanik unterworfen erweisen werden. Eine solche *mechanistische Theorie* wurde insbesondere hinsichtlich der fühlbaren *Wärme* der Körper vertreten, die in korpuskularer Bewegung bestehen soll.

Auch für R. Mayer muß die Versuchung bestanden haben, seine einheitliche Naturauffassung dadurch den Sinnen verständlicher, also „anschaulicher" zu machen, daß alle „Verwandlungen der Kraft" letzthin als „Verwandlungen von Bewegung" beschrieben würden (64). Ein innerer Widerspruch wäre dadurch nicht entstanden; hat doch sehr bald darauf (1847) Helmholtz mit seiner „Erhaltung der Kraft" diesen panmechanistischen Weg beschritten, auf dem ihm zahlreiche bedeutende Forscher gefolgt sind.

R. Mayers starke Abneigung gegen „Hypothesen" (besser: Figmente) hat dazu geführt, daß er „Bewegung" nur da anerkennt, wo sie als solche entweder unmittelbar beobachtbar ist, oder doch aus Beobachtungen z. B. der Interferenz des Lichtes „zwingend" folgt. So besteht das Licht „wie der Schall, in Schwingungen, die sich von dem leuchtenden oder tönenden Körper wellenartig auf ein umgebendes Medium ausbreiten" (M.I. 151). „Das Licht ist, wie der elektrische Strom, eine Wellenbewegung" (M.I. 399). Demnach auch: „Daß die strahlende Wärme als eine Bewegungserscheinung zu betrachten ist, darüber kann kein Zweifel obwalten" (M.I. 266). „Man weiß jetzt, daß die Lichterscheinungen, wie die Schallwellen, in Schwingungen ponderabler Materie bestehen" (M.I. 433). „Was das Licht anbelangt, so muß ich aus innerer Notwendigkeit meines Systems der Vibrationstheorie huldigen. — Das Wesen des Lichtes ist Bewegung, die besondere Art derselben die Wellenbewegung, das Licht ist also eine dem Schalle ganz analoge Erscheinung." (An BAUR, 16. Aug. 1840; M.II. 123, 124.) „Daß das Licht nichts ist als eine Wellenbewegung (Oszillation, Undulation), ergibt sich daraus von selbst." (An GRIESINGER, 16. Dez. 1842; M.II. 200) (65).

Ganz anders verhält sich R. MAYER zu der Frage, ob auch *Körperwärme und „latente Wärme"* in Bewegung bestehen müsse. Schon im grundlegenden Aufsatz von 1842 heißt es ganz unmißverständlich (und mit einer leichten Inkonsequenz im Hinblick auf die strahlende Wärme): „Die thermische Vibrationshypothese inkliniert in dem Satze, daß Wärme die Wirkung von Bewegung sei, würdigt aber dieses Kausalverhältnis im vollen Umfange nicht, sondern legt das Hauptgewicht auf unbehagliche Schwingungen. So wenig aus dem zwischen Fallkraft und Bewegung bestehenden Zusammenhange geschlossen werden kann, das Wesen der Fallkraft sei Bewegung, so wenig gilt dieser Schluß für die Wärme. Wir möchten vielmehr das Gegenteil folgern, daß um Wärme werden zu können, die Bewegung — sei es die einfache oder eine vibrierende, wie das Licht, die strahlende Wärme usw. — aufhören müsse, Bewegung zu sein" (M.I. 27, 28; M.I. 266). Und weiterhin heißt es (1851) im Anschluß an den Satz über die strahlende Wärme und an den daran gefügten Zweifel, ob es wirklich eine spezifische Ätherflüssigkeit gibt, die durch ihre vibrierende Bewegung als strahlende Wärme sich manifestiert ...: „Noch mehr ist das Wesen der spezifischen Wärme oder das, was im Innern eines erwärmten Körpers vorgeht, in Dunkel gehüllt", solange wir keine „genaue Kenntnis von dem innersten Wesen der Materien besitzen" (M.I. 267) (66). „Wärme ist latente Bewegung, Bewegung ist latente Wärme" (M.I. 55, 269). Diesen vorsichtig zurückhaltenden Standpunkt hat R. MAYER bis zu Ende eingenommen. Noch in einem seiner letzten Aufsätze „Über Ernährung" (1871) sagt er: „Solche verschiedenen Formen der Bewegung *bzw. die Äquivalente derselben"* (vom Verfasser gesperrt) „sind nun unter anderen eben die früher sog. Imponderabilien, also namentlich die Wärme, das Licht und die Elektrizität" (M.I. 400). (In den anschließenden Worten: „Diese Lehre nennt man jetzt ... die mechanische Wärmetheorie" zeigt sich eine gewisse Verwischung gegensätzlicher Standpunkte.)

Noch wesentlich schärfer wie die Vorstellung der Wärme als *Bewegung* wird von R. MAYER der *Gedanke eines Wärmestoffes* als eines feinen Fluidums (S. 35) abgelehnt (67). „Ist die Ursache eine Kraft, so ist auch die Wirkung eine Kraft" (M.I. 31). Auch „die scharfsinnigsten Hypothesen" von einem „Wärmestoff", einem „Wärmeäther", von „Wärmeatomen" haben versagt (M.I. 242). In einem Briefe an GRIESINGER vom 22. Juni 1844 (M.II. 216) heißt es: „Da aber hiervon" (d. h. von der Existenz eines Fluidums) „allerdings und glücklicherweise bei Bewegung und Gewichtserhebung keine Rede sein kann, so liegt in

4*

dem von mir festgehaltenen Ausdruck die entschiedenste Erklärung gegen alle und jede materielle Vorstellung von Wärme, Licht und Elektrizität". (Siehe auch Fourier, Anm. 36.)

Wird sowohl eine *mechanische* wie auch eine *stoffliche* Vorstellung für die Wärme abgelehnt, so bleibt nur übrig eine *zurückhaltende Bescheidung*, hervorgehend aus der Überzeugung, daß es keinen *Sinn* habe, nach dem Wesen der Wärme (oder überhaupt der Kraft) zu fragen. Denn auch jede Magik oder Mystik einer „Transsubstantiation" der Kraft liegt R. Mayer vollkommen fern. Das Wort „verwandeln" in dem Satze: „*Wärme und Bewegung verwandeln sich ineinander*" (M.I. 243) will R. Mayer nur als Konstatierung der Tatsache quantitativer Verhältnisse zwischen dem Vorher und dem Nachher verstanden wissen, also ähnlich wie wenn man sagt: Alkohol „verwandelt" sich in Äther und Wasser, oder: Eine Säure und eine Base verwandeln sich in Salz. (An Griesinger, 22. Juni 1844; M.II. 185.) „Etwas anderes, als eine konstante numerische Beziehung soll und kann hier das Wort ‚umwandeln' nicht ausdrücken" (M.I. 265). (Ähnlich hat später Mach vor dem Mystizismus des „verwandeln" gewarnt. Hierzu Bütschli 1904: „Von ‚Umwandlung' zu reden ist also auch hier nur eine Hypothese, um mir den Vorgang bildlich zu deuten und ‚begreiflich' zu machen.") „Meine Behauptung sagt nun: auch die Wärme kann sich vor unsern Augen verändern, und zwar, was in einem Augenblicke Wärme ist, ist im nächsten Bewegung — und dies gilt auch umgekehrt. — Wenn ich sage, Wärme läßt sich in Bewegung verwandeln und umgekehrt, so will dies nichts heißen, als zwischen Wärme und Bewegungen finden hin und her dieselben *quantitativen Beziehungen* statt, wie zwischen dem Äther und seinem Dampf" (bei der Verdunstung). (An Griesinger, 20. Juli 1844; M.II. 223, 225.) „Die Verwandlung selbst soll keineswegs erklärt werden" (M.I. 51). „*Wie* die Bewegung in Wärme übergehe, darüber Aufschluß zu verlangen, wäre von dem menschlichen Geiste zu viel verlangt." (An Griesinger, 5. und 6. Dez. 1842; M.II. 185.) Ähnlich im gleichen Briefe, S. 191: „Was eigentlich die Materien seien . . ., erfährt man am besten, wenn man Chemie studiert." (Fast ein Jahrhundert später hat Jeans ähnlich hinsichtlich der Frage nach dem „Wesen des Elektrons" gesprochen: „Sage mir alles, was Du von dem Elektron weißt!")

R. Mayers gewissermaßen positivistische Einstellung hat ihn einst (1841) den Satz aussprechen lassen von den „Hypothesen, die ich samt und sonders verfluche". (An Baur, 1. Aug. 1841, M.II. 113; s. auch M.II. 181, 217.) Infolge dieser geistigen Haltung muß er trotz aller Lockungen bei dem Satze stehen bleiben: Wärme *verwandelt* sich in Bewegung, ohne zu dem weiteren Satze überzugehen: Wärme *ist* (unsichtbare) Bewegung (68). Genau genommen ist also der Titel „Mechanik der Wärme", den R. Mayer seinen gesammelten Schriften 1867 gibt, irreführend; es sollte heißen: Kausalik der Wärme! Will er sich doch „an die Begriffe und Einteilungen der Mechanik . . . keineswegs als gebunden erklären" (M.I. 46).

Es liegt ganz in der Richtung der *Hypothesen- oder Fiktionenscheu* R. MAYERs, wenn er in gleicher Weise auch darauf verzichtet, die „Kraft der chemischen Differenz", *die chemische Affinitätsenergie,* sich durch irgendwelche mechanischen (kinetischen) Vorstellungen anschaulich zu machen. Wie schon S. 46 bemerkt, ist ihm die „chemische Differenz der Materie" sowohl nach der wirkenden „Federkraft", wie hinsichtlich der zu überwindenden „Widerstände" ein unbekanntes Etwas; ganz im Gegensatz zu FRIEDRICH MOHR, der in chemischer Affinität nichts anderes sieht „als eine neue Form der bewegenden Kraft" oder „eine Form der Bewegung, die sich an andere Formen der Bewegung anschließt" (Brief an R. MAYER vom 8. Jan. 1868; M.II. 416).

Der vorsichtigen Haltung R. MAYERs zur Frage des *Allmechanismus* entspricht ganz und gar auch seine Stellungnahme zur Frage des *Atomismus.* So heißt es in unmittelbarem Anschluß an die Frage nach „dem innersten Wesen der Materien" (M.I. 267): „Allein dazu fehlt noch viel; denn es ist uns insbesondere unbekannt, ob es Atome gibt, d. h. ob die Materien aus solchen Bestandteilen bestehen, die bei den chemischen Prozessen an sich keine Formveränderung mehr erfahren." Insbesondere wäre auch „die weitere Frage zu beantworten, ob man bei fortgesetzter Teilung der Materie zuletzt auch auf Moleküle gelangt, die in Beziehung auf die *Wärmeerscheinungen* Atome sind ..." (M.I. 268). „Dem Menschen ... sind auch in seiner wissenschaftlichen Erkenntnis sowohl in der Richtung nach dem unendlich Großen als dem unendlich Kleinen hin natürliche Schranken gezogen. Die Atomfrage aber führt uns wie mir scheint über diese Schranke hinaus und halte ich sie deswegen für unpraktisch. Ein Atom an sich wird, so wenig als ein Differential, Gegenstand unserer Untersuchung sein können, obgleich das *Verhältnis,* in welchem solche unmeßbar kleine Hilfsgrößen unter sich stehen, durch konkrete Zahlen darstellbar ist" (M.I. 267) (69). Sein Freund BAUR (11. Aug. 1841; M.II. 117) äußert sich zustimmend zur Verurteilung der „geistlosen Spekulationen über Atome und Moleküle" u. dgl.: „Gewiß, mein Freund, auch ich sehe mit Abscheu das arge Unwesen an, das man heutzutage mit den Worten Kraft, Bewegung, Wärme, Äther usw. treibt ..., wie der Physiker den Körper in Atome zersplittert und die Zwischenräume mit Wärmestoff anfüllt, der dann, wenn man drückt, wie aus einem Schwamm hervorquellen soll, wie neben diesem Wärmestoff noch Äther Platz haben und noch Raum genug übrig sein soll, daß auch die Elektrizitätsmaterie durchströmen kann!"

Von R. MAYERs durchaus dynamischer Einstellung zeugt der weitere Satz: „Man kann nicht glauben, daß der unermeßliche Raum, der unser Sonnensystem von dem Gebiet anderer Fixsterne scheidet, von jeder Materie entblößt, nur aus einer völlig leeren Einöde bestehen sollte" (M.I. 163).

So *kann* R. MAYERs *Panenergismus nicht zu einem Panmechanismus* werden; vielmehr ist er geneigt, da, wo die unmittelbare Anschauung versagt, *sich völlig auf das Zahlensymbol zu beschränken* (70), ohne daß er das Verlangen trüge, das an sich Unanschaubare durch kinematische Hilfsvorstellungen oder Figmente zu veranschaulichen, in der Weise von CLAUSIUS, MAXWELL, FR. MOHR, HELMHOLTZ, BOLTZMANN u. a. m. Alles, „was sich weder beweisen noch widerlegen läßt" (M. II. 114), hält er für überflüssig und „unpraktisch". Nach R. MAYER ist es „die Mathematik, welche in den physikalischen Wissenschaften ein souveränes

Szepter führt" (M.I. 428). Die Gewinnung unveränderlicher Größen in bestimmten Zahlenwerten und mathematischen Formeln ist ihm das Wesentliche in der physikalischen und chemischen Forschung. „Wahrlich ich sage euch, eine einzige Zahl hat mehr wahren und bleibenden Wert, als eine kostbare Bibliothek voll Hypothesen." (An GRIESINGER, 20. Juli 1844; M.II. 226.) Ähnlich KANT: „Die philosophischen Erkenntnisse sind wie die Meteore, deren Glanz nichts für ihre Dauer verspricht. Sie verschwinden, aber die Mathematik bleibt."

„*Diese Zahlen sind die gesuchten Fundamente einer exakten Naturforschung*" (1851; M.I. 237). „Mit eitler Rede wird hier nichts geschafft. — *Zahlen* waren es, die man suchte, und *Zahlen*, die man fand" (M.I. 240). — „Größenbestimmungen, Zahlen allein sind es, die uns den Ariadnefaden in die Hand geben" (M.I. 241). „Erst die Kenntnis dieser unveränderlichen Verhältniszahlen hat die Chemie zu dem Range einer Wissenschaft erhoben" (M.I. 390).

Darum auch: „Was ‚Kraft‘, was ‚Wärme‘ ist, brauchen wir nicht zu wissen; ..., aber *das müssen wir wissen, wie man die Kraft oder Arbeit und die Wärme nach unveränderlichen Einheiten, also wie wir gesehen haben, nach Meterkilogramm und Kalorien zählt, und daß und welche unveränderliche Größenbeziehung zwischen dem Meterkilogramm und der Wärmeeinheit stattfindet*" (M.I. 389). Oder ähnlich: „Was Wärme, was Elektrizität usw. dem inneren Wesen nach sei, weiß ich nicht, so wenig als ich das *innere Wesen* einer Materie oder irgendeines Dinges überhaupt kenne (71), das weiß ich aber, daß ich den Zusammenhang vieler Erscheinungen viel klarer sehe, als man bisher gesehen hat . . . ." [An GRIESINGER, 30. Nov. 1842; M.II. 180 (72).]

In mehrfach scholastisch-spekulativ anmutender Form, dabei aber doch die Gefahr einer Hypostasierung der „Kraft" vermeidend und in letzter Instanz auf Erfahrung und Messung sich stützend, hat R. MAYER mit seinem „Gesetz von der Unzerstörlichkeit und Wandelbarkeit der Kraft" gleichzeitig den Kausalbegriff der klassischen Mechanik zu einem *allgemeinen energetischen Kausalbegriff* erweitert. „Meine Theorie: Quantitative Beziehungen für das eigentliche Kausalverhältnis." „Im Sinne ihres Begründers ist die Energetik reines *Beziehungstum*; das Bestehen mathematischer Beziehungen bei Energiewandlung" (HELM). „Eine neue Welt rationaler Beziehungen, nicht aber Realismus der Begriffe" (HELL). „Nach R. MAYER ist Kraft ein Objekt, welches in den verschiedensten Erscheinungsformen, also trotz aller Qualitätsänderungen, unzerstörlich dasselbe bleibt. — Die Gleichung zwischen Ursache und Wirkung wird sowohl begrifflich als quantitativ verstanden. — Wenn die Kraft eine Wirkung hat, so ist die Wirkung wiederum eine Kraft. — Fundamentalidee ist die Vorstellung einer Naturkraft als eines bestimmten Quantums" (DÜHRING).

Hervorzuheben ist noch ein auf die *Praxis*, d. h. auf nützliches Tun gerichteter Zug. Es ist, wie R. MAYER sagt, „eine praktische Richtung, welche unsere Zeit auszeichnet" (M.I. 418), und so benutzt er mehrfach die Gelegenheit, auf die technische Anwendung der „Kräftemetamorphose", auch der elektrischen und chemischen, hinzuweisen (z. B. M.I. 30, 350; M.II. 307, 449). Dementsprechend gehört er auch „zu denen, welche die ars medendi für eine Kunst und nicht für eine Wissenschaft erklären" (M.I. 344).

IV. R. MAYERs Auslösungs- oder Anstoßkausalität: Auslösung als eine besondere Form kausalen Wirkens.

> „Manche Schriftsteller haben als Axiom in der Theorie der Verursachung angegeben, daß die Wirkungen ihren Ursachen proportional sind, und man hat ... von diesem Prinzip häufig einen wichtigen Gebrauch gemacht, obgleich es mit vielen Schwierigkeiten und scheinbaren Ausnahmen behaftet ist, und viel Geist aufgewendet wurde, um zu zeigen, daß dieselben keine wirklichen Ausnahmen sind."
> JOHN STUART MILL 1843.
>
> „Jedermann kennt die in einer gefüllten Pulvermine schlummernden Kräfte." KRÖNIG.

Mit vollem Bewußtsein hat R. MAYER die im wesentlichen eng „mechanische" Physik seiner Zeit zu einer „energetischen" Physik umzugestalten begonnen, und mit vollem Bewußtsein hat er dahin gewirkt, daß der allgemeine *Kausalbegriff* der Physik an diesem Aufstieg teilnahm.

Wenn R. MAYER fest überzeugt war, daß das Grundprinzip aller Naturkausalität laute: causa aequat effectum, und daß dieses Prinzip in der quantitativen Erhaltung von Materie und „Kraft" zutage trete, so konnte ihm doch nicht verborgen bleiben, daß nicht nur der Ursachbegriff des Alltags, sondern auch derjenige der physikalischen Naturwissenschaft nicht restlos in jenem Prinzip aufgeht, daß vielmehr eine *Antithesis* vorhanden ist, die in dem Satze: „Kleine Ursachen, große Wirkungen" zum Vorschein kommt, und die irgendwie in eine Synthese und in Einklang mit dem Satze „causa aequat effectum" zu bringen ist. Die *Beseitigung der scheinbaren Disharmonie* und damit zugleich eine Bereicherung jeder kausalen Betrachtung gelingt R. MAYER mittels des Begriffes *„Auslösung, Anstoß, Anlaß, Antrieb, Veranlassung"*. Dahin zielende Ausführungen treten schon früh in seinen Schriften wie auch im Briefwechsel auf, gipfeln jedoch in dem Aufsatze: „Über Auslösung" von 1876 (M.I. 440—446).

20. Quellen einer dualen Kausalitätsauffassung: Aktivität des Willens und Auslösungserscheinungen in der Natur; Fortschrittstendenzen neben Beharrungstendenzen.

Dem Begriff der „Auslösung" oder „Veranlassung" liegt zugrunde die allgemeine Erfahrung, daß zahlreiche Naturvorgänge, die zunächst gehindert, blockiert, gesperrt, gehemmt sind — durch äußere Widerstände oder innere „Trägheit" —, dann eintreten können, wenn ein Etwas an die Gebilde herantritt, das aus Möglichkeit Wirklichkeit macht. In dem „Philosophischen Wörterbuch" von H. Schmidt wird „*Auslösung*" definiert als „die Aktualisierung der in einem materiell-energetischen System aufgespeicherten (potentiellen) Energie durch eine geringfügige von außen einwirkende Energiemenge"; Vorgänge wie das willensgemäße Abfeuern eines Gewehrschusses stellen keine „adäquate Ursache", sondern nur eine „Veranlassung" dar.

Der ursprüngliche Sinn des Wortes „Aus-lösung" kommt zur Geltung, wenn eine zum Fallen befähigte Kugel — etwa eine Bombe —, ein zum Gleiten disponierter Schlitten zuvor an einem hochgelegenen Punkte eingehakt oder angebunden war. Den eigentlichen „Schulfall" eines quantitativen *„Mißverhältnisses" von Ursache und Wirkung* bildet das Verhalten einer auf einer Stangenspitze im labilen Gleichgewicht schwebenden Kugel, die, obwohl Fallvermögen und Fallbereitschaft besitzend, doch nicht zur Ausübung der Fähigkeit kommt, da ein Widerstand (im wahren Sinne des Wortes Wider-Stand!) hemmend oder hindernd wirkt; ein leiser Windhauch kann enthemmend, auslösend oder anstoßend die „Potenz" zum „Akt" machen und eine Gesamtwirkung (physikalische „Arbeit" der fallenden Kugel) „entfesseln", die in grellem Mißverhältnis zu der Geringfügigkeit der anstoßenden Wirkung steht; von „causa aequat effectum" kann hier in bezug auf die „Einleitung" des Vorganges keine Rede sein.

Daß dergleichen Erscheinungen schon von der Mechanik des 17. und 18. Jahrhunderts stark beachtet worden sind, nimmt nicht Wunder (73), außerdem hat der *physiologische Reizbegriff* (A. v. Haller u. a.) und seit dem Ende des 18. Jahrhunderts auch das *Bekanntwerden „katalytischer" Fälle* der Chemie die Aufmerksamkeit mehr und mehr auf dieses Erscheinungsgebiet gerichtet. Dazu kommt endlich noch, daß das schon bei Descartes auftauchende *Problem der W.W. zwischen Leib und Seele*, das einer rein mechanistischen Betrachtungsweise größte Schwierigkeiten bereiten mußte, eine der wenigen denkbaren Lösungen in der Annahme fand, daß ein „influxus physicus" ohne eigentliche Kraftaufwendung, rein durch kraft-freie Ermöglichung oder Richtunggebung oder Enthemmung möglich sein müsse (74).

Allgemein hatte schon Leibniz gelehrt, daß vorhandene Kräfte, die durch irgend welche Gegenkräfte in Schach gehalten werden (tote Kräfte), durch Wegnahme des Hindernisses in vollen Wirkungszustand, in actio gelangen können (lebendige Kräfte). Nach Kant erfordert dynamische Verknüpfung keineswegs „Gleichartigkeit des Verknüpften". Schließlich hat Schopenhauer der mechanischen Kausalitätsform, welche immer dem Satze der Proportionalität von Ursache und Wirkung folge, die Reizkausalität und die Willenskausalität gegenübergestellt, die nicht an solche quantitative Verhältnisse gebunden seien (75).

Mit derartigen Betrachtungen berühren sich auch die in der Scholastik wurzelnden „*Gelegenheitsursachen*", denen „*wirkende Ursachen*" im eigentlichen Sinne gegenüberstehen. Nach Malebranche ist die Welt ein „systema causarum occasionalium", nach Condillac sind die körperlichen Vorgänge

„causes occasionelles" der seelischen. Lotze unterscheidet Gelegenheitsursache oder Veranlassung (causa occasionalis) von wirkender Ursache im engeren Sinne (causa efficiens). Im Anschluß an Malebranche hat Schopenhauer 1820 in seiner „Vorlesung über die gesamte Philosophie" die scharfe Formulierung gegeben, „daß die Ursache eigentlich nicht die Wirkung hervorbringe, sondern nur die Gelegenheit, den Anlaß gebe, zum Hervortreten der Äußerungen jener Kräfte" (Ausgabe Deussen X. 121).

Immer und immer wieder hat die Frage einer *Möglichkeit der W.W. von Leib und Seele* die Erörterung über „Anlaßursachen" in Fluß gehalten. Nach Descartes kann die Seele zwar nicht Bewegung *erzeugen* — das verstieße gegen den Satz von der Erhaltung der Bewegungsgröße —, wohl aber die *Richtung* der Bewegung bestimmen. Von anderer Seite wird eingewendet, daß auch eine Richtunggebung nicht ohne Kraftaufwand möglich sei. Bis in unser Jahrhundert ist wiederholt mit Aufwand großen Scharfsinnes erörtert worden, ob ein Veranlassen, Richten, Enthemmen, „Ja- oder Neinsagen" auch ohne jeglichen Aufwand an „Kraft", richtiger Verbrauch von „Energie" möglich sei (s. auch Abschnitt 37).

21. R. Mayers „Auslösungsursachen", insbesondere die „katalytische Kraft".

R. Mayer hat sich nicht um die vorhandene philosophische Literatur gekümmert. Unbefangenen Sinnes beobachtet er die Erscheinungen und erkennt demgemäß sehr bald, daß erkenntnistheoretisch genommen *das kausale „Gleichbleibungsprinzip" mit seiner konservativen Tendenz einer Ergänzung bedarf,* da es nichts darüber aussagt, woher die im Rahmen des Erhaltungsprinzips laufenden Veränderungen und Umwandlungen stammen.

In ganz allgemeiner Weise wird von ihm das Problem bereits in den ersten Jahren seiner Tätigkeit aufgerollt: „Die von mir vorgeschlagene Terminologie von ‚Erzeugendem, Kraft, Ursache, Wirkung, Verwandlung' ist, wie die Sprache selbst, nur Mittel, nicht Zweck. Was man z. B. Ursache und Wirkung nennen will — mir ganz gleich; ich habe mich nur nebenbei bemüht, diesen so viel gebrauchten Ausdrücken im Gebiete der Physik einen solchen Sinn zu geben, daß man sich *konsequent* darin sein kann. Mit pedantischer Logik hege ich den frommen Wunsch, man solle unter Ursache und Effekt (in der leblosen Natur) entweder Dinge verstehen, welche in einem Größenverhältnis zu einander stehen, *oder*, welche nicht im Verhältnis zueinander stehen. Der Funke entzündet das Pulver, die Mine fliegt auf. Man sagt hier: der Funke a ist die Ursache der Pulverexplosion b, und diese wieder die Ursache von dem Emporwerfen c der Erde." (An Griesinger, 20. Juli 1844; M.II. 222)

Besonderen Eindruck hat auf R. Mayer offenbar die Erscheinung der *Katalyse* gemacht (Döbereiner 1823, Berzelius 1835), die darin besteht, daß *ein Körper scheinbar durch seine bloße Gegenwart, durch bloße „Berührung" chemische Vorgänge an anderen Körpern, anderen*

Stoffen einleitet oder beschleunigt. Schon in der großen Arbeit von 1845 heißt es: „Jedermann weiß, daß in zahlreichen Fällen chemische Aktionen von der bloßen Anwesenheit gewisser Stoffe bedingt werden, die für sich selbst an der vor sich gehenden Veränderung keinen Anteil nehmen. Will man voraussetzungslos einer konstatierten Tatsache einen Namen leihen, so kann man die Rolle, welche bei solchen Vorgängen die unverändert bleibende Materie spielt, mit dem Ausdruck ‚Kontakteinfluß' bezeichnen; sonst pflegt man wohl auch bekanntlich von ‚katalytischer Kraft' und ‚katalytischer Wirkung' zu sprechen; wenn aber unter Kraft nur ‚die einer meßbaren Wirkung *proportionale* meßbare Ursache' verstanden werden soll, so darf aus begreiflichen Gründen der fraglichen Erscheinung eine spezifische Kraft nicht unterschoben werden" (M.I. 101, 102). Kontaktwirkungen der genannten Art sieht R. Mayer — im Einklang mit Berzelius — vor allem in der physiologischen Oxydation durch den Atmungssauerstoff, wobei — ähnlich wie von Berzelius — die „Gefäßwandungen und die Organe" als „Katalysator" angesprochen werden (M.I. 104 f.). Es gibt einen „Kontakteinfluß der Kapillargefäße" (M.I. 326).

Daß R. Mayer die *Katalyse* von vornherein dem Begriff der „*Auslösung*" unterordnen will, zeigt eine bedeutsame Fußnote zu der obigen Stelle: „ ‚Katalytisch' heißt eine Kraft, sofern sie mit der gedachten Wirkung in keinerlei Größenbeziehung steht. Eine Lawine stürzt in das Tal; der Windstoß oder der Flügelschlag eines Vogels ist die ‚katalytische Kraft', welche zum Sturze das Signal gibt und die ausgebreitete Zerstörung bewirkt. — Das ‚katalytische' dieser Kraft bezieht sich zu allernächst auf die Logik, oder das Kausalgesetz, welches durch selbige paralysiert wird". (Soll heißen, daß hier das Gesetz „causa aequat effectum" nicht schlankweg gilt) (76).

Weiterhin auch: „Dem Willen des Steuermanns und des Maschinisten gehorchen die Bewegungen des Dampfbootes. Der geistige Einfluß aber, ohne welchen das Schiff sich nicht in Gang setzen oder am nächsten Riff zerschellen würde, er lenkt, aber er bewegt nicht; zur Fortbewegung bedarf es einer physischen Kraft, der Steinkohlen, und ohne diese bleibt das Schiff, auch beim stärksten Willen seiner Lenker, tot" (M.I. 87). Latente Kräfte (potentielle Energien) werden also durch „Auslösung" entspannt, in Tätigkeit gesetzt.

Dem Begriff der „Auslösung" ist auch die physiologische *Reizung* unterzuordnen. Von „Reizbarkeit" (auch „Irritabilität") wird oftmals gesprochen (z. B. M.I. 119). „Die Aktion des Muskels, die Umwandlung von chemischer Kraft in mechanischen Effekt, wird auf geheimnisvolle Weise durch einen Kontakteinfluß bedingt, der erfahrungsgemäß dem Nervensystem zukommt" (M.I. 124; Innervation ohne Kraftaufwand).

In eindringlicher Weise werden derartige Gedanken weiter verfolgt in dem schon genannten Aufsatz von 1876, der nach Th. Gross „eine wesentliche Ergänzung" von R. MAYERs Kausallehre bietet und der zugleich wertvolles Vermächtnis und dringliche Aufgabe für die Zukunft darstellt (77).

22. Ausdehnung des Auslösungsbegriffes auf zahlreiche Erscheinungsgruppen in der Abhandlung von 1876.

Der Aufsatz „Über Auslösung" beginnt: „Sehr viele Naturprozesse gehen nur dann vor sich, wenn sie durch einen Anstoß eingeleitet werden, und dieser Vorgang ist es, welchen die neuere Wissenschaft die Auslösung nennt." Als Beispiele solcher „Auslösung" oder „Einleitung" bestimmter Effekte führt R. MAYER an die Entzündung von Knallgas „durch Wärme oder einen elektrischen Funken, oder durch Platinschwarz", die Entzündung eines Streichhölzchens (und anschließend Veranlassung eines beliebig großen Verbrennungsprozesses) „durch ein bißchen Reibungswärme", den Druck auf den Hahn eines geladenen Gewehres usw. Es handelt sich hier um Vorgänge, bei denen „die Ursache der Wirkung nicht nur nicht gleich oder proportional ist, sondern wo überhaupt zwischen Ursache und Wirkung gar keine quantitative Beziehung besteht, vielmehr in der Regel die Ursache der Wirkung gegenüber eine verschwindend kleine Größe zu nennen ist". Hier kann man von „Auslösung", „Anstoß" und „Veranlassung" reden, die einen „Erfolg" hervorbringen. Eine „Ausnahme" von dem Satze „causa aequat effectum" oder ein Widerspruch liegt jedoch nicht vor, weil hier „die Ausdrücke Ursache und Wirkung in total anderem Sinne gebraucht sind" (M.I. 440f.) (Auch BERZELIUS nennt die katalytische Kraft „eine Ursache chemischer Tätigkeit". An LIEBIG, 11. Dez. 1840.)

„Die zahllosen Auslösungsprozesse haben nun das unterscheidende Merkmal gemein, daß *bei denselben nicht mehr nach Einheiten zu zählen ist*, mithin die Auslösung überhaupt kein Gegenstand mehr für die Mathematik ist. Das Gebiet der Mathematik hat, wie jedes andere Reich auch, seine natürlichen Grenzen, und unser jetziges Gebiet liegt eben außerhalb dieser Grenze. Die unendliche Menge von Auslösungsvorgängen entzieht sich jeder Berechnung, denn Qualitäten lassen sich nicht, wie Quantitäten, numerisch bestimmen" (78). — „Die Auslösungen spielen nicht nur in der anorganischen Natur . . ., sondern auch in der lebenden Welt, und namentlich also in der Physiologie und Psychologie, eine große und wichtige Rolle. Alle Gärungsprozesse beruhen auf Auslösung." So wird die „Fermentation" einer Zuckerlösung „durch eine geringe Menge von Gärungsstoff, von Ferment . . . sofort eingeleitet und durchgeführt, ähnlich als wenn man auf einen Haufen trockenen Sägemehles ein Stück glimmenden Zunders wirft". — Analog geschieht die Auslösung der Muskelbewegung durch die motorischen Nerven. Ja schließlich wird auch der *Wille*, „freilich auf eine völlig rätselhafte und unbegreifliche Weise, durch die Bewegungsnerven zu den entsprechenden Muskeln geleitet, und auf diese Weise erfolgt sofort die Auslösung, die gewünschte Aktion". Ferner auch: „Das Kontagium ist das Ferment, welches die pathologische Auslösung bewirkt, sei es z. B. die wohltätige Kuhpockenlymphe, sei es das entsetzliche Leichengift."

„Unser ganzes Leben ist an einen ununterbrochenen Auslösungsprozeß geknüpft" (M.I. 442). Es „besteht nun die Einrichtung, *daß der jeweilige Zustand des Auslösungsapparates für das Allgemeingefühl* oder für das *allgemeine Befinden maßgebend ist.* Ein behagliches Gesundheitsgefühl beurkundet einen ungestörten Auslösungsapparat"... Ist aber in Krankheiten „der Auslösungsapparat gestört, so tritt Leiden an die Stelle der Freude".

„Der Mensch ist seiner Natur nach so beschaffen, daß er gerne mit Aufwendung geringer Mittel möglichst große Erfolge erzielt." Das Bewirken von „Auslösungen" (z. B. Schießen, Reiten, Fahren) ist „eine unerschöpfliche Quelle erlaubter Freuden und harmloser Vergnügungen" (79). Völlig verkehrt aber ist es, „wenn man in unverantwortlichem Schlendrian bei psychischen Leiden und geistigen Störungen, welche ohnedies keinem Sterblichen je ganz erspart bleiben, die so nötigen Auslösungen auf brutale Weise mit Zwangsjacken, Zwangsstühlen und Zwangsbetten unterdrückt!" Es wirkt erschütternd zu sehen, in wie sachlich-überlegener Weise hier R. Mayer das furchbare Martyrium, das ihm menschliche Unzulänglichkeit in den Jahren 1852—53 (in den Heilstätten Göppingen und Winnenthal; M.II. 343) bereitet hatte, in den Zusammenhang kausaler Erkenntnis objektiv einreiht und damit der Förderung humanitären Handelns dienstbar macht!

R. Mayers Auslösungsaufsatz erscheint in mehr als einer Beziehung hochbedeutsam. Es handelt sich um nichts weniger als um eine *vollkommene „Auflockerung" des Ursach- und damit auch des Kraftbegriffes.* In dieser Beziehung wird hier eine Entwicklung zu Ende geführt, die schon sehr früh (etwa 1844) bei R. Mayer angehoben hatte und die dahin zielt, der tatsächlichen Vielfältigkeit des Wortgebrauches entgegenzukommen (s. auch Abschnitt 28 über Lebenskraft). Dem dualen Kausalbegriff: Erhaltung und Auslösung entspricht folgerichtig auch ein zwiefältiger Kraftbegriff.

Ist im einzelnen ein gewisses Schwanken in der Toleranz gegenüber der *Mehrdeutigkeit des Wortes „Kraft"* zu bemerken, so sieht man im ganzen eine mit der Zeit fortschreitende Tendenz größerer Duldsamkeit oder Liberalität; dauernd festgehalten aber wird das Verlangen, daß jeweils deutlich gesagt werde, was man unter „Kraft" verstehen will. „Was insbesondere die Kräftefrage anlangt, so handelt es sich zunächst gar nicht darum, was eine ‚Kraft' für ein Ding ist, sondern darum, welches Ding wir ‚Kraft' *nennen* wollen" (1851; M.I. 260) (80).

Mit seiner fortschreitenden Duldsamkeit gegenüber den Ausdrücken „Ursache" und „Kraft" hat R. Mayer selber *die Einheitsformel, die er für das Weltgeschehen in Ergänzung des Satzes von der Erhaltung der Materie genial entworfen hatte, durch eine zweite Formel ergänzt, die nicht nur zu dem Kausalbegriff des Alltags Brücken schlägt, sondern auch den mannigfachen Kausalbedürfnissen aller Wissenschaft vollkommen Rechnung trägt.* Das Auslösungsprinzip ist darum nicht ein bloßes zufälliges Anhängsel, sondern ein wichtiger Bestandteil seines Gedankensystems; zugleich beweist jener Auslösungsaufsatz und der daran geknüpfte, leider aber in der Absicht steckengebliebene Plan einer umfassenderen Darstellung, daß die öfters aufgestellte Behauptung, R. MAYERs Kraft sei durch die schweren Schicksale der Verkennung und Mißachtung vollkommen gebrochen worden, nicht zutrifft: der eindringliche Auslösungsaufsatz tritt bei aller Kürze und Gedrängtheit der Darstellung in erkenntnistheoretischer Beziehung den früheren Veröffentlichungen gleichwertig an die Seite. ,,In der Tat ist es eine der tiefsten Einsichten in die Naturerscheinungen, die Fortpflanzung einer ersten Störung des Gleichgewichts als eine wesentliche Grundform der Wirkungskette zu erkennen. — Zwei Schraubenfedern, die gegeneinander drücken, brauchen nur durch Verschiebung den gegenseitigen Halt zu verlieren, damit sofort an Stelle der statischen Ruhe lebendige Kraftentwicklung trete" (DÜHRING) (81).

Für R. MAYERs Weitblick ist vor allem die Tatsache bezeichnend, daß er sich nicht scheut, *auch das Gebiet des Seelisch-Geistigen*, das er bei seiner ,,Unzerstörlichkeit der Kraft" wohlweislich vollkommen aus dem Spiele läßt, mit seinem Auslösungsaufsatz herzhaft anzufassen.

Wir werden hierauf insbesondere bei der Frage der geschichtlichen Auswirkung von R. MAYERs Kausalauffassung noch näher einzugehen haben, doch soll hier schon vorbemerkt werden, daß seine ,,*Auslösung der Kräfte*" als eine ,,Kausalität von nebenan oder von oben" bei weitem nicht diejenige Beachtung gefunden hat, wie sie seiner ,,*Beharrung der Kräfte*" nach anfänglichem Zögern in reichstem Maße zu teil geworden ist.

23. Anhang: Definition des Wortes Kraft durch verschiedene Forscher.

Der hoministische Ursprung des Kraftbegriffes aus dem subjektiven Kraftgefühls (s. S. 5 und 23) steht außer Zweifel. Demgemäß bestehen auch enge Beziehungen zu dem Fluidumbegriff, dem Seelenbegriff, dem Lebensbegriff. Bei PARACELSUS ist der ,,Archeus" gleichzeitig Kraftprinzip und Lebensgeist; alles in der Natur besitzt ,,Tugend", d. h. Kraft, und ist insofern belebt, beseelt. Auch bei KEPLER geht die anima unscharf in die vis über, Seelenkraft in Naturkraft. Seele und Kraft (dazu auch Naturgesetz) sind im Grunde gleichbedeutend. Von WILLIAM GILBERT (um 1600) wird die Kraft des Magneten als ein Fluidum gedacht, zugleich als ein ,,Streben", analog dem seelischen Streben. (Siehe auch Anm. 23 und 33; sowie SCHOPENHAUERs ,,Wille in der Natur".)

Wenn das Wort ,,Kraft" auch heute noch eine Art Chamäleonbegriff darstellt, d. h. zu den vieldeutigsten Wörtern der Sprache gehört, so lassen sich doch im ganzen zwei Hauptbedeutungsgruppen unterscheiden.

a) Kraft im mathematisch wohl definierten Sinne nach dem Muster der klassischen Mechanik: energetische, Arbeit leistende Kraft, Wirkkraft, bewegende Kraft; hier ist ohne weiteres die Möglichkeit einer exakten quantitativen Bestimmung gegeben.

b) Kraft im allgemeinen Sinne: Wirkfähigkeit und Betätigungsmöglichkeit eines materiellen oder psychophysischen Systems oder einer Ganzheit überhaupt; Willenskraft, Form- und Abwehrkraft des Organismus, Lebenskraft, Seelenkraft, Volkskraft, Wehrkraft usw., diaphysische Richtkraft (J. REINKE). „Es gibt nur eine Heilkraft, und das ist die der Natur" (SCHOPENHAUER). Hier bestehen unmittelbar keine quantitativen energetischen Beziehungen, keine Äquivalenzverhältnisse etwa zu mechanischer, elektrischer, chemischer Energie: nichtenergetische Richtkräfte. Die mannigfachen *Definitionsmöglichkeiten* der Kraft (nach a oder b, s. auch Abschnitt 11) seien durch folgende Beispiele veranschaulicht:

LIONARDO DA VINCI: „Kraft ist die Ursache der Bewegung, und Bewegung ist die Ursache der Kraft. — Kraft ist eine geistige Wesenheit, weil in ihr unsichtbares Leben ist."

LAGRANGE: „Kraft ist die Ursache, welche einem Körper eine Bewegung erteilt oder zu erteilen strebt." Nach HUME ist „Kraft" ein Beziehungsbegriff wie die Ursache selbst. FECHNER: „Kraft ist in der Physik überhaupt weiter nichts als ein Hilfsmittel zur Darstellung der Gesetze des Gleichgewichts und der Bewegung. — Kräfte sind Relationsbegriffe."

BOLZANO: „Solche Beschaffenheiten einer Substanz, welche die Ursache sind, daß sie gewisse Wirkungen hervorbringt, nennen wir ihre *Kräfte.*"

FR. MOHR: „Was eine Kraft aufheben will, muß selber eine Kraft sein." LOTZE: „Kraft ist die Fähigkeit und die Nötigung zu einer nach Art und Größe bestimmten zukünftigen Leistung, die allemal eintreten wird, sobald eine bestimmte Bedingung realisiert sein wird. Nur in Beziehung aufeinander haben die Körper Kräfte. Kraft ist nur ein Gebilde des abstrahierenden Denkens" (s. auch M.II. 206). BERZELIUS: „Was eine Kraft ist, wissen wir nicht anders als durch ihre Wirkungen." v. OETTINGEN: „Der Kraftbegriff geht dem Energiebegriff voraus." RUBNER: „Kraft ist das, was wir uns als Ursache einer Bewegung vorstellen." E. DU BOIS-REYMOND: „Die Kraft ist das Maß, nicht die Ursache der Bewegung." J. REINKE: „Kraft ist alles Wirkende und alles Wirksame in der Natur." H. HERTZ: „Kraft ist das gedachte Mittelglied zwischen zwei Bewegungen." KIRCHHOFF: „Kraft ist nur ein Hilfsbegriff zur Vereinfachung der Ausdrucksweise."

HELMHOLTZ: „Das Gesetz der Erscheinungen finden, heißt begreifen. So tritt uns das Gesetz als eine objektive Macht entgegen, und demgemäß nennen wir es Kraft. Nur wo es Gesetze gibt, gibt es Kräfte; denn Kräfte sind objektivierte Gesetze. Insofern wir das Gesetz als ein unsere Wahrnehmung und den Ablauf der Naturprozesse Zwingendes, als eine unserem Willen gleichwertige Macht anerkennen, nennen wir es Kraft." PLANCK: „Das Potential behauptet den Vorrang vor der Kraft." CASSIRER: „Kraft ist lediglich der Ausdruck für die durchgängige mathematische und logische Determination alles künftigen Werdens durch die Bedingungen, die in der Gegenwart verwirklicht sind." POINCARÉ: „Es kommt nicht darauf an zu wissen, was Kraft sei, sondern zu wissen, wie man sie mißt." WUNDT: „Kraft ist die an die Substanz gebundene Kausalität." BURKAMP: „Jede Kraft ist nur die gesetzliche Möglichkeit der Reaktion unter bestimmten Umständen." A. WENZL: „Kraft ist ein bestimmbares Maß der Wirkungsfähigkeit." Wie H. Hertz sucht auch Schlick den Kraftbegriff zu eliminieren, da er „einer nunmehr überwundenen Phase der Naturwissenschaft" angehöre. Dagegen E. Krieck: „Kraft ist eine gesetzmäßige und gestaltende Offenbarungsform vom All-Leben. — Die Physiker sind trotz aller Mühe von der ‚Kraft' nicht losgekommen, die im Ursprung ein mythisch-metaphysisches Prinzip ist; sie blieb ein solches, auch wenn sie zum Hilfs- und Relationsbegriff, zum bloßen Symbol, zur Rechenformel degradiert wurde." Erich Schneider: „Kräfte sind immer gleich real oder vielmehr gleich irreal. Denn was wir feststellen, sind immer nur Beschleunigungen und Verformungen, niemals aber die Kräfte selber." Scheler: „Kraft ist die konstante reale Bedingung eines vorgefundenen Wirkens von bestimmter Gesetzlichkeit und ist eben darum wie andere als symbolisch gegeben. Wirken ist ein letzter anschaulicher Tatbestand. Ursachen sind die Dinge, die wirken. In jedem Widerstand, den wir erleben, gewahren wir das Wirken und die Kräftigkeit eines anderen, das nicht aus uns stammt und stammen kann." J. Reinke: „Kraft ist keineswegs begreiflicher als Gott."

Über das vielerörterte Verhältnis „Kraft" und „Stoff" genügen einige Äußerungen. Leibniz: „Der Begriff der Kraft trägt viel zur Erkenntnis des wahren Begriffes der Substanz bei. — Die Kraft zu handeln wohnt jeder Substanz inne." Weiterhin Kant: „Materie ist die Substanz nach ihrem Dasein, Kraft die Substanz nach ihrem Wirken aufgefaßt." Oersted: „Alle Masse besteht aus Kräften." Schwärmerisch Novalis: „Die Atome sind gleichsam die Schriftzeichen der Natur, und ihnen entsprechen die Schwingungen des Äthers. Beide Systeme erklären sich gegenseitig." Helmholtz: „Es ist einleuchtend, daß die Begriffe von Materie und Kraft in der Anwendung auf die Natur nie getrennt werden dürfen. Das Daseiende nennen wir Materie." Hell: „Pfaff hat recht, daß es keine kraftlosen Materien gibt; nur begrifflich kann geschieden werden." Zu verwerfen ist nach E. Koenig „die verbreitete Fiktion, daß die Kraft ein selbständiges (substantielles) Sein habe und mit dem Stoffe als ihrem Träger *verbunden* sei". Andererseits: „Für die empirische Betrachtung ... haben Materie und Kraft als ebenso real zu gelten wie die Erscheinungen selbst." Ferner F. A. Lange: „Der unbegriffene oder unbegreifbare Rest unserer Analyse ist stets der Stoff: Stoff ist allemal dasjenige, was wir nicht weiter in Kräfte auflösen können oder wollen." Für Schopenhauer gilt die Gleichsetzung: Materie = Kraft = Kausalität = „Wille". Nach Vaihinger gibt es „fiktive Begriffspaare" wie Kraft und Stoff, Ding und Eigenschaft, Subjekt und Objekt, das Ganze und seine Teile usw. (besser: Komplementarismen, Korollarien und Korrespondenzen). (Siehe auch Anm. 59.)

V. Besondere Kausalbegriffe und Kausalauffassungen von R. Mayer.

> „Das Kausalgesetz ist nicht selbst ein
> Naturgesetz, sondern das Gesetz, das die
> allgemeine Form der Naturgesetze bestimmt
> und das der Geist befolgt, indem er die
> Natur erforscht."   A. Riehl.

R. Mayers Aufstellung des Prinzipes von der Erhaltung der Energie hatte dahin gezielt, daß das nurmechanische Kausalschema seine Vorherrschaft aufgeben und an ein allgemein dynamisches Kausalschema weitergeben konnte. Zugleich hatte er in der Erkenntnis, daß seiner erweiterten Kausalformel ein Mangel an Bestimmtheit hinsichtlich der Eintrittsweise neuen Geschehens anhafte, die „Erhaltungsformel" durch die „Auslösungsformel" ergänzt und damit eine *duale Spaltung kausaler Betrachtungsweise* geschaffen, deren Bewährung der Zukunft überlassen blieb.

Wenn sich somit bei R. Mayer neue Grundlagen kausalen Denkens über das Wirken in der Natur finden — allgemeine Energetik gegen enge Mechanik —, so ist zu erwarten, daß sich seine selbständige Art des Vorgehens auch in der Stellungnahme zu einzelnen wichtigen *besonderen Kausalbegriffen* ausgeprägt hat.

24. Begriff der Wechselwirkung.

Hat schon Kant dem Begriff der W.W. (s. S. 13) eine besondere Beachtung geschenkt, indem er ihn in die Tafel der Kategorien einreihte, so ist der grundlegende Charakter des W.W.-Begriffes vor allem von Hermann Lotze betont worden: „Jede Kausalität ist W.W.", und zwar W.W. über den Urgrund aller Dinge, da anders keine W.W. möglich ist. R. Mayer hat hiervon nichts gewußt, wie überhaupt seine Beschäftigung mit der Philosophie anderer sich im wesentlichen in der Zurückweisung hohler spekulativer Naturphilosophie erschöpft hat (s. S. 53 und Anm. 44).

Als selbständiger Denker hat jedoch R. Mayer seine eigene Philosophie entwickelt, die sich im wesentlichen auf erkenntnistheoretische Fragen bezieht. Was den Begriff „W.W." anlangt, ist zu fragen, welche Rolle *der allgemeine Gedanke einer W.W.* in seinem System spielt, und zwar in erster Linie W.W. im dynamischen System immer neuen Geschehens (kausale W.W.), nicht im stationären System dauernd gleichen Geschehens (ganzheitliche W.W., s. Abschn. 6).

Von vornherein ist klar, daß *der Auslösungsbegriff durchaus die Tatsache einer W.W. voraussetzt.* Da weiterhin aber auch jede „Umwandlung" von „Kraft" das Zusammensein oder Zusammengeraten eines energiebegabten Gebildes mit anderen Gebilden zur Bedingung hat — andernfalls würde ja das Beharrungsgesetz in dem alten Sinne des Trägheitsprinzips gelten —, so ist auch das Prinzip der „Unzerstörlichkeit der Kraft" und ihrer Umwandlung mit quantitativer Äquivalenz ohne W.W. elementarer und höherer Systeme undenkbar. „In der ganzen Welt ist überall Zusammenhang" (M.I. 397); siehe auch Weyrauch: „Die Änderung der Energie oder Arbeitsfähigkeit eines materiellen Systems kann nur durch eine entsprechende Aufnahme von außen oder Abgabe nach außen bedingt sein."

Unter diesen Umständen ist es von geringer Bedeutung, wenn das *Wort* „W.W." in R. Mayers Schriften nur wenig vorkommt (in Weyrauchs ausführlichem Sachregister ist es nicht enthalten). In dem Aufsatz von 1845 redet R. Mayer unter anderem von der „W.W. zwischen den umschließenden Festteilen und der eingeschlossenen Flüssigkeit" der Gewebe (M.I. 93, 94); in dem Aufsatz von 1851 über die „materielle Wechselbeziehung" oder den Stoffaustausch, in welchen die Blutbestandteile beim Zirkulieren mit den Organen treten (M.I. 244). Weiter heißt es: Durch einen „Zustand von Blutanschoppung" wird „das Gemüt in einer reizbaren teilweise hypochondrischen Stimmung erhalten, während andererseits wieder jeder psychische Reiz nachteilig auf das somatische Organ zurückwirkt." (An LANG, 11. Nov. 1851; M.II. 337; über das psychophysische Problem s. auch M.I. 357.)

Kommen *niedere* und *höhere* Gebilde in W.W., so ergeben sich *Abstufungen und Rangfolgen der Kausalismen.* In der Form von „Regulation" (mit ihren Begrenzungen) ist R. MAYER schon aus seiner ärztlichen Praxis das Eingreifen „höherer Faktoren" in „niedere Getriebe" bekannt. Auch seine (spätere) Stellungnahme zum Begriff der Lebenskraft (S. 71) zeugt von einer Anerkennung von Rangordnungen im Wechselspiel der Kausalität.

25. „Ursache" und „Bedingung".

Wie bereits in Abschnitt 7 bemerkt, gibt es generell kaum eine scharfe Scheidung des logischen Inhaltes von „Ursache" und „Bedingung". So nimmt es nicht Wunder, wenn bei R. MAYER beide Worte in ziemlich beliebigem Gebrauch stehen, zusammen mit den sinnverwandten Worten: Grund, Erfordernis, Hauptursache, Einfluß (M.I. 190), Abhängigkeit, Erzeugung, Hervorbringung, Hervorrufung (M.I. 351, 354), Herbeiführung, „zu verdanken haben" (M.I. 190); ferner auch Zusammenhang, Beziehung, Verknüpfung usw. (sämtlich von Haus aus mechanistische Gleichnisse, Metaphern und „Figmente"!). Wir führen nur einige Beispiele an: „Das Strahlen der Sonne ist der letzte Grund von fast allen lebendigen Kraftäußerungen und Bewegungen auf der Erdoberfläche" (M.I. 187). „Die Aufnahme von Licht" ist „die conditio sine qua non des Reduktionsprozesses" in den Pflanzen (M.I. 77). „Schon die verstärkte Respiration bedingt einen vermehrten Wärmeverlust" beim Tiere (M.I. 84). „Die Aktion des Muskels ... wird auf geheimnisvolle Weise durch einen Kontakteinfluß bedingt, der erfahrungsgemäß dem Nervensystem zukommt" (M.I. 124). „Verschiedene Ursachen tragen dazu bei, die Gewässer des Ozeans in einer immerwährenden, teils undulierenden, teils fortschreitenden Bewegung zu erhalten" (M.I. 190). „Unter gewissen Bedingungen kompensieren sich beide entgegengesetzte Tendenzen" (Erdrotation und Mondeinfluß hinsichtlich Ebbe und Flut) (M.I. 194). „In der Erregung von Ebbe und Flut liegt ein Grund zu einer Verminderung der Umdrehungsgeschwindigkeit der Erde" (M.I. 188). „Dreierlei Ursachen bedingen in der Wirklichkeit eine Abweichung der Erde von der völlig symmetrischen Kugelgestalt" (M.I. 194). Über die „Hauptursache des Erdmagnetismus" wird eine besondere Hypothese aufgestellt (M.I. 354). Die auf mechanischem Wege entwickelte Wärmemenge und „die dazu verbrauchte Arbeitskraft" stehen „in der denkbar einfachsten Beziehung", d. h. in einem unveränderlichen, geraden Verhältnis zueinander" (M.I. 242). „Es wird „die Beziehung aufgesucht", „welche zwischen den Bedingungen der Bewegung ... existiert" (M.I. 263). Der „Blutverbrennungsprozeß" ist „die Bedingung jedweder organischen Kraftentwicklung" (M.I. 333). Die „chemisch-physikalische Lebenstätigkeit der Pflanzen" ist „eine Vorbedingung für die Existenz anderer lebender Wesen, der Tiere nämlich und des Menschen" (M.I. 403). *„Der Oxydationsprozeß ist die physikalische Bedingung der mechanischen Arbeitsfähigkeit des Organismus"* (M.II. 249); usw.

An *einer* Stelle indessen wird ein scharfer Trennungsstrich gezogen: Arbeitende Kräfte sind „Ursachen", nicht aber bloße „Bedingungen" des Geschehens. Heute wird man hinsichtlich „Kraft" im allgemeinen Sinne geneigt sein, das Gegenteil zu behaupten (s. Anm. 61). (Bei Liebig, Chemische Briefe, heißt es — sehr anfechtbar: „Die sinnlich wahrnehmbaren Ursachen nennt der Naturforscher *Bedingungen*; die Ursachen, welche durch die Sinne nicht weiter wahrgenommen werden, nennt er *Kräfte*.")

Auch von „Funktion" in physikalischem Sinne wird gehandelt (M.I. 420; s. S. 68).

Handelt es sich bei „Wechselwirkung" und bei „Bedingung" um rein *logische Beziehungsweisen,* so ist weiterhin noch R. Mayers Verhältnis zu bestimmten naturwissenschaftlichen *Realbegriffen* kausaler Art kurz zu erörtern.

26. Entropie und „Wärmetod".

Sadi Carnot (1824) mit seinem Kreisprozeß (weiter entwickelt von Clapeyron 1834) hatte gelehrt, daß Wärme nur dann Arbeit leisten kann — und zwar immer nur teilweise —, wenn sie von wärmeren zu kälteren Körpern übergeht. Auf dieser Grundlage, sowie unter Benutzung des Prinzips der Äquivalenz von Wärme und Arbeit (= I. Hauptsatz) schufen Rudolf Clausius von 1850 ab und William Thomson (Lord Kelvin) 1851 den Entropiesatz als *II. Hauptsatz der mechanischen Wärmetheorie* (83). „Wärme kann nicht von selbst aus einem kälteren in einen wärmeren Körper übergehen" (Clausius; verallgemeinert: das Gesetz der *Einsinnigkeit der Energieübertragung,* von höherer zu niederer Intensität; Unmöglichkeit eines Perpetuum mobile zweiter Art). Als unausweichliche Folge dieser Gesetzlichkeit erscheint für abgeschlossene Systeme die „Dissipation" oder „Zerstreuung" der Energie unter Abnahme der Arbeitsfähigkeit, also Zunahme der „Entropie". Von W. Thomson wurden hieraus weitgehende *kosmische Konsequenzen* gezogen: „Die Entropie *der Welt* strebt asymptotisch einem Maximum zu"; oder nach einer Formulierung von Helmholtz: „Wenn das Weltall ungestört dem Ablauf seiner physikalischen Prozesse überlassen wird, so wird endlich aller Kraftvorrat in Wärme übergehen ...; dann ist jede Möglichkeit einer weiteren Veränderung erschöpft, dann muß vollständiger Stillstand aller Naturprozesse von jeder nur möglichen Art eintreten."

Diesen thermodynamisch begründeten Begriff einer Zunahme der Entropie der Welt (durch Ausgleichung von Intensitätsunterschieden der Energie) hat R. MAYER so wenig anzuerkennen vermocht, wie die Gleichsetzung von Wärme und Bewegung. Obwohl er gegen die wissenschaftliche Ableitung des Theorems (in das er nicht allzu tief eingedrungen ist) nichts vorzubringen vermag, so läuft doch die daraus gezogene letzte Schlußfolgerung eines drohenden Wärmetodes der Erde, ja sogar des Universums (für ihn gleichbedeutend mit einer Zusammenballung aller kosmischen Massen! s. auch M.II. 101) seinen weltanschaulichen und religiösen Grundüberzeugungen so sehr zuwider, daß er jene vermeintliche Konsequenz scharf ablehnt. Eine Zielläufigkeit der Welt im Sinne eines „endlichen völligen Stillstandes der ganzen makroskopischen Maschine" ist ebenso im Gegensatz zu R. MAYERs Idee einer Unzerstörbarkeit der Kraft, wie auch zu seinen Vorstellungen über die göttliche Schöpfung und Erhaltung der Welt (s. S. 76). Der Satz von der Vermehrung der Weltentropie, von einem drohenden Weltstillstand, ist nach R. MAYERs Meinung über die Erfahrung hinausgehend und illusorisch. „Es dürfen eben Grundsätze, die nur für ein begrenztes Tatsachengebiet bewiesen und gültig sind, nicht transzendent, d. h. über dieses hinaus, angewendet werden" (E. v. LIPPMANN).

Demgemäß sagt R. MAYER in seinem Vortrage auf der Versammlung Deutscher Naturforscher und Ärzte zu Innsbruck 1869: „Über notwendige Konsequenzen und Inkonsequenzen der Wärmemechanik", unter nur oberflächlichem Eingehen (84) auf den Inhalt jener „erst in der Entstehung begriffenen" und deshalb „noch wenig ausgebildeten" Lehre: „Ich ergreife die mir gebotene Gelegenheit gerne, mich dahin auszusprechen, daß ich diese Ansicht nicht teile" (M.I. 350, s. auch I. 309). Vorher schon, in einem Briefe an REUSCHLE (21. Juli 1869; M.II. 299), spricht er seine besondere Freude darüber aus, daß sein Freund „die Ansicht THOMSONs, den endlichen Stillstand der Welt betreffend" nicht vertritt: „ich selbst konnte mich zu dieser letzteren Ansicht nie bekennen". Und bald darauf (an MOHR, 3. August 1869; M.II. 423): „Besonders erfreut bin ich auch über das, was Sie gegen die von THOMSON und CLAUSIUS in Aussicht gestellte Entropie sagen" (soll heißen: Maximum der Entropie); „ich meinerseits konnte dieser Ansicht ebenfalls nie beitreten und gedenke meine Gründe dagegen gelegentlich vorzubringen". (Das ist dann in der Naturforscherversammlung kurz geschehen.) Zu der von späteren Autoren (TAIT, ADOLF FICK, J. REINKE) gezogenen und anerkannten Schlußfolgerung, daß die Idee eines schließlichen „Weltstillstandes" folgerichtig auch einen zeitlich bestimmten Weltanfang, also einen Schöpfungsakt" verlange, ist R. MAYER nicht gelangt (s. auch S. 83). Allerdings: „Einen vollständigen Abschluß erwarte ich in dieser Beziehung für meine Person, bei allem Glauben an die persönliche Unsterblichkeit — die aber bekanntlich keine geozentrische ist — nicht mehr zu erleben" (An MOHR, 3. Aug. 1869; M.II. 423) (85).

Boltzmanns strenge Begründung des II. Hauptsatzes auf die Regeln der *Statistik* hat R. Mayer tatsächlich nicht mehr erfahren. Die *statistische Methode* der Physik, die damals in der Anfangsentwicklung stand, hat er zur Kenntnis genommen, ohne sich eingehend darüber zu äußern. Von Statistik als dem „Gesetz der großen Zahl" redet R. Mayer in dem Aufsatze „Über veränderliche Größen" 1873 (M.I. 427); doch berührt er nur die Anwendung auf soziale Erscheinungen (nach Gustav Rümelin) (86).

27. Begriff des Naturgesetzes.

In der griechischen Philosophie hat sich der Begriff des Naturgesetzes als einer Norm entwickelt, die den Rechtsnormen der Polis entspricht. In der Atomistik und vor allem in der klassischen Mechanik wandelt sich der normative Charakter allmählich in einen rein deskriptiven; doch bleibt metaphyisch die Vorstellung eines obersten Gesetzgebers der Natur oft bestehen.

Man wird von jemandem, der selber ein großes Gesetz fand, nicht verlangen, daß er sich auch ausführlich über das Wesen von Naturgesetzlichkeit äußert. Aus der Gesamtheit von R. Mayers Schriften ergibt sich indes, daß ihm *Naturgesetzlichkeit und Naturkausalität im wesentlichen das Gleiche bedeuten*, so daß also die Gewinnung fester, vor allem *quantitativer Beziehungen oder Funktionen für wechselnde Geschehen* Ziel und Aufgabe des Naturforschers ist. Im Zentrum steht der Begriff der „Kraft" als einer Denknotwendigkeit für einheitliche Erkenntnis. „Das Gesetz ist ihm die vom Denken gesetzte Einheit von Funktionen" (Israel). „Eine veränderliche Größe, in ihrer Abhängigkeit von einer oder von mehreren anderen Größen, nennt man eine *Funktion* und sagt z. B.: die Endgeschwindigkeit ist eine Funktion des Fallraumes oder auch eine Funktion der Fallzeit" (M.I. 420).

Daß auch das *Verhältnis von Notwendigkeit und Freiheit* R. Mayer beschäftigt hat, ist wiederholt zu bemerken. So heißt es in unmittelbarem Anschluß an die Äußerungen über die statistische Methode: „Notwendigkeit und Gesetz auf der einen Seite, auf der anderen Zufall und Freiheit sind freilich Gegensätze, aber Gegensätze schließen überhaupt einander nicht aus, sondern sie ergänzen sich." Und weiterhin: „Gesetze im physikalischen Sinne, Naturgesetze, die sich durch ausnahmslose Notwendigkeit charakterisieren, gibt es in der lebenden Welt nicht, denn Gesetze mit Ausnahmen pflegt man Regeln zu nennen" (M.I. 427, 428). (In gleicher Weise trennt W. Roux „Regel und Gesetz": „Die Regel charakterisiert den Wahrscheinlichkeitsverlauf, das Gesetz ist zwingend".) „Im Leben wird die Notwendigkeit durch Freiheit gemildert, die Freiheit durch die Notwendigkeit beschränkt" (M.I. 428).

Vergleichsweise seien hier die Aussprüche einiger anderer Denker über *Naturgesetzlichkeit* wiedergegeben. [Die ersten Vorläufer der neueren „Naturgesetzlichkeit", z. B. die „Aristotelischen Formen" und die „fließenden Formen" oder Formen der Veränderung nach Oresme (um 1350) können hier ebenso außer betracht bleiben wie die exakteren Formulierungen von Cusanus, Bacon,

KOPERNIKUS, KEPLER.] Nach FECHNER lautet das „allgemeinste Naturgesetz", daß „unter denselben Bedingungen immer und überall dasselbe, unter verschiedenen Verschiedenes erfolgt". Nach LOTZE sind Gesetze „große Gewohnheiten der Natur. — Das Sein der Dinge löst sich auf in lauter Geschehen und ist ein Stehen in Beziehungen. — Wahrheiten sind nicht, sie gelten nur". HELMHOLTZ: Gesetz ist „*der allgemeine Begriff*, unter den sich eine Reihe von gleichartig verlaufenden Naturvorgängen zusammenfassen läßt"; oder: „das gleichbleibende Verhältnis zwischen veränderlichen Größen. Das Gesetz als objektive Macht anerkannt, nennen wir Kraft. — Für die Anwendung des Kausalgesetzes haben wir keine andere Bürgschaft als den Erfolg. — Was wir erreichen können, ist die Kenntnis der gesetzlichen Ordnung im Reiche des Wirklichen. — Vertrauen in die Gesetzmäßigkeit ist zugleich Vertrauen auf Begreifbarkeit der Naturerscheinungen. — Physikalisch-mechanische Gesetze sind wie Teleskope unseres geistigen Auges, welche in die fernste Nacht der Vergangenheit und Zukunft eindringen. — Der Zweck der Wissenschaften ist, die Wirklichkeit zu begreifen und das Vergängliche aufzufassen als die Erscheinungsform des Unvergänglichen, des Gesetzes". ROUX: „Jedes Geschehen verläuft so, als ob es durch ein Gesetz geleitet oder bewirkt würde. Naturgesetze sind Beschreibungen des an sich gleichförmigen beständigen Wirkens bestimmter Faktoren-Kombinationen. Neben Gesetzen des Wirkens gibt es Regeln des Vorkommens."

GEORG HELM: „Die ganze Bedeutung eines Naturgesetzes liegt allein im Erfolg, in der Macht, mit der es uns gestattet, die Welt erkennend zu beherrschen oder in der einfachsten Weise zu beschreiben." BOUTROUX: „Die Naturgesetze drücken die Konsequenzen der W.W. der Dinge aus. — Gesetze haben nur bestimmte Kontingenz der Geltung, nicht strenge Notwendigkeit" (Geltungskontingenz der Naturgesetze). Nach BERGSON ist das Naturgesetz eine vom Menschengeist hergestellte Beziehung zwischen Dingen oder Vorgängen. NERNST warnt vor einer „logischen Überbeanspruchung der Naturgesetze": „Alle unsere jetzigen Naturgesetze sind wahrscheinlich statistischen und insofern provisorischen Charakters." Extrem heißt es bei POPPER-LYNKEUS: „Die Natur kennt, hat keine Gesetze." ERNST MACH: „Ihrem Ursprung nach sind die Naturgesetze Einschränkungen, die wir unter Leitung der Erfahrung unserer Erwartung vorschreiben", oder „eine zusammenfassende Beschreibung": „mehr als den umfassenden und verdichteten Bericht über Tatsachen enthält ein solches Naturgesetz nicht. — Die Gleichungen oder Beziehungen sind also das eigentlich Beständige. — Das eine wollen wir aber festhalten, daß es bei der Naturforschung nur auf die Erkenntnis des Zusammenhanges der Erscheinungen ankommt." (Ökonomischer Wert des Gesetzes als einer Ableitungsregel.) GALILEIs Fallgesetze z. B. sind „eine sehr einfache und kompendiöse Anweisung, alle vorkommenden Fallbewegungen in Gedanken nachzubilden". (GALILEI selber hatte in seinem Gesetze nur „die einfachste und natürlichste Formulierung" gesehen.) Gegen MACH äußert sich SOMMERFELD: „Sicher war es ökonomisch, Optik und Elektrodynamik zu vereinigen. Aber ich denke, es war viel mehr als das. MAXWELL wäre nicht zum Ziele gekommen, wenn er nicht fest überzeugt gewesen wäre von der großen Einheit in der Natur und der vollkommenen Harmonie ihrer Gesetze." (Siehe auch SCHRÖDINGER, Was ist ein Naturgesetz? Naturwiss. **1934**, 598.)

Nach POINCARÉ sind Gesetze „konstante Relationen, ausdrückbar durch eine Differentialgleichung". NIEWEN: „Der Funktionsbegriff ist die mathematische Formel des Gesetzes." MALLY: „Jedes Naturgesetz erweist sich als ein allgemeiner Wahrscheinlichkeitsansatz." SCHLICK sieht im Naturgesetz „das Beharrliche eines Wechsels". WUNDT: „Gesetze sind allgemeine Regeln, die eine Gruppe von Gleichförmigkeiten des Seins oder Geschehens zusammenfassen." J. Reinke: „Das Naturgesetz schreibt nicht vor, sondern verzeichnet nur", und zwar „unabänderliche Geschehensfolgen" oder „die ausnahmslose Wiederkehr bestimmter Veränderungen unter bestimmten Bedingungen". Driesch: „Naturgesetze bedeuten eine feste klassenhaft bestehende Soseinsverknüpfung im Bereich der Naturwirklichkeit." H. Rikkert: „Wir sehen, daß *jeder* Begriff der Naturwissenschaft im ersten Ansatz schon alles das enthält, was sich in den naturwissenschaftlichen Gesetzesbegriffen ausdrücklich entfaltet. — Das Naturgesetz ist nichts anderes als die denkbar vollkommenste Form der begrifflichen Allgemeinheit, die unbedingt gilt." Durch fortgesetzte Verallgemeinerung (generalisierende Induktion) entstehen „Gesetze immer höheren Ranges". Eisler (Wörterbuch): „Naturgesetze sind begrifflich formulierte Notwendigkeitsrelationen, bedingt einerseits durch die Gesetzlichkeit des erkennenden Bewußtseins, andererseits durch die beobachtete Gleichförmigkeit des Naturgeschehens." Nietzsche: „Die angeblichen Naturgesetze sind die Formeln für Machtverhältnisse." .

Als „charakteristische Tatsache für ein physikalisches Gesetz" (z. B. das Ohmsche Gesetz) erscheint: „es wird ermittelt aus den Erscheinungen, es erweist sich als generell richtig, und doch braucht man den inneren, die äußere Erscheinung liefernden Grund ... nicht zu kennen" (Gerlach). Riehl: „Gattungsbegriffe und Gesetze bilden zusammen die Bausteine der wissenschaftlichen Erkenntnis. — Die wissenschaftliche Erfahrung ist die logische Erscheinung der Wirklichkeit ... Naturgesetze sind insofern angewandte Denkgesetze. Das Denken aber entwickelt und betätigt sich nur an seinen Objekten." Paulsen: „Der Glaube an das Naturgesetz ist uns der Glaube an unsere Vernunft."

Die Zwiespältigkeit von *subjektiver oder objektiver Geltung* — Ordnungsregel der Vernunft und Ordnungsregel der Natur —, die dem Naturgesetz zugeschrieben werden kann und die schon in obigen Äußerungen wechselnd zutage tritt, ist deutlich aus folgender Gegenüberstellung zu erkennen. Kant: „Der reine Verstand ist selbst die Quelle der Gesetzgebung der Natur." Jeans: Angebliche Naturgesetze sind Beschreibungen unserer eigenen Denkprozesse." Sommerfeld aber: „Der Physiker *erfindet* keine Naturgesetze, sondern er hat dankbar zu sein, daß es ihm vergönnt ist, einen Bruchteil von der großartigen Einheit und Harmonie der Naturgesetze zu *entdecken*." Ähnlich schon Helmholtz: „So treten uns die Naturgesetze gegenüber als eine fremde Macht, nicht willkürlich zu wählen und zu bestimmen in unserem Denken".

Pichler führt gegen Kant an, „daß uns aus dem Gewicht der Wahrnehmungen eine Ordnung anspricht und schicksalhaft in Anspruch nimmt, die wir nicht erfinden". Nach Riezler besteht „eine Angemessenheit des inneren Grundes der Naturerscheinungen an die Gesetzgebung des Verstandes".

Ein *Zusammenstimmen der Denkgesetze und der Naturgesetze* hat schon Oersted vertreten. Wundt: „Naturgesetze sind nicht Vorschriften, der Natur von außen gegeben, sondern ihr selbst immanent, zugleich Zeugnisse einer Einheit von Denken und Sein." Fr. A. Lange: „Wir haben in den Naturgesetzen nicht nur Gesetze unseres Erkennens vor uns, sondern auch Zeugnisse *eines anderen*, einer Macht, die uns bald zwingt, bald sich von uns beherrschen läßt." Planck: „Die physikalische Gesetzlichkeit richtet sich nicht nach den menschlichen Sinnesorganen und dem ihnen entsprechenden Anschauungsvermögen, sondern nach den Dingen selber." Andererseits aber steht fest: „daß die Bedeutung aller physikalischen Begriffe und Sätze für uns in letzter Linie doch wieder auf ihren Beziehungen zu den menschlichen Sinnesorganen beruht. So bleibt die einfache Tatsache der Übereinstimmung der Denkgesetze mit den Naturgesetzen als ein ewig wunderbares Geheimnis bestehen". L. DE BROGLIE: „Es wäre schwierig, sich unser Leben vorzustellen, wenn ... zwischen Verstand und den Tatsachen keine Beziehung bestünde." Gilt doch nach WINTERNITZ, daß „nicht nur unsere Vernunft ein Teil der Natur ist, sondern daß auch die Natur irgendwie an der Vernunft teilhaben muß." Dazu noch NOVALIS: „Alles geht nach Gesetzen und nichts geht nach Gesetzen. — Alle Erfahrung ist Magie. — Alles ist Zauberei oder nichts. Ist die Natur immer gesetzmäßig gewesen, und wird sie immer gesetzmäßig bleiben?" (Von neueren Autoren s. ferner BAUCH, BAVINK, BURKAMP, N. HARTMANN, A. WENZL u. a.; vgl. auch Abschnitt 23 über „Kraft".) „Nur Gleiches kann von Gleichem erkannt werden" (GOETHE).

Die *praktische Bedeutung des Naturgesetzes* spricht HELMHOLTZ in folgenden Worten aus: „Wer das Gesetz der Phänomene kennt, gewinnt dadurch nicht nur Kenntnis, er gewinnt auch die Macht, bei geeigneter Gelegenheit in den Lauf der Natur einzugreifen und sie nach seinem Willen und zu seinem Nutzen weiter arbeiten zu lassen."

28. „Lebenskraft"; biologische Kausalitäts-Rangordnung.

In R. MAYERs Schriften kann, wenn die näheren Umstände unbeachtet bleiben, eine gewisse Uneinheitlichkeit und mangelnde Folgerichtigkeit in bezug auf seine Stellung zum Begriff der „Lebenskraft" gefunden werden. Bei näherem Zusehen schwindet die scheinbare Inkonsequenz, indem in den Äußerungen aus verschiedenen Epochen seines Wirkens eine Art zeitlicher Entwicklung zutage tritt. Wie schon für den Begriff „Kraft" allgemein gezeigt und an dem Begriff „katalytische Kraft" im besonderen erläutert, hat sich eine *zunehmende Weitherzigkeit gegenüber dem Wortausdruck „Kraft"* herausgebildet, die auch der „Lebenskraft" zugute gekommen ist.

Die „Lebenskraft", eine legitime Nachfolgerin von Pneuma, Anima (G. E. STAHL), Archäus (Archeus) des PARACELSUS, den Lebensgeistern des DESCARTES, dem spiritus animalis, der force hypermécanique VAN HELMONTS usw., im wesentlichen gleichbedeutend mit dem Bildungstrieb (vis formans oder nisus formativus) von BLUMENBACH, dem „organisch-genetischen Trieb" von HERDER und (neuerdings) der „Entelechie" von DRIESCH u. a., gehört zu den meistumstrittenen Begriffen der Wissenschaft, zugleich aber auch zu denjenigen Begriffen, vor deren Erörterung LOTZEs Forderung stets beherzigt werden möchte: „Sage mir zuvor, was du damit meinst!" (87) Tatsächlich ist es erst durch R. MAYERs allgemeinen Kraft-(=Energie-) Begriff und durch sein Prinzip der Unzerstörlichkeit und Unerschaffbarkeit dieser „Kraft" *möglich* geworden, größere Klarheit auch über die Lebenskraft zu gewinnen.

In der bedeutsamen Tabelle der „Naturkräfte" (Energien) von 1845 fehlt die „Lebenskraft" — ebenso wie die „psychische Kraft" — und zwar mit vollem Recht, da, wie R. Mayer zutreffend erschaut hat, *eine in Maßbeziehungen sich äußernde Äquivalenz dieser sog. „Kräfte" zu den meßbaren mechanischen, elektrischen, chemischen und sonstigen Kräften nicht existiert*, vielmehr, recht gesehen, in jenen Begriffen das Wort „Kraft" eine ganz andere, und zwar viel allgemeinere Bedeutung besitzt (s. Abschnitt 21 und 22). In jener großen Abhandlung (s. S. 45 ff.) lesen wir, daß die „Ursache der durch die Pflanzen gelieferten chemischen Differenz" (chemischen Kraft) „eine physische Kraft" ist. Und zwar ist es so, daß die Pflanze einzig mit Hilfe des Sonnenlichtes ihre Leistung zu vollbringen imstande ist; „durch die Annahme einer hypothetischen Aktion der ‚Lebenskraft' wird jede weitere Forschung abgeschnitten und die Anwendung der Gesetze exakter Wissenschaften auf die Lehre von den Lebenserscheinungen unmöglich gemacht" (88). Die „Wunderwirkung der Lebenskraft" kann also in der Naturwissenschaft keinen Platz finden; vielmehr gilt: „*daß während des Lebensprozesses nur eine Umwandlung, so wie der Materie, so der Kraft, niemals aber eine Erschaffung der einen oder anderen vor sich gehe*" (M.I. 76, 82).

Auch in dem Liebigschen Sinne des *Schutzes gegen die feindliche Einwirkung der Umgebung* (nach v. Helmont und A. v. Humboldt), genauer: des Schutzes „gegen die Selbstentmischung, der die organischen Teile nach dem Tode entgegengehen", wird von R. Mayer das Wort „Lebenskraft" für anfechtbar erklärt (89). „Bringt man in die Säftemasse des lebenskräftigsten Mannes ein Gran faulender Jauche, so vermag weder Natur noch Kunst der rasch erfolgenden Entmischung, dem schnell tödlichen Faulfieber, Schranken zu setzen. Wo bleibt hier die Lebenskraft? wo das Vermögen: ‚Widerstand zu leisten gegen äußere Ursachen von Störungen?' Hic Rhodus, hic salta!" (M.I. 90—92). Liebigs Lebenskraft wird abgelehnt, „weil wir uns nicht für berechtigt halten, spezifische Ursachen hypothetisch einzuführen, wo keine spezifischen Wirkungen nachgewiesen sind" (M.I. 133). Weiterhin ganz scharf: „Da wir in einem chemischen Prozesse, in dem Stoffwechsel, einen vollwichtigen Grund von dem Fortbestande lebender Organismen erblicken, so müssen wir gegen die Aufstellung einer besonderen Lebenskraft, um solche Erscheinungen zu erklären, Protest erheben" (M.I. 95) (90).

Schon vorher hatte R. Mayer eindringlich gesagt: — „entreißt man den Namen Kraft solchen Dingen, die keine Kräfte sind, so kommt man mit heilsam geläuterten Begriffen zum Studium der belebten Natur; man weiß unter anderem, was auf Rechnung der Kräfte der unbelebten Natur kommen kann und muß, und die Lebenskraft, Nervenkraft, verliert damit wieder ein großes Terrain, die Faseleien der Naturphilosophen stehen in erbärmlicher Nacktheit am Pranger. — Zieht man freilich vor, im tierischen Organismus Wärme und Bewegung durch Lebensäther, Nervengeister, Muskel*kraft* zu erklären, dann hört alles auf, und es geht, wie man wohl weiß wie.“ (An GRIESINGER 30. Nov. 1842; M.II. 181, 182.) In einem späteren Briefe spinnt er den Gedanken weiter: „Bei LIEBIG findet man nichts als ein Hypothesen-Konglomerat über die Lebenskraft, aus dem die Wissenschaft nichts machen kann.“ (An GRIESINGER, 22. Juni 1844; M.II. 218.) Und weiter, als „Hauptschlüssel“ für R. MAYERs Einstellung: „Der Satz von der Erhaltung der Materie und der Kraft gilt zweifelsohne auch in der Physiologie“ (M.I. 355). In dem Aufsatz „Über die Ernährung“ 1871, weist R. MAYER auf die physiologischen Versuche insbesondere von PETTENKOFER und VEIT über „das durchschnittliche Einnahme- und Ausgabe-Budget des menschlichen Körpers“ hin und bemerkt, daß der „mechanische Nutzeffekt“, „mit der Dampfmaschine verglichen, ein bedeutender“ sei (M.I. 411). (Noch DE LA RIVE hatte in der „Nervenelektrizität“ die Wärmequelle des Körpers gesehen.)

Wenn nun aber R. MAYER in seinen späteren Äußerungen und insbesondere in dem Aufsatz von 1876 (s. Abschnitt 22) den *Auslösungsvorgängen*, „bei denen nicht mehr nach Einheiten zu zählen ist“, mehr und mehr Beachtung schenkt, und wenn er demgemäß auch dem — außerhalb jeder Energiegleichung stehenden — *Willen* eine, wenn auch „rätselhafte und unbegreifliche, auslösende und anstoßende Aktion“ zubilligt, so hat er damit unverkennbar *den Weg für die Schaffung eines geläuterten Begriffes „Lebenskraft“ im Sinne einer nichtenergetischen Richtkraft freigegeben*, und hat sich insofern auch der Anschauung des späteren LIEBIG genähert, der 1859 also sich äußert: „Das Wort Lebenskraft bezeichnet keine Kraft für sich, wie man sich etwa die Elektrizität, den Magnetismus, denken kann, sondern es ist ein Kollektivname, welcher alle Ursachen in sich begreift, von denen die vitalen Eigenschaften abhängig sind. In diesem Sinne ist der Name Lebenskraft ebenso richtig und gerechtfertigt, wie der Name und Begriff des Wortes Verwandtschaftskraft, womit man die Ursachen der chemischen Erscheinungen bezeichnet.“ Schließlich auch: „Es ist kein anderer Weg denkbar, eine Einsicht in das Wesen der Lebenskraft zu gewinnen, als der Weg der Naturforschung.“ (Dazu KRÖNIG: „Eine richtig definierte Lebenskraft halte ich für ganz unentbehrlich. Die Lebenskraft, die ich mir denke, durchbricht kein Naturgesetz“.)

Daß R. MAYERs Polemik im Grunde nur einer überlebten Begriffsbestimmung „Lebenskraft“ galt, nicht aber der Sache selbst, geht daraus hervor, daß er schon in dem Aufsatz von 1845 von der „Reizbarkeit“ oder „Irritabilität“ (GLISSON, A. v. HALLER) als Merkmal pflanzlichen und tierischen Lebens spricht als von der Fähigkeit eines lebendigen Gewebes, „chemische Kraft in mechanischen Effekt verwandeln zu können“ (M.I. 119—124). „Zahlreiche Apparate sind im lebenden Tier unausgesetzt beschäftigt, . . . die chemischen Prozesse . . . zu regeln“ (M.I. 92).

Auch weiterhin, vor allem in mannigfachen Ausführungen über die „physiologischen Regulationen“ im Organismus, über „Ermüdung“ und

„Erschöpfung" usw., tritt deutlich zutage, daß R. Mayer einer Annahme „nichtenergetischer Richtkräfte" — um einen neueren Ausdruck zu gebrauchen, durchaus nicht abgeneigt ist. So erörtert R. Mayer in der Abhandlung „Über das Fieber" (1862) eingehend die „Regulierung des chemischen Prozesses" im Organismus (M.I. 330); und weiter findet sich hier der bedeutsame Satz, daß uns „bei den Lebensvorgängen die Chemie im Stiche läßt" (M.I. 333). „So wurden auch ... für die Lebenserscheinungen noch keine Formeln aufgefunden" (M.I. 428, auch M.I. 45). „Zeugung und Erzeugung" vor allem sind „eine Tätigkeit, von der man sich auf rein physikalischem Gebiete vergeblich nach einem Analogon umsieht, es kann also der physikalisch richtige Satz: ‚ex nihilo nil fit' schon in der Physiologie nicht mehr in voller Strenge festgehalten und durchgeführt werden, viel weniger noch auf geistigem Gebiete" (M.I. 356). „Ist uns der menschliche Mikrokosmus schon in gesundem Zustande das Rätsel der Sphinx, so geraten wir vollends bei der Betrachtung der krankhaften Vorgänge in ein Meer von Fragen und Wundern" (M.I. 334).

Andererseits kann man lesen: „Wir dürfen das auf physikalischem Gebiete Gewonnene beim Betreten anderer Felder nicht geradezu aufgeben, vielmehr müssen wir dasselbe auch in der Physiologie und Philosophie möglichst festhalten. Die Physik im weitesten Sinne des Wortes, d. h. die ganze Lehre von der unbelebten Natur, muß bei dem Studium der Physiologie und der Metaphysik als eine absolvierte Hilfswissenschaft vorausgesetzt werden" (M.I. 355). Rein chemisch bedingt können z. B. Umstände eintreten, da „wie gelähmt die Muskeln auch dem angestrengtesten Willen den Dienst versagen" (M.I. 112). „Die Lebenserscheinungen ... lassen sich nicht verstehen, wenn man sich nicht vorher einigermaßen mit den Naturgesetzen, sowie mit den Vorgängen der unbelebten Natur überhaupt etwas vertraut gemacht hat" (M.I. 398). Und noch schärfer: „Will man nun über physiologische Punkte klar werden, so ist Kenntnis physikalischer Vorgänge unerläßlich, wenn man es nicht vorzieht, von metaphysischer Seite her die Sache zu bearbeiten, was mich unendlich disgoutiert; ich hielt mich also an die Physik ..." (An Griesinger, 14. Juni 1844; M.II. 213.) „Organologisches und Chemisches ... spielt gleichzeitig seine Rolle" (M.I. 128). (Vgl. Schopenhauers Mahnung an Frauenstädt: „Und prüfen Sie sich, ob Sie auch Physiologie wirklich besitzen und inne haben: das setzt Anatomie und Chemie voraus.)

Kann der Begriff „Lebenskraft" nur unter dem Gesichtspunkt einer *Anerkennung nichtenergetischer Richtkräfte* (diaphysischer Kräfte, Dominanten, nach J. Reinke) gewürdigt werden, so setzt er andererseits auch die Vorstellung einer (notwendig „menschlich" gesehenen) *Rangordnung der Ursachen und Kräfte,* genauer eine *Rangordnung der Anstoßkausalität in der Wechselwirkung der Dinge* voraus. So ist R. Mayers Satz: „Bei Lebensvorgängen läßt Chemie im Stiche" im Sinne einer *Staffelung der Verursachung* höherer und niederer Art zu verstehen;

und es werden hier deutlich sichtbar die Grundlagen eines „Gradualismus", einer Abstufung *biologischer Kausalität in einer Rangordnung des Veranlassens und Verursachens,* wie sie in der Folgezeit weiter ausgebaut worden ist (s. Abschnitt 42). R. MAYER zitiert LINNÉ: „Steine wachsen, die Pflanzen wachsen und leben, die Tiere wachsen, leben und empfinden" (M.I. 396). „Der Physiolog muß wissen, was denn die Kräfte der toten Natur sind, sonst bleibt er vorweg in betreff der Kräfte, von denen *er* sprechen *muß,* in trostloser Finsternis." (An BAUR, 6. Aug. 1842; M.II. 140.) Und weiterhin: „Der Gang, den ich hier (in der belebten Natur, der Verf.) nehme, ist der, daß ich vom Terrain der physikalischen Wissenschaften aus im Gebiet der Physiologie festen Fuß zu fassen suche." (An GRIESINGER, 16. Dez. 1842; M.II. 204.) Schließlich also: „Während wir es in der Physik mit Gesetzen zu tun gehabt haben, haben wir in der Physiologie nur noch Regeln" (M.I.355) (91). „Die Mathematik, welche in den physikalischen Wissenschaften ein souveränes Szepter führt", ist auf den Gebieten des Lebens in ihrer Macht „doch wesentlich durch Konstitutionen beschränkt" (M.I. 428). Darum: „Lassen Sie uns den Schritt aus der toten in die lebende Natur mit ruhiger Besonnenheit tun" (M.I. 355). . . . „und es wird gewiß die Zeit kommen, wo nicht jede tiefere Anschauung des Lebensprozesses durch mikroskopische und chemische Substitutionen verdrängt wird." (Entwurf: „Über die physiologische Bedeutung des mechanischen Äquivalents der Wärme"; M.II. 250.)

Mit derartiger Denkweise R. MAYERs steht vollkommen in Einklang seine Stellung zum „*Materialismus*". Über Materialismus als *Methode* heißt es (ganz ähnlich wie bei Fr. A. LANGE): „Allerdings hat der Materialismus bis zu einem gewissen Grade seine Berechtigung. Die Materie existiert und in ihrer Existenz liegt auch das Recht ihrer Existenz." — Über Materialismus als *Weltanschauung* jedoch fällt das harte Wort: „Wenn aber oberflächliche Köpfe, die sich gerne als die Helden des Tages gerieren, außer der materiellen, sinnlich wahrnehmbaren Welt überhaupt nichts Weiteres und Höheres anerkennen wollen, so kann solch lächerliche Anmaßung einzelner der wahren Wissenschaft nicht zur Last gelegt werden, noch viel weniger aber kann sie derselben zu Nutz und Ehre gereichen" (M.I. 376; Schlußsätze des Vortrages „Über Erdbeben" 1870; s. auch II. 460 über R. MAYERs „antimaterialistischen Standpunkt").

29. Zielstrebigkeit in der Natur.

Bei R. MAYERs tiefreligiöser Grundstimmung mit ausgeprägt theistischem Sinne ist es so gut wie selbstverständlich, daß ihm die Dynamik der Natur, die er in so neuartiger Weise erhellte, durchaus *im Dienste göttlicher Zwecktätigkeit* und göttlicher Machtentfaltung steht. So erblickt er in dem passiven „Vorsichgehen" der Natur, das äußerlich gesehen

„Umwandlung von Kraft" ist, zugleich ein aktives und zielstrebiges „Vorgehen" der Natur oder besser des Schöpfers und Erhalters; und wenn er auch keinerlei systematische Erörterungen hierüber gegeben hat, so läßt sich doch aus mannigfachen Äußerungen unschwer ein Bild seiner im Grunde *teleologischen Naturbetrachtung* skizzieren, die derjenigen von LEIBNIZ und LOTZE sehr nahe steht.

Schon daß er sich gegen die spekulativen Folgerungen eines der Welt in ferner Zukunft drohenden „Wärmetodes" ablehnend verhält, zeigt seine telistische Grundeinstellung an.

In gleicher Weise paßt es in das Bild, wenn ihn DARWINs *Selektionstheorie*, weil seiner Weltanschauung zuwiderlaufend, von vornherein abstößt. In seinem Referat über das 1. Heft des Kosmos 1877, mit Beiträgen über DARWINs Theorie, heißt es: „Ref., welcher kein Anhänger DARWINs ist, kann auch seinen Gegnern das Lob großer Rührigkeit nicht versagen." Ausführlicher nimmt R. MAYER Stellung in einem Briefe an Stadtpfarrer SCHMID vom 22. Dez. 1874 über die „moderne Irrlehre" (M.II. 460), wo es als „lächerlich" bezeichnet wird, wenn „uns auf ein-mal der gute DARWIN, wie ein zweiter Herrgott, ganz gründliche Auskunft darüber erteilen will, wie die Organismen überhaupt auf unserm Planeten entstanden sind".

Der „Mechanismus" — besser Dynamismus — der Welt erscheint R. MAYER von Anfang an als *Instrument einer auf hohe verborgene Ziele gerichteten göttlichen Zwecktätigkeit.* Es will noch nicht viel heißen, wenn in R. MAYERs Schriften Redewendungen vorkommen wie die folgende (1845, im Hinblick auf organische Stoffwechseltätigkeit): „Die Natur ist darauf bedacht, ihrem Geschöpfe das nötige Material zu seiner Anstrengung beizuschaffen" (M.I. 115). Dagegen weist schon ganz deutlich auf eine dem organischen Sein einwohnende Zielgesetzlichkeit (Telie) R. MAYERs vielfache Erörterung von *„Regulationen"* hin, wie z. B.: „In jedem Falle ist im fieberkranken Organismus die *Regulation* des chemischen Prozesses gestört" (M.I. 331).

Wenn die Unzerstörlichkeit der Kraft sowohl für das Reich des Unorganischen wie für das Reich der lebenden Geschöpfe gilt, so steht R. MAYER doch jedem Meinen fern, daß sich mit dieser Form von Gesetzlichkeit *die Gesetzlichkeit der Natur erschöpfe.* „In der Physik ist die Zahl alles, in der Physiologie ist sie wenig, in der Metaphysik ist sie nichts" (M.I. 355). Das Mineralreich ist ihm „das Reich der Notwendigkeit" (M.I. 355, 398), das Pflanzenreich „das Reich der Zweckmäßigkeit" (M.I. 404), die animalische Welt aber „das Reich der Freiheit" (M.I. 407). Die lebende Welt ist „ein Reich der Zweckmäßigkeit und Schönheit, ein Reich des Fortschrittes und der Freiheit. — Nicht nur *erhalten* wird die lebende Welt, sie wächst und sie verschönert sich" (M.I. 355). „Der griechische Weltweise ANAXAGORAS hat schon als den letzten Grund aller Bewegungserscheinungen den Nous, ein allweises höchstes Wesen, was im Grunde mit dem JOHANNEischen Logos

identisch ist, angenommen" (M.I. 401). „R. MAYER erkennt ein besonderes geistiges Prinzip an, das mit Energie nichts zu tun hat. Hier
spielt die Auslösung die größte Rolle" (E. v. LIPPMANN; ähnlich HELL).

Es steht im Einklang mit einer derartig telistischen Auffassung über
einen sinnvollen *Stufenbau der Verursachung* in der Welt, wenn R. MAYER
im Anschluß an den „französischen Physiker ADOLPHE HIRN, welcher
wie JOULE, COLDING, HOLTZMANN und HELMHOLTZ das mechanische
Wärmeäquivalent seinerzeit selbständig entdeckt hat" (92) (M.I. 356)
„dreierlei Kategorien der Existenzen" annimmt: 1. die Materie, 2. die
Kraft und 3. die Seele oder das geistige Prinzip. (Nach NOVALIS:
„Körper, Seele und Geist sind die Elemente der Welt.") „In der unbelebten Welt spricht man von Atomen, in der lebenden Welt finden
wir Individuen." Wohl steht es fest, daß im lebenden Gehirn „fortwährend materielle Veränderungen" geschehen und „daß die geistigen
Verrichtungen des Individuums mit dieser materiellen Zerebralaktion
auf das Innigste verknüpft sind. Ein grober Irrtum aber ist es, wenn man
diese beiden parallel laufenden Tätigkeiten identifizieren will. — Das
Gehirn ist nur das Werkzeug, es ist nicht der Geist selbst. Ohne diese
von Gott zwischen der subjektiven und der objektiven Welt prästabilierte
ewige Harmonie wäre all unser Denken unfruchtbar" (M.I. 356—357).
Demgemäß heißt es in dem Vorwort zur „Mechanik der Wärme" 1867
(M.I. S. IV—V): „In der Schlußschrift ‚Über das mechanische Wärmeäquivalent' — ist zugleich die metaphysische Seite des neuen Gegenstandes berührt, welche den Prinzipien und Konsequenzen der materialistischen Anschauungsweise geradezu entgegengesetzt ist" (gleichfalls mit
Hinweis auf ADOLPHE HIRN 1864).

Mitten in das Mysterium führt der tiefsinnige Gedanke: „Das Erhaltungsprinzip, oder der zweite Satz: ‚nil fit ad nihilum' gilt in Gottes
lebender Schöpfung noch in erhöhtem Grade; soferne er nicht mehr,
wie in der toten Natur, durch den sterilen Satz ‚ex nihilo nil fit' beschränkt ist" (M.I. 356).

30. Über die Grenzen des Naturerkennens.

Erkenntnistheoretisch huldigt R. MAYER einem *kritischen Realismus, auslaufend in idealistische Schlußsätze* und ausgehend von der
Überzeugung: Die Natur ist den Sinnen und dem Verstande objektiv
gegeben und kann bis zu einem gewissen Grade kausal erkannt, wenn
auch in ihrem eigentlichen Sinn und Wesen nicht vollkommen verstanden werden. Die wichtigste Aufgabe für die Naturforschung ist, „die
Erscheinungen kennenzulernen, bevor wir nach Erklärungen suchen
oder nach höheren Ursachen fragen mögen. Ist einmal eine Tatsache
nach allen ihren Seiten hin bekannt, so ist sie eben damit erklärt und die
Aufgabe der Wissenschaft ist beendigt" (M.I. 236, 379). Dazu weiter der
kühne — so ganz unpragmatische oder überpragmatische — Ausspruch:

„Was subjektiv richtig gedacht ist, ist auch objektiv wahr" (M.I. 357). (Vgl. hierzu Heisenberg: „In der Naturwissenschaft gibt es auf die Dauer nur „richtig" oder „falsch", für subjektive Deutung ist in ihr kein Raum".) „Wahrheit bedarf zur Anerkennung nicht vieler Worte" (M.II. 107). *Klarheit* der *Begriffe* ist alles, was erstrebt werden kann, und so empfiehlt R. Mayer insbesondere seine Schrift „Bemerkungen über das mechanische Wärmeäquivalent" demjenigen Forscher, „der sich in den besprochenen Fächern klare Begriffe bilden oder unbestimmte Vorstellungen berichtigen will" (M.I.S. IV) (93). Das Erhaltungsgesetz (für Stoff und Kraft) ist ihm „eine naturgemäße Grundlage für die Physik, Chemie, Physiologie — und Philosophie" (M.I. 262).

Dem Erkennen aber sind Grenzen gesetzt: „Näheres über die Art und Weise, wie das Organ, der Muskel, die Metamorphose einer chemischen Differenz in mechanischen Effekt vollbringt, wissen wir nicht zu sagen...", es „enthält jeder dieser Prozesse ein für das menschliche Erkenntnisvermögen undurchdringliches Mysterium" (M.I. 108; s. auch S. 52). R. Mayer zitiert zustimmend den „berühmten Spruch Hallers": „Ins Innere der Natur usw." (An Pfarrer Schmid, 22. Dez. 1874; M.II. 460). „Die echte Wissenschaft begnügt sich mit positiver Erkenntnis und überläßt es willig dem Poeten und Naturphilosophen, die Auflösung ewiger Rätsel mit Hilfe der Phantasie zu versuchen" (M.I. 51, Anm.) (94). „Von der Natur freilich . . . sind alle Aufgaben der Mathematik gelöst, das Wesen und Können des Menschen aber ist Stückwerk. Hüte man sich, daß man über dem Streben nach Unerreichbarem nicht Erreichbares verliert" (M.I. 421, nach Johannes Müller). „Der Urgrund der Dinge ist ein dem Menschenverstand ewig unerforschliches Wesen — die Gottheit, wohingegen ‚höhere Ursachen‘, ‚übersinnliche Kräfte‘ u. dgl. mit all ihren Konsequenzen in das illusorische Mittelreich der Naturphilosophie und des Mystizismus gehören" (M.I. 262). „Die scharfe Bezeichnung der natürlichen Grenzen menschlicher Forschung ist für die Wissenschaft eine Aufgabe von praktischem Werte, während die Versuche, in die Tiefen der Weltordnung durch Hypothesen einzudringen, ein Seitenstück bilden zu dem Streben des Adepten" (M.I. 108; s. auch S. 54 und 72). „Die ewige Vernunft möchte ich mir aber nicht getrauen, mit kritischem Maßstabe ausmessen zu wollen" (M.I. 376; s. auch Anm. 44). (Vgl. Locke: „Das Wesen der Dinge zu ergründen, ihren ersten Ursprung, das Geheimnis des Wirkens, . . . übersteigt ebenso unsere Fähigkeit, als es ohne Nutzen für uns ist." Oder Kant: „Wie viel Dinge gibt es doch, die ich nicht einsehe. — Wie viel Dinge gibt es doch, die ich nicht brauche.")

Wo aber dem Erkennen Schranken gesetzt sind, da beginnt das *Reich der Phantasie und das Gebiet des Glaubens*. Gleichwie Schopenhauer vertritt R. Mayer die Anschauung, daß die Naturphilosophie nicht versuchen soll, unter Mißachtung wissenschaftlicher Erkenntnisse einen „höheren Ersatz" solcher liefern zu wollen; das ergibt „Faseleien",

„geistlose Spekulationen", „Verirrungen" (s. Anm. 44 und 45). Von so
gearteter Naturphilosophie sagt R. MAYER, daß sie „durch die ephemere
Existenz ihrer Geburten das Urteil schon in der Gegenwart empfangen
hat" (M.I. 236). Statt dessen soll die Philosophie die Wissenschaft *ergänzen,* ohne mit ihr in Widerspruch zu geraten (S. 74). In dieser Weise
hat R. MAYER selber gern und oft philosophiert; er hat sogar vorübergehend die Absicht gehabt, einen Vortrag über die „philosophischen
Konsequenzen der neueren Wärmetheorie" zu halten (M.I 366). (Nach
SCHOPENHAUER: „Die Ätiologie der Natur und die Philosophie der
Natur tun einander nie Abbruch; sondern gehn neben einander, den
selben Gegenstand aus verschiedenem Gesichtspunkt betrachtend.")

Wahre Naturforschung mündet nach R. MAYER aus in Bewunderung,
Ehrfurcht und Demut. Von Beginn an bewundert er „das Herrlichste der
materiellen Welt, die ewige Quelle des Lichtes" (M.II. 101; erste Fassung
des grundlegenden Aufsatzes, 1841); er bewundert „den Reichtum der
uns umgebenden Natur . . ., die erstaunliche Fülle des gestirnten Himmels" (M.I. 163). „Wir wissen auch, daß die Natur in ihrer einfachen
Wahrheit größer und herrlicher ist, als jedes Gebild von Menschenhand
und als alle Illusionen des erschaffenen Geistes" (M.I. 74). „Die Wahrheit ist ja an und für sich ewig, und das Ewige läßt sich nicht definieren
und auch nicht beweisen" (M.I. 418).

Daß R. MAYERs tiefinnerliche Religiosität — die ähnlich war derjenigen von KEPLER, NEWTON, LEIBNIZ, BERZELIUS, LIEBIG — auch
durch bitterste Lebenserfahrungen nicht erschüttert werden konnte (95),
zeigen seine mehrfachen Hinweise auf die *Harmonie,* die im Ganzen
der Welt waltet: „Und es mögen die Lebenserscheinungen einer wunder-
vollen Musik verglichen werden, voll herrlicher Wohlklänge und ergreifen-
der Dissonanzen, nur in dem Zusammenwirken aller Instrumente liegt
die Harmonie, in der Harmonie nur liegt das Leben" (M.I. 128). „Ein
Kampf ums Dasein findet allerdings statt. Aber nicht der Hunger ist
es, es ist nicht der Krieg, nicht der Haß ist es, was die Welt erhält —
es ist die Liebe" (M.I. 413). „Gott hat aber bekanntlich an der Menschheit einen langsamen Schüler" (M.I. 399) (96).

C. Auswirkung und Weiterbildung
von R. MAYERs Kausalanschauung.

Der große Reichtum, den R. MAYER bei seinem Hinscheiden im
Jahre 1878 hinterlassen hat, hat sich nach mannigfaltigen Richtungen
sowohl in den Einzelwissenschaften wie auch in dem philosophischen
Schrifttum fruchttragend ausgewirkt. Dabei steht erklärlicherweise sein
kausales „Erhaltungsprinzip" im Vordergrund, während das „Auslösungsprinzip" nicht durchweg so beachtet worden ist, wie es verdiente.

VI. Fortentwicklung der energetischen „Erhaltungskausalität".

> „Die Kausalität führt auf den Begriff der
> Handlung, diese auf den Begriff der Kraft
> und dadurch auf den Begriff der Substanz."
> Kant.
>
> „Kraft ist: Alles . . ."   R. Mayer.

31. Siegeszug der Idee von der „Erhaltung der Energie".

Hatte über ein Jahrzehnt für R. Mayer gegolten: „Einsam mußte der Ketzer seine Straße ziehen" (Hell), so hat er schließlich nach bitteren Zeiten schmerzlicher Enttäuschungen noch den Triumph seiner Idee erleben können. („Wenn einer, der den ganzen Tag gelaufen ist, am Abend noch das Ziel erreicht, so ist es genug": Petrarca.) Was am 19. Nov. 1858 Schönbein anläßlich der Ernennung R. Mayers zum korrespondierenden Mitglied der Naturforschenden Gesellschaft zu Basel (der ersten Auszeichnung, die ihm widerfahren ist) geschrieben hatte: „Ich hoffe zuversichtlichst, daß die Zeit nahe sei, wo auch die übrige wissenschaftliche Welt Ihnen diejenige Anerkennung zollen wird, welche sie Ihnen längst schon schuldet" (M.I. 321; M.II. 356), das ging allmählich in Erfüllung, gefördert durch die in gleicher Richtung sich bewegenden Arbeiten von Joule und Helmholtz, sowie durch das Eintreten von Tyndall und Dühring für R. Mayers Tat (s. Anm. 49). Für die Würdigung dieser Auswirkung ist es von geringer Bedeutung, ob man auf die *deduktive* Ableitung seiner Lehre oder auf den *induktiven* Nachweis der Gültigkeit den stärkeren Ton legt: beides gehört zusammen (97).

In bezug auf das Gebiet der *Mechanik* heißt es bei Dühring: „In der neuesten Darstellung der Mechanik macht sich der durchgängige Gebrauch des Arbeitsbegriffes (98) je länger je mehr geltend." Dazu auch Georg Helm: „Die Potentialtheorie ist eines der stärksten Fundamente für den Aufbau der Energievorstellungen geworden. So ist die *mechanische* Weltanschauung ein Hebel der Energie-Ideen geworden (nicht die *materialistische*, mit der sie gern verbunden auftritt."

Spielt bereits in der Mechanik neben der Erhaltung der Bewegungsgröße (Impulsmoment) die Erhaltung der Energie die bedeutendste Rolle, so hat sich weiterhin der Energiebegriff *auf dem Gesamtgebiet der Physik, ja der ganzen Naturwissenschaft* erfolgreich durchgesetzt. „Wie unendlich fruchtbar ist doch das Prinzip der Erhaltung der Kraft in den Naturwissenschaften geworden, . . ., der geistige Fortschritt erscheint ganz wunderbar", heißt es schon in einem Briefe Liebigs an Mohr vom 1. Dez. 1867 (M.II. 415). (In der 4. Aufl. seiner Chemischen Briefe hat er der „Erhaltung der Kraft" ein ganzes Kapitel gewidmet; s. auch Anm. 89). „R. Mayer hat durch seine eigentümliche Auffassungsart der Naturkräfte eine Umwälzung der Denkweise eingeleitet, deren Tragweite bis jetzt nur zu einem geringen Teile durchmessen ist. Kraft ist in allem, und von ihr ist alles abhängig" (Dühring 1873). Weiter A. v. Oettingen: „Es ist R. Mayers Verdienst, das energetisch gefaßte Kausalgesetz zuerst von der allgemeinen Mechanik auf alle Teile der Physik ausgedehnt zu haben." E. MACH: „Überblickt man die Leistung R.MAYERs, so muß man sagen, daß kaum jemals ein anderer Naturforscher einen wichtigeren und umfassenderen Schritt getan hat, und zwar ist das ohne einen besonderen Aufwand an Gelehrsamkeit geschehen." E. v. LIPPMANN: „R. MAYERs Ausführungen brachten Licht in eine Menge bis dahin unverständlicher und unerklärlicher Dinge; sie erlangten . . . eine kaum geahnte Bedeutung und Wichtigkeit." J. WEYRAUCH: „Wir sehen das Hauptverdienst R. MAYERs darin, daß er das vor ihm allein in der reinen Mechanik als gültig anerkannte Gesetz der Gleichheit von Ursache und Wirkung *als Arbeitsäquivalenten* (Satz von den lebendigen Kräften) mit kühnem Wurfe auf die ganze belebte und unbelebte Natur ausdehnte" (M.I. 453). POINCARÉ: „Niemand zweifelt daran, daß das R. MAYERsche Prinzip dazu berufen ist, alle besonderen Gesetze, aus denen man es abgeleitet hat, ebenso zu überleben, wie das NEWTONsche Gesetz das KEPLERsche überlebt hat." GRUNEWALD: „Alles Seiende ist beherrscht vom Gesetz der Erhaltung der Energie." SCHENKL: „Die Energetik schließt ein großes Gedankengebiet von KOPERNIKUS bis DARWIN zu einer einheitlichen Gabe zusammen."

HELM: „Im Energiegesetz entwickelt sich eine Weltformel, wie sie LAPLACE vorschwebt, doch weit hinausgreifend über das Gebiet NEWTONscher Erkenntnis. — So weit naturwissenschaftliche Erkenntnis reicht, darf man im Energiegesetze die schönste Frucht erblicken, welche das sinkende Jahrhundert dem kommenden entgegenbringt. Nach allem rühmen wir R. MAYER mit Recht als den größten Nachfolger GALILEIs und NEWTONs, der ihr Werk ihrer würdig fortgesetzt hat. Das Prinzip von der Erhaltung der Energie ist über allen Zweifel erhaben, aber über seinen Beweis sind die Meinungen sehr geteilt: I. Der Satz vom zureichenden Grunde in der Physik ..., II. Deduktion des abstrakten Prinzips ..., III. Nähere Bestimmung durch die Erfahrung ... Die Bestimmung des mechanischen Wärmeäquivalentes ist ,zweifellos einer der genialsten Gedanken der Physik', eine ,herrliche Bestimmung', eine ,großartige Leistung'."

MAX PLANCK: „R. MAYER ist der Erste, der den Satz von der Unzerstörbarkeit der Energie nicht nur öffentlich ausgesprochen, sondern auch *nach Maß und Zahl verwertet und auf alle zugänglichen Naturerscheinungen angewendet* hat." Jenes Prinzip aber ist „ein Satz von universaler, in alle naturwissenschaftlichen Theorien tief einschneidender Wirkung. — Jede neue Entdeckung und jede neue Begriffsbildung hat immer wieder nur dazu geführt, das Prinzip der Erhaltung der Energie in seiner zentralen Stellung zu behaupten und zu befestigen". — E. A. HAAS: „Wir erkennen in dem Satze von der Erhaltung der Kraft den gemeinsamen Abschluß der Entwicklung mehrerer Vorstellungsgruppen, die aus den Grundmotiven der Naturwissenschaften hervorgegangen sind: Konstanzidee, Einheitsidee und Kausalitätsidee . . ." Dieser Satz „bereichert die Physik um ihre wichtigste Invariante"; er ermöglicht so, „zwischen den scheinbar heterogensten Phänomenen in der Natur feste Beziehungen zu erkennen und sie in exakter Form auszudrücken und derart auf sicherer Grundlage eine wahrhaft einheitliche Physik zu schaffen. — In dem Mittelpunkt der modernen Physik steht ein Prinzip, das . . . sich durch seine stetig wachsende Bedeutung bald zu dem obersten Gesetze der Naturlehre entwickelt: der Satz von der Erhaltung der Kraft". Ludwig Stein (1903): „Die Energetik ist die philosophische Signatur des Tages." Auerbach: „Arbeit ist so real wie Materie." Bridgman: „Der Energiebegriff spielt heute die wichtigste Rolle in der Physik." E. Krieck: „Kraft als Erhaltungsprinzip der Welt kommt nahe hin an Leben als Einheitsprinzip der Welt; Energie = Leben."

Das Gesetz selbst hat mannigfache *Formulierungen* erfahren. Helmholtz sagt (1847): „Es ist nicht möglich, durch die Wirkungen irgendeiner Kombination von Naturkörpern aufeinander in das Unbegrenzte Arbeitskraft zu gewinnen." Und weiter heißt es (1862), „daß *die Summe der wirkungsfähigen Kraftmengen im Naturganzen bei allen Veränderungen in der Natur ewig und unverändert dieselbe bleibt*". — Der Satz lehrt, „daß die Arbeitsgröße, welche gewonnen wird, wenn die Körper des Systems aus der Anfangslage in die zweite, und verloren wird, wenn sie aus der zweiten in die erste übergehen, stets dieselbe sei, welches auch die Art, der Weg oder die Geschwindigkeit dieses Überganges sein mögen. — Es ist der Verlust an potentieller Energie stets gleich dem Gewinn an aktueller, und der Gewinn der ersteren dem Verluste der letzteren. — Das Weltall besitzt ein für allemal einen Schatz von Arbeitskraft, der durch keinen Wechsel der Erscheinungen verändert, vermehrt oder vermindert werden kann und alle in ihm vorgehende Veränderung unterhält" (99). Es handelt sich um einen „Vorrat an Energie . . ., der fortbesteht in stets wechselnder Erscheinungsweise, aber wie die Materie von Ewigkeit zu Ewigkeit in unveränderlicher Größe". Nach Mach lautet der Energiesatz dahin, „daß die Summe des disponiblen Arbeitsvorrates und der lebendigen Kraft oder die Summe der Energie . . . sich als eine konstante Größe herausgestellt hat" oder „daß *in jedem Augenblick* die Summe aus wachsenden und abnehmenden Energiebeträgen in einem abgeschlossenen System sich nicht ändert". Krönig gibt neben der herkömmlichen Definition einer Unveränderlichkeit der Summe von lebendiger Kraft und Spannkraft folgende weitere Umschreibung: „Alle Änderungen im Weltall scheiden sich in Energieänderungen und Zustandsänderungen. Jede Energieänderung ist von einer Zustandsänderung, und entgegengesetzte Zustandsänderungen sind von entgegengesetzten Energieänderungen begleitet".

Nach W. Ostwald gilt, „daß es in der Natur eine gewisse Größe von immaterieller Beschaffenheit gibt, die bei allen zwischen den betrachteten Objekten stattfindenden Vorgängen ihren Wert behält, während ihre Erscheinungsform auf das vielfältigste wechselt". Planck: „Das Prinzip der Erhaltung der Energie besagt, und zwar allgemein und ausschließlich, daß die Energie eines Körpersystems in einem gegebenen Zustand, bezogen auf einen bestimmten Normalzustand, einen ganz bestimmten Wert hat . . .", und zwar immer dann, „wenn bei Ausführung irgendeines Prozesses keine äußere Veränderung eintritt, oder mit anderen Worten: wenn in dem System nur innere Wirkungen stattfinden. — Positiver Arbeitswert kann weder aus Nichts entstehen noch in Nichts vergehen. — Eine Vernichtung von Arbeitskraft ohne eine entsprechende Wirkung gibt es nicht". Dabei gibt das Prinzip „keinen Aufschluß über die Art, wie die Umwandlung zustande kommt". Busse sieht in dem Erhaltungsprinzip den „Verkehrsregler der physischen Dinge".

Schließlich noch eine philosophische Formulierung: „Die Welt der Kräfte erleidet keine Verminderung; denn sonst wäre sie in der unendlichen Zeit schwach geworden und zugrunde gegangen. Die Welt der Kräfte erleidet keinen Stillstand: denn sonst wäre er erreicht worden; und die Uhr des Daseins stünde still. Die Welt der Kräfte kommt also nie in ein Gleichgewicht, sie hat nie einen Augenblick der Ruhe, ihre Kraft und ihre Bewegung sind gleich groß für jede Zeit" (NIETZSCHE).

Wie schon S. 66 angedeutet, hat R. MAYERs Prinzip eine wertvolle Ergänzung erhalten durch den „*zweiten Hauptsatz*" *der Energetik,* der, an SADI CARNOT anschließend, von R. CLAUSIUS 1850 und von WILLIAM THOMSON (Lord KELVIN) 1851 abgeleitet worden ist und der die Abnahme freier Energie bei „von selbst" verlaufenden Vorgängen betrifft. Damit ist eine Verschmelzung der Gedanken von S. CARNOT über den temperaturabhängigen Nutzeffekt einer Wärmekraftmaschine mit R. MAYERs Energieprinzip erreicht. Der Satz gibt eine nähere Bestimmung über die *Richtung,* in welcher sich Energie umwandeln kann: Tendenz einer Zunahme der „Entropie", einer Ausgleichung durch Beseitigung von Niveaudifferenzen. An die Stelle der idealen reversiblen Prozesse (CARNOT und CLAPEYRON) treten konkrete einlinig und einsinnig verlaufende Vorgänge, die ihrer Natur nach nicht umkehrbar sind, da sie von „Ordnung" zu „Unordnung" führen, „Ordnung" in einem System ungeordneter Gebilde aber (nach BOLTZMANN) nicht freiwillig entsteht.

„Entropie eines Systems" ist nach PLANCK „eine Größe, welche die Eigenschaft besitzt, bei allen Veränderungen, die das System allein betreffen, entweder konstant zu bleiben (bei reversiblen Prozessen) oder an Wert zuzunehmen (bei irreversiblen Prozessen). Allgemein offenbart sich „eine Vorliebe der Natur für bestimmte wahrscheinlichere Zustände". „BOLTZMANNs Wahrscheinlichkeitsdefinition der Entropie bahnt den Weg, und NERNSTs Wärmesatz führt endgültig zur Definition des Absolutwerts der Entropie" (SOMMERFELD). Eine Ausdehnung des Entropiesatzes auf das Universum aber ist nach DINGLER prinzipiell unbegründet, so wie auch die Ausdehnung des Energiegesetzes auf das ganze Weltall als „Nonsens" erscheint (als Salto mortale nach TH. GROSS; „mysteriöse Weltenergie" nach E. KOENIG).

Mit jenen *zwei Hauptsätzen* war das große Gebiet der *Thermodynamik* eröffnet (RANKINE, ZEUNER, HELMHOLTZ, KIRCHHOFF, DUHEM, MACH, PLANCK u. a.), das auch für die Chemie reiche Frucht getragen hat [HORSTMANN, 1869, W. GIBBS, LE CHATELIER, 1884, und BRAUN (Prinzip der Flucht vor dem Zwange), PLANCK, VAN'T HOFF, NERNST, TAMMANN u. a.] Sehr zustatten gekommen ist vor allem der *physikalischen Chemie* die „statistische" Fundierung des II. Hauptsatzes durch MAXWELL und BOLTZMANN, durch welche die *Beziehung zur kinetischen Gastheorie* (S. 91) hergestellt worden war. Für die chemische Verwandtschaftslehre hat in diesem Zusammenhange größte Bedeutung erlangt die auf W. THOMSON und RANKINE zurückgehende *Zerlegung der Gesamtenergie eines Körpers oder Systems* in die für äußere Arbeitsleistung verfügbare „freie Energie" (HELMHOLTZ) und die in innerer „Erhaltungsarbeit" sich erschöpfende „gebundene Energie".

So ist es mit Hilfe der zwei Hauptsätze der Thermodynamik möglich gewesen, eine exakte Theorie der *chemischen Affinität* als leistbarer maximaler Arbeit zu liefern, mit präziser Anwendung auf Gase, verdünnte Lösungen, Ionenwirkung von Elektrolytlösungen (elektromotorische Kräfte), auch Temperaturabhängigkeit des chemischen Gleichgewichtes usw. (Horstmann, Loschmidt, Boltzmann, van't Hoff, Nernst u. a.). Die Abnahme der freien Energie oder der maximale Arbeitsbetrag einer chemischen Reaktion ist das exakte Maß der *„chemischen Affinität"*, bei stromerzeugenden Kombinationen der „Spannungsdifferenz" proportional (100). Als *dritter Hauptsatz der Thermodynamik* erscheint das Wärmetheorem von W. Nernst, das sich auf das Verhalten der Temperaturkoeffizienten der gesamten und der freien Energie in der Nähe des absoluten Nullpunktes bezieht, und das unter anderem die Berechnung chemischer Gleichgewichte aus bestimmten Stoffkonstanten erlaubt.

Zur *Thermodynamik* und *Chemodynamik* hat sich die *Elektrodynamik* gesellt (Ampère, Faraday, Ohm, Gauss, Maxwell, W. Weber, Kirchhoff, Helmholtz, H. Hertz, Zöllner u. a.); und daran hat sich ferner eine allgemeine *Strahlungsdynamik* (Stefan, Lord Rayleigh, Jeans, W. Wien, G. Mie, Planck, Debye u. a.) angeschlossen (s. S. 113). Weiterhin hat Röntgen (nach Planck) „mit einem Schlage der physikalischen Wissenschaft eine neues Reich erschlossen". Eine entscheidende Wendung vollzog sich durch die „Entdeckung, daß die elektrischen Erscheinungen mit der atomaren Struktur verknüpft sind" (Heisenberg).

In langer Entwicklung hatte man Elektrizitätseinheiten, „Atome der Elektrizität" kennengelernt, sei es an materielle Atome oder Moleküle gebunden (als „Ion" nach Helmholtz) oder ungebunden: das *„Elektron"* (Name von J. Stoney 1891): Faradays Feststellungen über das feste Verhältnis von Stromtransport und bewegter Stoffmenge bei der Elektrolyse, über Plücker, Lockyer, Helmholtz, Hittorf (Kathodenstrahlen als „von jeder Materie losgelöster Strom, der elektrische Strom selbst"), Crookes, J. J. Thomson, Lenard (der zuerst freie Elektronen durch ein Aluminiumfenster austreten lassen konnte), Villard, Jean Perrin, H. A. Lorentz (1896: Einführung des Elektrons in die elektromagnetische Theorie: der negative elektrische Strom besteht in einer Wanderung von Elektronen) bis zu Diracs relativistischer Gleichung für das Spinelektron. In seinem Nobelpreisvortrag 1911 hatte W. Wien über die Elektrodynamik gesagt: „Mir scheinen alle Anzeichen dafür zu sprechen, daß die Abweichungen von der bisherigen Theorie durch die Vorgänge im Innern des Atoms bedingt sind."

In bezug auf die *chemische Bindung* wurde besonders bedeutsam die Theorie der homöopolaren Bindung von Heitler und London 1927; siehe auch die Arbeiten von H. G. Grimm, E. Hückel u. a. m. „Durch die elektronische Deutung hat der Strich der Strukturformeln des Chemikers nach Robinson gleichsam Substanz erhalten" (Mohler). Daß chemische Bindung jeder Art durch Elektronen vermittelt wird, ist sicher nachgewiesen worden (H. G. Grimm, Brill, Peters, Hermann).

In *biologischer Richtung* wurden R. Mayers Gedanken weitergeführt von Liebig, Carl Ludwig, Helmholtz, E. du Bois-Reymond, Pflüger,

ADOLF FICK u. a. Die strenge Gültigkeit des Energieprinzips für lebende Organismen wurde vor allem von MAX RUBNER (von 1889 ab) nachgewiesen: „Das Gesetz der Erhaltung des Stoffes hat siegreich sich in der organischen Welt seinen Platz erobert, und das Gesetz der Erhaltung der Energie desgleichen" (1893) (101). Auch der II. Hauptsatz ist hier gültig (s. S. 102). Hatte 1855 FECHNER sich geäußert: „Die ganze Luft der Physik ist atomistisch geworden", so hätte er schon 20 Jahre später hinzufügen können: „sie ist auch zugleich energetisch geworden". Und für die übrigen Disziplinen der Naturwissenschaften gilt dasselbe. Indessen wird nach KRÖNIG „nie ein Kundiger meinen, die Erhaltung der Kraft . . . . sei in allen Fällen leicht zu begreifen".

In der *Weiterentwicklung der Energielehre* gegen Ende des Jahrhunderts sind mannigfache große Fortschritte zu verzeichnen, von denen sich R. MAYER nichts träumen lassen konnte, und die hier nur stichwortartig anzudeuten sind:

a) Die Auffindung *inneratomarer potentieller Energien* (Kernbindungsenergien), die größenmäßig chemische Bindungsenergie millionenfach übertreffen, und die zuerst in der Tatsache der *Radioaktivität* zutage getreten sind (BECQUEREL 1896, Ehepaar CURIE 1898, RUTHERFORD und SODDY 1903 u. a. m.). Hier war überraschend offenbar geworden, daß ein chemisches Atom kein Bauklötzchen, kein Wirklichkeitsklötzchen nach Art eines Ziegelsteines ist, sondern eine mechanistisch nicht begreifbare, spezifisch geordnete Zusammenballung von Energie, d. h. eingefrorene und auftaufähige Arbeitsfähigkeit.

b) Die Aufspaltung der Energie in *Quanten:* PLANCKs Quantentheorie ab 1900 (erste genaue Messungen des elementaren Wirkungsquantums durch FRANCK und HERTZ, Weiterführung der Quantisierung durch NIELS BOHR, EINSTEIN, SOMMERFELD u. a.). „Die klassische Theorie war von vornherein darauf angelegt, ihre Vollendung in der Erweiterung zur Quantentheorie zu finden" (P. JORDAN). PLANCK stellte (nach seinen eigenen Worten) die Hypothese auf, „daß die Mannigfaltigkeit der Zustände, die ein schwingendes und strahlendes Gebilde besitzen kann, eine diskrete, abzählbare ist, und daß die Unterschiede je zweier Zustände des Gebildes durch eine endliche universelle Konstante, das elementare Wirkungsquantum, charakterisiert werden". Strahlende Energie E kann von der Materie nur in bestimmten, unstetig fortschreitenden endlichen Mengen — ganzen Vielfachen des Energieelementes h — absorbiert und emittiert werden; zu der diskreten atomaren Gliederung der Materie im Raume tritt eine energetische Unstetigkeit und Sprunghaftigkeit im zeitlichen Verlauf der Naturvorgänge. Die „Energieelemente" sind jedoch nicht absolute Werte, „keine Atome der Energie; das Verschiebungsgesetz verlangt vielmehr, daß sie der Wellenlänge einer bestimmten Schwingung umgekehrt proportional sind" (W. WIEN).

„In der PLANCKschen Formel tauchte plötzlich ein Element von Diskontinuität auf" (HEISENBERG). „Die Natur scheint in der Tat Sprünge zu machen" (nach Planck „solche von recht sonderbarer Art"). „Sogar die Energie läßt die unendliche Teilung *nicht* schlechthin und uneingeschränkt zu" (Hilbert). — Nach Buchholz hat Planck „das eine große Wunder der Wirkung der Lichtquelle auf das entfernte Objekt in Billionen mikroskopisch kleine Wunderchen eingeteilt". (Schließlich sieht es aus, als seien der Quantelung sogar Raum und Zeit zum Opfer gefallen: man spricht von „Längenatomen" und „Zeitatomen"; siehe hierzu March, Klimke u. a.)

c) Der Nachweis der *Äquivalenz von Materie und Energie* unter extremen Bedingungen: Strahlende Energie übt einen Druck aus („Lichtdruck"); jede Energie hat eine, wenn auch sehr geringe träge Masse (Hasenöhrl u. a.). „Die Bausteine der Materie — ein Gefüge von Kräften" (E. Becher). „Jedes Photon hat Masse und Impuls, aber immer konstante Geschwindigkeit, die von keiner Geschwindigkeit von Massenteilchen erreicht werden kann" (P. Jordan). „Man glaubt jetzt, daß sich ein Photon in eine Korpuskel umwandeln kann, daß z. B. eine Strahlungsenergie imstande ist, ein Elektronenpaar mit entgegengesetztem Vorzeichen ins Leben zu rufen, indem sie zunächst den Energiebetrag von $2\,m\,c^2$ liefert, der nötig ist, damit die Massen erscheinen, und indem sie ferner die kinetische Energie liefert, welche die Elektronen besitzen können. Die umgekehrte Erscheinung, die Entmaterialisierung einer Korpuskel, würde ebenfalls möglich sein . . . (L. de Broglie: „Zerstrahlung" von Materie).

Durch die Entdeckung der Radioaktivität war die Energielehre auf eine harte Probe gestellt worden: Strahlungsenergie aus Nichts entstanden? Sie hat diese bestanden, indem sie sich zu einer Lehre erweiterte, die nunmehr auch den Begriff der Materie in quantitative Beziehung zum Energiebegriff brachte und schließlich in sich aufnahm. „Die Entdeckung von Dirac und Anderson, daß Materie in Strahlung verschwinden und aus Strahlung entstehen könne, unterstreicht die Wandlung des Materiebegriffes besonders deutlich" (Heisenberg). „Die Kraftlinien des elektrischen Feldes quellen alle irgendwo einmal aus der Materie heraus und versinken dann irgendwo in der Materie. Es sind Fäden, die von einem materiellen Objekt zum andern hinüberspinnen" (E. Schneider).

„Energie" ist zunächst ein Relationsbegriff, der sinnhaft nur für die *Beziehung* von zwei oder mehr Stoffgebilden gebraucht werden kann; der Energiegehalt eines einzelnen Atomes, vor allem seine freie disponible Arbeitsfähigkeit, wäre unbestimmt, wenn nicht ein anderes Gebilde da wäre, mit dem es in Wechselwirkung treten kann. „Ein Elektron für sich hat keine Eigenschaften" (Eddington). (Siehe auch Anm. 119.)

Das Energieprinzip, wie es R. Mayer und Helmholtz ausgesprochen haben, kennt nur Energie*unterschiede*. Nach Helmholtz ist jede Energiemessung nur mit Beziehung auf einen Anfangszustand möglich, dem man nach Willkür die Energie Null zuschreibt. Jetzt aber kann man, wie Sommerfeld betont, durch Multiplikation der leicht zu ermittelnden Masse mit dem Quadrat der Lichtgeschwindigkeit ohne weiteres den *absoluten Betrag der Energie* erhalten. „Wir können auch den absoluten Wert der Energie definieren auf Grund des berühmten Einsteinschen Produktes $m\,c^2$, und wir wären töricht, wenn wir es nicht täten" (SOMMERFELD). Der stark überwiegende Hauptteil der Naturenergie liegt im Innern der Atome, wie die Energieentwicklung bei radioaktivem Zerfall und bei experimenteller Atomumwandlung zeigt, und zwar im Atomkern. Es gibt *kosmische Erzeugung von Energie* durch Aufbau der Elemente aus Protonen (über Helium, mit Kohlenstoff C^{12} als „Katalysator", s. H. A. BETHE u. a.).

Die atomare Energie eines Grammes Substanz reicht nach v. LAUE aus, um 200000 cbm Wasser von 0° auf 100° zu erwärmen. Allgemein sind die Energien, die bei radioaktiven Zerfallsprozessen und bei künstlicher Atomumwandlung frei werden, millionenmal größer als der mit chemischen Prozessen verbundene Energieumsatz (zumeist thermisch beobachtet), so daß dort die durch den Energieverlust bewirkte Abnahme der Massen meßbar wird. (Bei der doch recht heftigen Wasserbildung aus Knallgas vermindert sich die Masse nur um das $2 \cdot 10^{-10}$fache ihres Betrages, nach v. LAUE. Der Massenverlust je Mol beträgt $3 \cdot 10^{-9}$ g: ein nicht mehr meßbarer Betrag.) Der „Massendefekt" wird so ein Maß für die beim Aufbau eines Atomkernes entbundene und freigewordene Energie: 0,001 Atomgewichtseinheit $= 0,931$ MeV. „Lichtquanten müssen die Ruhmasse Null haben, ihre Masse steckt sozusagen lediglich in ihrer Geschwindigkeit" (E. SCHNEIDER). „Masse ist nichts anderes als eine besonders hochwertige Form von Energie, die sich in andere Formen umwandeln kann" (ZIMMER). Daß Masse „eine besondere Erscheinungsform der Energie" ist, ist „eine überwältigende Erkenntnis" (STEINKE). (Siehe auch Anm. 98.)

„Die Masse des einzelnen Körpers ist veränderlich geworden. Nur in einem abgeschlossenen System ist sie genau wie die Energie unveränderlich. Selbst das Gesetz der Erhaltung der Masse ist gefallen; denn ein Körper überträgt dem anderen Masse, wenn es ihm Energie in irgendeiner Form überträgt. Es gibt einen großen Energiebetrag, der in jedem Körper liegt und seine Bewegung mitmacht. Das Erhaltungsgesetz für die Energie hat das für die Masse in sich aufgenommen. Unverändert durchdringt das Gesetz von der Erhaltung der Energie unser physikalisches Denken" (M. v. LAUE). In allgemeinster Form lautet danach der Energiesatz: *Bei beliebigen Energieänderungen und Masseänderungen bleibt die Summe von Energie einerseits und Masse mal Quadrat der Lichtgeschwindigkeit andererseits konstant.*

Die neueste Entwicklung der Energielehre gibt auch die Möglichkeit, das für geschlossene irdische Systeme festgestellte *Entropiegesetz in bestimmterer Weise auf das Weltall anzuwenden.* Dabei wird nicht selten vermöge einer Art „Kopernikanischer Umkehrung" das Naturwalten auf das Wirkfeld des stofflichen Vakuums, auf den „Raum" (das „Sensorium der Gottheit", nach NEWTON) bezogen, in welchem nur „ein bißchen Elektronen- und Protonenstaub (nach EDDINGTON) schwimmt" und in den alle durch „Ausstrahlung ins Leere" verloren gegangene Strahlungsenergie zurückkehrt. „Das Schicksal der Welt ist so offenkundig gebunden an das der Strahlung, die in den Weltenraum ausströmt" (F. KRÜGER). Es kommt nunmehr darauf an, ob der Dissipation von Energie, die an Ausstrahlung und Zerstrahlung geknüpft ist, irgendwie und irgenwo im Weltenraum ein Vorgang der *Neubildung von Masse* aus Strahlungsenergie gegenübersteht. Noch heute gehen die Ansichten darüber auseinander.

Den Energieinhalt des Weltäthers, in den die Strahlung übergeht, bezeichnet NERNST als die *„Nullpunktsenergie"* des Äthers; sie steht im Gleichgewicht mit der Energie, die beim absoluten Nullpunkt im Innern der Atome noch vorhanden ist (lokalisierte Atomenergie $\rightleftharpoons$ Energie der Ätherstrahlung). Der Weltäther, das stofflose Wirkfeld, erscheint dann nach F. KRÜGER als die eigentliche Weltsubstanz, aus der alles entsteht, und zu der alles zurückkehrt. Er ist „der Träger aller Kraft in der Welt, und er gibt ihr auch die Körperlichkeit". Nach WIECHERT ist eine unmittelbare Überführung der Ätherenergie an die Materie möglich, das gibt „eine annehmbare Erklärung für den geregelten Zerfall radioaktiver Atome"; das gibt aber nach NERNST auch die Möglichkeit für die Vorstellung einer andauernden Rückbildung von Atomen, sogar solchen schwerer Art, gemäß Wahrscheinlichkeitsgesetzen. „Gebt mir Materie sehr hochatomiger radioaktiver Elemente, dann gewinnen wir erst die ungeheuren Energiemengen, die das Weltall durchfluten. Und fügen wir noch hinzu: Gebt mir die Nullpunktsenergie des Lichtäthers, so sehen wir in unserem Geiste das Geschehen des Weltalls gesichert von Ewigkeit zu Ewigkeit" (NERNST 1921, weitergeführt 1937). Schon ARRHENIUS hatte gelehrt, daß „das Weltganze seinem Wesen nach stets so war, wie es noch jetzt ist. Materie, Energie und haben nur Form und Platz im Raum gewechselt"; in der Strahlung liegen Energiequellen vor, die einem schließlichen Wärmetod des Weltalls entgegenwirken.

Gegenüber einer derartigen Vorstellung eines *stationären energetischen Gleichgewichtes der Welt* gewinnt jedoch neuerdings mehr und mehr Gewicht die dynamische Anschauung eines *einsinnigen und nicht umkehrbaren Verlaufes der gegenwärtigen Weltepoche,* von einem bestimmten Zeitpunkt ab. Als solche findet man in seltsamer Übereinstimmung von Berechnungen auf verschiedenen Gebieten (Alter der Gestirne nach Halbwertszeiten der Zersetzung anwesender radioaktiver Elemente, bestimmte Erscheinungen an Spiralnebeln usw.) ein Datum vor etwa 10^9 Jahren, das somit als der „explosive" oder „schöpferische" Anfang der gegenwärtigen Weltepoche anzusehen wäre. Verschiedenes weist darauf hin, daß sich das Weltall wahrscheinlich vor etwa mehr als einer Milliarde Jahren „in einem ganz außergewöhnlichen Zustande befunden haben muß" (P. TEN BRUGGENCATE). Einem Anfang aber müßte folgerichtig auch ein wirkliches energetisches Ende dieser Weltepoche in bestimmter ferner Zukunft entsprechen. In diesem Zusammenhange ist bemerkenswert ein Satz von A. FICK 1869 in „Die Naturkräfte und ihre Wechselwirkung": „Entweder sind bei den höchsten und allgemeinsten Abstraktionen der Naturwissenschaft wesentliche Punkte übersehen worden oder . . . dann kann die Welt nicht von Ewigkeit her da sein, sondern sie muß in einem von heute nicht unendlich weit entfernten Zeitpunkte . . . durch einen Schöpfungsakt entstanden sein, durch ein in der Kette des natürlichen Kausalnexus nicht begriffenes Ereignis" (ähnlich TAIT, Anm. 85; s. auch KRÖNIG). Nach H. LAMBRECHT dehnt sich die Welt der außergalaktischen Nebel aus; „sie müssen sich vor etwa $1{,}8 \cdot 10^9$ Jahren getrennt haben".

Wie sehr heutzutage der Begriff der Energie das ganze Gebäude der Physik und Chemie durchdrungen hat, zeigt sich schon rein äußerlich in den vielerlei Wortzusammensetzungen, in die „Energie" eingeht. Beispielsweise lesen wir: Energieausbeute, -bänder und -bereiche, -bilanz, -erhöhung, -feld, -fläche, -fortleitung, -gebirge, -gleichgewicht, -kopplung, -inhalt, -minimum, -niveau, -quanten (mit Einbeziehung der Zeitdimension: Wirkungsquanten), -quelle, -schale, -spektrum, -tal, -tensoren, -trägheit, -tönung, -wechsel, -zustand, -zufuhr, -zone, -verteilung z. B. „Energieverteilung auf die Freiheitsgrade eines Strahlungssystems im statistischen Gleichgewicht"; ferner Energiemulde, -topf usw. (dazu auch Potentialgefälle, -gebirge, -schwelle, -wall, Hügelland von Potentialmulden, Wirkungsquerschnitt usw.); oder es wird geredet von Aktivierungs-, Anregungs-, Ablösungs-, Bindungs-, Coulomb-, Dissoziations-, Elektronen-, Eigen-, Feld-, Gitter-, Grenz-, Höchst-, Ionisierungs-, Korpuskel-, Kristall-, Ladungs-, Nullpunkts-, Resonanz-, Rest-, Ruh-, Sonder-, Spannungs-, Überführungs-, Wand-, Wechselwirkungs-, Zerfalls-, Zerstrahlungsenergie-, von einer „energetischen Landkarte des Atoms" (SOMMERFELD), von einer energetischen W.W. gelöster Molekeln, von Translations-, Schwingungs- und Rotationsenergie der Elementargebilde, von Energieoperatoren, -speicher, -dichte, vom schwierigen Selbstenergieproblem (THIRRING), von den Energiequellen des Weltalls usw.

Bei jeder wichtigen neuen Beobachtung geht das Streben der neuen Atomphysik dahin, sich in erster Linie mit dem *Energieprinzip* auseinanderzusetzen. Auch jeder Zusammenstoß von Lichtquant und Elektron „verläuft so, daß Energiesatz und Impulssatz dabei gewahrt bleiben" (P. JORDAN). „Eine fürchterliche Katastrophe wäre es, wenn eines Tages das Ergebnis eines Experimentes zwingend forderte, den Energiesatz aufzugeben" (GERLACH). Bisher ist die Physik vor dieser Katastrophe verschont geblieben, wenn auch teilweise nur um den Preis der Schöpfung neuer hypothetischer oder fiktiver Begriffe, z. B. Neutrino, samt Anti-Neutrino (FERMI). Die Annahme des Neutrino erlaubt, „die Erhaltung der Energie zu retten" (L. DE BROGLIE); wurde doch das Neutrino als Symbol einer „Restenergie" (WENTZEL) angenommen, um bei der Erklärung des radioaktiven β-Zerfalles den Energiesatz aufrecht erhalten zu können. Das Erhaltungsgesetz für *Energie und Drehimpuls* verlangt, daß beim β-Zerfall ein ungeladenes Teilchen mit dem Spin $1/_2$ erzeugt wird; seine Ruhmasse muß kleiner sein als diejenige des Elektrons und kann gleich Null angenommen werden (nach H. JENSEN).

32. Weiterführung des mechanistischen Kausalbegriffes in der Richtung einer Gründung aller Energie auf mechanische Energie.

HELMHOLTZ hat, zumal in seiner früheren Zeit, die Neigung gehabt, die „Erhaltung der Kraft" nicht nur historisch, sondern auch innerlich mit dem Erhaltungsgedanken der Mechanik in engste Beziehung zu bringen. „Noch HELMHOLTZ hat das Energieprinzip mechanisch zu begründen gesucht" (MACH). Indem er *Elementarkräfte* vorerst als „*Zentralkräfte*" von Korpuskeln ansah, hat er jenes Prinzip „als eine direkte Verallgemeinerung des mechanischen Satzes von der Erhaltung der lebendigen Kraft aufgefaßt" (Planck; s. auch Weyrauch in M.I. 227, 293). Als „Zentralkräfte" gelten Grundkräfte der Bewegung, die in den Verbindungsgeraden wirken und nur von den Entfernungen abhängen. Dagegen: Schon „die von Riemann und Clausius angenommenen elektrodynamischen Grundgesetze entsprechen weder Zentralkräften noch überhaupt Stabkräften", Weyrauch, M.I. 293, und ebenso ist es in der Elastizitätslehre usw. Falsch ist nach Gross, daß die Bewegungskräfte „durchweg auf Zentralkräfte zurückzuführen" seien. Auch von Poincaré wird angezweifelt, daß alle physikalischen Kräfte Zentralkräfte seien. (Es sei an die lebhafte Diskussion zwischen W. Weber und Helmholtz über „Zentralkräfte" erinnert.)

In seiner Arbeit „Über die Erhaltung der Kraft" 1847 sagt Helmholtz: „Es ist die Summe der lebendigen Kräfte aller festen Zentren zusammengenommen zu allen Zeitpunkten dieselbe. — Die Summe der lebendigen Kraft eines Massenpunktes bei seiner Bewegung unter dem Einfluß einer Zentralkraft ist gleich der Summe der zu der betreffenden Änderung seiner Entfernung gehörigen Spannkräfte. *Es ist also stets die Summe der vorhandenen lebendigen Kräfte und Spannkräfte konstant* ($L + U = $ const.). So wird das Gesetz der Erhaltung der Kraft zum Gesetz der Bewegungskräfte von Massen." Weiterhin: Die Naturerscheinungen sind zurückzuführen auf „Bewegungen von Materien mit unveränderlichen Bewegungskräften, welche nur von den räumlichen Verhältnissen abhängig sind", oder „auf unveränderliche, anziehende und abstoßende Kräfte, deren Intensität von der Entfernung abhängt. — Die Quantität der in einem Körper vorhandenen Wärme muß aufgefaßt werden als die Summe der lebendigen Kraft der Wärmebewegung (freie Wärme) und der Quantität der Spannkraft in den Atomen". — Alle Veränderungen in der Welt sind „Änderung der räumlichen Verteilung der elementaren Stoffe und kommen in letzter Instanz zustande durch Bewegung. Ist aber *Bewegung* die Urveränderung, welche allen anderen beobachteten Veränderungen in der Welt zugrunde liegt, so sind alle elementaren Kräfte Bewegungskräfte" (1869).

Ähnlich Heinrich Hertz: „Alle Eigenschaften der Materie sind Attribute der Bewegung. — Auch das Verborgene ist nichts anderes als wiederum Bewegung und Masse. — Alle Physiker sind einstimmig darin, daß es die Aufgabe der Physik sei, die Erscheinungen der Natur auf die einfachen Gesetze der Mechanik zurückzuführen." („Hertz läßt nur kinetische Energie bestehen": Helm.) Weiter Ernst Haeckel: „Alles geschieht mit absoluter Notwendigkeit nach dem mechanistischen Kausalgesetz." Wundt definiert den Standpunkt dieses Allmechanismus dahin: „Alle Ursachen in der Natur sind Bewegungsursachen, denn Ortsveränderung ist die einzige Veränderung eines Dinges, wobei dieses identisch bleibt" (102). Weiterhin K. Lasswitz: „Jedenfalls bleibt es ein Ideal der Physik, die spezifischen Konstanten auf eine einzige Energieform zurückzuführen, und diese kann nur die mechanische Energie sein, da durch sie allein bewirkt wird, daß außer der Energie selbst nur noch Raum und Zeit als Größen in den Gesetzen auftreten." Oder G. Heim: „Eine Anpassung der Kausalitätsbegriffe an die Lehren der Wissenschaft erreichen wir recht leicht, wenn wir die Kausalität definieren durch die Begriffe der einfachen und grundlegenden Naturwissenschaft der Mechanik."

Eine radikale und konsequente methodische Mechanistik wird von JULIUS SCHULTZ vertreten. „Um etwas Seiendes, das sich bewegt, kommen wir auf keine Weise hinweg. — Der Stoff bewegt sich — das bedeutet: er *ist*. — Es sind Repulsionen und Attraktionen. — Eine ideale Energetik, die alle Umwandlungsgesetze in der Hand hielte, könnte nach meiner jetzigen Definition ruhig auf die mechanistische Seite treten. — Das Postulat eindeutiger und quantitativer Bestimmtheit der Folge durch die Ursache verwandelt die Welt in eine Art Maschine."

Nach DINGLER ist die mechanische Naturerklärung in der Tat „*die* Methode der Physik". „Die Theorie darf niemals mit Prinzipien der Mechanik im Widerspruch stehen. — So bietet sich eine mechanische Elektrizitätslehre wie von selbst als die natürlichste und den tatsächlichen Verhältnissen am besten angepaßte Theorie dar." E. MAY: „Die Lehre von der Umwandlung einer Energieart in die andere . . . bleibt ja restlos unverstanden, solange sie nicht mechanisch interpretiert werden kann. — Die Tatsache, daß die unmittelbare Wirklichkeit *diskret* strukturiert erlebt wird, verleiht dem Atomismus seine hohe Anschaulichkeit und seine erklärende Kraft." Nach J. STARK *ist* sogar das Elektron ein *Körper* mit bestimmten räumlichen Eigenschaften, mit „axialer Struktur" (ähnlich ZEHNDER, LENARD u. a.).

„Die Dinge wirken aufeinander nur durch Druck und Stoß. Das ist die Grundlage der im engeren Sinn mechanistischen Naturauffassung. — Die mechanistischen Vorstellungsweisen zeichnen sich aus durch vollendete Anschaulichkeit, welche sie allen Verhältnissen der Wirklichkeit verleihen, und durch die Aussicht, welche sie eröffnen, eine erschöpfende Auffassung derselben aus einheitlichem Grunde und eine vollkommene Einsicht in alle Zusammenhänge zu gewinnen. — Das Ideal ist immer das anschauliche Begreifen der Zusammenhänge der Natur nach geometrisch-mechanischer Notwendigkeit" (KOENIG): „Begreiflichkeit der Welt als Axiom" (FR. LANGE).

Alle panmechanistischen Auffassungen stützen sich in erster Linie auf die gewaltigen Erfolge der *mechanischen Wärmetheorie* und der (nach L. DE BROGLIE) „wunderbaren" *kinetischen Gastheorie* als einer der „elegantesten, geschlossensten und erfolgreichsten Lehren" [DANIEL BERNOULLI (1738), CLAUSIUS und KRÖNIG (1856), MAXWELL (1860), PERRIN, BOLTZMANN u. a.]. Kein Wunder darum, daß vielerorts auch für die Optik, Elektrik und Chemie die Hoffnung bestehen blieb, daß es schließlich gelingen werde, deren Erscheinungen gleichfalls restlos aus Prinzipien der Mechanik abzuleiten, wobei auch hier die in der Gastheorie bewährte *statistische Methode* (statistische Mechanik von BOLTZMANN, W. GIBBS u. a.) wertvolle Dienste leisten konnte. „Die Krönung der alten mechanischen Physik" bildet (nach L. DE BROGLIE) die Relativitätstheorie EINSTEINs. Die *elektromagnetische* Theorie ist nach NIELS BOHR „eine sinngemäße Erweiterung der klassischen Mechanik". Nach A. EUCKEN setzt sich die GALILEI-NEWTON-Mechanik fort in der FARADAY-MAXWELL-Dynamik, „und diese geht ohne Bruch über in die neue Theorie";

Faraday beschrieb das „Feld" anschaulich mittels Kraftröhren und lehrte ein unter Spannung stehendes Dielektrikum.

Die *Chemie* des 19. Jahrhunderts fußte durchaus auf der mechanistischen Atom- und Molekularvorstellung (Dalton, Avogadro), die durch die kinetische Gastheorie die erwünschte Bestimmtheit erhielt. Eine Atomverkettungs- oder Strukturchemie selbständiger Art (Kekulé, A. v. Baeyer, Emil Fischer, Willstätter u. a.), die aus der Substitutionstheorie entsprang, und die sich bis zur Stereochemie steigerte (le Bel, van't Hoff, Werner), hat zu ungeahnten Erfolgen geführt. Hinsichtlich der *chemischen Bindung* der Atome hat jedoch eine primitiv-mechanistische Theorie („Bindestrich" nach Couper; Fr. Mohr, Lothar Meyer u. a.) in unseren Tagen einer elektronischen Theorie Platz machen müssen (s. S. 84).

Im ganzen ist es so, daß die Erscheinungen der Elektrizität, des Magnetismus, des Chemismus (das „Kollektiv" als „Körper") *weitgehend mechanischen Gesetzen gehorchen.* Es sei an die grundlegende Bedeutung der *Wellengesetzlichkeit,* wie sie im Anschluß an die klassische Mechanik entwickelt wurde, für alle Zweige der Physik, bis ins subatomare Gebiet (Hamilton-Analogie zwischen klassischer Mechanik und Strahlenoptik) erinnert. „Die Natur scheint gewissermaßen die verschiedensten Dinge genau nach demselben Plane gebaut zu haben, oder, wie der Analytiker sagt, dieselben Differentialgleichungen gelten für die verschiedensten Phänomene" (Boltzmann).

Für das Elektron gilt: $^1/_2\, m v^2 = \mathrm{eV}$: die kinetische Energie jedes Elektrons ist proportional der Ladung und der angelegten Potentialdifferenz; nach durchlaufenen 10 Volt = 10—11 Erg. „Trifft ein Lichtquant ein Elektron, so kann die W.W. berechnet werden, als wenn es sich um den Zusammenstoß von materiellen Körpern handelte" (E. Schneider). Ferner: „Wird ein Neutron von einem Kern eingefangen, so erhält der Kern bei der darauffolgenden Ausstrahlung eines γ-Quants einen Rückstoß, so daß er aus dem Molekularverband herausfliegt" (W. Gentner).

Im Laufe der Zeit, vor allem in der Elektrizitätslehre, mehrten sich Stimmen, die dahin lauteten, daß es *viele Vorgänge in der Natur gibt, die nicht unmittelbar auf Gesetze der klassischen Mechanik zurückgeführt werden können, wenngleich sie bei passender Begriffsbildung Analogien zu bekannten mechanischen Vorgängen und mechanischen Gesetzlichkeiten zeigen.* So entstanden (Ohm 1826 u. a.) die Begriffe und Gesetze der elektrischen „Spannung", des elektrischen „Stromes", des elektrischen „Widerstandes" usw.; und so gelang es z. B. Maxwell, Gesetzlichkeiten für elektrische und magnetische Erscheinungen dadurch zu gewinnen, daß er als *Modell* „die Geschwindigkeit und Bewegungsrichtung einer unzusammendrückbaren Flüssigkeit" wählte (1855; Ostw. Klass. 69, S. 3). Mechanistische Vorstellungen bedeuten nach Maxwell — wie W. Ostwald und Boltzmann betonen — nur ein *Bild,* eine Anschauungshilfe, einen Denkbehelf. „Ein Lichtquant ist kein fliegender Körper, sondern verhält sich nur in mancher Beziehung wie ein fliegender Körper" (E. Schneider; s. auch Abschnitt 34).

Eine *vollkommene* Ableitung aller Naturgesetzlichkeit von mechanischer Gesetzlichkeit ist mit dem Fortschreiten der Wissenschaft in immer neuen Erscheinungsgebieten, vor allem auch der Strahlungslehre, von Jahr zu Jahr unwahrscheinlicher geworden (s. auch S. 39 und 50). Selbst namhafte Verfechter der mechanistischen *Methode* erkannten an, daß die *Mechanik in der Welt nicht das letzte Wort zu reden habe.* Es erscheint zwar die Mechanik mit ihren Prinzipien als „die reale Grundwissenschaft. Nicht aber darf man diese Bedeutung dahin mißverstehen, daß alles bestimmte Wissen von den Naturvorgängen durch bloße Mechanik gedeckt werden könne" (DÜHRING). Ähnlich BOLTZMANN: „Die Möglichkeit einer mechanischen Erklärung der ganzen Natur ist nicht bewiesen; und mechanische Begriffe sind oft nur anschauliche Bilder, welche in der als Dogma längst nicht mehr anerkannten Ansicht gipfeln, daß die ganze Welt durch die Bewegung materieller Punkte darstellbar sei." C. STUMPF: „Die anschauliche Vorstellung räumlicher Bewegungen mußte zuerst versucht werden, hat aber kein wirkliches Vorrecht." W. OSTWALD: „Die alten Gesetze der Mechanik reichen nicht einmal aus, die erfahrungsgemäße Wirklichkeit im Anorganischen zu beschreiben." ADOLF MEYER: „Mechanik versagt schon in Elektrodynamik, Atomistik und Quantentheorie." ERICH BECHER: „Mechanismus — ein unbegründetes Dogma." DANNEMANN: „Das mechanische Ideal von LOMONOSSOW hat sich nicht verwirklichen lassen. Die neue Mechanik ist bescheidener." MACH: „Wenn wir heute glauben, daß die mechanischen Tatsachen verständlicher sind wie andere, daß sie die Grundlage für andere physikalische abgeben könnten, so ist dies eine Täuschung. — Physik geht nicht mehr in Mechanik auf. — Zumeist ist vom Physiker der Mechanismus furchtbar ernst genommen worden. Man führt ungewöhnliche Unverständlichkeit auf gewöhnliche Unverständlichkeit zurück." HELM: „Die mechanische Weltanschauung ist ein universelles Abbildungsverfahren, aber sie liefert kein universelles Weltbild; mit ihrer Ausdehnung schwindet ihre Kraft."

WEYRAUCH (1885): „Es sind ... mechanische Dogmen zu vermeiden, welche freilich fast immer von Leuten ausgehen, die wenig mit Mechanik vertraut sind. — Man faßt die Energie der Affinität als potentielle Energie auf, muß aber zugeben, daß von einer mechanischen Erklärung der chemischen Verbindung und Trennung der Teilchen bis jetzt keine Rede sein kann." K. BEURLEN: „Das moderne naturwissenschaftliche Denken ist grundsätzlich und wesensmäßig durch das kausale Denken der klassischen Mechanik bestimmt, so wie es durch GALILEI gefordert und in seinen wesentlichen Voraussetzungen entwickelt worden ist. Diese Reaktion auf das aristotelisch scholastische Weltbild war gesund und notwendig, spätere Auswirkungen aber verhängnisvoll." Nach W. WIEN bereiten einer mechanistischen Vorstellungsweise besondere Denkschwierigkeiten die Kräfte im leeren Raume, sowie im Gebiet atomarer Stofflichkeit; hier liegt eine *elektrische* Interpretation näher. „Schon lange war man sich darüber klar, daß die Gesetze der Mechanik für die kleine Welt der Atome nicht ausreichen." „Alle Versuche, die elektromagnetischen Vorgänge auf die Mechanik zurückzuführen, sind als gescheitert zu betrachten. — Wir sehen, daß die Natur viel zusammengesetzter und verwickelter ist, als wir früher anzunehmen geneigt waren" (W. Wien). „Die Grundthese der materialistischen Weltanschauung ist gefallen" (A. Kohlrausch). Es gibt nicht selten „ein Versagen der klassischen Mechanik" (Sommerfeld).

„Die räumlich-zeitlichen Begriffe, die auf die gewohnte Erfahrung zurückgehen, versagen bei der Beschreibung quantenhafter Erscheinungen. Die klassischen Theorien erlauben nicht einmal die Existenz von festen Körpern zu erklären" (Niels Bohr). „Während man früher versuchte, die Optik mechanisch zu begreifen, werden jetzt die mechanischen Vorgänge mit den Hilfsmitteln der Optik beschrieben" (E. Schneider). „Es ist nicht alles durch mechanische Gesetze erklärbar" (Bridgman). Nach M. v. Laue steht es fest, daß die Newton-Mechanik auf verschiedene grundlegende Fragen „durchaus falsche Antworten gibt". Heisenberg: „So halten wir die Gesetze der Newtonschen Mechanik dort für gültig, wo wir die Erscheinungen mit den Begriffen Kraft, Masse, Geschwindigkeit beschreiben können. Diese Begriffe genügen jedoch nicht zu einer Behandlung der Lichterscheinungen; diese fallen also auch nicht in den Anwendungsbereich der Newtonschen Mechanik."

Ganz deutlich hat die Nur-Mechanik schon bei der Erforschung der sprunghaft selektiven Affinität von Element zu Element, von Atom zu Atom versagt. Die Spielregeln chemischer Bindung und Zersetzung sind anderer Art als die einfachen Attraktionsspielregeln, die für ein System von Körpern gelten; hier sind nicht irgendwelche Potenzen der Entfernung maßgebend, sondern Resonanzen spezifischer Art, die erst die Quanten- und Wellenmechanik aufgedeckt hat (S. 119). Und für die Wissenschaft vom Leben bilden Elektrodynamik und Chemodynamik, dazu Thermodynamik in weit höherem Maße die Grundlage als klassische und statistische Mechanik.

Allgemein bereiten einer *dogmatischen Allmechanik die größten Schwierigkeiten* einerseits die Strahlungsvorgänge im stofflosen „leeren" Raume, andererseits die atomaren Vorgänge. So gibt es nach Niels Bohr „eine unmechanische Stabilität der Atomstruktur", und zwar besteht eine solche schon in bezug auf die Elektronenhülle, in gleicher Weise aber auch hinsichtlich des Atomkerns. Selbst dem schärfsten Anschaulichkeitsfanatiker wird es kaum gelingen, die ungeheuren Kernenergien, von denen schließlich die Welt zehrt, als wahrhaft kinetische Energien von Atomkernbestandteilen darzutun; höchstens kann man sie als solche fingieren.

Bei radioaktiven Vorgängen ist Masse in bestimmte Energieformen übergeführt worden (Bewegungsenergie der ausgeschleuderten Teilchen oder elektromagnetische Energie der γ-Strahlung); die neuentstandenen Körper haben eine geringere Masse als die ursprünglichen. Beim „Zerplatzen" von Uranatomen führen die Bruchstücke ungeheure Energiemengen mit sich, entsprechend Spannungen von über 100 Millionen Volt, wie sie sonst nur bei Teilchen der kosmischen Höhenstrahlung vorkommen. „Es haben sich bei der Umwandlung Teile der Atommasse entmaterialisiert und in Energie umgesetzt. — Die Energiebeträge, die bei Atomkernprozessen frei werden, sind mindestens hunderttausendmal so groß wie jene Vorgänge, die nur Umgruppierungen in der Atomhülle bedeuten. Masse ist nichts anderes als eine besonders hochwertige Form von Energie, die sich in andere Formen umwandeln kann" (Zimmer). (S. auch S. 87).

Fällt es schon schwer, sich den Zustand hoher potentieller Energie, die bei der Bildung oder Zersetzung chemischer Verbindungen (exothermer bzw. endothermer) als freie Energie (für gewöhnlich als Wärme) auftritt, in Form von immerwährender *Bewegung* irgendwelcher Art vorzustellen, so erscheint diese Schwierigkeit unüberwindbar, wenn man die noch weit größeren Atomkern-Bindungsenergien ins Auge faßt: 1 cbm Uranoxyd könnte nach FLÜGGE bei vollkommener explosiver Aufspaltung des Atomkerns in Ba-, La-, Sr-Isotope u. dgl., ausgelöst durch „Kettenreaktion" bei Beschießung mit Neutronen (nach O. HAHN, L. MEITNER und STRASSMANN), eine Energie entwickeln, die genügte, 1 Kubikkilometer Wasser 27 km hoch zu heben!

Die Tatsache einer *Äquivalenzbeziehung von Masse und Energie*, die zur Preisgabe der Vorstellung von Atomen in altem Sinne als unveränderlichen Individuen zwingt, ist *mit einem primitiven Allmechanismus unverträglich.* Es gibt nicht nur „eine relativistische Veränderlichkeit der Masse mit wachsender Teilchengeschwindigkeit", sondern auch eine energetische „Zerstrahlung von Masse". Eine Masse aber, welche aufhören kann, Masse im gewöhnlichen Sinne des Wortes zu sein, hat mit der Bauklötzchenmasse älterer mechanischer Vorstellungen nichts mehr zu tun; sie ist nichts Handgreifliches mehr, sondern etwas seltsam Anderes, Geheimnisvolles; sie ist ihrem innersten Wesen nach „ein System von Kräften" (J. REINKE), „konzentrierteste Energie" (A. WENZL), eine „besondere starke Energieverdichtung" (LENARD), eine „Bündelung immaterieller Energien" (BUTTERSACK), ein „stabilisierter Rhythmus" (ADOLF WAGNER), eine „Energiekonserve".

Ein mechanisches Versagen besonderer Art offenbart HEISENBERGs *Unsicherheitsrelation* (Unschärfebeziehung) in bezug auf die Möglichkeit der Bestimmung von Ort und Impuls eines Elektrons. „Es gibt keinen der Syntax der Quantentheorie genügenden Satz, in dem der Ausdruck ‚Ort' und ‚Impuls' einer Partikel vorkommt" (PH. FRANK). „Es ist unmöglich, zwei kanonisch konjugierte Zustandsgrößen experimentell mit einer größeren Genauigkeit festzustellen, als sie von bestimmten Ungleichungen zugelassen wird" (E. SCHNEIDER). Nach M. v. LAUE *müssen* Diskrepanzen entstehen, wenn man für das Atominnere „mit Begriffen operiert wie Ort, Impuls, Geschwindigkeit, die auf die NEWTONsche Punktmechanik zugeschnitten sind. Korpuskeln im NEWTONschen Sinne gibt es nicht"; statt dessen Eigenfunktion, Terme usw.

Die neue Physik faßt nach PLANCK „stets das Ganze ins Auge; nicht die lokale Kraft geht in die Gleichung ein, sondern das Integral der Kraft, das Potential. Es hat keinen Sinn, von dem Zustand eines materiellen Punktes zu sprechen als von dem Inbegriff seiner Lage und seiner Geschwindigkeit, ein Spielraum von der Größenordnung des Wirkungsquantums bleibt unbestimmt. — Die Wellenmechanik hat sich als Verallgemeinerung und Verfeinerung der klassischen Korpuskularmechanik erfolgreich durchgesetzt". „Die Welt ist gar nicht so eingerichtet, wie es das LAPLACEsche Ideal voraussetzte" (BAVINK). SCHRÖDINGER: „Die Begriffe Ort und Bahn sind überspannt, wenn man sie für kleinste Dimensionen anwendet"; es gibt „eine Unanwendbarkeit der Geometrie" im

Gebiet des ganz Kleinen. „Das eigentlich Existierende ist das Hier-jetzt-so des Feldes." So wird „eine bestimmte dynamische Auffassung der Wirklichkeit nahegelegt" (Mally). — „Die mechanistische Weltanschauung mit dem Satz der Identität, A = A, worauf alle mechanische Kausalität hinausläuft: eine armselige und durchsichtige Struktur des Kosmos" (Kottje).

33. Einseitige und spekulative Energetik.

Gemäß einem Gesetze geistigen Lebens, daß jede Geistesrichtung zur Erschöpfung bis in das äußerste Extrem verfolgt wird, hat sich R. Mayers Zurückhaltung gegenüber jeder Erweiterung mechanistischer Denkweise über unmittelbar Beobachtbares hinaus bei manchen Forschern in eine unmittelbare Ablehnung auch aller mechanischen Denkbehelfe und Bilder überschlagen. Für diese Richtung gilt der Schlußteil des Ausspruches von Mach: „Ich glaube gezeigt zu haben ..., daß die mechanische Anschauung nicht notwendig ist zur Erkenntnis der Erscheinungen und ebensogut durch eine andere Theorie vertreten werden könnte, daß endlich die mechanische Auffassung der Erkenntnis der Erscheinungen sogar hinderlich werden kann." Indem man demgemäß vielfach der Lockung folgte, R. Mayers Energetik zur *alleinigen* Kausalik zu machen, ist *an Stelle des Panmechanismus mancherorts* eine *Panenergetik getreten*, deren wesentliche Erscheinungen nunmehr ins Auge zu fassen sind.

Die Energetik strenger Observanz (103) kennzeichnet sich in positiver Hinsicht dadurch, daß für die Beschreibung der Naturvorgänge *der Energiebegriff durchaus in den Mittelpunkt gestellt wird*, negativ aber — wie schon obiger Satz von Mach andeutet — dadurch, daß jede mechanistische und korpuskulare Betrachtungsweise, sofern sie über die unmittelbare Beobachtung hinausgeht, als unnötig, ja unter Umständen als schädlich abgelehnt wird. Es herrscht demnach eine mehr oder minder scharf ausgeprägte Hypothesen- (oder besser Figmente-) Feindlichkeit, die an Newtons Wort: „hypotheses non fingo" erinnert und den Weg zu Pragmatismus und Positivismus bahnt, die andererseits aber, wie es zu geschehen pflegt, vielfach in einen dürren Dogmatismus besonderer Art verfällt. Festgehalten wird zumeist der Grundgedanke von R. Mayer, daß *Wandlungen der Energie unter Erhaltung ihrer Gesamtquantität den eigentlichen Inhalt des physikalischen Kausalbegriffes bilden*. In diesem Sinne spricht z. B. Ostwald 1895 von dem „in Gestalt des Energieprinzips gebrachten Kausalgesetz".

Eine Energetik derartiger Form, mit mancherlei Schattierungen wurde vertreten vor allem von Georg Helm, Ernst Mach, Wilhelm Ostwald, auf speziell chemischem Gebiet auch von Franz Wald. Die Tatsache, daß eine derartige reine Energetik überhaupt ausgebildet werden konnte, widerlegt schon den Satz von Dingler: „Das Gesetz von der Erhaltung der Energie mußte von selbst dazu führen, alle physikalischen Kräfte nur als Wirkungen *einer* Art von Kraft, der mechanischen, zu betrachten." Energetik hat an sich mit Mechanik nichts zu schaffen (s. auch Anm. 68).

Für HELM gilt: *„Energetik ist nicht identisch mit dem Satze der Mechanik von der Erhaltung der Energie.* — Die mechanische Grundlage der Energetik ist das *Prinzip der virtuellen Verschiebungen* (s. M.I. 63) in weit höherem Maße als das Gesetz von der Erhaltung der Energie." Wesentlich ist „die *Methode, in einer bilderfreien Sprache von den Naturvorgängen* reden zu können, und in dieser Methode ist die Energetik unübertroffen. — Energie: der zur Zeit schlagendste Ausdruck quantitativer Beziehungen zwischen den Naturerscheinungen."

Im Anschluß an den Begriff der mechanischen Energie hat HELM den Gedanken gefaßt (1887), daß *jede Energieform mathematisch in einen „Intensitätsfaktor" und in einen „Quantitätsfaktor" (nach* OSTWALD *„Kapazitätsfaktor") zerlegt werden könne.* „Den Intensitätsfaktor können wir handhaben", und im Intensitätsfaktor tritt dasjenige Moment zutage, welches den allgemeinen Energiebegriff hinsichtlich der *Tendenz,* der Richtung des Geschehens genauer bestimmt. Der Kapazitätsfaktor gibt ein Maß für den Betrag der Energie. „Jede Energieform hat das Bestreben, von Stellen, in welchen sie in *höherer* Intensität vorhanden ist, zu Stellen von niederer Intensität überzugehen." Beispielsweise gelten folgende Beziehungen: Bewegungs- oder kinetische Energie = Geschwindigkeit mal Masse, Volumenenergie = Druck mal Volumen, Flächenenergie = Spannung mal Fläche, Wärmeenergie = Temperatur mal Wärmekapazität, elektrische Energie = Potential (Potentialdifferenz) mal Elektrizitätsmenge. In der Regel findet beim Energieübergang eine *Umformung* statt, und zwar so, daß „die Quantitätsfunktion der übergegangenen Energieform ihren Gesamtbetrag nicht ändert". (Es gibt jedoch eine Ausnahmestellung der thermischen Energie, mit dem Wachstum der Entropie.) „Das Intensitätsgesetz befreit uns von dem Zwange, alles Geschehen mechanisch aufzufassen."

Der Begriff der *Masse* und zumal des *Masseteilchens* spielt sonach in der energetischen Betrachtungsweise nur eine untergeordnete Rolle; der *Atomismus* wird zur bloßen Hypothese (genauer „Fiktion"), damit aber soll der Weg zum Idealismus frei werden! „Eine Bahn zum Idealismus könnte man die Energie-Idee nennen" (104).

In HELMs Arbeit von 1907 (Ann. Naturphil.) heißt es über „die kollektiven Formen der Energie": „Die PLANCKsche Behandlung der Strahlungsenergie beweist, daß man sich nicht auf die mechanische Auffassung der kollektiven Energien beschränken darf, und die Energetik gestattet ohne weiteres, diese Fessel abzulegen. Es ist nicht einmal zweckmäßig, sich immer kollektive Energie als Bewegungsenergie zu denken, wie es z. B. die kinetische Wärmehypothese tut, weil die individuellen Träger, an die man dadurch die Elementarenergien bindet, unwesentlich sind."

Auf einem ähnlichen Standpunkt steht ERNST MACH, in seiner kritisch-positivistischen Haltung gegenüber der allmechanistischen Physik, der er eine *phänomenologische Physik* mit dem Ziel einer „vollständigen systematischen Darstellung der Tatsachen" gegenüberstellt (105). „Das moderne Energieprinzip ist zwar verwandt, aber nicht identisch mit dem Prinzip des ausgeschlossenen perpetuum mobile." Eine substanzielle Auffassung der Arbeit ist „nicht notwendig, aber formal sehr bequem und anschaulich. — Mechanische Tatsachen sind nicht verständlicher als andere. Den Gedanken, daß die Grundlage der Physik auch eine thermische oder elektrische sein könnte, habe ich noch wiederholt in ‚Mechanik' und ‚Analyse der Empfindungen' ausgesprochen. Er scheint sich zu verwirklichen" (1909). Andererseits: „Die Substanzauffassung des Energieprinzips hat ebenso ihre natürlichen Grenzen in den Tatsachen, über welche hinaus sie nur künstlich festgehalten werden kann."

Die Energetik gipfelt in WILHELM OSTWALD, der (von 1893 ab) sowohl rein wissenschaftlich wie philosophisch den Energiebegriff nach Möglichkeit auszuschöpfen suchte, indem er sich dabei in *scharfen Gegensatz zu jedem Panmechanismus* setzte (106). Im Jahre 1906 verwahrt sich allerdings OSTWALD dagegen, daß er je gesagt haben sollte: „Alles ist Energie, und es existiert nichts als Energie. — Ich habe mich begnügt darzulegen, daß Energie neben den Mannigfaltigkeiten Zeit und Raum der umfassendste Begriff ist, den das menschliche Denken bisher hat bilden können und daß, vermöge ihres empirischen Charakters als Invariante sämtlicher Zustandsvariablen jedes wirklichen Gebildes die Energie sich besser als jeder andere Begriff zur Beschreibung alles Geschehens eignet, indem sie hierbei den formalen Substanzcharakter entwickelt." In OSTWALDs „Selbstdarstellung" (1923) heißt es: Es erwies sich als „notwendig, den Begriff der Energie zum Grundbegriff zunächst der anorganischen Wissenschaften Mechanik, Physik und Chemie zu machen und ihm ein höheres Maß von ‚Wirklichkeit' zuzuschreiben, als etwa jener Materie, die man bisher als das Wirklichste zu betrachten sich gewöhnt hatte." Schon 1895 (Naturforschertagung Lübeck, in seinem „einmütigen Widerspruch" weckenden Vortrag: Überwindung des wissenschaftlichen Materialismus) hatte OSTWALD betont: „Es gibt auch andere durch Energetik nicht gedeckte Gesetze;" 1911 heißt es weiter: „Schon in Physik und Chemie treten andere Beziehungen auf, die durch spezifische Konstanten gekennzeichnet sind. Noch weniger zureichend für die Beschreibung des *gesamten* Geschehens kann die Energie in den biologischen Wissenschaften sein, wenn sie auch dort nicht minder notwendig ist." Hier werden es nach OSTWALD die Gesetze des *Lebens* sein, welche den Rahmen der Möglichkeiten enger zu gestalten erlauben werden. (Mit Anfügung der Frage, ob hierfür wohl schon ein neuer R. MAYER unter uns weilen mag?) Energie ist in den biologischen Wissenschaften nur ein Hilfsbegriff; Mechanik, Physik und Chemie sind die eigentlich energetischen Wissenschaften. Überhaupt: „Energie ist nicht eine Art *Universal*begriff wie SCHOPENHAUERs Wille oder DEMOKRITs Atome, nur sollen die physischen Wissenschaften am Energiebegriff orientiert sein. Das *spezifische* vitale und psychische Geschehen wird von der Energetik nicht gedeckt." Über den *Begriff des Lebens* im Verhältnis zu Energie und Entropie heißt es: „Leben besitzt, was durch seine Zukunft im gegenwärtigen Verhalten beeinflußt wird. — Das Lebewesen ist bestrebt und beschäftigt, einen entsprechenden Anteil von dem allgemeinen Strom der freien Energie, der sich in das Meer der Dissipation ergießt, durch seinen eigenen Körper zu leiten." Leben stellt sich dar als „ein selbstregulatorisch unterhaltener stetiger Verbrauch freier Energie. — Im Dissipationsgesetz erkennen wir den Grund von allen den Vorgängen, welche SCHOPENHAUER als Manifestation des Urwillens darstellt" (107).

In R. MAYERs Prinzip der Erhaltung der Energie (nach OSTWALD besser: der Energie*menge*) als erstem Hauptsatz der Energetik sieht OSTWALD das *Gesetz der Kausalität:* „Es geschieht nichts ohne äquivalente Umwandlung einer oder mehrerer Energieformen ineinander." Im zweiten Hauptsatz aber werden, wie er im Anschluß an HELMs Scheidung der Energie in 2 Faktoren betont, *Bedingung und Richtung des Geschehens* fixiert: „Damit etwas geschieht, ist es notwendig und hinreichend, daß nichtkompensierte Intensitätsunterschiede der Energie vorhanden sind. Und das Geschehen besteht eben darin, daß diese Unterschiede ausgeglichen werden, indem die Energie von Stellen hoher Intensität zu solchen niederer Intensität übergeht." Intensitätsunterschiede aber „entstehen nicht freiwillig". Freiwillig geschieht Zerstreuung, Dissipation, Entwertung der Energie. So gibt der II. Hauptsatz auch „die letzte und allgemeinste Grundlage für alle *Erscheinungen des Wollens*; alles Geschehen besteht in der Verminderung der freien Energie". Nichts Seelisches geschieht ohne energetische Vorgänge, ohne Vernutzung freier Energie. „Wille ist bewußter Grund zur Betätigung von Energieumsetzungen." Die *Richtung* der Energieumsetzung bei „von selbst" verlaufenden Vorgängen ist ganz allgemein durch den Begriff „Dissipation" oder Zerstreuung gekennzeichnet. Daher auch der neue energetische Imperativ: „Vergeude keine Energie, nutze sie!" (Kulturelle Bedeutung des II. Hauptsatzes.)

OSTWALDs strenge Energetik, zumal der früheren Zeit, ist mit einer nicht unbedenklichen *Auflösung des Dingbegriffes* verbunden: „Körper" bestehen aus „Komplexen von Energien". „Die Energie bedarf keines besonderen Trägers. — Masse ist nur der Kapazitätsfaktor der Bewegungsenergie. — Die Energetik sieht das Ding als einen Komplex von Energien an: Das Ding als Gesamtheit aller darin vorhandener Energien. Es bleibt die reine Energetik oder der Dynamismus: Energie als letzte Realität oder eigentliche Substanz der Welt."

In diesem Zusammenhange führt OSTWALDs positivistische Hypothesenfeindschaft (genauer: Ablehnung von Figmenten) dazu, daß er sich *an einem Einblick in das Innere der Vorgänge* (z. B. des molekularen Geschehens) für „*desinteressiert*" erklärt. Als besonderer *Vorzug der Energetik* wird gerühmt, daß man nicht zu wissen brauche, „was in dem Kasten vor sich geht"; genug, daß man versichert sein kann, daß darin ein kaufmännisch reeller Münzwechsel oder Wertaustausch stattfindet, so daß man den gleichen Betrag heraus erhält, den man hineingesteckt hat. Daher OSTWALDS Hochschätzung der Thermodynamik und seine Geringschätzung der kinetischen Gastheorie samt Atomistik. „Du sollst dir kein Bildnis oder Gleichnis machen! Wir fragen nicht mehr nach Kräften, die wir nicht nachweisen können ..., sondern wir fragen, wenn wir einen Vorgang beurteilen wollen, nach der Art und Menge der ein- und austretenden Energie."

Lassen die Energiesätze die *genauere Art des Vorganges* unbestimmt, so sagen sie — mit Ausnahme gewisser mechanischer Gesetze (kinetische Energie) — auch über den *zeitlichen Verlauf der Prozesse* nichts oder nur wenig aus. Für den Ablauf chemischer Vorgänge gelten die Regeln der Reaktionskinetik; die Unbestimmtheit chemischer Reaktionsgeschwindigkeit wird aber im Einzelfall zu einer Bestimmtheit durch das Hinzukommen der *Katalyse als Reaktionsbeschleunigung*. Eine Vorausberechnung der absoluten Geschwindigkeit ist indes nach OSTWALD in keinem Falle möglich (108).

Die Merkmale, und zwar *Vorzüge wie Grenzen einer reinen Energetik*, werden von KURD LASSWITZ deutlich hervorgehoben: Auch ihm bedeutet Energie „den Begriff einer Größe, welche in allen Naturerscheinungen die physische Realität derselben darstellt. — Die Energetik ließ zunächst die Masse bestehen. Nunmehr vollzog W. OSTWALD den bedeutungsvollen Schritt, die Masse fallen zu lassen und durch die Einheit der Energie zu ersetzen. An Stelle des gr tritt das Erg $= 1$ gr Masse, das sich bewegt mit der Geschwindigkeit 1 cm/sec. — Substanz bedeutet nicht Materie, sondern das Beharrende in der Veränderung, und als solches ist allein die Energie anzusprechen. Energie bedeutet die Substanzialität des Gebildes. — Die Setzung des Raum-Zeit-Inhaltes, lediglich als Einheit einer Synthese betrachtet, heißt Energie. — Die Vermutung liegt nahe, daß in der Energetik diejenige Methode erreicht wurde, welche am besten den Anforderungen an eine Gesetzlichkeit der Erfahrung entspricht". Für die Energetik ist „das Grundelement *die mathematische Darstellung der Veränderung*"; zugleich gestattet sie aber Probleme zurückzuschieben, zu deren Lösung die Mittel vorerst nicht ausreichen. „Und vielleicht ist dies die einzig mögliche Form, in welcher Naturwissenschaft fortschreiten kann. — Der Vorzug der Energetik vor der mechanischen Physik zeigt sich darin, daß sie in den Energieformen ... *die* physischen Erscheinungsgebiete aufweist, auf welche die sinnliche Wahrnehmung zunächst zurückzuführen ist" (109).

Und doch bestehen nach LASSWITZ *Grenzen der energetischen Betrachtung* mit ihren „räumlichen Energiekonfigurationen"; *erstrebenswert ist es, Beziehungen zur Atomistik mit ihren methodisch bewährten Begriffen zu schaffen* (hier ist ein Einfluß von FECHNER in seiner „Atomenlehre" unverkennbar). „In der entschiedenen Herausarbeitung und Klärung bestimmter allgemeiner Prinzipien sehen wir die erkenntnistheoretische Bedeutung der modernen Energetik."

Das Verhältnis zur *Atomistik* ist vor allem der Punkt, an dem die zahlreichen *kritischen Stimmen* der Energetik gegenüber einsetzen: BOLTZMANN (Populäre Schriften 1905, S. 141), HERTZ, WUNDT (1907), E. v. HARTMANN, DRIESCH (ab 1904), ISRAEL, RIEHL, CASSIRER, RICKERT, PLANCK, SCHLICK, BURKAMP u. a. m. Die umfangreiche Polemik „Mechanistik gegen Energetik" hat heute im wesentlichen nur noch historische Bedeutung, doch sollen immerhin einige Grundzüge in Erinnerung gebracht werden: PLANCK hat (gegen MACH) geltend gemacht, daß die Existenz des Atoms ebenso sicher sei wie die des Mondes, indem man das Gewicht des einen wie des anderen bestimmen könne. „Das Dasein der Atome ist gegen jeden Zweifel gesichert" (H. v. LAUE).

Vielfach wird die *Hypostasierung* (Verdinglichung) des Energiebegriffes getadelt, die OSTWALD u. a. in höherem Maße als R. MAYER widerfahren sein soll. „Die Energie wurde oftmals zu absoluter Wesenheit gestempelt" (KOENIG). Dieser Vorwurf wiegt nicht schwer, solange — wie auch von OSTWALD meistenteils — als *wesentliches Moment energetischer Betrachtungsweise die Herstellung mathematischer Beziehungen* festgehalten wird. „Die Energie darf nicht hypostasiert werden, sie ist nur ein Maßbegriff" (E. v. HARTMANN). „Auch Energie ist eine bloße Maßgröße" (CASSIRER). Der gewichtigste Einwand aber ist: „Reine Energetik trägt dem Postulat der Anschaulichkeit keine Rechnung" (PLANCK) (110). Der scheinbare Vorzug, daß energetische Betrachtung nicht gehalten ist, ins „Innere" des Vorgangs einzudringen, wird zum Nachteil, und Erscheinungsgebiete wie organische Strukturchemie, Radioaktivität und Spektrallehre hätten sich unmöglich auf rein energetischer Grundlage so fruchttragend entwickeln können, wie dies tatsächlich geschehen ist. „Die Energetik gelangt nicht zu einer abschließenden Theorie der Körperwelt. — Eine empirische Wissenschaft kann niemals den Begriff von Dingen ganz entbehren. — Die energetische kann niemals die mechanische Naturauffassung ganz verdrängen." Extreme Energetik ist danach schließlich „eine spiritualistisch gefärbte metaphysische Dogmatik", eine „schlechte Philosophie" (RICKERT). „Das energetische Schema ist leer und wenig besagend" (DRIESCH), sozusagen eine Kurzschlußangelegenheit.

Auf solche spekulative Energetik, die schließlich aus Energie „ein metaphysisches Wesen" gemacht hat, bezieht sich der herbe Ausspruch von W. WIEN 1918: „Die Energetik hat auf die Entwicklung der Physik kaum einen Einfluß gewonnen. Sie hat mehr versprochen als sie halten konnte, und krankte von vornherein daran, daß sie sich mit den Ergebnissen der analytischen Mechanik nicht klar genug auseinandergesetzt hatte."

Anhangsweise seien noch einige *Seitenwege, Übertreibungen*, sowie auch *Verirrungen* der Energetik gestreift, für die ihre Hauptvertreter kaum verantwortlich sind, wenngleich einer von ihnen, W. OSTWALD, so manchen von jenen Spekulationen seine „Annalen der Naturphilosphie" als Herberge großzügig geöffnet hat.

Begriff der Ektropie. In gleicher Weise wie einst R. MAYER haben auch späterhin noch zahlreiche Forscher an der Ausdehnung des Entropiesatzes von CLAUSIUS und W. THOMSON mit seinen „nichtumkehrbaren Prozessen" auf das Universum Anstoß genommen. Insbesondere erschien jener Satz vielfach mit der *Tatsache des Lebens* unverträglich, dessen Entwicklung, Entfaltung und Steigerung einer „Zerstreuung" und „Entwertung" geradezu entgegenwirkt. So hat Auerbach (111) der Entropie (= Entwertung durch Angleichung, mit „lauer Wärme" als letztem Weltziel) den Begriff der *Ektropie* gegenübergestellt, der eine „Steigerung des Potentials", eine Tendenz zur Rückgängigmachung, ja zur Erhöhung in „finitiven Prozessen" darstellt. Pflanzen und Tiere sollen die Entropie vermindern, die Ektropie verstärken können. Leben als Entwicklung ist „ein ektropischer Prozeß". „Bestimmung der lebenden Substanz ist, das entropische Geschehen im Zaume zu halten oder gar zu überwinden." Oder: „Leben ist die Organisation, die sich die Welt geschaffen hat, zum Kampf gegen die Entwertung der Energie" (112).

Ist diese Ektropiebetrachtung aus dem berechtigten Streben entsprungen, dem Leben eine Sonderstellung auch in der Wissenschaft einzuräumen, so ist doch *der Weg als verfehlt* zu bezeichnen. Wenn es eine Art „Ektropie" gibt, so liegt diese nicht in der Nachbarschaft der „Energie", sondern auf einer höheren Ebene, und zwar nicht hinsichtlich der Erhaltungs-, sondern der Anstoß- und Führungskausalität. Hier hat R. Mayer den größeren Scharfsinn bewiesen, als er im Lebenden zwar die Gesetze der Energie gelten ließ, sie aber höheren „Regeln" des Lebens unterordnete und sich hierzu des *Auslösungsbegriffes* bediente (s. Abschnitt 21). Ähnlich wie einst R. Mayer dem herkömmlichen Begriff der „Lebenskraft" die Tatsache der Vernichtung des Lebens durch geringfügige Umstände entgegenhielt, so kann man hier fragen: Wo bliebe die „Ektropie", wenn plötzlich die große Kraftquelle der Sonne versagte? Der *Obergesetzlichkeit des Lebens* kann man nur mit Begriffen beikommen, die dem Auslösungs- und Veranlassungsbegriff nahe stehen, wie „Regulierung durch Wirkstoffe" und „Steuerung durch das Nervensystem", und die schließlich etwa im Begriff des Biofeldes oder der Entelechie gipfeln. *Rein energetisch* betrachtet, bleibt das irdische Leben ein großmütig gewährter Verzug in der Dissipation und Entwertung der Sonnenenergie; doch braucht kaum bemerkt zu werden, daß diese rein energetische Auffassungsweise nur einen Teilaspekt eröffnet.

„Die Wirkungen des Lebens hängen von dem Ungleichgewicht, d. h. von der verfügbaren Organisation, der verfügbaren freien Energie dieser Außenwelt ab: Ein Teil wird auf eine höhere Potentialstufe gehoben, gleichzeitig wird der Rest auf eine niedrigere gebracht. Betrachtet man das ganze System, Organismus-Außenwelt, so findet man keine Verletzung der thermodynamischen Gesetze. — Im Leben jedes Organismus mit seiner Umwelt sehen wir immer zweierlei Arten Prozesse, nämlich diejenigen, welche die freie Energie oder die Organisation vermehren, und diejenigen, welche sie vermindern: die ersteren können nicht ohne die letzteren zustande kommen. Diese Verkettung dürften wir wohl ‚Mechanismus' nennen, ohne ‚Mechanisten' (im groben Sinne) gescholten zu werden" (Donnan). Nach Pascual Jordan beruht der lebende Organismus „auf einer gesetzmäßigen Verteilung und Entfaltung freier Energie", auf „gesetzmäßiger Kopplung von Vorgängen mit Energieabfall und solchen entgegengesetzter Art". [Vergleich mit einem System von Uhren, die sich gegenseitig aufziehen (113).]

Mit der geistigen Haltung, die zur Schaffung des Ektropiebegriffes führte, hängt auch die weitere Tendenz zusammen, der Eigenart des seelisch-geistigen Lebens dadurch gerecht zu werden, daß man eine *psychische Energie als besondere Energieform den* MAYER*schen Formen ergänzend zur Seite stellt.* Dieser Weg ist ganz offenbar ein *Irrweg*, und zwar schon aus dem Grunde, da keinerlei Möglichkeit besteht, quantitative Äquivalenzbeziehungen der Transformation gegenüber den anerkannten physischen Energieformen zu ermitteln. Was man „psychische Energie" nennt (114), ist nicht nach Einheiten meßbar und steht zu den physischen Formen der Energie in keinerlei Umrechnungsverhältnis. Auch hier hat R. MAYER klarer gesehen, da er (im Anschluß an A. HIRN) *das seelisch-geistige Gebiet als ein höheres Gebiet* anerkannte, das die physischen Vorgänge überdeckt, und aus welchem ein Etwas steuernd, veranlassend und steigernd in die Verwicklung energetischer Gesetzlichkeiten ohne Beeinträchtigung dieser eingreift. Der Energiebegriff ist „auf psychisches Geschehen nicht anwendbar" (E. v. HARTMANN); die sog. „psychische Energie" ist der physikalischen Messung nicht zugänglich, mit physischen Energien nicht kommensurabel und darum ein für die Naturwissenschaft unbrauchbarer Begriff. „Das Psychische ist nicht eine Naturenergie" (EISLER). „Das Energiegesetz redet nur von physischen Dingen" (BUSSE). Auch von DRIESCH wird der Begriff „vitale Energie" „radikal abgelehnt". Er betont, daß Energie sich nur auf Quantitatives beziehe; das *richtende* Schaffen von *Ordnung* in einer Gesamtheit von Einzelnem „kann durch den Begriff der Energie nicht gedeckt werden". (Nach R. MAYER: „Der geistige Einfluß lenkt, aber er bewegt nicht.")

Wie verführerisch es indes sein mußte, den wissenschaftlichen Begriff „Energie", der ja aus einer Wandlung des ursprünglichen psychischen Energiebegriffes hervorgegangen ist, auf das psychische Gebiet zurückzuführen, zeigen die mannigfachen mehr oder minder deutlich ausgesprochenen Tendenzen, der *„psychischen Energie"* eine Stätte in der exakten Wissenschaft zu gewähren. OSTWALD selber ist nicht ganz frei von solchen Anwandlungen. Er will z. B. zeigen, daß „die beiden Grundbegriffe Energie und Entwicklung auch ausreichen, jene Gebiete des Seelenlebens zu erhellen, in denen wir die spezifisch menschlichen Leistungen sehen. — Die Tatsachen legen uns die Vermutung nahe, daß es sich bei den geistigen Vorgängen um die *Entstehung* und *Umwandlung* einer besonderen Energieart handelt, die wir, um von ihr reden zu können, vorläufig geistige Energie nennen wollen."

Weit schärfer ausgeprägt aber heißt es z. B. bei KRAINSKY: „Das Physische verwandelt sich in das Psychische und umgekehrt nach dem Gesetz der äquivalenten Verwandlungen." Die Unterordnung der Nerven- und der seelischen Prozesse unter das Gesetz der Erhaltung der Energie macht keine Schwierigkeiten. Die psychische Energie erscheint als äquivalentes Produkt der Verwandlung äußerer Reize. Potentielle Gedächtnisenergie geht in tätige psychische Energie über. Das Gebiet des Unbewußten = latente psychische Energie. Die Seelenenergie ist ewig der Weltenergie eingeordnet" (115). D. Fr. Strauss hatte schon gesagt: „Wenn unter gewissen Bedingungen Bewegung sich in Wärme verwandelt, warum sollte es nicht auch Bedingungen geben, unter denen sie sich in Empfindung verwandelt?"

In diesen Zusammenhang fällt ein Versuch von Lasswitz, *die Faktoren der „psychophysischen Energie"* zu ermitteln, wobei unter letzterer verstanden wird „derjenige Teil der Gehirnenergie, dessen Änderungen das physiologische Korrelat der psychischen Prozesse sind". Der Intensitätsfaktor, hier besser „Potential" genannt, entspricht der psychologischen *Empfindung;* der „Kapazitätsfaktor der psychophysischen Energie ist das physische Korrelat des *Gefühls"* = „*Empathie"* als eine mathematisch-physikalische Größe (analog Entropie, Elektrizitätsmenge, chemisches Äquivalent usw.). „Die psychophysische Energie des Zentralorgans ist gleich der Empathie mal dem Potential." Der absolute Wert der Empathie aber ist „nichts anderes als das Maß der *Aufmerksamkeit".* Alles in allem ein durchaus gekünsteltes, mit Analogien spielendes Begriffssystem, das von vornherein zur Unfruchtbarkeit verurteilt war!

Ähnlich spricht G. Helm (1895) von der psychophysischen Energie und ihren Faktoren, Rignano von nervöser Energie in substanziellem Sinne. Unzulänglich, ja irreführend sind Ausführungen Orthners über das Verhältnis von Leben zu „Energie" und „Entropie". Man soll zu der Annahme gezwungen sein, daß „die ab ovo vorhandene Kapazität des in der Zelle vorhandenen Energiereservoirs eine so bedeutende ist, daß damit während des ganzen Lebens das Auslangen gefunden wird". Ein ungeheures Quantum an potentieller Energie soll (als energetische Lebenskraft) dem Individuum mitgegeben sein. Sihle identifiziert Initiative mit „spontaner Energie", die sich umsetze in produktive Arbeit. „Bei allem Geschehen in uns, in all unserem Tun und Lassen, ist geistige und elektrodynamische Energie polar gekoppelt." Spekulative Energetik gibt auch Léemann in seinem „Chronoholismus" mit Ausführungen über „tridimensionale Energie".

Buttersack sieht im Diapsychikum ein „seelisches Kraftfeld" für alle Wesen, mit „Seelenstrahlen" usw. Die Grenzen der *Beobachtung* von „Äquivalenzen" sind überschritten, wenn es bei ihm heißt: „Die vom Einzelwesen ausgehenden seelischen Energien verlieren sich nicht in nichts, sondern gehen in irgendeiner Weise in andere — sichtbare oder unsichtbare — psychische Kombinationen ein." C. G. Jung kennt eine „Energetik der Seele".

Offenbar als Verirrung in unfruchtbare Spekulation muß es bezeichnet werden, wenn W. Fick das Leben hinstellt („ernstgemeint?") „als eine Funktion, deren erster Differentialquotient die Endoenergetik und dessen zweiter die einfache Energetik bildet. Der Gesamtverbrauch an psychischer Energie $q = a + m$ ist also gleich der Summe der (für die eigentlich schöpferische Leistung wertlosen) psychischen Entropie und der in die Leistung selbst transformierbaren psychischen Energie. Der Intensitätsfaktor der psychischen Energie ist der Wille. Es gibt eine „Transformation von vitaler in psychische Energie", die „an plasmatische Materie gebunden" ist. Die „Kapazität des Körpers für vitale und psychische Energie" schwankt mit der „Disposition". Der „Wille" aber nimmt nicht ab von der Geburt bis zum Tod. Ferner: $E = v \cdot f$ (voluntas mal fatigatio). Usw. in einer bunten Mischung von Pseudowissenschaft und dogmatisch-metaphysischen Ansätzen.

H. Jaeger betrachtet Lust und Unlust in energetischer Beleuchtung: Unbetontes Bewußtsein herrscht, wenn nur spezifische Energie einzelner Gehirnbezirke verbraucht wird; Lust, wenn dazu noch aufgespeicherte psychische Energie kommt; Unlust, „wenn auch noch Formenergie in Anspruch genommen wird". J. Waldapfel unterscheidet gar „physische, intellektuelle und moralische Energie", deren jede in einen Kapazitäts-

und einen Intensitätsfaktor zerfalle; durch Kombination der Elemente ergeben sich 64 verschiedene Energie-Individualitäten! Als mechanistisches Gegenstück eine Äußerung von 1937 (P. MOLDE): „Die Gedankentätigkeit kann als Schwingungen in der Ladungsdichte der Biolenoberflächen des Gehirns ohne Begleitung einer nennenswerten Stoffwechselerhöhung aufgefaßt werden."

Der durch R. MAYER überwundenen Auffassung der „*Lebenskraft*" als einer *Energiequelle* steht ein Ausspruch von HEIM nahe: „Die Lebenskraft des Vitalisten möchte ich nicht so beiseite schieben, wie es VERWORN tat. Ich stelle mir aber nicht irgendein mystisches Etwas wie Spiritus animalis u. dgl. vor, sondern eine mit Energie ausgestattete Sache, wie der Dampf in der Maschine." (Dagegen bei R. MAYER richtiger: „der Steuermann", S. 58) (116).

In dogmatischer Verfolgung des alten Gedankens der Dreiheit Leib-Seele-Geist (s. auch R. MAYERs Kategorien, S. 77) hat E. HAECKEL für die „Dreieinigkeit der Substanz" ein dreifaches Erhaltungsprinzip vertreten:
Konstanz der Materie — Erhaltung des Stoffes,
Konstanz der Energie — Erhaltung der Kraft,
Konstanz des Psychoms (= Empfindung) — Erhaltung der Fühlung.

Bis in ernsthafteste Wissenschaft hinein, zeigen sich *Neigungen zu spekulativer Energetik*. Nach MEUMANN haben die verschiedenen Gefühlszustände ihr Äquivalent in dem verschiedenen Vorrat potentieller Energie der Großhirnrinde. STUMPF ist geneigt, das Geistige als besondere Energieform anzusehen: dann wäre „die Summe der physischen und der psychischen Energie konstant". Ähnlich nimmt KÜLPE eine „Äquivalenz" zwischen den geistigen und den materiellen Prozessen an; demnach: „die Gesamtsumme der Energie des psychophysischen Universums ist konstant." Dagegen SIGWART: „Soviel ist zuzugeben, daß wir die psychischen Vorgänge nicht mit irgendeinem Maße so messen können, daß ein exaktes Kausalgesetz resultierte." Ferner BUSSE: „Die Seele ist nicht eine einen bestimmten, zahlenmäßig festzustellenden Arbeitswert repräsentierende Anhäufung psychischer Energie, sondern ein aus sich selbst lebendes und auch sich selbst schöpfendes, unter Umständen sich selbst potenzierendes Wesen." (Sämtlich in SIGWART-Festschrift 1900.) Schließlich RUBNER: „Völlig hypothetisch ist, daß im Zentralnervensystem unerschöpfliche Energievorräte vorhanden seien"; *energetisch* verfügt es nur „über beschränkte Arbeitsleistung".

In Anlehnung an JOHANNES MÜLLER ganz anders gemeinte „spezifische Sinnesenergien" (117) hat der Begriff besonderer „*Nervenenergie*", sowie „*Hirnenergie*", „*Lebensenergie*", *psychische Energie* im R. MAYERschen Sinne des *Arbeitswertes* sich bis in unsere Tage erhalten. So sind z. B. auch veranlassende und richtende Katalysatoren, Enzyme und Hormone mehrfach als besondere „Energiespender", als geheimnisvolle „Energiequellen", als „Zusammenballungen ungeheurer Energiemengen" aufgefaßt worden. Von den hohen Enden eines „Gradienten" soll „Energie" ausgehen, die sich in erhöhter Stoffwechseltätigkeit offenbare; Rückenmarkszentren sollen an Hirnganglien besondere „Kraft" abgeben. WM. McDOUGALL spricht von psychophysischer oder hormischer Energie.

Oder es wird (Rohracher) der Zustand der Nerven- und Hirnerregung als eine besondere Energieform, und zwar als „eine biologische Energie von höchster Feinheit und Variationsfähigkeit" hingestellt; usw.

Nach v. Uexküll hat Johannes Müller gezeigt, daß jedes lebende Gewebe neben der physikalischen Energie über „eine spezifische Lebensenergie" verfügt. „Die lebende Zelle besitzt eine spezifische Energie, die es ihr ermöglicht, jede an sie herantretende Wirkung mit einem Ichton zu beantworten. — Farben und Töne sind die spezifischen Energien (Ichtöne) jener bestimmten Großhirnzellen, die unter dem Einfluß des Auges bzw. Ohres stehen."

Als eine geistvolle Begriffsverflechtung von praktisch zweifelhaftem Wert ist es ferner anzusehen, wenn Adolf Meyer in seinem vielfach wertvollen und verdienstlichen holistischen System Begriffe wie „Energie" und „Entropie" aus allgemeinen biologischen Prinzipien ableitet und sie damit „verdünnt". „Physikalisch-chemische Energien sind Degenerationsprodukte der organisch-spezifischen Energien. — Entropie ist das was übrig bleibt, wenn *Entelechie* aus organischer in physikalische Wirklichkeit übertritt. — Kontingenzen können nur vom jeweils komplexeren Gebiet aus aufgeklärt werden." Der allgemeine organische Erhaltungssatz bezieht sich auf „spezifische organische Energie", die erhalten bleibt; spezifische Energie kann „aktiviert", d. h. aus Potenz zum Akt werden. „Die biologische Erkenntnis soll die spezifischen Energien der organischen Systeme erforschen" usw. — „Es ist eben die spezifische Energie einer Eizelle, z. B. des Seeigels, einen Seeigel hervorzubringen." Auf alle Fälle hat hier „Energie" (die auch „aktivierbar" sein soll) die unbestimmte Bedeutung „Richtungspotenz", nicht aber ist sie im üblichen physikalischen Sinne zu verstehen. Anfechtbar ist also auch der weitere Satz: „Dem physikalischen Prinzip von der Erhaltung der Energie entspricht das organische *Prinzip von der Erhaltung der spezifischen Energie,* und dem physikalischen Entropieprinzip entspricht das organische *Entelechieprinzip*"; es erscheint „als physikalischer Restbestand des Entelechieprinzips" (s. auch Berny, Anm. 111).

Auch eine „*geistige Energie*" im Sinne erhaltungsgemäßer quantitativer Beziehungen gibt es nicht. Geistesgestaltung kann wachsen, andererseits auch abnehmen und verschwinden, wie schon die persönliche Entwicklung des normalen Menschen zeigt. Für die Geistesgeschichte im ganzen mag zutreffen, daß (nach R. Mayer, S. 77) von dem Erhaltungssatze die „sterile" Hälfte: ex nihilo nihil fit, nicht mehr gilt, sondern nur die andere Hälfte: nihil fit ad nihilum!

Ganz allgemein gilt, daß, indem der Begriff der „Energie" bis ins Letzte verfolgt worden ist, sich auch seine Grenzen aufgezeigt haben, in gleicher Weise wie dies bei den Begriffen Materie, Atom, Kraft und Bewegung der Fall gewesen ist: „Der Stoff der Welt ist Geist-Stoff" (Eddington). Ferner: „Der Anfang des Mechanischen ist nicht mechanisch" (Lotze). So ist auch Energie letzthin nicht ein logischer Universalschlüssel oder gar ein „Ding an sich", auch nicht etwas dem Bewußtsein unmittelbar Gegebenes, sondern ein besonders wichtiger *Hilfsbegriff zur gedanklichen Beherrschung der Wirklichkeit* mit ihren Kausalverhältnissen, nach Lenard der „Hauptstoff, der Materie und Äther mitumfaßt".

Die Energetik alten Stiles war ein großangelegter Versuch, den Begriff der Energie zur Grundlage eines wissenschaftlich-weltanschaulichen Systems zu machen, unter Zurückstellung des bis dahin vorherrschenden Materiebegriffes. Der Versuch ist als verfrüht und verfehlt zu bezeichnen: verfrüht, weil noch die grundlegenden Erkenntnisse der Radioaktivität und der Atomphysik fehlten, die erst die quantitativen Beziehungen von Masse und Energie aufgedeckt haben; verfehlt deswegen, weil man — wenigstens in den Haupterscheinungen — ohne den *Atombegriff* auszukommen glaubte, der seine Fruchtbarkeit bereits genügend gezeigt hatte; so mußte, trotz des anzuerkennenden Anregungswertes, schließlich ein leerer Formalismus entstehen, der schon um 1900 wissenschaftlich vollkommen überwunden war. „Auch an der Grenze des Energiebegriffes liegen Antinomien" (RIEZLER).

34. Fortbildung des physikalischen Kausalbegriffes mit fortschreitender Synthese von Energetik und Mechanistik; Komplementarismen und Korrespondenzen.

Wie zahlreiche Forscher (z. B. HELMHOLTZ und PLANCK) sehr bald bemerkt haben, kann weder in einseitiger Energetik noch in einseitiger Mechanistik das Heil der physikalischen Wissenschaft liegen. Daß die reine Energetik an mangelnder Anschaulichkeit und darum an geringem Anregungswert für neue Fragestellungen krankt, dürfte keinem Zweifel mehr begegnen. Andererseits aber liegen auch die Schwächen einer weit vorgetriebenen Mechanistik deutlich vor Augen (118). Das gilt vor allem für die mannigfachen Formen *„potentieller Energie"* bzw. für deren Intensitätsfaktor: Wohl kann man die Kraft einer gespannten Feder, den Druck eines Gases und seine Zunahme mit steigender Temperatur, schließlich auch die fühlbare Wärme eines Gegenstandes mechanistisch exakt auflösen. Wie aber können und sollen wir uns ohne Gewaltsamkeit die potentielle Energie eines Systems andere Male „kinetisch" vorstellen, z. B. im Falle der Gravitation zwischen zwei „ungeladenen", und ebenso im Falle der magnetischen oder elektrischen Anziehungskraft oder Abstoßungskraft zwischen elektrisch oder magnetisch „geladenen" Körpern, wie ferner eine „Spannung" von 1 Million Volt, oder die latente chemische Energie eines Knallgasgemisches, sowie schließlich die zusammengeballte große „Eigenenergie" etwa eines einzigen Radiumatoms (s. S. 87)? Demgemäß werden ja atomare Energien vorwiegend mit *elektrischem* Maße (Volt, Elektronenvolt usw.) gemessen (119). Schon KRÖNIG hat betont, daß Spannkraft schwer zu definieren sei; am besten noch: „Spannkraft ist gewesene oder zukünftige lebendige Kraft". „Die potentielle Energie mußte erdacht werden, damit der Satz von der Erhaltung der Energie bestehen kann" (RIEZLER).

So nötigt die Macht der Tatsachen zu einer Art *Kombination oder Synthese des energetischen und des kinematischen oder mechanischen*

Bildes, wobei von vornherein wahrscheinlich ist, daß der energetischen (dynamischen) Kausalbetrachtung der Vorrang gebührt; diese, weil nur auf das *mathematische Symbol* angewiesen, kann stets einwandfrei gestaltet werden. Also scheint weiter zu gelten: ,,Sehe daher jeder, wie er es treibe! Wer die Anschaulichkeit festhält, gerät auf den Prozeß in infinitum; wer sie preisgibt, verläßt den sicheren Boden, auf welchem bisher alle Fortschritte unserer Wissenschaft erworben sind" (F. A. Lange).

Im einzelnen wogt ein Kampf zwischen energetischer und mechanistischer Auffassungsweise noch heute hin und her; zu welchen grundsätzlich bedeutsamen Folgerungen man aber hierbei gelangen kann, zeigt am besten Heisenbergs *Unsicherheitsrelation,* die besagt, daß es unmöglich sei, im gleichen Beobachtungsakt Ort und Impuls eines Elektrons genau zu bestimmen. Hier ist zu konstatieren eine ,,radikale Unvereinbarkeit zwischen der Auffassung eines stationären Zustandes, der durch einen genau bestimmten Energiewert charakterisiert wird, und der Beschreibung in Ausdrücken von Raum und Zeit" (L. de Broglie).

Über das Störende, ja Quälende eines derartigen Zwiespaltes, einer derartigen Antinomie hinwegzukommen, verhilft der *Begriff der ,,Analogie" und des ,,Figmentes",* der, auf *partieller Übereinstimmung* (= Ähnlichkeit) aufgebaut, vor allem dort zustatten kommt, wo *Bewegungen* eines Etwas nicht unmittelbar zu beobachten sind, also auf dem Gebiet des ,,Vakuums" als eines materielosen Kraftfeldes, sowie auf dem Gebiet atomarer und inneratomarer Vorgänge. In Optik, Elektrik und Magnetik, sowie in Atomphysik — also auch in Chemie —, d. h. überall da, wo die unmittelbare Anschauung versagt, kommt die Wissenschaft nicht aus ohne eine *Anschaulichkeit sekundärer oder abgeleiteter Art:* — — ,,weil daher die entferntesten und verborgensten Dinge vollkommen durch die Analogie mit dem Sichtbaren und Nahen erklärt werden" (Leibniz). ,,Wir beschreiben diese Phänomene mit Begriffen, die aus der Mechanik entlehnt sind, die wir aber nur bildlich verstehen dürfen, denn das Wesen der Erscheinungen ist eben mechanisch nicht faßbar" (Siebeck). Immer handelt es sich dann um Annahmen, die (nach R. Mayer) ,,weder bewiesen noch widerlegt werden können".

Clerk Maxwell ist wohl der erste Forscher, der für Erscheinungsgebiete, die sich den Sinnen nicht als Druck und Stoß von Masseteilen darstellen, eine Zurückführung auf Bewegung eines ,,Fluidums", eines Imponderabile als *Tatsache* ganz deutlich ablehnt und unterläßt und sich dafür bewußt und planvoll mit *Ähnlichkeiten oder Analogien* zu Massenbewegungen, insbesondere der Hydromechanik, begnügt. ,,Maxwell hat die Benutzung der Analogie mit Bewußtsein zu einer sehr geklärten physikalischen Methode entwickelt. Das Bild verbindet den Vorteil der Anschaulichkeit mit dem der begrifflichen Reinheit" [Mach (120)]. Weiterhin haben Helmholtz, Mach, Kirchhoff, Boltzmann, Planck u. a. von dem Analogieprinzip weitgehend und erfolgreich Gebrauch gemacht. H. Hertz dagegen hatte das Streben, ,,loszukommen von den bunten, von unserer Phantasie umgehängten Mäntelchen der Hypothesen".

Derartige Analogien gehen unter verschiedenen Namen: „Ausgeheckte Bilder, erschlichene Vorstellungen, regulative Prinzipien, symbolische Hypotyposen" (KANT), Versinnlichung, Vorstellungsbild, Fiktion im Sinne von VAIHINGER, Anschauungshilfe, Beziehungssymbol, Gedankensymbol, Verknüpfungsschema, Denkfigur (LOTZE), Verstandesvehikel, „Darstellungsform" (DINGLER), Ordnungsbild, Denkmittel, „dynamische Illustration" oder geometrisches Modell physikalischer Kräfte (MAXWELL), „mehr oder minder zweckmäßige Abbilder" (BOLTZMANN), „ökonomisch abkürzendes Symbol" (MACH), „bildbedingte Analyse" (ANDRÉ), „partielles Bild" (JEANS), „syntaktischer Vorschlag" (PH. FRANK), „Idealisierung" (L. DE BROGLIE), methodisches Prinzip als „Mythos" (KRIECK). Als Beispiel genüge hier ein Satz von POINCARÉ: „Wenn Energie auf einen Empfänger fällt, so wird sich dieser verhalten, *als ob* er von einem mechanischen Stoß getroffen würde" (s. auch S. 93).

Der logische Unterschied von „Hypothese" und „Fiktion" bzw. Figment wird nach LOTZE, VAIHINGER, DRIESCH zweckmäßig dahin formuliert: „Fiktion" ist „eine Annahme, welche bewußtermaßen außerhalb der Möglichkeit der Erfahrung liegt" oder die man „mit dem Bewußtsein der tatsächlichen Unmöglichkeit macht" (DRIESCH), mit „logisch nicht ganz einwandfreien Tatzen" (LOTZE). „Hypothese" aber ist „eine vermutende Ergänzung des positiv Gewußten" oder eine gedankliche Vorwegnahme eines empirisch zu gewinnenden (oder zu widerlegenden) Resultates. (W. OSTWALD gebraucht dafür das Wort „Protothese"; seine „Hypothesen"-Feindschaft richtet sich in Wahrheit gegen das „Figment"; s. dazu auch Wo. OSTWALD und BÜTSCHLI). Hieraus folgt: Eigentliche Hypothesen (OSTWALDs Protothesen) können durch neue Erfahrungen bewahrheitet und bestätigt, „verifiziert" werden (z. B. Kugelgestalt der Erde). Figmente dagegen können und sollen sich im Gebrauch durch ihre Leistungen — in Fragestellung wie Voraussagung — bewähren; sie sind lediglich „justifizierbar" (z. B. BOHRs Atommodell). Hypothese ist „ein antizipiertes Schema", Figment eine Art wertvolle „Illusion" (im Sinne von NIETZSCHE).

„Dem Streben nach Veranschaulichung scheint die Natur entgegenzukommen, indem heterogene Erscheinungen ähnlichen formalen Gesetzen folgen" (MAXWELL). „Einer bloßen Analogie kann man es nicht übelnehmen, wenn sie in einzelnen Punkten hinkt" (BOLTZMANN; s. auch S. 92).

Das Prinzip und der hohe Wert solcher *Veranschaulichung durch Figmente* wird am besten durch einen Satz von SCHOPENHAUER gekennzeichnet: „Statt die Wahrheit der Religionen als sensu allegorico zu bezeichnen, könnte man sie, wie eben auch die KANTsche Moraltheologie, Hypothesen zu praktischem Zwecke, oder hodegetische Schemata nennen, Regulative, nach Art der physikalischen Hypothesen von Strömungen der Elektrizität, zur Erklärung des Magnetismus, oder von Atomen zur Erklärung der chemischen Verbindungsproportionen usw., welche man sich hütet, als objektiv wahr festzustellen, jedoch davon Gebrauch macht, um die Erscheinungen in Verbindung zu setzen, da sie in Hinsicht auf das Resultat und das Experimentieren ungefähr das Selbe leisten, als die Wahrheit selbst. Sie sind Leitsterne für das Handeln und die subjektive Beruhigung beim Denken."

Sieht man genau zu, so liegt hier eine *Unzulänglichkeit des sinnlich beschränkten und sprachgebundenen Denkens* vor, dessen Begriffe fast durchweg eine *mechanistische Urbedeutung* haben. — Einerseits gilt (nach KANT): ,,Nur so viel sieht man vollständig ein, als man nach Begriffen selbst machen und zustande bringen kann." Oder (nach GOETHE): ,,Man begreift nur, was man selbst machen kann, und man faßt nur, was man selbst hervorbringen kann." Andererseits, in bezug auf die Mitteilbarkeit: ... ,,wie denn das Wesen unserer Sprache darin liegt, alles in Bildern auszudrücken, die der Sinneswirklichkeit entnommen sind, und es damit zu vergröbern" (FRIEDERICHS). Daher stammt der *Zwang einer Veranschaulichung von nicht unmittelbar Angeschautem und Anschaubarem*, daher aber auch die Tatsache des Bestehens einer Antinomistik, milder gesagt, eines *Komplementarismus* (BOHR), in bezug auf die Entwicklung physikalischer Theorien.

,,Bei zwei sich entgegengesetzten einander bekämpfenden Anschauungen oder Theorien enthält gewöhnlich jede der beiden einen gesunden, unvergänglichen Kern" (PLANCK). ,,Unter Umständen könnten zwei leistungsfähige, aber *miteinander unvereinbare* Theorien zugleich Anwendung finden" (ERICH BECHER). Es gibt nach BOHR ,,komplementäre Betrachtungsweisen, die in keinem logischen Widerspruch zueinander stehen und deren Kombination die uns allein mögliche Wirklichkeit darstellt" (DONNAN); ,,komplementäre Idealisierungen" nach L. DE BROGLIE. Hat es sich doch in kritischen Perioden der Physik ,,häufig als die fruchtbarste Art des Vorgehens erwiesen, den gefundenen Widerspruch zum Prinzip zu erheben" (HEISENBERG). — Bei DÜHRING heißt es: ,,Für die Philosophen sind die Grundvorstellungen der Mechanik vornehmlich nur Hilfsmittel und Schemata, durch deren Benutzung und Erläuterung sie auf weit allgemeinere Konzeptionen, z. B. auf diejenige der Kausalität ein bestimmteres Licht fallen lassen." Ferner HELM: ,,So steht die Energetik in jedem Sinne über den mechanischen Bildern; sie ist ihre Richterin. — Energie steht über den Formen, wie die platonische Idee über den Dingen. Die Energetik braucht die Bilder gar nicht zu bekämpfen, als ihr *feindlich*; denn in Wahrheit sind sie ihr untertan, wie selbständig sie sich auch gebärden."

Seit dem Beginn wissenschaftlichen Denkens hat sich ganz allgemein immer wieder ein *Zwiespalt kausalen Denkens* geltend gemacht, der in den verschiedensten Formen auftritt, ohne daß eine *restlose* Überwindung auf rein *empirischem* Wege möglich erscheint. Schematisch kann man jene Antinomien, Korrelationen, Korrolarien (nach SCHOPENHAUER) und Komplementarismen (,,fiktive Begriffspaare" nach VAIHINGER oder ,,gepaarte Symbole") in der *Betrachtung* von natürlichem Sein und Geschehen durch folgende Schlagworte andeuten:

Zahlordnung	Raumordnung
Abstrakter Begriff	Anschauung
Das Allgemeine (Universelle)	Das Einzelne
Das Ganze	Die Teile
Das System (Collectiv)	Das Individuum
Stetiges	Unstetiges, Diskretes
Kontinuum (Fluidum)	Partikel
Welle	Korpuskel
Kraft	Bewegung

Impuls	Ort
Dynamik	Mechanik als Kinematik
Energie	Materie
Zustand	Stoff
Feld	Quant
Psyche	Physis
Dualismus, Pluralismus	Unismus
Freiheit, Selbständigkeit	Notwendigkeit, Wechselwirkung
Erhaltung	Veränderung
Unendliches	Endliches

Im allgemeinen sind die je in der gleichen vertikalen Reihe angeordneten Begriffe mehr oder weniger „konvergent"; besonders *große* Probleme aber — und wissenschaftliche Erfolge! — treten zutage, wenn es gelingt, linksseitige und rechtsseitige Begriffe in exakte logische Beziehung zu setzen, wie Energie und Quant (PLANCK; für inneratomares Geschehen: HEISENBERGs Unbestimmtheitsrelation; s. S. 95).

Schon vor R. MAYER, noch mehr aber zu seinen Zeiten und späterhin, haben einzelne solcher *kausaler Komplementarismen* die Geister beschäftigt und beunruhigt.

Am gründlichsten war die Gegensätzlichkeit der undulatorischen und korpuskularen *Theorie des Lichtes* behandelt worden: HUYGENS gegen NEWTON, mit dem Erfolg, daß zu R. MAYERs Zeiten die Undulationstheorie scheinbar den endgültigen Sieg davongetragen hatte: Tatsächlichkeiten wie Polarisation, Interferenz und Beugung des Lichtes hatten, wie man meinte, die „Richtigkeit" der Wellenauffassung und die Unrichtigkeit der Emanationstheorie erwiesen (MALUS, TH. YOUNG, FRESNEL). War ja auch für R. MAYER trotz seiner vorsichtigen Haltung gegenüber „Hypothesen" die Wellennatur des Lichtes und der strahlenden Wärme eine ausgemachte Sache gewesen [S. 50 (121)]. Auch die *elektromagnetische Theorie des Lichtes* (MAXWELL) mit dem nachfolgenden Nachweis elektrischer Wellen (HERTZ) hat hier grundsätzlich nichts geändert; nur waren an Stelle mechanischer Schwingungen elektromagnetische Oszillationen getreten. Noch bei H. HERTZ heißt es: „Licht ist eine Wellenbewegung. Hieran ist kein Zweifel möglich. Die Wellentheorie des Lichtes ist menschlich gesprochen Gewißheit." Jedoch: „Die Experimente von LENARD in ihrer Deutung durch EINSTEIN ließen die alte NEWTONsche Theorie wieder aufleben, bei der der Lichtstrahl als Schwarm schnellfliegender Korpuskeln aufgefaßt wurde" (HEISENBERG). So gilt heute: Das Licht wirkt bei jedem Energieaustausch „als Geschoßhagel kleiner Lichtkörperchen" (ZIMMER), bei seiner Ausbreitung aber „als Wellenbewegung elektromagnetischer Kraftfelder". „Physikalisch besteht das Wesen des Lichtes gerade darin, daß es kein Ding ist, das sich fortpflanzt" (BRIDGMAN). „Die moderne Physik wird beherrscht von dem Dualismus: elektromagnetische Wellenstrahlung-Materie. — Das Licht ist weder eine Welle noch eine Korpuskel, sondern eine Angelegenheit eigener Art; es erscheint bald als Korpuskel, bald als Welle" (E. SCHNEIDER). Es gibt eine „Doppelspurigkeit des Lichtes" (GREINACHER); „ein Photonenschwarm hat viele Eigenschaften einer Welle" (JEANS); „zappelnde Wellenbündel".

In der *Thermik* hatten lange Zeit die Fluidumtheorie und die mechanische Theorie im Kampfe gestanden, wobei sich die Waage mehr und mehr zugunsten der *mechanischen Auffassung der fühlbaren Wärme* neigte (Sadi Carnot in seinen hinterlassenen Schriften, Clausius, Krönig u. a.). R. Mayer hatte *beide* Vorstellungsweisen als unerwiesene „Hypothesen" (besser „Figmente") abgelehnt (S. 52) und die Wärme einfach als besondere Energieform — gleichwie elektrische und magnetische Energie — aufgefaßt. Bei Th. Gross heißt es: „Zum Zweck der Rechnung mag man annehmen, daß die Wärme nicht nur aus Bewegung entsteht, sondern selbst eine Bewegung ist." Nach Mach aber wäre die Entdeckung, daß Wärme in Bewegung bestehe, „nie gemacht worden". (Siehe auch Anm. 66.)

Ähnlich war die Entwicklung hinsichtlich der *Theorie des „Stoffes"* gewesen: Gegenüber der *Kontinuumsidee,* wie sie noch Schopenhauer mit Leidenschaft vertrat, hatte sich aus den Resultaten und Bedürfnissen der Chemie eine empirische und theoretische *Atomistik* entwickelt; der ganze Aufbau der neueren Chemie hatte sich auf der Grundlage der atomistischen Lehre (nach Dalton und Berzelius) vollzogen, und selbst Philosophen wie Fechner und Wundt traten als Sachwalter und Verteidiger der Atomistik auf. Unterschiede der Auffassung bestanden in ernsthaften Forscherkreisen nur hinsichtlich der Frage, ob der Begriff Atom eine „Realität" oder nur eine nützliche Annahme oder „Fiktion" darstelle. R. Mayer und ähnlich später Mach, Wald, W. Ostwald (längere Zeit hindurch) haben die letztere Auffassung vertreten; und erst spätere Forschungsergebnisse (Perrin u. a.), insbesondere auch die ganze Aufdeckung der radioaktiven Vorgänge haben Fechners Satz voll gerechtfertigt: „Was ist wirklich? Dasjenige, was Erscheinungen wirkt und leistet; so sind Atome wirkliche Dinge" (122).

Schon früh war indes eine primitive Bauklötzchenvorstellung des Atoms preisgegeben worden; nach Boscovich, W. Weber und Fechner handelt es sich um *Kraftzentren* spezifischer Art; als solches Wirkungszentrum dehnt sich nach Faraday jedes einzelne Atom durch das ganze Sonnensystem, wenn nicht noch weiter aus. So gibt es eine Art „Ubiquität des Atoms"; „Kraftlinien sind vorhanden, als wären sie ein Teil von ihm". A. v. Oettingen: „Jeder Massenpunkt ist ein duales Weltganzes. — Ein Atom ist überall da (aktiv), wo es nicht ist (passiv)"; oder: „Jedes Atom ist überall im Weltall, und die ganze Welt in jedem Atom": eine Formulierung, die „widerspruchsvoll und doch richtig" ist. (Ähnlich auch Lenard.) W. Thomson redet von dem „nicht unnatürlichen Dogma" der alten Scholastiker: „Ein Körper kann da nicht wirken, wo er nicht ist." Dem Atom und seinen Bestandteilen kommen neben mechanischen Momenten (Drehimpuls) auch „magnetische Dipol- und elektrische Quadrupolmomente" zu (H. Jensen). Letzthin verlangt schon der Begriff der „W.W." eine gleichzeitige Geltung von Kontinuum und Korpuskel. Wie sollen einzelne Gebilde miteinander in Verkehr treten können, wenn sie nicht (nach Lotze) sämtlich in einem unendlichen Ganzen, in dem Alleinen des Wirkens eingeschlossen sind! (Vgl. Sennerts gestaltliche Atomlehre.)

Nach Krönig setzt der Potentialbegriff ein Kontinuum voraus, das aber mit Atomistik verträglich sei. „Es leuchtet ein, daß ein Atom unteilbar und allgegenwärtig ist, und daß ein leerer Raum nicht existiert. — Der Äther muß Masse und Gewicht haben."

Neben dem Atombegriff war in schwerem Ringen auch der Begriff des *Moleküls*, der Molekel (AVOGADRO 1811) als einer dem Atom übergeordneten *Ganzheit mit neuer Gesetzlichkeit* zu voller Klarheit erhoben worden (um 1860, CANNIZZARO u. a.); und die an die mechanische Wärmetheorie anschließende *kinetische Gastheorie* (123) hatte in fruchtbarster Weise, auch in chemischer Reaktionskinetik, den Atom- und Molekulargedanken weiterverfolgt. (Noch MACH hat die Molekulartheorie als „unnütz" verworfen; und bei HELM heißt es: „HORSTMANN hat die Energetik gegen den Übermut der Molekularhypothese verteidigt.")

Als eine Art Vorahnung künftiger Einsichten erscheint es, wenn FR. A. LANGE sagt: „Moleküle werden immer bekannter, Atome immer unsicherer. — Wenn hier Fortschritte erzielt sein werden, dann sind diese Bestandteile gewiß längst keine Atome mehr, sondern auch etwas Zusammengesetztes und Veränderliches. — *Atomistik* ist bewiesen, wenn man darunter nichts weiteres versteht, als daß unsere wissenschaftliche Naturerklärung in der Tat *diskrete Massenteilchen* voraussetzt, welche sich in einem wenigstens vergleichsweise leeren Raume bewegen."

In der *Elektrizitätslehre* hatte zunächst die Kontinuumsauffassung das Feld behauptet. Die einfach sinnliche Auffassung eines wirklichen „Fluidums" bzw. zweier polarer Fluida (noch bei W. WEBER) hatte sich allmählich, insbesondere auch in der *elektromagnetischen Theorie* der „Kraftlinien" von FARADAY und MAXWELL, zu einer rein dynamischen Auffassung umgestaltet, die alle mechanischen Vorstellungen (elektrische Spannung, Strom, Widerstand, Kraftlinien usw.) lediglich als *Bild und Anschauungshilfe* nahm. Allmählich hatte sich durch den Zwang der Beobachtungen eine *komplementäre Auffassung* entwickelt, indem man zu der Vorstellung einer Art „atomistischer Struktur" der Elektrizität, genauer zu der Annahme kleinster individueller Masseträger elektrischer Ladungen, also schließlich zum Begriff des „*Elektrons*" gelangte (S. 84). „Das Elektron ist das A und O der modernen Physik" (E. SCHNEIDER); schon dem Elektron wird potentielle und kinetische *Energie* zugeschrieben — daneben aber auch *mechanisches Gepräge*, bis zum Drehmoment oder Spin. Elektronen erscheinen bald als kleine geladene Körper mit bestimmter Bahn, bald bieten sie die Eigenschaften eines Wellenfeldes. Es zeigt sich, „daß das Bild, unter dem die letzten Bausteine erscheinen, abhängt von der Art, wie sie untersucht werden" (HEISENBERG).

In der *Strahlungslehre* haben um die Jahrhundertwende seltsame Widersprüche anerkannter Strahlungsgesetze (RAYLEIGH-JEANS und W. WIEN) mit thermodynamischen Folgerungen MAX PLANCK zu dem genialen Ausweg der *Quantentheorie* als einer „Atomistik der Energie" geführt (S. 84) (124), und diese hat zusammen mit der Entdeckung der Röntgenstrahlen, der Radioaktivität und anderen wichtigen Fortschritten zu einer überaus erfolgreichen neuen *Atomphysik und Feldphysik* geführt. In der ganzen Entwicklung aber hat sich die Voraussage erfüllt: „Je weiter die moderne Energetik dazu fortschreiten wird, ... Einheit der *Erkenntnis* herzustellen, um so mehr wird sie die Grundgedanken zum

Ausdruck bringen, welche bereits in der kinetischen Atomistik liegen, während letztere durch die Energetik eine fruchtbare Förderung erfahren dürfte" (K. Lasswitz).

Die von R. Mayer ab nicht wieder geschwundene Gegensätzlichkeit von eng mechanistischer und allgemein-energetischer Kausalik, nebst dem Streben nach ihrer Überwindung, tritt in unseren Tagen am deutlichsten auf dem Gebiet der *Atomphysik* und *Quantenlehre* zutage, mit ihren korrespondierenden Gestaltungen der *Quantenmechanik* (Heisenberg) und der *Wellenmechanik* (L. de Broglie, Schrödinger) (125). Maßgebende Bedeutung erlangt der *Dualismus von Korpuskel und Welle*, den L. de Broglie 1924 *für Energie wie für Materie* verkündet und der Jahrhunderte währendem Streit vorläufig ein Ende macht. Nach L. de Broglie wird jeder Art von Energie, auch derjenigen bewegter Elektronen und sogar derjenigen bewegter Atome, eine periodische „Welle", die sog. „Materiewelle" zugeordnet. Das Elektron kann „Wellen imitieren" und erlangt dadurch Beziehung zum Kontinuum. Elektronen erscheinen bald als kleine geladene Körper mit bestimmter Bahn, bald zeigen sie die Eigenschaften eines Wellenfeldes. Dem „Elektron" und dem „Photon" hat sich schließlich noch das „Magneton" zugesellt. „Schon in der Schrödinger-Gleichung sehen wir den Januskopf des Elektrons" (Sommerfeld). L. de Broglies Vorausberechnung der „Wellenlänge" des Elektrons fand ihre glänzende Bestätigung in Elektroneninterferenz und -beugung (Ramsauer; Davisson und Germer 1928, Atomstrahlen nach O. Stern). Man darf das materielle Teilchen gleichzeitig als kontinuierlichen Wellenvorgang auffassen; Korpuskel = Wellenpaket, von „Wahrscheinlichkeitswellen", entsprechend weiteren nur bildhaften Ausdrücken wie Wellenzug, Wellengruppe, Gruppengeschwindigkeit, Nadelstrahlung, mehrfach dimensionale Räume in nichteuklidischer Geometrie.

Bewährung und Bestätigung hat die neue physikalische Theorie vor allem in der Ergründung der *Höhenstrahlung* gefunden. „Elektronenschauer entstehen, indem das in die Materie eintretende Primärteilchen durch sukzessive Ausstrahl- und Paarbildungsprozesse seine Energie auf eine größere Zahl Elektronen verteilt" (Geiger). Kühne Voraussagungen wie diejenige des *Positrons* (Dirac), des Para-Wasserstoffs, des Deuteriums, des Neutrons, des Mesotrons wurden in überraschender Weise erfüllt. Eine *elektronische Theorie der chemischen Valenz und der chemischen Bindung* macht dauernd Fortschritte. Isotopie und Umwandlung chemischer Elemente — bis zu totaler „Zerplatzung schwerer Atomkerne wie derjenigen des Urans und Thors, nach O. Hahn, L. Meitner und Strassmann — haben das alte atomistische Bild vollkommen umgeformt.

In bezug auf den allgemeinen *Kausalbegriff* der Physik erscheinen folgende Momente besonders wichtig:

1. Der von R. Mayer schon als Problem empfundene Widerstreit von korpuskularer und feldmäßiger Auffassung, von mechanistischer und energetischer Theorie hat in seinen letzten Entwicklungen zu der Erkenntnis geführt, daß es sich sowohl bei „Materie" wie bei „Energie"

um *zwei verschiedene Aspekte desselben Sachverhaltes* handelt, deren jeder in seiner Weise Berechtigung und Gültigkeit hat: Zu den bisherigen unabweisbaren Komplementarismen, Doppelaspekten und Korrespondenzen ist in der Atomphysik die *Zweiheit Welle und Korpuskel* getreten.

Niels Bohr: „Die Kontinuität der Lichtfortpflanzung in Zeit und Raum einerseits, der atomare Charakter der Lichtwirkungen andererseits müssen als komplementäre Seiten einer und derselben Sache aufgefaßt werden." Heisenberg: „Die Bohrsche Komplementarität bildet ein prinzipiell ungeheuer wichtiges erstes Beispiel dafür, wie verschiedene Gruppen von Naturgesetzen gegeneinander abgegrenzt werden können in der Weise, daß sie ... doch nirgends in Widersprüche geraten. In der Wellenvorstellung bestehen Einschränkungen für die gleichzeitige genaue Kenntnis der Wellenfunktion in verschiedenen Raum-Zeitgebieten." Diese Unbestimmtheitsrelationen werden verständlich „durch die W.W. von Beobachter und Objekt. — So behandelt die Quantentheorie Vorgänge, die sozusagen nur in den Momenten der Beobachtung als raum-zeitliche·Phänomene aufleuchten und über die in der Zwischenzeit anschauliche physikalische Aussagen sinnlos sind". — Es zeigt sich, „daß das Bild, unter dem die letzten Bausteine erscheinen, abhängt von der Art, wie sie untersucht werden" und es ist „innerhalb gewisser Grenzen zulässig, die Materie anschaulich als kontinuierlichen Wellenvorgang aufzufassen". „Welle" und „Korpuskel" sind nur „Modellvorstellungen".

Schrödinger hatte an der neuen Atomtheorie innere Widersprüche empfunden, die „an den reinen unerbittlichen klaren Gedankenfolgen Boltzmanns gemessen wie kreischende Dissonanzen erklangen. — Die räumlich-zeitlich genau lokalisierte Welle sagt durch ihre räumlich-zeitliche Verteilung alles aus, was sich über Ort und Geschwindigkeit der Korpuskel überhaupt aussagen läßt. — Weder die Korpuskulartheorie noch die Wellentheorie vermag für sich allein den Tatsachen gerecht zu werden."

Das Auftreten ganzer Zahlen in der Quantentheorie, das „der klassischen Mechanik des materiellen Punktes unerklärlich" ist, hatte auf Wellen, auf Periodizität irgendwelcher Art hingewiesen. Darum hat L. de Broglie 1923, wie er sagt „als Erster den Gedanken entwickelt: Man muß annehmen, daß jede Korpuskel von einer bestimmten Welle begleitet und jede Welle mit der Bewegung einer oder mehrerer Korpuskeln verbunden ist. Wellen und Korpuskeln sind in der Natur stets eng verbunden, so muß die Bewegung jeder Korpuskel an die Fortpflanzung einer Welle gebunden sein. Diese Bindung muß angedeutet werden durch Beziehungen zwischen den mechanischen Größen, Energie und Bewegungsgrößen, welche die Bewegung der Korpuskel charakterisieren, und den charakteristischen Größen einer Welle Frequenz und Wellenlänge: $\lambda = \dfrac{h}{m\,v}$. Es scheint endgültig festgestellt zu sein, daß Materie und Strahlung beide einen wellenförmigen und einen korpuskularen Aspekt besitzen"; anders gesagt, „daß es sowohl in der Theorie der Materie wie in der Strahlentheorie unbedingt notwendig ist, gleichzeitig Korpuskeln und Wellen anzunehmen, um eine einheitliche Theorie zu erhalten".

Hopf: „Vom Verstehen wird immer weniger verlangt. Jedes einfache Bild, das wir von physischen Erscheinungen entwerfen möchten, bleibt in seiner Anwendbarkeit beschränkt. Der elementare Vorgang in der Natur ist Feld und Korpuskel in einem. Es bleibt ein für die Anschauung nicht erfaßbarer Dualismus Welle und Korpuskel." Dabei gilt nach P. Jordan „Welle" als „Konstruktion, die sich der Mathematiker in Räumen von mehr als drei Dimensionen veranschaulichen kann". Jeans spricht von einem aufgenötigten Verzicht auf genaue raumzeitliche Beschreibungen: „Wir sind immer noch gezwungen, die Natur in Ausdrücken der beiden partiellen Bilder zu beschreiben, von denen das der Wellen unvorstellbar und das der Teilchen ungenau ist." Nach Zimmer ist Quantenphysik „eine abstrakte Begriffsbildung, in der so elementare Begriffe wie Ort und Geschwindigkeit eines Körpers nur noch beschränkte Gültigkeit haben und durch die Vorstellung einer ‚Welle' ergänzt werden, die selber nur Gedankengebilde ist". — Burkamp: „Der elektromagnetische Feldzustand wie die Materie" sind beide „sowohl diskontinuierlich korpuskulare wie auch kontinuierlich sich wandelnde Größen". Jedoch: „Es scheint im Wesen unseres Verstandes zu liegen, daß er nicht die Kontinuität, als eine Eigenschaft der physikalischen Gegenstände, begreift" (Bridgman).

2. Es ist fast allgemein anerkannt, daß der *energetisch-dynamischen Auffassung der Vorrang vor der anschaulich-mechanistischen Auffassung gebührt*, und daß insbesondere für das materiefreie Wirkfeld wie für das „Atominnere", das subatomare Wirkfeld, der „Mechanismus" nur Figment ist. Schon Lotze hatte betont, man erkenne, „wie ausnahmslos universell die Ausdehnung und zugleich wie völlig untergeordnet die Bedeutung der Sendung ist, welche der Mechanismus in dem Baue der Welt zu erfüllen hat".

Für das *Atom* mit seiner Elektronenhülle gilt heute, daß der Begriff „Elektronenzustand" an Stelle der „Elektronenbahn" getreten ist, die ihren strengen „klassischen" Sinn verloren hat. Heisenberg leistete Verzicht auf anschauliche Beschreibung der Elektronenbewegung und begnügte sich mit algebraischen Beziehungen: „Das unteilbare Elementarteilchen der modernen Physik besitzt die Qualität der Raumerfüllung nicht in höherem Maße als die anderen Eigenschaften, wie etwa Farbe und Festigkeit. Es ist seinem Wesen nach nicht ein materielles Gebilde in Raum und Zeit, sondern gewissermaßen nur ein Symbol, bei dessen Einführung die Naturgesetze eine besonders einfache Gestalt annehmen. — Die Atome sind nicht mehr körperliche Gebilde im eigentlichen Sinn. — Die Existenz unteilbarer Bausteine der Materie konnte nur unter Verzicht auf anschauliche Deutung verstanden werden."

„Wir dürfen auf die Atome nicht unsere gewöhnliche Mechanik anwenden." Das Elektron erscheint als „eine über den ganzen Raum mit verschiedener Dichte verteilte Ladungswolke" (A. Bauer). „Das Elektron kann nicht mehr als einfaches Elektrizitätskörnchen aufgefaßt werden; man muß eine Welle mit ihm verbinden, und diese Welle ist kein Phantasma." Die neue Theorie war nur möglich „um den Preis einer gewissen Verzichtleistung auf klare Bilder und auf den vollkommenen Determinismus der klassischen Theorie. — Wenn man die Bewegung von Massepartikeln im Innern eines Atomes studieren will, verliert die alte Mechanik ihren Wert" (L. de Broglie). „An Stelle des streng lokalisierten, mit einem exakt bestimmbaren Impuls behafteten Massenpunktes ist die ψ-Funktion der Quantenmechanik getreten" [Burkamp (126)]. „Die ganze alte Newtonsche Mechanik stürzt zusammen ... so kann auch die landläufige Vorstellung von der Materie nicht zu halten sein" (G. Mie).

Das Elektron wird nunmehr vorgestellt „nicht mehr als eine rotierende punktförmige Ladung, sondern als eine Art ‚Wolke', die das Atom umhüllt und die mathematisch durch die Eigenfunktion ψ beschrieben wird mit der Form einer Schwingungsgleichung. — Einem Elektron von bestimmter Geschwindigkeit entspricht eine einfache periodische Materiewelle" (Planck). „Die Bausteine des Atoms sind nicht *Körper* im Sinne der Körper der großen sichtbaren Welt. Sie sind vielmehr etwas seltsam Anderes: Körper nur insofern sie Energie aufnehmen und abgeben können; nicht aber läßt sich die Bewegung verfolgen in Raum und Zeit" (ZIMMER). „Es ist, wie wenn sich Körper materiell bewegten" (HOPF). „Durch die neuen Entwicklungen in der Physik ist der Glaube an raumzeitlich eindeutig bestimmte Dinge und Vorgänge an ihnen — am reinsten ausgeprägt in der Mechanik der körperhaft gedachten Atome — von Grund auf erschüttert worden" [E. MALLY (126)].

Große Bedeutung hat NIELS BOHRs „Korrespondenzprinzip" erlangt, das die Harmonisierung von Quantenmechanik und klassischer Mechanik (als Grenzfall) erstrebt. Es kann also von einer „vollen Aufhebung" der klassischen Mechanik in keiner Weise die Rede sein, nur ist ihre Bedeutung sekundär und oftmals fiktiv (in einer „anschaulichen" Quantenmechanik). So regeln z. B. nach BOTHE und GEIGER die Gesetze der Erhaltung von Energie *und Impuls* in jedem Einzelfall den Zusammenstoß zwischen einem Lichtquant und einem Elektron. Und weiter: die Elektronen eines Zwillingspaares besitzen zusammen eine kinetische Energie, „die gleich ist der Summe der Energie des erzeugenden γ-Quants, vermindert um den zur Erzeugung des Zwillings verbrauchten Betrag"; damit ist dem Energiesatz wie dem Impulssatz Rechnung getragen (s. auch S. 92).

Als Beispiel dafür, daß *energetische und (in deren Dienst und zur Ergänzung) kinetisch-mechanistische Betrachtungs- und Darstellungsweise mit ihren Symbolen und Figmenten in heutiger Physik auf das engste verwoben* sind, mag es gelten, wenn in einem einzigen kurzen Aufsatze (BOTHE) freundnachbarlich nebeneinander die Worte vorkommen: Kaskadentheorie der „Schauer" der Höhenstrahlung, Bremsphotonen, „harte" Strahlung, Impuls, Ionisierungsdichte, Reichweite, energiereiche und energiearme Mesotronen, Stoßelektronen, Schauerstrahlen, Wirkungsquerschnitt, Kernstoß, Explosionsschauer, Kernverdampfung, Elektronenvolt, Milliarden-Volt-Physik der Höhenstrahlung usw. (127).

3. Überall da, wo das räumlich-sinnliche Bild mit seiner Anschaulichkeit versagt, bleibt doch die von R. MAYER verfochtene *Herrschaft des mathematischen Symbols* unbestritten bestehen. „Die neue Theorie ist rein mathematisch und läßt verschiedene physikalische Deutungen zu" (JEANS). Das Atom an sich ist symbolisiert durch „eine partielle Differentialgleichung in einem abstrakten vieldimensionalen Raume" (MOHLER). NIELS BOHR schlug schon 1925 vor, von „mechanischen Bildern in Raum und Zeit" für das atomare Gebiet ganz abzusehen: „Es handelt sich um ein tiefgehendes Versagen der raumzeitlichen Bilder, mit denen man bisher die Natur zu beschreiben suchte." Ähnlich ZIMMER: „Die Vorgänge der Atomhülle sind nicht widerspruchsfrei faßbar mit den Begriffen, die uns die Anschauung der großen Welt geliefert hat: letzte mathematische Ordnungsschemata, die der Mathematiker in der Gruppentheorie studiert." Demgemäß weiter: „Wir glauben, daß die Quantentheorie eine unübersteigbare Schranke aufrichtet, jenseit deren die genaue raumzeitliche Beschreibung illusorisch wird" (SOMMERFELD). „Die Physik wird in den leeren Raum der reinen Mathematik versetzt. — Vorläufig bleibt es dabei, daß eine widerspruchsfreie Darstellung der physikalischen Experimente nur mit Hilfe der Flucht in den Himmel der mathematischen Logik gelingt" (KONEN). Gibt es doch eine „prästabilierte Harmonie

zwischen Mathematik und Physik" (Minkowski), sowie eine „sinngebende Kraft mathematischer Strukturen" (Heisenberg). „Es ist sehr wahrscheinlich, daß in der Natur auch eine wunderbare Zahlenmystik stattfinde" (Novalis).

4. Schließlich kann alle physikalische und chemische Kausalforschung nur auf *die Ordnungsform der Natur* gehen, ohne deren „*Inhalt*" irgendwie erfassen zu können. Damit aber ist der „grobschlächtige Materialismus und Mechanismus" der Vergangenheit (nach Kottje) von der Wissenschaft selber endgültig überwunden und die Brücke zu einem *Idealismus* geschlagen, den alle wahrhaft großen Forscher von jeher im Grunde des Herzens beherbergt haben — wenn er auch vielfach nur in feiertäglichen Stunden zum Vorschein gekommen ist. Schon von Männern wie R. Mayer, Helmholtz, Mach, Boltzmann u. a. ist betont worden, daß die *letzten und höchsten „Gesetzmäßigkeiten" der Physik und Chemie ein reines „Beziehungstum" darstellen*, das formal adäquat durch das mathematische Symbol — vielmals rein statistischer, kollektiver Art — wiedergegeben werden kann, während *der qualitative Inhalt sich jedem Er-greifen und Be-greifen, entzieht*. A. Riehl: „Von allem, was nicht wir selbst für uns selbst sind, können wir nur formale Erfahrungen gewinnen, welche adäquat sind" (s. Abschnitt 47).

„Es scheint mir, als ob das Grundgesetz der Natur nicht mehr die räumlichen Beziehungen der Materien enthalten, sondern nur mehr eine Abhängigkeit zwischen den Zuständen der Materie aussprechen dürfte" (Mach). „Es existiert kein Absolutes, nur Beziehungen sind unserer Erkenntnis zugänglich: quantitative Beziehungen zwischen Naturerscheinungen" (Helm; ähnlich schon R. Mayer S. 54). „Erklären heißt, tatsächliche natürliche Zusammenhänge aufweisen" (W. Ostwald). „Der Gipfel der physikalischen Erkenntnis ist das Erkennen aller Zusammenhänge" [Gerlach].

Weiterhin Heisenberg: „Fast jeder Fortschritt der Wissenschaft ist mit einem Verzicht erkauft worden. Mit jeder großen Entdeckung werden die Ansprüche des Naturforschers auf ein Verstehen der Welt im ursprünglichen Sinne immer geringer. — Ein Verstehen erster Art ist für die Welt der Atome unmöglich." Planck spricht von „fortschreitender Entanthropomorphisierung und Entsinnlichung", P. Jordan von erzwungener „Inhaltsverarmung". Westphal: „Es ist schon eines der wichtigsten Erkenntnisse unseres Jahrhunderts, daß das, was wir die objektive Wirklichkeit hinter den Erscheinungen nennen, nicht so beschaffen ist, daß es durch ein mechanisches Weltbild beschrieben werden könnte. In mathematischen Gesetzen ist der Wahrheitsgehalt der Physik enthalten." Jeans: Es ist „ein anthropomorpher Irrtum", wenn der Mensch glaubt, „die Wirkungsweise der Natur mittels einer Analogie zu dem Spiel seiner eigenen Muskeln und Sehnen begreifen zu können. Das mechanische Universum, in welchem die Gegenstände einander stießen und pufften, wie Fußballspieler im Kampf um den Ball, hat sich als eine ebensolche Täuschung erwiesen wie das animistische, in welchem Götter und Göttinnen die Dinge nach ihren persönlichen Launen und Einfällen herumschoben".

Sommerfeld: „Wir sehen immer klarer, daß die allgemeinste mathematische Formulierung zugleich die physikalisch fruchtbarste ist. — Manch einer beklagt, daß die moderne Physik von abstrakter Mathematik beherrscht wird und daß die Anschaulichkeit dabei verlorengeht." Hier aber gilt,

„daß die Natur sich nicht um unsere mathematische Unbegabtheit kümmert". Anschauliche Äthermodelle waren einst „die Vorliebe Lord KELVINs. Niemand kümmert sich heute mehr um diese. Aber jedermann kennt und braucht das sog. abstrakte Schema der MAXWELLschen Gleichungen" (128).

So bildet das „physikalische Weltbild" der heutigen Physik nur *ein abstraktes Schema der wirklichen Welt* (nach PLANCK, EDDINGTON u. a.), ist aber eben darum einerseits das beste Instrument für eine tätige *Beherrschung* der Natur, und es läßt andererseits jeder *Auslegung* der wirklichen Welt vollkommene Freiheit (129). „Die klassische Physik macht einen künstlichen Schnitt zwischen einem Teil der objektiven Welt, der äußeren Wirklichkeit — und dem Subjekt. Die Quantenphysik zeigt den künstlichen Charakter eines solchen Schnittes" (L. DE BROGLIE).

Schon OKEN hatte einst verkündet: „Keine Tätigkeit ohne Materie, aber auch keine Materie ohne Tätigkeit, beide sind eines ... Es gibt keine tote Materie; sie ist durch ihr Sein lebendig, durch das Ewige in ihr." Nach NOVALIS ist „Tätigkeit die einzige Realität". „Ruhendes Sein ist immer ein Geschehen" (LOTZE). „Demgemäß besteht das ganze Wesen der Materie im *Wirken*: nur durch diese erfüllt sie den Raum und beharrt in der Zeit, sie ist durch und durch lauter Kausalität. Mithin wo gewirkt wird, ist Materie, und das Materielle ist das Wirkende überhaupt" (SCHOPENHAUER). Wenn Materie nur durch ihre Wirkungen „erscheint", ja schließlich in energetischen Wirkungen aufgehen kann, so muß sie selber im tiefsten Grunde Energie, d. h. Arbeitsfähigkeit sein. So behält OSTWALDs Energetik letzthin doch Recht, nur in einem weit komplizierteren und tieferen Sinne, als vor Jahrzehnten gedacht werden konnte. „Die Feldtheorie der modernen Physik hat eine dynamische Auffassung statt der substantiellen" (HELL). „Es ist nicht, sondern es geschieht" (BAVINK). „Es gibt keine Dinge, es gibt nur Handlungen" (BERGSON). „Ruhendes Sein ist immer ein Geschehen" (LOTZE). Bei allem aber, was Atome und Elektronen tun, ist das energetische Kontinuum, das stofflose Wirkfeld, untrennbar beteiligt.

Nach wie vor nimmt der *Energiebegriff* in der Reihe grundlegender physikalischer Begriffe (Masse, Strecke, Zeit, Ladung, Geschwindigkeit, Impuls, Kraft usw.) seine *dominierende Stellung* ein; und wenn es auch nicht zutrifft, daß „Energie" in der Wahrnehmung unmittelbar gegeben sei (s. Anm. 109), so gilt doch, daß er für physikalisches Kausaldenken der Gegenwart und der Zukunft der *Zentralbegriff* ist. Schon Männer wie BOLTZMANN, PLANCK, TAMMANN, NERNST haben in ihrer Verbindung von Energetik und Atomistik, Thermodynamik und Kinetik (Mechanik) den Weg beschritten, der von physikalischer und chemischer Forschung auch in Zukunft nicht verlassen werden wird.

35. Wie weit wird Erhaltung von Materie und Energie als oberstes Kausalschema der Physik anerkannt?

Wie wir gesehen haben, hat der LEIBNIZ-MAYERsche Gedanke der Dynamis, der wirkenden Energie mehr und mehr das ganze Gebäude der Physik, ja der gesamten Naturwissenschaften erfüllt, wobei jedoch das mechanische Bild sein wichtiges Amt der Veranschaulichung dauernd beibehält. Durch ihren Erhaltungs- oder Unzerstörbarkeitscharakter rückt die Energie in die Nähe der materiellen *Substanz*, sie wird gewissermaßen eine zweite — ja letzthin sogar die beherrschende — Substanz. Es liegt dann nahe, mit Schopenhauer zu sagen: Kraft (Energie) = Substanz = Kausalität (= Wille). „Das Gesetz der Kausalität ist wesentlich verbunden mit dem der Beharrlichkeit der Substanz: Beide erhalten voneinander wechselseitige Bedeutung." (Welt als Wille und Vorstellung I. § 26.) Den „Grundsatz der Beharrlichkeit der Substanz" stellt Schopenhauer „als ein Korollarium des Kausalitätsgesetzes auf" (Satz vom Grunde 1847, § 20).

Wenn *energetisches Denken* in der Naturwissenschaft durchaus maßgebend geworden ist, so ist hiermit doch noch nicht gesagt, daß im Wissenschaftsbetrieb der Energiesatz nach dem Vorgange von R. Mayer allgemein auch *als oberster Kausalsatz* aufgefaßt wird. Vielmehr zeigt sich hier ein seltsamer Widerstreit: In der empirischen Forschung erkennt man fast ausnahmslos die Dynamik als der Mechanik übergeordnet an. Sobald es aber an erkenntnistheoretische Durchdringung geht, macht der Mechanismus gern seine älteren Rechte geltend, so daß *nur zu oft eine Gültigkeit der Gesetze klassischer Mechanik als Erfordernis für die Zubilligung kausalen Verhaltens postuliert* wird, während die bloße Erfüllung des Energiesatzes hierfür nicht ausreichend erscheint. Wie hätte es auch sonst geschehen können, daß man ein gewisses Versagen gewohnter mechanistischer Gesetzmäßigkeiten im atomaren Gebiet als „Akausalität" schlechthin — und nicht nur als „Amechanität" proklamierte! (s. hierzu Abschnitt 41).

Immerhin ist sowohl das *philosophische wie auch das wissenschaftliche Schrifttum reich an Anerkennungen des Energieprinzips, nicht nur als eines Leitfadens der Forschung, sondern auch als eines obersten Kausalbegriffes.* Schon Helmholtz pflegte den physikalischen Kausalbegriff dem Energieprinzip, genauer dem Erhaltungsprinzip nahe zu bringen: „Ursache ist das hinter dem Wechsel unveränderlich Bleibende oder Seiende, nämlich der Stoff und das Gesetz seines Wirkens, die Kraft. — Nur in diesem Sinne ist meiner Meinung nach die Anwendung des Wortes gerechtfertigt, wenn auch der gemeine Sprachgebrauch es in sehr verwaschener Weise überhaupt für das Antezedens oder die Veranlassung anwendet. Die Kausalität geht immer nur gleichsam auf die Substanz, deren Erhaltung gesichert wird. *Kausalgesetz* ist das regulative Prinzip, das uns treibt, ein letztes Unveränderliches als Ursache der beobachteten Veränderungen zu postulieren" (s. auch Anm. 97). Es gibt „scheinbare Substanzen und bleibende Bewegungen" (1894).

Ähnlich wie zuvor schon Herbart haben weiter H. Spencer, W. Hamilton, Trendelenburg u. a. das „Kausalaxiom" in engste *Beziehung zum Erhaltungsgedanken,* zum Prinzip der Identität und der Äquivalenz gebracht. Nach Hamilton (um 1860) besagt das Kausalgesetz: „daß Alles, was wir in einer scheinbar neuen Form entstehen sehen, vordem in einer anderen Form existierte. — Ursachen fahren in ihren Wirkungen fort zu bestehen. Wir müssen alles Geschehen auf die Veränderung eines Identischen beziehen." Hierzu WINDELBAND: „Das Prinzip der Erhaltung der Energie ist die für die jetzige physikalische Theorie als allein brauchbar anerkannte Form, die das Kausalitätsaxiom durch R. MAYER, JOULE und HELMHOTZ gefunden hat."

Bei TH. GROSS heißt es: „Die Ursache ist der Wirkung äquivalent, oder bei geeigneter Wahl der Einheiten, vom Vorzeichen abgesehen, gleich; *causa aequat effectum.* Oder wie man auch sagen kann, die Ursache verwandelt sich in die Wirkung. — Wir definieren Energie als die Änderung jeder Zustandsgattung, die zu einer Änderung mechanischer lebendiger Kraft in ein Kausalverhältnis treten kann. — Für R. MAYER ist Erhaltung der Energie nicht bloß eine mathematische Formel oder ein regulatives Prinzip, das das Wirken der Natur bestimmt; sondern sie ist die reale Kausalität in der Natur, das Wirken der Natur selbst. — Wenn wir erkennen, daß die kausal miteinander verbundenen Erscheinungen in einem konstanten Größenverhältnisse zueinander stehen, so vermögen wir die Ursache eines gegebenen Vorganges zu begreifen, und so das Kausalgesetz für die Naturerkenntnis wirklich nutzbar zu machen, während es früher in ihr eine zwar hochgeehrte, im Grunde aber ganz einflußlose Stellung einnahm." MACH: „Der Satz vom ausgeschlossenen *perpetuum mobile* ist bloß eine besondere Form des Kausalgesetzes."

WEYRAUCH: „Durch eine gewisse lebendige Kraft kann eine gleich große Arbeit geleistet werden, so daß wir in lebendiger Kraft eine *Ursache von Arbeit* haben. — Wenn ein Körper sich infolge Wärmezufuhr ausdehnt und dabei den Luftdruck überwindet oder einen Kolben bewegt, so erkennen wir in der Wärme eine zweite Ursache von Arbeit. Auch bei elektrischen, magnetischen, chemischen und optischen Vorgängen sehen wir Kräfte überwinden oder Arbeit leisten. *Alle Ursachen von mechanischer Arbeit nennt man Energie,* und beurteilt den Wert nach ihrer Wirkung, so daß die Energie in Arbeitseinheiten, z. B. in mkg gemessen werden kann. — Das Energieprinzip verlangt, daß jeder als Arbeitsäquivalent aufgefaßten Ursache eine quantitativ gleiche Wirkung entspreche." E. DU BOIS-REYMOND: „Die Wirkungen sind den Ursachen proportional." (Jedoch andererseits: „Die Kraft ist für uns nur das Maß, nicht die Ursache der Bewegung.") W. OSTWALD führt an (1895) „das in Gestalt des Energieprinzips gebrachte Kausalgesetz, das das schließliche Ergebnis des Vorganges in unverbrüchlicher Weise regelt" [wobei aber die *Zeit* ganz unabhängig von diesem Prinzip bleibe (Abh. u. Vortr. S. 68)]. Nach H. DRIESCH (1904) ist das Energiegesetz „der Satz von der Erhaltung des Ursächlichkeitsbetrages. — Der Satz von der Energiekonstanz eines geschlossenen Systems ist der kollektivistische Ausdruck empirischer Kausalität". WUNDT bezeichnet als Musterbeispiel einer Kausalverbindung die Gleichung zwischen „Arbeit" und „lebendiger Kraft". „Ursache ist stets diejenige Bedingung, die über Beschaffenheit und Größe der Wirkung Rechenschaft gibt." MAUTHNER sieht („Wörterbuch der Philosophie" 1910) in den energetischen Beziehungen „die Kategorie der Kausalität", „die Relation zwischen Ursache und Wirkung". HAAS: „In dem Satze von der Erhaltung der Kraft findet schließlich auch die Kausalitätsidee, auf den Zusammenhang zwischen allem Vergehen und Entstehen in der Natur angewandt, ihren bestimmtesten und schärfsten Ausdruck" (130).

HELM: „Wenn Veränderungen eintreten, so besteht doch zwischen ihnen *diese* bestimmte mathematische Beziehung — das ist die Formel der Energetik, und gewißlich ist das auch die einzige Formel aller wahren Naturerkenntnis. Was darüber hinausgeht, ist Fiktion. — R. Mayer hat ... eine neue Anschauung vom Naturlauf, vom Wesen der Kraft, der Kausalität begründet." Nach Heim ist es bei Wirkungen der Schwerkraft „die Erde, welche auf den Körper Arbeit leistet und ihn zu ihrem Mittelpunkte hin bewegt". Desgleichen sind die arbeitenden Muskeln mit ihrer kinetischen Energie die „alleinige Ursache" der Ortsveränderung des Körpers als Wirkung. „Das Samenkorn verrichtet Arbeit auf die umliegenden Nährstoffe" usw. „Was wir Vorgänge, Ereignisse nennen, sind keine Ursachen, sondern allemal Wirkungen. Die Ursache ist vielmehr eine *Sache*, zwar nicht eine Sache schlechthin, sondern eine Sache, welche Arbeit leistet. Wirkung ist die Erscheinung dieser Arbeit. — Allemal, wenn man eine Sache hat, welche Arbeit leistet, hat man auch eine Ursache. Jede Arbeitsleistung setzt also bereits vorausgegangene Arbeit voraus; die Dinge, welche diese Vorarbeit geleistet haben, sind die entfernteren Ursachen." Zusammenfassend: *Alles Geschehen ist Arbeit. Bedingungen sind die Dinge, von welchen die Arbeit abhängt. Ursache ist eine Sache, welche Arbeit leistet. Wirkung ist die Erscheinung einer Arbeit*" (s. auch S. 9).

Sehr eingehend hat A. v. Oettingen das Energieprinzip als allgemeinen Kausalbegriff erörtert: „Unter Physikern und Mathematikern dürfte ziemlich allgemein feststehen, daß nur in energetischen Beziehungen der Kausalzusammenhang zu finden ist. — Das Kausalgesetz lautet: Die Ursache ist der Wirkung in Wesen und Größe gleich. — Der Satz: *causa aequat effectum* zwingt zu energetischer Auffassung des Kausalgesetzes. — Der Begriff der Energie deckt sich mit dem Kausalbegriff. Wir suchen eine Art natürlichen Systems mit Hilfe des Energiebegriffes. Freilich vom Mysterium werden wir auch unter der Herrschaft des natürlichen Systems nicht befreit. — Das angewachsene Energiedifferential ist gleich dem geschwundenen: das ist der Sinn des physikalischen Begriffes von Ursache und Wirkung. Der *Begriff der Energie hat eine systematische Maßphysik begründet*" (131).

Busse sieht in dem Energiegesetz eine „Transformationsformel", aus der sich indes „nicht die Notwendigkeit geschlossener Naturkausalität ableiten" lasse. „Der Zusammenhang von Ursache und Wirkung wird durchaus beherrscht und geregelt durch das Gesetz der Erhaltung der Energie, welches für jedes irgendwo verbrauchte Quantum der Energie einen vollen Ersatz in Gestalt eines an anderer Stelle erscheinenden äquivalenten Energiequantums findet."

Ausgiebig hat sich A. Riehl mit R. Mayers „Erhaltungskausalität" beschäftigt, indem er sie wie Hamilton u. a. in die Nähe des „Identitätsbegriffes" bringt. „Ursache und Wirkung durch den Substanzbegriff zur Einheit verbunden — das ist R. Mayers Kausalbegriff. — Aus der Unzerstörlichkeit der Ursachen folgerte R. Mayer die Unzerstörlichkeit der Kraft ...; so ergab sich ihm der Satz der *Erhaltung der Kraft* in unmittelbarer Konsequenz des Kausalitätsprinzips, wie auch der korrespondierende Satz der Erhaltung der Materie die direkte Folgerung aus diesem Prinzip ist. Beide Sätze ergänzen sich zum Prinzip der *Erhaltung des Realen*, sowohl seinem Dasein im Raume als seinem Wirken in der Zeit nach. — Wir haben keine Idee der Vernichtung. — Begreiflich ist

... einzig und allein der Zusammenhang nach dem Prinzip der Identität, und der Einheitsbegriff kausaler Folge im wissenschaftlichen Sinne ist der Begriff der Größengleichheit. — Zwischen Ursache und Wirkung muß nach dem Satz der zureichenden Begründung der letzteren durch die erstere eine *Gleichung* stattfinden. — Die Ursache setzt sich dem Begriff und der Größe nach identisch in der Wirkung fort. — Durch die tatsächliche Gleichung zwischen Ursache und Wirkung wird die Form ihrer Verbindung begreiflich. — Der Zusammenhang der Erscheinungen wird begriffen durch die Unterordnung des Geschehens unter das Gesetz von der Erhaltung der Energie. — Sofern Ursache und Wirkung als gleich erkannt werden, wird die eine als der Grund, die andere als die Folge erkannt. — Wir haben die Erscheinungen erklärt, wenn wir sie auf unveränderliche Eigenschaften ihrer Elemente und konstante Größenbeziehungen der Funktionen derselben zurückgeführt haben. — Das Veränderliche kann nicht ohne etwas gedacht werden, was mit ihm verglichen beständig ist, und die Notwendigkeit, beide zusammenzudenken, liegt schon in der Form unserer Zeitanschauung."

Eine enge *Beziehung der Kausalität zu „Identität" und „Substantialität"* wird auch von anderen Forschern vertreten. „Das Kausalbedürfnis kann nur durch Zurückführung einer Veränderung auf Identität befriedigt werden" (HEYMANS). FRANKL spricht von „Reihen des Gleichen", von „Beharrungsreihen", von „zyklischen Kausalreihen" u. dgl. „Invarianten sind nötig, um das Geschehen als Verknüpfung des Dauernden an das Variable zu erkennen" (ISRAEL). Bei MACH heißt es: „Alle unsere Bemühungen, die Welt in Gedanken abzuspiegeln, wären fruchtlos, wenn es nicht gelänge, in dem bunten Wechsel *Bleibendes* zu finden. Daher das Drängen nach dem Substanzbegriff, dessen Quelle von jener der modernen Ideen über die *Erhaltung* der Energie nicht verschieden ist." [„Substanz als Empfindungsgruppe von großer Beständigkeit, die uns zur Anerkennung eines Körpers zwingt" (132).]

Endlich seien noch einige *Stimmen aus der neuesten Zeit zur Erhaltungskausalität* angeführt. BAVINK: „Man hat schon den physikalischen Kraftbegriff geradezu als die physikalische Formulierung des Ursachenbegriffes betrachtet. In diesem Zusammenhange haben denn auch manche Philosophen den Satz von der Erhaltung der Kraft identifiziert mit der Forderung des lückenlosen Zusammenhanges im Weltgeschehen." JULIUS SCHULTZ setzt Energetik = Kausalität = Mechanistik (s. S. 91). MAY: „Wir können lediglich die Differentialgleichung als Ausdruck für den mathematisch-physikalischen Kausalnexus gelten lassen; ... so zeigt sich wieder einmal, welche Fälle von Bedeutungen die Begriffe verlieren, bis sie im Sinne der mathematischen Naturwissenschaft endgültig gereinigt sind." Ähnlich KRAMPF: „Das mathematische Schema für die *kausale* Beschreibung einer Erscheinung ist die Differentialgleichung." Nach E. SCHNEIDER ist der allgemeine Erhaltungssatz „nur ein Ausdruck unseres Kausalitätsbedürfnisses". Unter Bezugnahme auf SCHOPENHAUERs Äußerung, daß das Gesetz der Trägheit und das der Beharrlichkeit der Substanz sich als wichtige „Korollarien" aus dem „Gesetz der

Kausalität" ergeben, sagt K. Wagner, daß R. Mayers Erhaltungsgesetz „ein weiteres Korollarium des Kausalitätsgesetzes" sei.

Gerlach: „Im Energiesatz berührt sich die experimentelle Forschung mit dem Prinzip der Kausalität. Vom experimentellen Standpunkt aus gesehen, besteht in der Tat eine sehr nahe Verwandtschaft zwischen Kausalitätsgesetz und Energiesatz." Planck: „*Causa aequat effectum*, ist Postulat unserer ganzen Naturerkenntnis." (Ohne daß indessen dieses Postulat als das eigentliche *Kausal*postulat bezeichnet wird!) H. Dingler: „Dieses Bedürfnis nach Konstanzen entspringt schon der Konstitution unseres Denkens." Eisler bezeichnet Kausalität als „logisches Äquivalent des Energieprinzips" und (mit Riehl) als eine „unmittelbare Konsequenz" desselben. Burkamp: „Nur im Hinblick auf Invarianten gilt: causa aequat effectum." In dem philosophischen Wörterbuch von Heinrich Schmidt heißt es: „Das zunächst erkenntnistheoretisch-logische Kausalprinzip meint einen ontologischen Kausalzusammenhang und ist im Grunde identisch mit dem Energieprinzip, dem Gesetz von der Erhaltung der Energie in allem Wechsel des Geschehens."

Andererseits bleibt beachtlich, wenn es Mach als „eine pharmazeutische und etwas ungelenke Vorstellung" bezeichnet, daß „auf eine Dosis Ursache eine Dosis Wirkung folge"; die sog. „Ursache" sei immer nur ein Teil der Gesamtbedingung.

Alles in allem genommen, gewinnt man den Eindruck, daß in der heutigen Praxis physikalischer Forschung nicht in vollem Umfange beachtet wird, daß R. Mayer *mit seinem Grundprinzip der Erhaltung der Physik zugleich auch ihren obersten Kausalbegriff* geben wollte, einen zuverlässigen Kausalgriff also, an dem jede neue Beobachtung zu messen ist. In dem Moment, da etwa zum ersten Male ein totales Versagen des Erhaltungsgesetzes zutage treten würde — aber nicht früher — dürfte man danach wahrlich mit Fug und Recht von „Akausalität" reden! (s. Abschnitt 41).

Wie sehr indessen das *Nebeneinanderbestehen dreier scheinbar heterogener Kausalbegriffe* — des einseitig mechanistischen, des statistischen, und des energetischen von R. Mayer — sogar bei kritischen Forschern die „Kausalität" selber vorübergehend in Mißkredit bringen mußte, zeigt folgender Ausspruch von W. Wien (1918): „Wenn man die Kausalität als den Satz von Ursache und Wirkung bezeichnet, so hat er in der theoretischen Physik mehr verwirrend als aufklärend gewirkt. Durch die Bezeichnung einer Kraft als Ursache, dagegen einer Bewegung als Wirkung ist in die Mechanik eine Unklarheit gebracht worden, die erst durch Kirchhoff beseitigt wurde, indem er als Aufgabe der Mechanik hinstellte, die Bewegungen vollständig und aufs einfachste zu beschreiben ... Von Kausalität ist dabei nicht die Rede. ... So ist es allmählich gelungen, die theoretische Physik aller metaphysischen Reste vollständig zu entkleiden und ihre vornehmste Aufgabe darin zu erblicken, die mathematisch ausgedrückten Naturgesetze aufzustellen und Folgerungen aus ihnen zu ziehen." (Kirchhoff 1876: Die Erscheinungen .... „beschreiben", nicht aber „ihre Ursachen ermitteln", Anm. 93.)

VII. Weiterentwicklung von R. MAYERs Auslösungskausalität (A.K.).

> „Bliebe sich alles immer gleich, so bliebe sich alles immer gleich. Ist sich nicht alles gleich geblieben, so muß etwas Neues im Spiele gewesen sein." WAHLE.
>
> „Der Funke entzündet das Pulver."
> R. MAYER.

Wie schon auf S. 61 angedeutet, hat R. MAYERs Auslösungskausalität weit weniger die Gemüter erregt und beschäftigt, als seine energetische Erhaltungskausalität. Begreiflicherweise, da hier nicht ein so großer „Ruck nach vorwärts" empfunden werden konnte: Von *Veranlassung*, *Anstoß* und *Anreiz*, als Entfesselung gebundener Gewalten, war schon vorher genugsam die Rede gewesen, und ein bestimmter wichtiger Sonderfall: der Anstoß physischer Vorgänge durch psychische und umgekehrt, hatte durch Jahrhunderte den Mittelpunkt einer ausgedehnten philosophischen Diskussion gebildet. Diese ganze Bewegung — wissenschaftlicher wie philosophischer Art — hat sich in den Jahrzehnten nach R. MAYER stetig fortgesetzt, ohne daß dabei sein Name irgendeine größere Rolle gespielt hätte. Wesentlich ist, daß *fast durchweg Auslösung und Anstoß gar nicht einmal als eine Teilgestalt des physischen Kausalschemas empfunden und anerkannt* wurde, sondern nur als ein neben her laufendes Etwas, als eine Art Hilfsgestalt kausaler Betrachtung und Forschung. Ihren schärfsten Ausdruck hat diese Stellungnahme wohl in dem Satze von POLL gefunden (1936): „Wir sprechen nicht von Kausalität, wenn ein Verkehrsschutzmann Wagen und Fußgänger anhält oder ihnen verschiedene Bewegungsrichtungen freigibt." Veranlassung hätte danach mit Kausalität (= Verursachung) nichts zu schaffen. Ähnlich wird A.K. ignoriert, wenn es bei P. JORDAN heißt, daß „bei dirigierenden Reaktionen keine Kausalität vorhanden" sei (s. auch H. BAISCH, Anm. 16).

Über derartige Einseitigkeit spottet STUMPF, wenn er (1896) von dem „wunderlichen Unternehmen der Schattentheorie" spricht, „Kausalität gerade demjenigen Gebiet abzustreiten, aus dessen Erscheinungen allein wir den Begriff der Kausalität schöpfen". Der Satz von E. KOENIG: „Der Begriff der Willenskausalität ist das Ergebnis einer Summe erfahrungsmäßiger Deutungen, kann also nicht den Ausgangspunkt bilden" — ist nur in seiner ersten Hälfte ohne weiteres gültig, während der Nachsatz mit seinem unbestimmten Begriff „Ausgangspunkt" nichts gegen die Tatsache zu sagen vermag, daß die menschliche Willenskausalität das Urbild jeden „Wirkens in der Natur" ist und bleibt.

Wie sich im großen und ganzen die Entwicklung gestaltet und in philosophischem und naturwissenschaftlichem Schrifttum ausgeprägt hat, wird im folgenden kurz zu skizzieren sein.

36. Philosophische Stellungnahme zu R. Mayers Auslösungsbegriff.

Das Prinzip von R. Mayers Auslösungskausalität und deren Verhältnis zur Erhaltungskausalität findet sich unter anderem schon in Schopenhauers Formulierungen angedeutet (s. S. 3). Danach gilt, ,,daß jeder Zustand, mithin sowohl die Ruhe eines Körpers, als auch eine Bewegung jeder Art, unverändert, unvermindert, unvermehrt, fortdauern und selbst die endlose Zeit hindurch anhalten müsse, wenn nicht eine Ursache hinzutritt, welche sie verändert oder aufhebt''. Diesem Satze mit seinem hier bedeutsamen Schlußteil sei zunächst eine Äußerung von A. Riehl an die Seite gestellt: ,,R. Mayer zerlegte den Vorgang der Verursachung in zwei Bestandteile; der eine gehorcht dem Substanz- oder Beharrungsgesetze, von ihm gilt der Grundsatz der Größengleichheit, genauer der Konstanz der Größen von Ursache und Wirkung; der zweite, Mayer nennt ihn Auslösung, hat keine quantitativ bestimmten Verhältnisse zur Wirkung und geht auch nicht in diese über. Das ist eine völlig sachgemäße Unterscheidung'' (133). Auf die große Bedeutung von R. Mayers Auslösungskausalität hat zuerst Dühring hingewiesen (S. 61 und Anm. 81).

R. Mayers ,,Auslösung'' und ,,Anstoß'' steht in innerer Beziehung zu Lotzes ,,Prinzip der Veränderungen'' (z. B. Seele als ein Pr. d. V. in dem Ablauf organischer Vorgänge), sowie zu seinen ,,Kräften zweiter Hand'', zu Fechners Begriff der ,,Störung'' (z. B. ,,störende Eingriffe der geistigen Freiheit in den Naturlauf''), zu dem physikalischen Begriff der ,,Koppelung'' [Helmholtz u. a. (134)], zu dem Begriff der ,,Richtunggebung'', sowie vor allem zu dem physiologischen *Reizbegriff*, der schon im 18. Jahrhundert eine große Rolle gespielt hatte (Sensibilität und Irritibilität nach A. v. Haller, als Kennzeichen des Lebewesens). Auch in ,,strebender Bewegung'' oder ,,Dynamis'' (nach Riezler) ist A.K. enthalten.

Vom Standpunkt *analytischer Mechanik* aus haben zu Lebzeiten R. Mayers Saint-Venant und Boussinesq die Auslösungskausalität erörtert. Nach Boussinesq herrschen im Reich des Unbelebten Bewegungsgleichungen mit bestimmten allgemeinen Lösungen, im Reiche des Belebten solche mit (unendlich vielen) singulären Lösungen; so kann schließlich bei bewußten Wesen der Wille le principe directeur sein. De Saint-Venant spricht von einer action décrochante, z. B. bei Lawinensturz, Gärung und anderen chemischen Auslösungen. (Hierzu heißt es bei Weyrauch: ,,Ohne einen wenn auch noch so kleinen Überschuß der Kraft über den Widerstand kann die Bewegung nicht beginnen.'') Nach Dühring hat die Mechanik hier bis heute noch ,,ein Defizit''.

A. v. Oettingen betrachtet den Auslösungsbegriff von der mathematischen Seite: ,,Auslösung'' bedeutet einen ,,Integralprozeß, dessen letztes Glied allein als Differentialprozeß den Beginn eines Vorganges ankündigt, daher allein wesentlich ist''. Auslösung ist ihm nicht Ursache, sie gehört vielmehr ,,zur Bezeichnung der dem Prozeß vorausgehenden *Umstände*'' (nach H. Baisch zu den ,,Bedingungen'').

Vor allem die *mechanische Form der Auslösung* — die dem ganzen Erscheinungsgebiet den Namen gegeben hat — hat Koenig im Auge, wenn er sagt: „Die durch die Auslösung ins Spiel gesetzte, aber keineswegs durch sie allein oder vorzugsweise verursachte Wirkung ist bereits in der gegenseitigen Lage der Teile des Systems vorbereitet" und kann schon durch Hinwegräumung eines kleinen Hindernisses geschehen; doch bleibt hierbei „die Größengleichheit von Ursache und Wirkung vollständig gewahrt".

Bei Th. Gross heißt es: „Als Ergänzung des Begriffes der potentiellen Energie ist derjenige der auslösenden Energie notwendig: eine Energie muß wirksam werden, die das Gleichgewicht aufhebt, so daß die darin gebundenen lebendigen Kräfte frei werden. Sie wird, namentlich wenn das Gleichgewicht nur wenig stabil ist, als *Auslösung* bezeichnet." Man soll nicht „Ursache und Wirkung" mit „Veranlassung und Folge" verwechseln. „Die Veranlassung in der Physik ist die Auslösung. — Auslösend wirkt eine Energie auf ein Körpersystem, wenn sie darin innere Energie freimacht, wie z. B. die Energie, die ein gehobenes Gewicht zum Fall bringt." Diese auslösende Energie „kann unter Umständen unberücksichtigt bleiben", wenn der Betrag der auslösenden Energie „sehr gering" ist. „So entstehen zwei verschiedene kausale Ketten, die der inneren Energie und die der Auslösung, die sich gleichsam in einem Punkte kreuzen, in deren jeder aber das Gesetz der Gleichwertigkeit von Ursache und Wirkung gilt. R. Mayers Auffassung der Kausalität ermöglicht hiernach, wenn sie auch noch sehr der Entwicklung bedarf, doch bereits eine geordnetere Betrachtung der Naturvorgänge als z. B. diejenige Schopenhauers" (s. auch Anm. 81). Auch Frankl (1906) unterscheidet „Beharrungsreihen und Veränderungsreihen".

Helm setzt die „Auslösung" in Beziehung zu seiner begrifflichen *Scheidung von Intensitäts- und Quantitätsfaktor jeder Energieform* (S. 97). Im Energiegesetz als solchem fehlt die „Tendenz", d. h. es sagt nicht, *ob* Umwandlungen stattfinden werden, sondern gibt nur eine Regel für den Fall, *daß* solche vorliegen. Jetzt aber weiß man: „Jede Energieform hat das Bestreben, von Stellen, in welchen sie in *höherer* Intensität vorhanden ist, zu Stellen von niederer Intensität überzugehen. Sie heißt *ausgelöst*, wenn sie diesem Streben folgen kann." Auch Auslösungsvorgänge verlaufen so, „daß die Quantitätsfunktion der übergegangenen Energieform ihren Gesamtbetrag nicht ändert".

Eingehend hat sich W. Ostwald mit dem Begriff der *Auslösung* beschäftigt: „Eine Auslösung kann dort stattfinden, wo ein Vorrat von freier, also umsetzungsbereiter Energie vorhanden ist, aber durch irgendwelche Widerstände an der Umwandlung verhindert wird, wobei die Verhinderung auch als mehr oder weniger weitgehende Verzögerung aufgefaßt werden kann. Da das darauf folgende Phänomen auf Kosten der vorhandenen freien Energie erfolgt, so besteht kein quantitatives Verhältnis zwischen der zur Auslösung erforderlichen Energie und der hernach betätigten . . ." (1921). Es ist leicht nachzuweisen, daß für jede Auslösung ein *endlicher* Energieaufwand erforderlich ist, da ein jeder auslösender Eingriff bei abnehmender Stärke schließlich unwirksam wird (1910). „Die auslösende Energie muß immer den Betrag Null übersteigen" (135). *Bemessene Auslösung* findet W. Ostwald z. B. in der Einstellung eines Wasserhahns; ähnlich geschieht bei der *Sinnesreizung* die Freimachung der Energie „in einem begrenzten Umfange, der durch eine besondere Einstellung des Hemmungsapparates bedingt" ist. Die Sinnesorgane sind so eingerichtet, daß „ihre Auslösung mit einem außerordentlich geringen Betrag von äußerer Energie betätigt werden kann" (1921). Ferner können schon sehr geringe Dosen „eine Überheilung auslösen" oder Zellstimulationen (nach Popoff) verursachen. Bei Auslösungsvermögen, bei Aufhebung von Kompensationen, bei Koppelungs- und Regulierungserscheinungen (immer als solchen) gibt es keine Äquivalenz; nicht einmal eine Proportionalität ist notwendig. Auslösung bedeutet Ermöglichung des Ausgleiches von Energie, Aufhebung der Hemmungen und „Kompensationen", welche in bezug auf den Intensitätsfaktor einer Energie vorerst bestehen. „Auslösung bringt Energien zur Betätigung, welche an den Endstellen zur Umwandlung bereit sind" (in „Naturphilosophie"). „Der Satz: kleine Ursachen große Wirkungen — bezieht sich nur auf Vorgänge von der Art der Auslösungen oder Reize; bei unmittelbaren Energieumwandlungen sind stets Ursache und Wirkung maßgleich." Als Beispiel wird angeführt die Reizwirkung der Äpfelsäure auf männliche Schwärmsporen einer bestimmten Alge nach Pfeffer. Lebewesen sind gekennzeichnet durch ein „stationäres Energiezentrum mit Selbstregulierung".

Es mag seltsam erscheinen, daß W. Ostwald darauf verzichtet, die von ihm so kräftig und erfolgreich bearbeitete *Katalyse* nach dem Vorbilde von R. Mayer und manchen späteren Forschern gleichfalls zu den *Auslösungserscheinungen* zu rechnen. Hier hat seine Betonung der „Reaktionsbeschleunigung" als wesentlichen und alleinigen Merkmals der Katalyse Schranken errichtet. Da jedoch die *katalytische* „Beschleunigung", wie gerade Ostwald zu betonen nicht müde wird, keineswegs eine *energetische* Betätigung des Katalysators bedeutet, sondern „ein Wirken durch bloße Gegenwart" nach Berzelius, so hätte der Begriff der katalytischen „Beschleunigung" mit demjenigen der katalytischen „Auslösung" doch verträglich sein sollen; nur hätte Ostwald dann seine obigen Ausführungen dahin ergänzen müssen, daß es *ein* Gebiet der Auslösung gibt, auf welchem der auslösende Körper — wenn man den Vorgang in brutto, als Ganzes anschaut — tatsächlich ohne jeden eigenen Energieverlust wirksam ist: eben die Katalyse.

Da „Verzögerung" von W. Ostwald als eine Form der Hinderung anzusehen ist, so wäre katalytische „Beschleunigung" folgerichtig eine Form der Veranlassung oder Auslösung, und bei einer allgemeinen Durchführung dieses R. Mayerschen Auslösungsbegriffes hätte somit von Ostwald der Kreis völlig geschlossen werden können. W. Ostwalds Verzicht auf die Anwendung des Auslösungsbegriffes in katalytischen Dingen kann um so auffälliger erscheinen, als er den *Keimwirkungen*, die er selber in seinem ersten Vortrag über Katalyse zu den katalytischen Reaktionen rechnet, die Bezeichnung „Auslösung" zubilligt. Psychologisch hemmend hat sicher der Umstand mitgewirkt, daß bei „normaler" Katalyse (z. B. bei der Ammoniakkatalyse) eine Daueranwesenheit, eine Dauerbeteiligung des Katalysators vonnöten ist; nur bei der verhältnismäßig kleinen Gruppe der katalytisch veranlaßten *Explosiv- oder Lawinenreaktionen* (regelmäßig auf dem

Wege der „Kettenreaktionen" verlaufend) genügt ein *einmaliger* katalytischer „Anstoß" nach der Art der Keimwirkung (Fremdkeim bei gewöhnlicher Katalyse, Eigenkeim bei Autokatalyse).

Driesch hat zu Beginn (ab 1904) vor allem der „negativen Seite" der Auslösung, der Hemmung oder „*Suspendierung*" energetisch möglicher Vorgänge im Organismus Beachtung geschenkt (136). Diese müsse der *Entelechie*, als dem Vitalagens des lebenden Körpers, ohne Kraftaufwand ebenso möglich sein, wie ein „lenkendes Eingreifen" (Ausklinkung und Einklinkung). „Die Ursache ist Auslösung, wenn das Quantum der Wirkung größer ist als ihr Quantum"; Naturfaktoren können als auslösende Ursachen wirken.

Nach E. v. Hartmann gibt es *leitende Kräfte* „Oberkräfte", unbewußtpsychische oder metaphysische Kräfte (gemäß C. G. Carus), Kraftzentren ohne Potential, welche die Energiesumme unverändert lassen. Ebenso E. Becher: „Die psychischen Vorgänge im Organismus *lenken* den Lauf physischer Vorgänge, ohne Energie zu produzieren. Es ist leicht ersichtlich, daß eine führende Beeinflussung denkbar ist, bei der keine Änderung der Energiemenge eintritt." Sir Oliver Lodge: „Lenkung von Materie kann geschehen, ohne daß dabei Arbeit geleistet wird." So kann die Psyche, das Leben, zwar nicht Energie *schaffen*, wohl aber ohne Arbeitsaufwand durch „Auslösung" die Energie *leiten*. (W. Ostwald, dem zu solcher Auslösung immer ein endlicher Energieaufwand erforderlich erscheint, hält die Formulierung von Lodge für „mißglückt". Er hat hier wieder den energetisch bilanzfreien Katalysator vergessen.)

Unmittelbar als Fortsetzung R. Mayerscher Gedanken erscheinen Ausführungen von E. v. Lippmann zum Auslösungsbegriff. Hiernach „spielt auf dem Gebiet des Inneren eine maßgebende Rolle, was auf dem Gebiet des Äußeren nur eine gelegentliche, die sog. Auslösung". Der Anstoß, die Auslösung bestimmt ausschließlich den „*Eintritt der Änderung*", nicht aber den Enderfolg. „Ihr eigentliches Gebiet ist daher das der organischen und vor allem das der geistigen Welt, bei deren Äußerungen das Fehlen der sonst gewohnten Kausalitäts- und Äquivalenzverhältnisse handgreiflich zutage tritt. Hier gibt es keine *Umwandlungen* in geistige Tätigkeit und „Gedankenenergie"; sonst müßte es (wie Liebig schon 1858 sagte) „auch umgekehrt gelingen, Lasten durch Gedanken zu heben oder diese in Elektrizität, Magnetismus und Wärme überzuführen"!

Goldscheid diskutiert 1907 den *Richtungsbegriff*, dessen Klärung „ein brennendes Desiderat der gesamten Forschung" sei: „Der Stoß von außen zittert im Kausalbegriff der Gegenwart immer noch nach. — Das Gerichtetsein ist ein Urphänomen, es ist vor aller Kausalität da, es ist das, was uns zur kausalen Forschung drängt und kann darum durch die Kausalität nicht vollends legitimiert werden." An Stelle der Zweckursache soll „Richtungskausalität" treten, als Bindeglied zwischen Kausalität und Teleologie. „Es ist die Folge der Kontinuität alles Geschehens, daß im selben Maße, als das unendlich Große das unendlich Kleine determiniert, auch umgekehrt das unendlich Kleine das unendlich Große zu determinieren vermag. Die ungeheure Gewalt dessen, was die Wissenschaft *Auslösungsursache* nennt, ist nichts anderes als der lebendige Ausdruck des Einflusses des unendlich Kleinen auf das unendlich Große, der in der Mehrzahl der Fälle nur zu unsichtbarer, nicht zu sichtbarer Wirkung gelangt. — Der menschliche Geist selber besitzt die Fähigkeit, als Auslösungsfaktor tätig zu sein" (137). Auch Fr. Wald mißt dem Richtungsbegriff (in der Chemie) besondere Bedeutung bei.

Richtende und ordnende Kräfte (nach Herder, Blumenbach u. a.) können — wie schon R. Mayer betont hat — mit Erhaltungsgesetzen in Einklang stehen. „Kausalität stellt auch mit Annahme von Richtkräften eine lückenlose Reihe dar" (H. Herz 1906). „Schon physikalisch ist die Möglichkeit richtungbestimmender Kräfte ohne Änderung des Energiegesetzes gegeben" (K. Sapper). „Die Richtung ist das geschichtliche Element des Seelenlebens wie des Naturlebens" (H. Höffding). „Das letzte Geheimnis der Welt scheint also in Richtkräften zu liegen" (Gebbing).

J. Reinke: „Die Energie ist eine meßbare Größe, die Richtung ist es *nicht*. Darum ist die Richtung dem Erhaltungsgesetz *nicht* unterworfen." — Ohne das Prinzip der Richtung „wäre das Weltganze ein Chaos und kein Kosmos. — Richtunggebung ist nirgends Energiegesetze verletzend, Transformatoren von Energie sind nicht selbst Energie. Wir müssen nichtenergetische Kräfte zulassen, die wirken, ohne mechanische Arbeit zu leisten. — Die inneren Impulse sind maßgebend für die Gestaltung des Organismus": „Entwicklungsdominanten, also chemisch und physikalisch nicht definierbare Kräfte zweiter Hand." „Dominanten" (1901), „diaphysische Kräfte" als „Steuerleute der Energien", „Triebkräfte", Richt- und Formkräfte sind nach J. Reinke Kräfte im Organismus, deren Dasein wir aus ihrem Wirken und Schaffen erkennen, deren weitere Analyse jedoch „nicht gelingt"; als ihr „Integral" erscheint die Seele, die Entelechie. Über den Entelechiebegriff sagt W. Ostwald 1906 (in einer Besprechung von Driesch): „Zweifellos liegt hier der Ansatz zu einer neuen Begriffsbildung in der Biologie vor, die von dem nisus formativus Blumenbachs zu Reinkes Dominanten und des Verfassers Entelechie geführt hat, aber notwendig weitergeführt werden muß, bis die erforderliche Klarheit und Anwendbarkeit gefunden ist."

Busse erörtert ausführlich den Auslösungsbegriff mit Rücksicht auf die Frage der *W.W. von Leib und Seele*, d. h. der Kausalbeziehungen zwischen Vorgängen des Bewußtseins einerseits, physischen Veränderungen andererseits (im Anschluß an Stumpf, Rehmke, Wentscher, Erhardt u. a.) (138). „Soll die Seele nur die Richtung ändern? — Worin der physikalisch denkende Naturforscher eine dem kausalen Prinzip widersprechende Aufwendung von Energie ohne jeden Effekt sah, darin erkennt der philosophische Denker eine *Veranlassung* psychischer Erregung durch physische Ursachen." Sowohl die Theorie der psychophysischen Wechselwirkung wie diejenige des psychophysischen Parallelismus sind mit dem Energieprinzip verträglich: „Veranlassung ohne Energieaufwand."

In der Auslösungsursache haben wir nach H. Rickert eine Ursache, „die mit ihrem Effekt weder identisch ist, noch ihm quantitativ gleichgesetzt werden kann, sondern etwas Neues hervorbringt"; und dieser Begriff des Wirkens kommt dann für den Zusammenhang physischer und psychischer Vorgänge in Frage.

A. Riehl (s. auch S. 132) erblickt in dem „Auslösungsbegriff" (z. B. der Katalyse) vor allem in folgender Hinsicht eine wichtige „Ergänzung des Energieprinzips": „Es bedarf der Annahme einer bestimmten ‚Kollokation der Ursachen' oder Zusammenordnung der gegebenen Größen und Elemente. Auslösung und Kontakteinflüsse führen erfahrungsgemäß eine Änderung der Kollokation herbei. — Vielleicht, daß die exakte Erforschung der Kontakteinflüsse und Auslösungen einen Weg eröffnet, auch das rein Tatsächliche, das Historische in der Zusammenordnung und dem Verlauf der Dinge einem Gesetzesbegriff unterzuordnen, das formale, oder wie wir im Bereich der Willensvorgänge sagen, das teleologische Moment des Kausalzusammenhanges mit dem ‚substantiellen', d. i. dem Satze der Erhaltung der Energie zu verbinden und so über diesen letzteren hinauszugehen."

Gleichwie diese nachdenklichen Sätze durchaus im Geiste R. Mayers gehalten sind (s. S. 60), so finden wir eine Art überraschender „Zusammenfassung" bei Nietzsche in seiner „Fröhlichen Wissenschaft" 1882, § 360. „*Zwei Arten Ursachen, die man verwechselt.* — Das erscheint mir als einer meiner wesentlichsten Schritte und Fortschritte: Ich lernte die Ursache des Handelns unterscheiden von der Ursache des So- und So-Handelns, des In- dieser -Richtung-, auf dieses Ziel- hin -Handelns. Die erste Art Ursache ist ein Quantum von aufgestauter Kraft, welches darauf wartet, irgendwie, irgendwozu verbraucht zu werden; die zweite ist dagegen etwas, an dieser Kraft gemessen, ganz Unbedeutendes, ein kleiner Zufall zumeist, gemäß dem jenes Quantum sich nunmehr auf eine und bestimmte Weise ‚auslöst'; das Streichholz im Verhältnis zur Pulvertonne, . . . *treibende* Kraft" gegen „*dirigierende* Kraft, man hat dabei den Steuermann und den Dampf verwechselt". —

Ist es nicht, als ob hier R. Mayer aus dem ihm sonst so ungleichen Denker Nietzsche spräche? Sogar das Bild vom Dampf und vom Steuermann (S. 58) kehrt wieder!

37. Naturwissenschaftliche Handhabung des Auslösungsbegriffes seit R. Mayer; Katalyse, Reiz- und Motivkausalität.

Statt weitere philosophische Stimmen zum Auslösungsbegriff anzuführen — die nichts wesentlich Neues lehren würden, seien ergänzungsweise einige Äußerungen zusammengestellt, die den Gebrauch von R. Mayers Auslösungsbegriff in der *Wissenschaft* beleuchten. In der Hauptsache gruppieren sich solche Aussprüche um die Teilbegriffe *Katalyse, Reiz* und *Willensmotiv* (139).

Über *Katalyse* als veranlassende, beschleunigende und richtende „Auslösungserscheinung" ist schon von R. Mayer Wesentliches gesagt worden. In der ganzen historischen Entwicklung von Berzelius bis zu Bunsen und Horstmann hat man die Katalyse vorzugsweise als „Auslösung", Ermöglichung, Hervorrufung, „Erweckung aus dem Schlummer" und ähnliches mehr aufgefaßt, keineswegs aber als eine „Schöpfung aus dem Nichts". Schon bei Berzelius heißt es (1835), daß zufolge katalytischen Einflusses „die Elemente sich in solchen anderen Verhältnissen ordnen, durch welche eine größere elektrochemische Neutralisierung hervorgebracht wird"; und bei Liebig (1839) ähnlich, daß Katalyse nur möglich sei, sofern das „Streben der Elemente, sich nach Graden ihrer Verwandtschaft zu ordnen", noch nicht voll befriedigt sei. Das bedeutet aber, in physikalischer Ausdrucksweise, daß die eigentlich *energetische Ursache* der katalytischen Umsetzung schon im katalysefreien System (z. B. Knallgas) vorhanden sei, nämlich in dem Bestehen potentieller und für Arbeitsleistung nach thermodynamischen Gesetzen verwertbarer (insofern „freier") Energie, und daß der Katalysator lediglich als Hilfsursache, als Anstoßursache, als energetisch indifferenter Impuls, also im Sinne von „Auslösung" tätig ist (140). Horstmann betont ausdrücklich, daß die katalytische Kraft „auslösend" wirke. Nur W. Ostwald hat infolge bestimmter Hemmungen die Katalyse nicht als „Auslösung", sondern lediglich als „Beschleunigung" bezeichnet. Krönig macht geltend, „daß sowohl die Veranlassung als auch die Verhinderung irgendeines chemischen Vorganges nie die Durchbrechung eines bekannten Naturgesetzes involviert" (s. auch S. 143).

Von größter Bedeutung sind die *physikalischen Keimwirkungen* bei Ausscheidung neuer Phasen (Flüssigkeitströpfchen aus Dämpfen, Kristallen aus Lösungen und Schmelzen usw.). Ihre chemische Fortsetzung aber findet diese Keim- und Kernwirkung in der *chemischen Autokatalyse*, die seit Horstmann (1885) und W. Ostwald immer größere Beachtung findet.

Schon A. Riehl ist es aufgefallen, daß die übliche Definition der „Auslösung" (auch bei Ostwald) als einer Aktualisierung relativ großer freier Energiemengen durch Betätigung geringer, aber nie ganz verschwindender fremder Energiequantität insofern nicht zutrifft, als beim *Katalysator* „chemische Aktionen durch die bloße Gegenwart gewisser Stoffe eingeleitet zu werden scheinen". Ist es doch so, daß etwa ein Platinkatalysator sogar nach monatelangem Gebrauch für Knallgaszündung energetisch unversehrt aus seinen Abenteuern hervorgeht! Hier trifft der Satz von J. St. Mill in vollem Maße zu: „Es ist gewiß, daß eine Ursache nicht notwendig vergeht, wenn ihre Wirkung hervorgebracht ist"; *es stellt somit die Katalyse in gewissem Sinne die reinste Form oder den extremsten Fall der Auslösungs- oder Anstoßursache dar* (s. auch Abschnitt 39).

Über die große physiologische Bedeutung der Katalyse herrscht Einhelligkeit. Dennoch: „Die Forschung hat es trotz der von ihr voll bewerteten Katalyse nicht vermocht, restlos die Rätsel der vererblichen Formentwicklung eines Keimlings zu lösen . . . ; eine Aufdeckung des ausschlaggebenden Zusammenwirkens der verwickelten katalytischen Reaktionsfolgen zum Ganzheitsverhalten eines Lebewesens steht noch aus" (Hasebroek).

Als eine innige Verwebung von „Auslösung" und „Umsetzung nach Äquivalenten" erscheint der Vorgang der *chemischen Reaktionskoppelung* oder der chemischen Induktion, zuerst untersucht von Schönbein sowie

KESSLER. Von der Katalyse unterscheidet sich diese Reaktionskopplung dadurch, daß der dem Katalysator vergleichbare „Induktor" selber durch eine fortschreitende Reaktion mit einem „Aktor" oder „Donator" verändert, d. h. umgesetzt wird, und zwar so, daß er hierdurch eine verwandte Reaktion eines anderen Körpers (des „Akzeptors") erzwingt, dessen Umwandlung sachgemäß durch die begrenzte induzierende Reaktion gleichfalls quantitativ begrenzt wird. Eine wie bedeutsame Rolle diese chemisch-stoffliche Induktion in der *Physiologie* spielt, ist bekannt (z. B. beim Muskelprozeß); stellt sie doch die einzige Möglichkeit für den Organismus dar, nicht freiwillig verlaufende Reaktionen dadurch thermodynamisch möglich zu machen und demgemäß zu verwirklichen, daß sie stofflich-energetisch oder auch rein energetisch mit freiwillig verlaufenden Reaktionen verstrickt werden (s. auch S. 102).

Über die schon zu R. MAYERs Zeiten wohlbekannte *Reizkausalität* können wir uns hier kurz fassen. Bereits in der älteren Physiologie spielte die Reizwirkung (Irritabilität und Sensibilität) eine bedeutende Rolle. GESSNER sah in Reizvorgängen die „Antwort" eines Lebewesens auf äußere Einflüsse; ALEXANDER V. HUMBOLDT (1817) berichtet unter anderem, daß durch anreizende Behandlung mit Chlor die Keimkraft von Samen erhöht werde. JOHN BROWN hat eine bedeutsame medizinische Erregungstheorie geschaffen. *Physiologie* und *Therapie* (insbesondere auch Homöopathie) haben es in weitem Umfange mit Reizwirkungen zu tun. „Alle Verrichtungen des Körpers hängen von Reiz und Reizbarkeit ab" (J. HUNTER). BRÜHL verteidigt (1921) JOHANNES MÜLLERs „spezifische Sinnesenergien" gegen WUNDT auf Grundlage des Auslösungsbegriffes von R. MAYER, nach W. OSTWALD in „geglückter" Weise. Charakteristisch ist „das Fehlen jeder Proportionalität zwischen der Größe des Reizes und der Größe der Wirkung" (J. REINKE). „Im kleinsten Organismus bildet sich fortwährend Kraft und muß sich dann auslösen" (NIETZSCHE).

Reizwirkung ist (nach PFEFFER) „nicht Aufdrängung von Bewegungen, sondern Auslösung". Wesentlich ist (nach L. JOST), daß „die Ursache der Erscheinung: der Reiz, nicht in einer einfachen und direkten Beziehung zur Einwirkung der Reaktion steht; der Reiz liefert nicht die Energie für das Geschehen, er löst vielmehr andere Energien im Organismus aus". „Die kleinsten Reize können die größten Kräfte entfesseln" (A. BIER). „Der Reiz hebt die Zelleistung auf höhere Stufe. Die biologische Reaktion hat Beziehung auf das Ganze; alles Lebendige reagiert auf Reize" [RUBNER (141)].

E. DU BOIS-REYMOND hat das Fundamentalgesetz der *elektrischen Reizung* entwickelt, das von ADOLF FICK in seiner muskelphysiologischen Lehre weitergebildet wurde. HITZIG und FRISCH fanden 1870, daß die elektrische Reizung bestimmter Hirnstellen Bewegungen bestimmter Muskelgruppen auslöst. Um die Jahrhundertwende hat WALTER NERNSTs seine elektrochemische Theorie der Nervenreizung gegeben.

Nach HERBST ist biologischer Reiz „jede Ursache, die an einem Organismus eine Folgeerscheinung ins Leben ruft." VIRCHOW hat eine physiologisch-medizinische Reiztheorie vertreten. ASCHOFF betont, daß eine Reizungsreaktion etwas anderes sei als eine bloße chemische Reaktion. Hormone üben nach FITTING komplizierte Reizungen aus. „Induzierende Reize" haben nach SPEMANN u. a. in embryonaler Entwicklung eine maßgebende Bedeutung.

Der Übergang vom rein physischen zum *psychophysischen Reiz* ist fließend. Vielfach gilt das WEBER-FECHNERsche Gesetz, in anderen Fällen aber das Alles- oder Nichts-Gesetz (entsprechend der „Initialzündung" der Chemie). Nach FISCHEL hängt die Auslösbarkeit der *Instinkthandlungen* ab von der Höhe des „Schwellenwertes", der bis Null sinken kann (Leerlauf der Instinkthandlung, z. B. beim gefangenen Jungvogel, der eine „eingebildete" Fliege verfolgt). Für alle tierischen Handlungen gibt es „Schemata, Auslöser, Signale" (bei Vögeln Freß-, Brut-, Flucht- und sonstige „Valenzen", entsprechend den verschiedenen „Funktionskreisen" nach v. UEXKÜLL). Mit steigender Organisationshöhe wächst die Verflechtung und der Widerstreit von Auslösungsmomenten, und es werden ganze *Auslösungssysteme* wirksam, die in Trieb- und Wahlhandlungen ihre Wirksamkeit entfalten. Als Neues treten mehr und mehr *Auslösungen äußerer Vorgänge durch innere und innerste „Anlässe"*, d. h. Motive auf. „Motive aber sind keine Ursachen (d. h. keine energetischen Ursachen, d. Verf.), sie müssen zum Begriff der Auslösung gerechnet werden" (A. v. OETTINGEN). Nach KRAINSKY sind psychische Willensimpulse „Ursache aller Bewegung und Handlung". „Der Willensreiz ist für die Menschen als *zerebrale Reizursache* eine vererbte Realitätsgegebenheit des Lebens, trotz aller Einwände des philosophischen Positivismus!" (HASEBROEK). (Siehe weiter Abschnitt 39).

D. Beziehungen des heutigen Kausaldenkens zu R. MAYERs Kausalanschauung.

Nachdem der große Fortschritt, den R. MAYERs gedankliche Leistung auch in erkenntnistheoretischer Beziehung darstellt, erörtert und in seinen unmittelbaren Auswirkungen verfolgt worden ist, wird nach dem heutigen Stand der Dinge zu fragen sein. Wir haben dabei die zwei großen Stichworte „Erhaltungskausalität" und „Auslösungskausalität" in den Mittelpunkt zu stellen, um die sich alle übrigen Kausalbetrachtungen gruppieren lassen.

VIII. Heutiger Stand der Erhaltungskausalität (E.K.) und der Auslösungs- oder Anstoßkausalität (A.K.).

> „Wo faß ich dich, unendliche Natur?" —
> „Identität und Differenz sind zu gleicher Zeit gegeben."
> GOETHE.
>
> „Die Welt besteht aus Energien und Dominanten ...
> In der Verbindung der Dominanten mit den Energien
> enthüllt sich uns eine Durchgeistigung der Natur."
> J. REINKE.

Wir sind im Laufe unserer Betrachtungen mehrfach bis in die Gegenwart gekommen. Es hat sich gezeigt, daß R. MAYERs Erhaltungsgedanke gleichwie sein Auslösungsgedanke bis heute weiter wirkt, und es macht dabei nicht sehr viel aus, wenn dabei auf dem Gebiet der *Auslösung* nur ausnahmsweise der wertvollen Anregungsleistung R. MAYERs gedacht wird.

Bedenklicher ist es schon, wenn in der dauernden Weiterführung der Forschung vielfach R. MAYERs *umfassender energetischer Kausalbegriff in Vergessenheit gerät*, so daß statt seiner der enge Kausalbegriff der analytischen Mechanik oder der statistischen Mechanik größere Macht gewinnt, als ihm zukommt. Demnach wird es notwendig sein, zu fragen: Handelt es sich bei R. MAYERs dualem Kausalbegriff nur um eine verehrungswürdige Reliquie, die in kostbarem Schrein aufzubewahren ist, oder wohnt diesem dualen Kausalbegriff, dieser zwiespältigen Wirklehre, noch heute (um ein Wort von SCHELLING zu gebrauchen) „lebendiger Geist" inne?

Zur Beantwortung dieser Frage wird man von vornherein beachten müssen, daß „Erhaltung" und „Auslösung" keineswegs *mehr* als ein *Schema* der Kausalität bedeuten können, und daß es unbillig wäre, von einem Schema etwa neue sachliche Aufschlüsse oder besondere methodische Förderung zu verlangen; genug, wenn ein Schema dazu taugt, in formaler Hinsicht alle einschlägigen Erscheinungen ungezwungen und restlos aufzunehmen. Kommt dann noch die Möglichkeit hinzu, daß das Schema auch bestimmte *Fragestellungen* erlaubt und dadurch zur Klärung beiträgt, so ist alles erfüllt, was ein Schema überhaupt leisten kann. „Leer" muß es sein, damit es reichen Inhalt aufnehmen kann; den *Inhalt* aber bildet letzthin die Gesamtheit aller wissenschaftlichen Erkenntnisse. Die E.K.-A.K.-Scheidung dient zur Klärung der Probleme, nicht zur methodischen Lösung von Aufgaben.

38. Erweiterung des Begriffes „Erhaltungskausalität" (E.K.): stoffliche und energetische, einfache und komplexe, reale und formale, konkrete und abstrakte, physische und psychische Beharrungen.

In R. MAYERs Schriften sind schon die Keime enthalten, aus denen sich eine *allgemeinere Auffassung*, eine Erweiterung der E.K. (mit ihrer Einmischung der „Substantialität") entwickeln läßt. Einerseits hatte er der Erhaltung der „*Kraft*" schon die Erhaltung der *Materie* parallel gestellt, andererseits hat er oftmals die große Bedeutung von „größenmäßigen Erhaltungen" verschiedenster Art betont, vor allem in seinem Aufsatze „Über die Bedeutung unveränderlicher Größen" 1870; zudem werden bestimmte einzelne Erhaltungen, wie „Erhaltung des Sternentages" (M.I. 372), „Erhaltung der Sonnenstrahlung" (M.I. 462) beiläufig erwähnt.

Nimmt man noch den von R. MAYER anerkannten Begriff der W.W. hinzu und stellt diesen im Sinne von LOTZE an die Spitze, so läßt sich *eine Verallgemeinerung des R. MAYERschen Erhaltungsgedankens, samt angeschlossenem Auslösungsgedanken*, in folgender Weise gewinnen:

Jede Kausalität, jedes Verhältnis von Ursache und Wirkung, setzt *geordnete W.W. in der objektiv gegebenen Natur* (die menschliche Natur eingeschlossen) voraus, eine W.W. des Tuns und Erleidens letzthin im metaphysischen Urgrund des Seins und Geschehens. Liegt jeder *Veränderung* in der Natur durch W.W. das Vorhandensein wirksamer freier Energien zugrunde, die sich betätigen können (mechanische, thermische, chemische, elektromagnetische und strahlende Energien), so ist andererseits *Ordnung und Regelläufigkeit* in solcher Energiebetätigung nur möglich dank bestimmten *Erhaltungsgesetzen*, vermöge zahlreicher Invarianten und Konstanten von geringerer oder größerer Bedeutung und mit geringerer oder größerer Dauer der gekennzeichneten „Dinge". Umgruppierungen und Entfaltungen freier Energien kommen zustande durch *Anstoß, Anlaß und Auslösung*, indem ein Gebilde das andere beim Zusammentreffen oder bei längerem Beisammensein zur Aktion oder „Reaktion" und zur „Funktion" bringt. Erhaltung, Beharrung, Gleichbleibung bestimmter Verhältnisse und Strukturen schafft Fähigkeit und *Bereitschaft* für solch neues Geschehen.

Das allgemeine Kausalprinzip des Seins und Geschehens, des Werdens und Vergehens, läßt sich mithin in folgende Form bringen: *Bei jeglichem neuen Vorgange in der Welt infolge Wechselwirkung ist, wörtlich oder nur bildlich genommen, ein Etwas, das anstößt, anregt und veranlaßt oder auslöst, und ein anderes Etwas, das durch den Anstoß verändert wird oder sich verändert; außerdem aber auch etwas, das gleich bleibt und das erhalten bleibt, obwohl in immer neuen Formen und Verteilungen. Es gibt Erhaltungs-, Gleichbleibungs-, Äquivalenzursachen, und es gibt Anlaß-, Anstoß-, Auslösungsursachen; desgleichen auch -Wirkungen.*

Konkrete Wirklichkeitsgebilde von mehr oder minder langer Dauer, dazu abstrakte begriffliche Gleichbleibungen, Erhaltungen, Konstanzen, Invarianten gibt es auf allen Teilgebieten menschlicher Erkenntnis, für sämtliche Wissenschaften; zugrunde liegt durchweg ein *Beharrungsgesetz*, das in seiner *allgemeinsten Form* besagt: Ein Gebilde oder System materieller oder energetischer Art, das sein Dasein ungestört führen kann, wirkt, indem es sich selbst erhält — bzw. es wird bewirkt, indem es vom Weltengrund erhalten wird —; es wirkt irgendwie aber auch dann fort, wenn es durch Zusammensein oder durch Zusammengeraten mit einem anderen Gebilde oder System diesem etwas mitteilt oder es zur Entfaltung eigener Potenzen veranlaßt, mithin eine Formwandlung, eine Umsetzung oder Entwicklung bedingt und betätigt. Die Erhaltungskausalität wird dann zur *Übergabe-, zur Mitteilungs-, Umsetzungs- und Entfaltungskausalität* (142).

Schon bei R. Mayer und von da ab ununterbrochen auf allen Gebieten, wird der *Begriff der Beharrung und des völligen Gleichseins regelmäßig ergänzt (und berichtigt) durch den Begriff der Gleichwertigkeit, der Äquivalenz.* Ist es doch eine der großen Lehren der Entwicklung physikalischer Wissenschaft, daß wohl *keine einzige Erhaltung und Beharrung total und unbedingt* gilt. So kann man tatsächliche „Erhaltungen" in der Regel definieren als durch W.W. begrenzte Beharrung, oder durch Beharrung modifizierte Wandlung in W.W.-Beziehung. Schon seit längerem hat man sich an den Gedanken gewöhnt, daß keine einzige Teilerhaltung im Universum absolut sein mag; besteht ja sogar für Stoff und Energie unter extremen Umständen das Verhältnis der gegenseitigen Umwandlungsfähigkeit, der Äquivalenz. Von einer vollkommenen, d. h. ewigen individuellen Erhaltung wissen wir nicht.

In bezug auf energetische wie stoffliche Erhaltungen besagt demgemäß der Satz der E.K.: Im Falle des Ausbleibens von W.W. mit anderen Gebilden, daß ein Gebilde A einfacher oder komplexer Art sich wesenmäßig und größenmäßig gleich erhält; im Falle des Eintretens aktueller W.W. aber, daß trotz der beobachteten Wandlungen Äquivalenzbeziehungen zwischen dem Ausgangs- und dem Endzustand bestehen. *Äquivalenz höchster Form* gilt im Physikalischen, wie wir gegenwärtig wissen, für die *Beziehung von Materie und Energie*. „Strahlende Energie" kann sich in Dauermasse, in „Ruhmasse" verwandeln und umgekehrt (s. S. 86). E.K. im grundlegenden physikalischen Sinne bedeutet demnach, daß ein Stoffgebilde, solange es sich selbst überlassen bleibt, in seinem Zustande beharrt; und ferner: daß dann, wenn durch Anstoß eine Änderung eintrat, irgendein *Äquivalent der verschwundenen Größen* vorhanden ist.

Am reinsten prägt sich das Erhaltungsmoment der Kausalität in *stationären Systemen* (143) aus, von denen unser Sonnensystem ein klassisches Beispiel bildet. Zugleich zeigt dieses Beispiel, daß ein System im großen gesehen vollkommene oder nahezu vollkommene Erhaltungsgesetzlichkeit — Erhaltung der Ordnung — besitzen kann: Erhaltung der Umlaufszeiten und Umlaufskurven, regelmäßiger Tag-Nacht-Rhythmus usw., während bei der Betrachtung des Einzelnen (Vorgänge auf der Erde u. dgl). das erhabene Gleichmaß sich in stete Unruhe wandelt! E.K. reiner oder nahezu reiner Form kann also für ein System in der einen Hinsicht gelten, obgleich in anderen „untergeordneten" Beziehungen die materielle und energetische Konstellation dauernd wechselt (144).

Besteht im *ideal stationären System* (statischen System) E.K. in dem Sinne, daß ein Gebilde sich selbst total erhält, so wird im Falle von *Wechselwirkung im dynamischen System* die E.K. dahin modifiziert, daß nunmehr nur noch bestimmte Größenbeziehungen, bestimmte Zahlenverhältnisse, mitunter auch bestimmte Rückverwandlungsverhältnisse gelten, z. B. gemäß $2\,H_2O \rightleftharpoons 2\,H_2 + O_2$. Die E.K. ist hier zur *Umsetzungskausalität* geworden, in der nur noch bestimmte quantitative Gleichsetzungen zu finden sind, während die „Qualität" gewechselt hat; z. B. Umwandlung von Licht in Wärme, von elektrischer in mechanische Energie usw. Vollkommen *reale und konkrete Erhaltungen* eines Individuums, eines Kollektivs sind mithin wohl zu scheiden von lediglich *abstrakten und begrifflichen* „*Erhaltungen*", wie der Gaskonstante R, PLANCKs Wirkungskonstante h, SOMMERFELDs Feinstrukturkonstante und sonstigen bedeutsamen Invarianten (s. hierzu C. J. KEYSER, über „Invarianz").

Im großen und ganzen erscheint heute sowohl die Erhaltung des Stoffes wie „das Energieprinzip als Kausalmaß" so selbstverständlich, daß es lediglich auf neuen Gebieten — z. B. der Kernphysik, der Höhenstrahlung u. dgl. — hie und da von neuem überprüft werden muß. Demgemäß rückt der Schwerpunkt der Forschung immer mehr auf die *Bestimmung und Verfolgung besonderer Erhaltungsgrößen*.

E.K. ist, wie bereits früher angeführt, zum ersten Male in den *Bewegungsgesetzen* terrestrischer und astronomischer Mechanik beobachtet worden: in der Erhaltung der Bewegungsgröße, der lebendigen Kraft, der Masse, des Schwerpunktes, der Wirbelstruktur. Bald aber ist auch die *Chemie* vom Erhaltungsgedanken durchdrungen worden: Hier besteht eine Erhaltung des Stoffes; sie wird schematisch dargestellt in der chemischen Reaktionsgleichung, die unter Berücksichtigung thermischer, elektrischer und sonstiger in Betracht kommender Energieformen, den Satz „causa aequat effectum", besonders deutlich dartut (145). Dazu kommen weiter Erhaltungen auf den Gebieten der Wärme, der Elektrizität (Elektrizitätsmenge, elektrische Einheitsladung usw.); sowie der Strahlung. Im einzelnen gibt es beschränkte Erhaltung des Atoms, der Molekel, des Körpers, eine Erhaltungsneigung der Witterung; elektrochemische und photochemische Äquivalenzen, Erhaltung der Gestalt usw.

Für die Lebensvorgänge insbesondere ist es wesentlich, daß alle chemische Kausalität infolge vorhandener „Trägheit" der Stoffgebilde nur *allmählich und stufenförmig vom Labilen zum Stabilen* führt. Sämtliche organischen Verbindungen des Organismus sind in Gegenwart von Sauerstoff instabil oder metastabil; stabil sind nur die Endprodukte Kohlensäure, Methan, Wasser, Harnstoff u. dgl. Ohne die chemische Trägheit „würde das ganze Reich organischer Verbindungen auf wenige Dutzend Stoffe zusammenschrumpfen" (Polanyi). „Bei der Temperatur der Erdoberfläche sind in sehr großem Umfange auch gleichgewichtsferne chemische Systeme im Schutze der Aktivierungswärme beständig" (P. Günther).

E.K. ist *der Rahmen für alles makro- wie mikrophysikalische Geschehen*. „Jedes physikalische System, es mag mechanisch oder nicht mechanisch sein, dessen Bewegung durch Differentialgleichungen bestimmt ist, wird gewisse Erhaltungseigenschaften zeigen" (Lindemann; „Erhaltungsfunktion" nach Poincaré). „Was wir von dem Reellen außer uns, der Materie und Kraft, in vollkommen adäquater Weise wissen, besteht in numerischen Werten, den *Konstanten* der Natur" (Riehl). „Alle Wirklichkeitsbereiche durchdringt eine Beharrungstendenz" (A. Wenzl).

Von unten aufsteigend erkennt man neben der Unzahl besonderer, oft sehr spezifischer Konstanten (z. B. des Atomgewichtes in der Chemie) immer mehr *zusammenfassende allgemeine Konstanten*, von denen im Idealfall die besonderen rechnerisch abzuleiten wären; an der Spitze stehen schließlich die „Weltkonstanten" (146).

Beharrungen und Erhaltungen verschiedenster Dauer, nebst entsprechenden Äquivalenten, finden wir auf höherer Ebene wieder, wenn wir in das *Gebiet des Lebenden* vorschreiten. Was im Anorganischen das Beharrungsvermögen, die sog. „Trägheit", das ist und leistet im Organismischen die „Selbsterhaltungstendenz des Individuums", die

„Mneme" als erhaltendes Prinzip im Wechsel des organischen Geschehens (SEMON, BLEULER).

Als Beispiele der Erhaltung biologischer „Gestalten" oder Ganzheiten seien genannt diejenige der Biokatalysatoren und Wirkstoffe, der Genstoffe und ihrer Konstellation in den Genen, dieser wiederum in den Chromosomen; Erhaltung der Blutgruppenstoffe, der Enzyme, der l-Aminosäuren des Körpereiweiß, des Artplasmas, der Erbanlagen, des Individuums (samt seinen Formbildungen, angeborenen und mitgebrachten „Suchbildern", Trieben und Instinkten), des Genotypus, des Bauplanes, der Art, der Rasse usw. sowie des Lebens selbst. Die spezifischen Proteinketten des individuellen Körperplasmas „stellen im Leben der Zelle gewissermaßen den ruhenden Pol in der Erscheinungen Flucht dar" (W. J. SCHMIDT). Besondere Bedeutung erlangt neben der „Erhaltung des Grades der Mannigfaltigkeit" (DRIESCH) die Erhaltung bestimmter Verhältnisse, Dispositionen, Rhythmen und Zyklen (Rhythmogramme und Periodogramme); z. B. Erhaltung der Kern-Plasmarelation, des Erbstockes als Keimganganlage, Lebensrhythmen der Ernährung und Entwicklung (rhythmisches Kernwachstum usw.), der Atmung, des Blutkreislaufes; die dauernde Wiederkehr bestimmter Metamorphosen und Entwicklungyzyklen (=Äquivalenzen höherer Art) usw., bei im ganzen einsinnig und nicht umkehrbar fortlaufendem Geschehen (147). Das Bestehen und Hervortreten bestimmter energetischer Erhaltungskomplexe nennt man einigermaßen irreführend Mechanismen, Automatismen.

KRÖNIG spricht von einem „eigensinnigen Festhalten der Substanzen an den ihnen einmal zukommenden Eigenschaften", von einer „widerwärtigen Konsequenz." „In der unbelebten Welt spricht man von Atomen, in der lebenden Welt finden wir Individuen" (R. MAYER, S. 77). Übertragungsweise spricht man von einem „organischen Gedächtnis" (HERING) als einem „Erinnerungsvermögen der Körperzellen und Gewebe", das sich in Formbildung und Regeneration, sowie in Trieb- und Instinkthandlungen ausspricht. „In der Mneme der Zellen sind die Erfahrungen vieler, vieler Jahrtausende niedergelegt" (B. R. MÜLLER-Erlangen). „Leben ist: Geburt und Tod. Das Lebende entsteht nicht aus dem Toten. — Leben finden wir als Lebende vor; es entsteht nicht, sondern es ist schon da; es fängt nicht an, denn es hat schon angefangen" (V. v. WEIZSÄCKER). Der Stoff aber ist beim Leben nur zu Gaste.

Schon auf dem Gebiete konkreter Sachverhalte sind logisch zwei *Formen der Erhaltung* zu scheiden:

a) reale Erhaltung als Individuum (nach der Art des Ziegelsteins im Mauerwerk);

b) formale Erhaltung ohne individuelles Weiterbestehen, mit einem Aufgehen in höherer Ganzheit. Hier gilt E.K. nicht für Inhalt und „Qualität", sondern rein als „Rechengröße", also gewissermaßen virtuell und fiktiv, lediglich im Sinne der „Äquivalenz".

So kann z. B. von einer wirklichen individuellen Erhaltung eines Lichtquants, beim Auftreffen auf ein absorbierendes Gebilde, nicht die Rede sein. Vielmehr geht seine Energie — und damit es selber — ohne weiteres im angestoßenen Gebilde auf, dessen Energiegehalt vermehrend und verändernd. „Photonen", überhaupt rein energetische Feldzustände und Gestalten, können nie auf „Individualität" Anspruch erheben. Auch von der Individualität eines Elektrons, eines Positrons, mit der Möglichkeit der Identifizierung, des Wiedererkanntwerdens kann kaum gesprochen werden.

Übergangs- und Zwischenformen von realer Erhaltung und bloßer „Äquivalenz" sind mannigfach vorhanden, z. B. das gedachte „Weiterbestehen" von Atomen und Atomgruppen in der Molekel, von Molekeln und Ionen in Kristallen und in Lösungen; hier ist „Individualität", soweit verloren gegangen, doch durch Umkehrung der Reaktion wiederherstellbar. Ein eigenartiges Zerfließen der Individualität zeigt sich in dem Verhältnis von Proton und Neutron im Atomkern, samt dem „Austauschpartner" Elektron oder Positron.

„Individualität", haltbares Eigendasein, kommt an sich nur *stofflichen* Gebilden zu und kann hier auf hoher Stufe, auf der Stufe des Lebens, zur „Personalität" werden. Sie ist aber um so vergänglicher und zerbrechlicher, je komplizierter das Gebilde gebaut ist. Einfachere Ganzheiten wie der Kristall oder gar die Molekel, das Atom, sind beständiger; volle erhaltungsmäßige Individualität besitzt indes nicht einmal der Atomkern.

Von durchaus formaler, ja „fiktiver" Art sind, rein stofflich gesehen, fast sämtliche *Erhaltungen biologischer Art.* Auf dem Wege der Assimilation und der Dissimilation des „Stoffwechsels" findet eine stete Erneuerung, richtiger Ersetzung der elementaren Stoffgebilde (Molekeln) des lebenden Körpers statt — wird doch ein Mensch von 70 Jahren kaum eines derjenigen Atome noch besitzen, die ihm bei der Geburt mitgegeben wurden —; und der Tatsache der *Autokatalyse* ist es zu danken, wenn sich z. B. Artplasma und Blutgruppenstoffe als Form, als verwirklichte Idee, nicht nur im individuellen Leben, sondern sogar durch Generationen hindurch unverändert erhalten. *Vererbung* ist eine durch Autokatalyse (auch formative Autokatalyse) ermöglichte und von höherer Gesetzlichkeit beherrschte Art der E.K., die durch W.W. mit der Umwelt (Anpassung) modifiziert wird. Dabei gilt schließlich: „Auch Veränderlichkeit wird vererbt" (Bier). Biologische Erhaltungen können durch mannigfache Anstöße modifiziert, gesteigert und erhöht werden; folgen die neuen Formen wiederum einer E.K. (nebst weiterer Steigerung), so wird das „Entwicklung" genannt.

Auch das *Gebiet des Psychischen* und demgemäß die Gesamtheit der Geisteswissenschaften, der Kultur- und historischen Disziplinen, zeigt zahlreiche Erhaltungen. Die Tatsache des Gedächtnisses, das sich in Reproduktion, in Erinnerung betätigt und das die Voraussetzung jeder höheren geistigen Tätigkeit bildet, offenbart eine *fundamentale psychische E.K.*, die zwar einer unmittelbar energetischen Betrachtungsweise und demgemäß auch einer zahlenmäßigen Erfassung unzugänglich sein muß, die jedoch ein ausgesprochenes „Bestehenbleiben im Wechsel" anzeigt. „Von allen Vorstellungen bleibt etwas zurück, keine kann völlig ausgelöscht werden" [Eisler (148)]. Auf höherer Ebene führt psychische Beharrung zu den „*konservativen Tendenzen*", der Erhaltung geistiger Güter und Werte in der Geschichte des einzelnen Menschen wie ganzer Völker und Rassen.

Gleichwie auf physischem, so stehen auch auf psychischem Gebiet neben der *Erhaltungen* (als bedingten und beschränkten Beharrungen) zahlreiche

Äquivalenzen besonderer Art. So lehrt V. v. WEIZSÄCKER ein Äquivalenz-prinzip im Gestaltkreis" als „Prinzip der Stellvertretung in der Einordnung des Subjektes in seine Umwelt"; z. B. „eine Wahrnehmung kann eine Be-wegung vertreten und umgekehrt".

Immer ist indessen im Auge zu behalten, daß es eine „geistige Energie" im Sinne erhaltungsgemäßer quantitativer Beziehungen nicht gibt. Für die Geistesgeschichte im ganzen mag zutreffen, daß — nach R. MAYER (S. 77) von dem Erhaltungssatze die „sterile" Hälfte: ex nihilo nihil fit, nicht mehr gilt, sondern nur die andere Hälfte: nihil fit ad nihilum!

Auch der *Unsterblichkeitsgedanke* entspringt einem Reflektieren in E.K. „Die Seel in mir ist aus Etwas geworden; darum sie nicht zu Nichts kommt: denn aus Etwas kommt sie" (PARACELSUS, zitiert bei SCHOPENHAUER, DEUSSEN II. 555). Ferner ist NIETZSCHEs „Ewige Wiederkunft des Gleichen" eine Art grandiosen Denkens in E.K., gleich-wie auch der alte Gedanke der Seelenwanderung.

LEIBNIZ kennt eine Erhaltung der Persönlichkeit, des Ich, und schließt aus der „Erhaltung der Seele", daß „der Tod nur scheinbar und nur eine Einhüllung ist". „Weswegen wir nicht zu fürchten brauchen, daß irgendein besonderes wahres Wesen wirklich vernichtet werde oder vergehe oder sich ins Leere verliere, woselbst es sich in Nichts auflösen könnte" (GIARDANO BRUNO).

39. Auslösungs- oder Anstoßkausalität (A.K.) in ihrem Verhältnis zur Erhaltungskausalität; bemessene und gerichtete Auslösung, Verstärkung, Steuerung u. dgl.

E.K. und A.K. bilden gewissermaßen ein „fiktives Begriffspaar" im Sinne von VAIHINGER, besser ein gepaartes Begriffssymbol, einen „Kom-plementarismus" in der Weise, daß das eine durch das andere die not-wendige Ergänzung und genauere Bestimmung erfährt. Während bei der E.K. „Beharrung" und „stationäres System" die wichtigsten Stich-worte sind, steht bei der A.K. die *„potentielle Energie" und deren Über-gang in den „Akt" im Vordergrund* des Interesses (149). Übereinstimmung herrscht insofern, als auch für die A.K. die wichtigsten Leitgedanken bereits in R. MAYERs Schriften enthalten sind.

A.K. in ihrer Beziehung zur E.K. tritt am deutlichsten in die Erschei-nung auf dem Gebiete einfacher Mechanik, das auch der ganzen Vor-gangsgruppe die Namensbezeichnungen gegeben hat. „Anstoß" im wahren Sinne des Wortes liefert der Fußtritt, der das Herabstürzen einer Lawine verursacht; der Sperrhaken eines gehemmten Uhrwerkes kann gelöst, ein mit Haken und Seil an der Spitze einer Gleitfläche befestigter Schlitten losgehakt, eine Bombe vom Flugzeug abgelöst oder ausgelöst werden; eine Schleuse wird emporgezogen, ein Wasser-hahn geöffnet, eine Maschine angelassen oder angekurbelt, eine Schaltung geöffnet und geschlossen usw. Auslösung kann geschehen durch ein-maligen Anstoß, oder auch durch wiederholten Anstoß, durch längeres Beisammensein, durch Dauergegenwart. Als Gegenstück der Auslösung und Enthemmung erscheint Hemmung, Sperrung, Blockierung u. dgl.

Durchweg gilt: „Es erweist sich gerade die Verbindung von kleiner Ursache und großer Wirkung in den Naturwissenschaften als besonders wichtig" (MARK).

Das innere Verhältnis von A.K. und E.K. läßt sich in Ergänzung der S. 136 gegebenen Erörterung in folgendem *Schema* andeuten:

I. Reine Erhaltungs- oder Gleichbleibungskausalität: Stationäre Systeme mit dauernd gleichem Geschehen an dem gleichen „Substrat". Beispiel: Ein sich selbst überlassenes nichtradioaktives Atom, ein „ruhender" Kristall als ein Ding mit ganzheitlicher W.W. der Teile.

Eine *Sonderform* reiner E.K. ist zu beobachten, wenn ein Energiebetrag von einem Gebilde zu dem anderen restlos übergeht, bei Kollektiven vielfach in einer Art „Kettenreaktion". Hier wird die E.K. zur reinen *Mitteilungs- oder Übertragungskausalität.* Eine solche liegt z. B. vor, wenn eine sich bewegende Kugel A ihre Energie auf eine ruhende Kugel B überträgt, diese nunmehr bewegte Kugel B desgleichen auf C usw. Für das *Ganze* besteht im Idealfall reibungsloser Bewegung *Erhaltung* der „lebendigen Kraft", andernfalls doch *Erhaltung* der Gesamtenergie, während für das *Individuum* potentielle und kinetische Energie in dauerndem Wechselspiel stehen. Ein anderes einfaches Beispiel ist das Anstoßen eines in der Ruhelage befindlichen Pendels oder einer Pendelreihe, mit vollkommener Übertragung und Erhaltung der anstoßenden Energie. Größere Komplikationen treten in der chemischen „Kettenreaktion" auf, die durch katalytischen oder energetischen Anstoß ausgelöst wird (oder „startet"), und dann auch ähnlich abgebrochen wird.

Gerade bei Kollektiven zeigt sich deutlich die Verträglichkeit der E.K. (im ganzen) mit der A.K. (für die einzelnen Glieder). Das typische Beispiel hierfür ist eine abgeschlossene ruhende Gasmasse: hier findet die Thermodynamik Gleichbleibung, Identität, Erhaltung, die kinetische Gastheorie jedoch dauerndes Geschehen mit millionenfacher A.K. im einzelnen, die im Gesamtresultat nicht mehr sichtbar ist. Darum auch: „Für das einzelne Teilchen kann der II. Hauptsatz nicht gelten" (W. WIEN).

II. Reine Auslösungs- oder Anlaßkausalität. Sie ist gegeben, wenn die Wechselwirkung zwischen stofflich-energetischen Gebilden sich derart unsymmetrisch vollzieht, daß das eine Gebilde B (das in besonderem Sinne „angestoßene") seine Wandlungen *ganz und gar* vermöge eigener latenter, durch den Anstoß freiwerdender Energien vollzieht, während das „anstoßende" Gebilde A ohne besondere Beachtlichkeit im Resultat aufgeht oder im wesentlichen unverändert weiterbesteht. Es handelt sich also um Systeme, deren potentielle Energie, d. h. aufgespeicherte, gestaute, gesperrte, gehemmte, blockierte, gehinderte Arbeitsfähigkeit durch ein für die Gesamtbilanz energetisch belangloses „Kommando" zur Freilegung, Aktivierung, Entfaltung und Auswirkung gelangt. „Auslösung ist Anlaß für die Entspannung freier Energie" (A. WAGNER).

,,Ursache ist jenes Geschehen, welches der eigentliche Auslöser und Erzeuger eines anderen ist. Auslösung heißt die Aktualisierung von Energie durch eine ihr nicht adäquate Energie oder Kraft" (Eisler).

Das deutlichste Beispiel für solche A.K. stellt die *typische Katalyse* dar, indem hier der Katalysator aus der stofflichen und energetischen Reaktionsbilanz ganz ,,herausfällt". Als eine Art stofflicher A.K. zweiter Ordnung erscheint die ,,*Aktivatorwirkung*", gemäß welcher die katalytische Wirkung bestimmter Stoffe durch Zugabe weiterer, für sich vielfach indifferenter Stoffe noch genauer bestimmt, verstärkt, gerichtet oder spezifiziert werden kann. Dieselbe *Nichtadditivität der A.K.* findet sich auf physiologischem Gebiet in reichstem Maße wieder. Lipoidlösliche Farbstoffe können schon in kleinsten Mengen die Wirkung von Einschläferungsmitteln unterstützen. Enzyme und Co-Enzyme, sowie Hormone usw. zeigen Kooperation, als Verstärkung, Abschwächung, Beeinträchtigung, Modifizierung (150).

Der Katalyse als ,,sauberster" Form von A.K. stehen nahe solche Vorgänge, bei denen ein für das Ganze belangloser — wenn auch energetisch nicht ganz verschwindender — Anstoß eine ,,Entladung" starker latenter Energien herbeiführt: der Funke im Pulverfaß, das gesprochene Wort, das im Hochgebirge eine Lawine entfesseln kann. Mit einem Minimum von Energieaufwand können, wie bereits R. Mayer erkannt hat, große Energiemengen betätigt, abgelenkt (auch ,,suspendiert") und gesteuert werden (Weichenstellung, elektrische Schaltung, Lawinenreaktion, Kettenreaktion, explosive Katastrophenreaktion usw.).

Schon bei der *Katalyse* zeigt sich eine *Gegensätzlichkeit thermodynamischer und kinetischer Betrachtung,* die für jede Kollektiverscheinung besteht. Der katalytische Urakt der einzelnen Molekel, des einzelnen Ions, in der Regel aus einer Addition an einen Reaktionspartner bestehend, stellt durchaus eine *energetische Betätigung* dar. Da dieser Akt aber durch Wegnahme des Partners, durch ,,Lösung des Verhältnisses" rückgängig gemacht wird und dieser Wechsel tausend- und millionenmal unmittelbar wiederholt werden kann, so ist die Tätigkeit des Katalysators *im ganzen,* in brutto, ein ,,bilanzfreier Impuls" (nach Woltereck). Strenge A.K. ohne Energiemitteilung besteht nur für das Kollektiv, den Gesamtvorgang, nicht aber für die Einzelakte der einzelnen Elementargebilde, in die der Gesamtvorgang (z. B. der Ammoniakoxydation) logisch zerlegt werden kann. Als reinste Form der A.K. erscheint mithin die Katalyse nur dann, wenn man den *Gesamtvorgang* eine geraume Zeit hindurch ins Auge faßt. Zergliedert man diesen Vorgang in die Elementarprozesse, so findet man oftmals wiederholte energetische Wechselwirkung des katalysierenden Gebildes mit dem katalysierten Substrat, gemäß Äquivalenzgesetzen, und im Einklang mit Thermodynamik und Kinetik. Nur dadurch, daß das katalysierende Gebilde in pulsierendem Spiel immer wieder ,,hinausgeworfen" wird, der ,,Einwicklung" sofort wieder ,,Auswicklung" folgt, ergibt sich summarisch die ,,Wirkung scheinbar durch bloße Gegenwart".

Neben der gewöhnlichen Katalyse, die ein längeres Beisammensein von Katalysator und Substrat verlangt, gibt es auch Katalyse in einmaligem Anstoß: katalytische *Initialzündung,* die momentan zur Umsetzung, zum Gleichgewicht führt. Hier wie auch bei anderen explosiven Vorgängen spielt die *Kettenreaktion* mit ihrem Staffettenverlauf eine bedeutsame Rolle.

Schon bei der Katalyse wird deutlich, daß die Nebeneinanderstellung von A.K. und E.K. eine *logische Scheidung von Teilmomenten* bedeutet, die in Wirklichkeit so gut wie immer eine einheitliche Erscheinung darstellen. Demnach ist vor allem zu konstatieren:

III. Verquickung von E.K. und A.K., von der Art, daß in dem Gesamtresultat sowohl die vom anstoßenden Gebilde A mitgeteilte Energie wie auch die von dem angestoßenen Gebilde B daraufhin frei betätigte Energie quantitativ bedeutsam ist. Hierher gehören die meisten chemischen und physiologischen Reaktionen, auch die thermisch, optisch, elektrisch angestoßenen. Jede Änderung der Umweltbedingungen (Druck, Temperatur usw.) kann als Anstoß für neues Geschehen dienen. Photochemische Vorgänge, wie die Zündung von Chlorknallgas und die CO_2-Assimilation, beginnen mit dem Primärakt einer Energieübertragung nach Äquivalenzgesetzen; hieran schließen sich „von selbst" verlaufende Reaktionsketten, als „Dunkelreaktionen".

E.K. und A.K. treten in der Natur so gut wie immer vereinigt und verkoppelt auf; was tatsächlich beobachtet wird, ist regelmäßig „Umsetzungskausalität", die in vieler Fällen zur „Ganzheits"-, weiter zur Führungs- und Entwicklungskausalität wird. Schon in elementarer „Funktion" (in physikalischer wie physiologischer Wortbedeutung) sind A.K. und E.K. regelmäßig zusammengeflossen und vereinigt. Selbst abstrakteste physikalische Zahlensymbolik, z. B. gemäß der Quantentheorie, zeigt durchgängig ein Zusammensein von A.K. und E.K. an, sobald man auf ihre Beobachtungsgrundlage zurückgeht. Der Einzelakt setzt voraus „Potenz" (Fähigkeit, Vermögen, Tatbereitschaft) einerseits, Antrieb oder „Impuls" andererseits (das Wort in seinem allgemeinen, nicht in dem bestimmten Sinne der Mechanik genommen); beides zusammen gibt die „Tendenz".

Ebenso wie jeder chemische Vorgang setzt auch jedes *biologische Geschehen* gewisse physische Potentialdifferenzen, Polaritäten oder energetische Gefälle des Systems voraus; nur ausnahmsweise wird hierbei die Potenz scheinbar „ganz von selbst" zum Akt (ähnlich der „autonomen" Zersetzung eines Radiumatomes); zumeist kann ein Anreger, Veranlasser, Vermittler und Lenker festgestellt werden. Immer jedoch vereinigt sich auch im physiologischen und biologischen Kausalbegriff die Vorstellung dauernder oder zeitweiliger *Erhaltung* gewisser elementarer oder ganzheitlicher Größengebilde mit der weiteren Vorstellung einer *Veränderung durch „Anstoß",* vermöge W.W. inmitten des Seienden.

Die biologische Entwicklungspotenz scheidet sich in Organisations-, Gestaltungs-, Differenzierungs-, Wachstumspotenz. Nach RAVEN schließt jede Teilpotenz in sich ein Reaktionsvermögen auf induzierende Reize (passive Potenz) und Eigentendenzen des Materials (aktive Potenz).

Unterschiede besonderer Art ergeben sich, je nachdem das anstoßende Gebilde rein *energetischer* Art (ein Photon, ein elektrisches Kraftfeld) oder *stofflich-energetischer* Art ist (ein Körper, eine Molekel, ein Elektron). Wenigstens *eines* von den in W.W. stehenden Gebilden muß stofflicher Art sein, da *W.W. zwischen rein energetischen Gebilden in Abwesenheit von Materie nicht stattfindet bzw. uns unbekannt ist:* durch einen Punkt des stofflosen Vakuums können beliebige „Wellen" hindurchstreichen, ohne sich gegenseitig zu beeinträchtigen. (Siehe Abschn. 6.)

Bei a) rein energetischer Einwirkung geht der Anstoß in seiner Auswirkung vollkommen auf; eine elektrische Entladung, ein optischer Reiz, ein Gammastrahl wird endgültig aufgenommen und verschwindet als Individuum. Bei b) stofflich- bzw. körperlich-energetischem Anstoß hingegen bleibt in der Regel das anstoßende Etwas *A*, also ein Elektron, ein Proton, ein Atom, ein Ion, eine Molekel, ein Kristall *irgendwie erhalten*, und zwar mit *zwei verschiedenen Möglichkeiten:* Es wird entweder *Bestandteil einer höheren Ganzheit*, aus der es, zumindest virtuell, durch einen Reversionsprozeß als Individuum wieder „herausgelöst" werden kann; das ist vor allem die Weise der chemischen Umsetzung mit ihren besonderen Komplikationen in Elektrochemie, Photochemie, Kolloidchemie, Radiochemie, Magnetochemie usw. Oder aber das anstoßende Gebilde *A* bleibt als solches nach Mitteilung eigener bzw. nach Entfachung fremder Energie (von *B*) *körperlich erhalten;* so beim Stoß der Kugel gegen den Kegel oder beim „Stoß" der Platinpille gegen das Knallgasgemisch (im letzteren Falle, der Katalyse, genau besehen eine Loslösung nach vorübergehender energetischer Fesselung, mit unmittelbarer Bereitschaft zu neuem Tun).

In *Physiologie und Biologie* ist eine Verfolgung solcher stofflich-energetischer Anstoßkausalität oft mit der Aufwerfung der Frage verknüpft: Wie weit wirken Anlaß- und Induktionsstoffe, Führungs- und Regelungsstoffe, Reizungs- und Hochleistungsstoffe, Erregungs- und Hemmungsstoffe, Prägungs- und Entwicklungsstoffe rein *katalytisch* (etwa als Spurenstoffe) oder aber durch Einwicklung in Reaktionsnetze ohne unmittelbare Auswicklung (s. STAUDINGER u. a.). Grenzen der Biokatalyse (auch formativer Katalyse) deutet HASEBROEK an: „Der Katalyse fehlen die Beziehungen zum Leib-Seele-Problem als Begleitung eines stofflichen Vererbungsgeschehens."

„Die katalytische Wirkung leitet zum Reiz über" (FRIEDERICHS). „Im Sinnesorgan wird die Erregung durch *Reize* erzeugt" (ROHRACHER). Reflexe, Tropismen und Taxien, Trieb- und Instinkthandlungen sind Kausalketten oder Kausalnetze, in denen neben elementaren Gleichbleibungs-Kausalismen stofflicher und energetischer Art die „Auslösung" eine bedeutsame Rolle spielt. Hier, auf höherer Stufe, ist die A.K. zur *Reizkausalität* geworden, und darüber lagert sich die Willens- und Wirkenskausalität als *Motivkausalität* [Motivation nach SCHOPENHAUER (151)].

Eine solche Einordnung biologischer Reizwirkung in die A.K. soll nicht bedeuten, daß in den einzelnen Stufen des Gesamtvorganges, in den Gliedern der gesamten Reizkette Äquivalenzverhältnisse ausgeschlossen seien; folgt doch z. B. der Primärakt der Lichtquantabsorption durch die lichtempfindliche Substanz der Retina oder durch die Chlorophyllsubstanz der Pflanze durchaus dem photochemischen Äquivalenzgesetz. Nach G. v. FRANKENBERG gibt es zahllose „Auslösungsmechanismen", die „so etwas wie eine gespannte Feder" voraussetzen; auf anorganischem Gebiet etwa die Einschaltung eines Motors durch den Sonnenstrahl mit Hilfe einer photoelektrischen Zelle, oder die Fernsteuerung eines Schiffes durch elektrische Wellen, die ein ähnliches Mißverhältnis zwischen Reiz und Effekt zeigt wie physiologische Auslösung, mit bisweilen „fast explosionsartigen Wirkungen". Nach BUYTENDIJK erhält der Reiz seine Signaleigenschaft nur durch eine Zuwendung (Resonanz) und „nur in seiner Beziehung zu einem Situationsganzen". P. WEISS spricht von Erregungsspezifität und Erregungsresonanz.

Das Verhältnis von A.K. und E.K. läßt sich auch an dem *Begriff des Gleichgewichts* (mechanischen, chemischen, elektrischen, strahlenden usw.) verdeutlichen. Es folgen aufeinander etwa: Besitz eines Gleichgewichts, Störung dieses Zustandes durch A.K., Streben nach neuem Gleichgewicht, Erreichung eines solchen oder eines stationären Zustandes usw. Im Organismus darf Zeit des Lebens diese Rechnung nie glatt aufgehen.

Die biologische A.K samt ihrer Reizwirkung setzt sich fort in der *seelisch-geistigen A.K.* von Tier und Mensch, mit einer geheimnisvollen Tätigkeit des „Unbewußten" und einer hierauf gegründeten offenbaren Motivwirkung des Willens, sowohl beim Einzelmenschen wie bei beliebigen menschlichen Lebensgemeinschaften. Schließlich stellt sich die Völker- und Rassengeschichte — politisch wie kulturell — als eine Kopplung von Erhaltungstendenzen und revolutionären Anstößen zur Veränderung dar, mit immer wiederkehrender Entzweiung und Harmonisierung. In Erziehung, Wirtschaftslenkung und politischer Führung macht sich steuernde Auslösung geltend. Immer handelt es sich darum, durch bestimmte Anstöße vorhandene latente Energien individueller oder kollektiver Organismen derart zur Entfaltung zu bringen, daß gewünschte Erfolge erzielt werden. Von historischen „kleinen" Anstoßursachen gilt oft, „daß der Gang der Weltgeschichte, die Schicksale von Reichen und Völkern, fortwährend von solchen Nebensächlichkeiten beeinflußt werden" (OTTO GMELIN). Schöpferische A.K. hohen Stiles aber kommt dem politischen Genius zu. Auch der Krieg ist große „treibende Kraft" (H. STEGEMANN).

Grundvoraussetzung und Probleme der A.K.

Im Mittelpunkt jeder Betrachtung der A.K. im allgemeinen Sinne steht die Tatsache der *potentiellen Energie* eines Gebildes oder Systems mit ihren Hemmungen, Verzögerungen und Trägheiten, wie solche vor allem auf rein chemischem Gebiete zur Erscheinung gelangen. Auf dem mechanischen Gebiet spielt ein derartiges Eigenzögern und Sichzurückhalten nur eine geringe Rolle; der Zeitfaktor ist hier in der Gesetzlichkeit meist unmittelbar enthalten. Anders schon im Gebiet der *Elektrizität* und noch mehr in der *Chemie*.

Eine Leydener Flasche kann bei guter Isolierung lange Zeit geladen dastehen, bis die Berührung eines Leiters zu „Entladung", d. h. Ausgleichung des Intensitätsgefälles der Energie führt. Ein Knallgasgemisch kann bei gewöhnlicher Temperatur wohl Tausende von Jahren praktisch unverändert seine ungeheure potentielle Energie bewahren, wenn nicht ein Katalysator oder ein Funke anstoßend und auslösend eingreift. Die Wirkung eines solchen Katalysators ist durchaus verschieden von der Wirkung etwa einer anstoßenden Kugel beim elastischen Stoß, eines Photons beim Auftreffen auf eine Elektronenwolke: während hier der Partner B gewissermaßen sich rein rezeptiv verhält, indem er ja nur fremde Energie sich einverleibt, gelangt z. B. im Falle der Katalyse das Gebilde B zur *Betätigung eigener vorher gehemmter, latenter, schlummernder, potentieller Energien*, die durch das Agens A angeregt, freigemacht, angestachelt oder „aktiviert" werden; es schöpft aus eigenem Potenzenschatz, wobei A nur den Anreger und Vermittler spielt (vgl. S. 131).

Jede analysierende und „atomisierende" Betrachtungsweise läuft schließlich auf eine Zergliederung auf der Grundlage von E.K. und A.K. in *Elementarprozessen* hinaus: gegenseitige Einwirkung von Elementargebilden, z. B. Stoß eines Photons auf ein Elektron usw., eines Elektrons, eines Protons, eines Neutrons (im beschießenden Strahl) auf ein anderes empfängliches Gebilde; die Wirkung eines Atoms, einer Molekel auf ein gleichartiges oder andersartiges Ding. Zugleich offenbaren sich bei derartigen, mit heutigen Hilfsmitteln vielfach ausführbaren Versuchen die *Grenzen rein mechanischer Kausalbetrachtung*. Durch Summierung zahlreicher gleichartiger Teilprozesse (nebst Vor- und Folgeakten) ergeben sich die mannigfachsten „Effekte", ganz allgemein die physischen, chemischen und physiologischen „Reaktionen" und „Funktionen".

Eine tiefgehende Problematik enthüllt die Betrachtung eines Systemes gleichartiger *radioaktiver Atome* (z. B. Uran), von denen nach spezifisch bestimmter zeitlicher Gesetzmäßigkeit (in Halbwertzeit-Regeln formuliert) eines nach dem anderen „spontan" zerfällt. *Was bildet hier den Anstoß, den Anlaß, den Erreger?* Formal beantwortet: das *Gesetz* als statistisches Gesetz, das ein Ganzheitsgesetz ist. Woher aber kennt das Atom sein Gesetz — z. B. im Falle von tausend in einer Tonne Urgestein verteilten Radiumatomen? Muß hier wohl eine Ubiquität der Atome (nach v. OETTINGEN, u. a.) und damit ein überräumliches „Inbeziehungstehen", ein „Voneinanderwissen" mit Befolgung höherer Befehlsworte angenommen werden? (Nach WIECHERT — zitiert bei NERNST — sollen es Schwankungen der Nullpunktsenergie des Lichtäthers sein, die den explosiven Zerfall der Atome eines radioaktiven Elementes auslösen.) Auf alle Fälle besteht für die einzelnen räumlich getrennten Individuen eine *Gesetzmäßigkeit des Handelns,* die dafür sorgt, daß in jedem Zeitintervall nicht mehr oder weniger Individuen zerfallen, als dem Zeitgesetz mit seiner Kommandogewalt entspricht. Die Zerfallskonstante des Gesetzes gibt hier gewissermaßen die „Anweisung von oben"; sie erscheint so als *„ideeller oder virtueller Anstoß",* der einer extrem mechanistisch-materialistisch gerichteten Deutungsweise paradox erscheinen muß.

Zu ähnlichen Denkschwierigkeiten kann die Verfolgung chemischer Gleichgewichtsverhältnisse führen. Um die Beeinflussung durch *tatsäch-*

lichen kinetischen Anstoß mit daraus folgender statistischer Regelmäßigkeit auszuschließen, nehmen wir etwa eine Million Ammoniakmolekeln in einem Eisenblock von 1 Kubikmeter gelöst an. Die Temperatur möge langsam von 0° auf 600° getrieben werden und wieder zurück; so muß ein progressiver Zerfall bzw. eine fortschreitende Rückbildung stattfinden, beides durch Gesetze der Thermodynamik quantitativ bestimmt. Woher aber erhält das einzelne NH_3-Gebilde seinen „Anstoß" zur rechten Zeit, und in welcher Weise würde das „Losungswort" zu schnellerem Gesamttempo gegeben werden, wenn plötzlich die Zahl der Molekeln im Block verhundertfacht wäre? (Nach bekannten Gesetzen ist ja sowohl die Gleichgewichtslage wie die Schnelligkeit seiner Einstellung von der „Konzentration" abhängig.) Und wie wird sich eine einzige NH_3-Molekel in einem abgeschlossenen Raum benehmen, oder wie drei H_2- und eine N_2-Molekeln im gleichen Falle? Gibt es dann noch einen Anstoß, eine Auslösung? Oder setzt ein Dirigieren, Veranlassen und Lenken in den Elementargebieten *immer eine große Zahl von Individuen*, also ein *Kollektiv* voraus?

Die *Gesetzlichkeit von Kollektiven* wird zumeist früher und sicherer gewonnen als diejenige der Individuen, die das Kollektiv konstituieren. Das hat, wie bereits erörtert, der Energetik, der Thermodynamik oft ein merkliches Übergewicht über die auf das Einzelne gehende Kinetik gegeben. Werden für ein im dynamischen Gleichgewicht stehendes variantes chemisches System die maßgebenden Parameter geändert: der Druck, der auf dem Gassystem lastet, die Temperatur des angrenzenden Gebildes usw., so können die Veränderungen, die *im ganzen* vor sich gehen, in der Regel mit Bestimmtheit vorausgesagt werden, wie denn auch der „Anstoß" *im ganzen* wohl bekannt ist. Und doch, sobald man die einzelne Molekel, das einzelne Ion usw. ins Auge faßt, wird man gewahr, ein „wie seltsames Ding" (nach Kottje) das chemische Gleichgewicht ist.

Schon diese Beispiele zeigen, daß die Worte *„Anstoß, „Auslösung", „Anregung" usw. (ebenso wie „Gleichgewicht") ihre mechanistische Urbedeutung verlieren,* sobald das Gebiet klassischer Mechanik mit ihrem Druck und Stoß von einzelnen wirklichen „Körpern" verlassen wird, daß also jene Worte zumeist *metaphorische Bedeutung* besitzen, wobei sich ihnen vielfach gleichbedeutende Wörter mit voluntaristischer Urbedeutung zugesellen: ein neues Zeichen dafür, daß das Urbild aller Kausalität im menschlichen Wollen, im menschlichen Tun liegt.

Einzelformen der A.K.

Rein schematisch kann man folgende Scheidung vollziehen, sofern auch die *Quantität der Wirkung* in Betracht gezogen wird:

a) Anstoßfolgen nach dem Alles- oder Nichtsgesetz. Sie gilt für Lawinen- und Katastrophenreaktionen, z. B. Explosionen (Initialzündung, mit verzweigter Kettenreaktion sehr hoher Geschwindigkeit), für bestimmte physiologische Reize; das „Alles- oder Nichtsprinzip der nervösen Erregung" (McDougall) usw.

b) „Bemessene Auslösung" (schon von W. Ostwald genannt), mit gewissen quantitativen Beziehungen zwischen der Masse oder dem

Energieaufwand des Auslösers und der ausgelösten Energiebetätigung. Während das Urbild physiologischer Reizvorgänge nach dem Alles- oder Nichtsgesetz die explosive Katalyse, z. B. Initialzündung von Knallgas ist, gibt das Musterbild *bemessener Auslösung* die gewöhnliche Katalyse, mit stetigem Zeitverlauf bei Daueranwesenheit des Katalysators; hier ist die Geschwindigkeit des Reaktionsfortschrittes, der Umsetzungsgrad pro Zeiteinheit, etwa irgendeiner Potenz der Konzentration des Katalysators (bzw. seiner Berührungsfläche im heterogenen System) proportional. Für den Nervenimpuls einer einzelnen Nervenfaser gilt das Alles- oder Nichtsgesetz, für die Impulsfrequenz der Sinnesnerven im Verhältnis zur Stärke des Sinnesreizes das FECHNERsche Gesetz (A. KOHL-RAUSCH). ,,Wir dürfen zusammenfassend sagen, daß die organischen Strukturen in hohem Maße nach der Art der Verstärkerröhren angelegt sind" [P. JORDAN (152)]. Schon die Tatsache einer *bemessenen* Auslösung ist geeignet, R. MAYERs Behauptung über die Nichtanwendbarkeit der Mathematik auf Auslösungsvorgänge einzuschränken.

c) *Gesteuerte Auslösung,* die auch die *Richtung* eines Vorganges betrifft (im ursprünglichen geometrischen Sinne, oder in der bloßen Bedeutung einer ,,Wahl" unter verschiedenen Möglichkeiten). Ein typisches Beispiel bildet die selektive und richtende Wirkung des Katalysators, indem z. B. Nickel, Kobalt, Eisen in demselben $CO-H_2$-Gemisch unter vergleichbaren Umständen zu verschiedenartigen Produkten führen. Steuerungen gibt es auch in der Radiotechnik; der Anodenstrom kann gesteuert werden durch ein Gitter oder ein Wechsel-Magnetfeld. Die größte Bedeutung aber gewinnt diese Form der Auslösung im Reich des Lebendigen als Lenken, Steuern, Dirigieren, Regulieren, Koordinieren u. dgl.

Oft gibt es auch zeitliche Verhaltung, Induktions- und Inkubationsperioden der Auslösung (vor allem im Biologischen: ,,Reizverzug" nach A. BIER). Es wirkt dann (nach BUTTERSACK) das auslösende und treibende Agens ,,nicht unmittelbar wie ein Feuerfunke auf die in einer Flasche voll Benzin komprimierten Energien, sondern mittelbar, wie etwa ein Wort, ein Gedanke erst viele Gehirne passieren muß, ehe es zündet". Für den Menschen existiert ,,Reizüberflutung", Antriebsüberschuß" (GEHLEN), nach Wahl und Führung drängend.

Es ist schon wiederholt betont worden, daß in der *biologischen Steuerungsapparatur,* insbesondere in dem Nervenapparat mit seinen kolloidchemisch-elektrokinetischen Vorgängen, viel geringere Energieumsetzungen als in den eigentlichen Leistungsapparaten, vor allem der Muskeln und Drüsen erforderlich sind. Je mehr man aber in das Gebiet kommt, in welchem schon kleinste Energiewandlungen und -wanderungen viel zu bedeuten haben, um so besser werden die Aussichten und um so mannigfaltiger die Möglichkeiten für die A.K. als *Führungs- und Koordinierungskausalität.*

Mannigfaltigkeit der A.K., mit Beispielen.

Wir stellen zunächst eine Reihe auf A.K. hindeutende Wortausdrücke zusammen, wobei abermals bemerkt sei, daß der ,,Anstoß" fast durchweg

— mehr oder minder — auch eine gewisse „Mitteilung" irgendwelcher Energien oder Energiekomplexe in sich schließt: Anlassen, veranlassen, hervorrufen, beschleunigen (eine Reaktion), aufstören, erwecken, einleiten, anfachen, antreiben, anstacheln, anreizen, erregen, entriegeln, entfesseln, eingreifen, einklinken (z. B. einen Funktionskreis), induzieren, provozieren, evozieren, realisieren, zum Umklappen oder Umkippen oder zum Überlaufen bringen, zünden, starten lassen (z. B. eine Kettenreaktion), alarmieren, mobilisieren, Signal oder Stichwort geben, als Relais wirken, verstärken, steuern, richten, lenken, umstimmen, abstimmen, tranformieren, aktivieren, stimulieren, animieren, dirigieren, sensibilisieren. Negativ: Hemmen, bremsen, blockieren, dämpfen, einschränken, abschwächen, unterdrücken, auslöschen, ausschalten, verzögern, stören, abbrechen, inhibieren, suspendieren, desensibilisieren usw. Unbestimmter bleibt das Verhältnis von A.K. und E.K. (bloßem Anstoß und energetischer Mitteilung) in Wortausdrücken wie „beeinflussen, bestimmen, herbeiführen, erzeugen, einwirken, erregen, bedingen, verursachen" u. a. m.

Wie sehr *die heutige Wissenschaft vom Auslösungsbegriff Gebrauch macht,* sei durch Beispiele erläutert, darunter auch solche, bei denen „Auslösung" nicht mehr den strengen Sinn der R. MAYERschen Definition aufweist; auch bemessene und gerichtete A.K. ist vielfach anzutreffen.

„Strahlung in einem geschlossenen Raum muß notwendigerweise Elektronen auslösen. Kanalstrahlen wie Kathodenstrahlen haben die Eigentümlichkeit, beim Auftreffen auf Körper wieder Elektronen auszulösen" (W. WIEN). „Störungen in der Ionosphäre werden von einer mit Lichtgeschwindigkeit sich ausbreitenden Wellenstrahlung ausgelöst" (GROTRIAN). Durch den lichtelektrischen Primärstrom (bei welchem für 1 Lichtquant 1 Elektron zur Anode gelangt, so daß strenge Zahlenbeziehung gemäß „Äquivalenz" besteht) wird ein lichtelektrischer Sekundärstrom ausgelöst; der Strom ist dann gegenüber dem primären auf das n-fache verstärkt worden (HILSCH und POHL). „Eine Korpuskel löst im Bromsilberkorn eine ganze Elektronenkolonne längs der Korpuskularbahn aus, so daß eine große Zahl Ag-Atome entsteht" (SCHAPPER). Durch Neutronen der Ultrastrahlung werden aus H-haltigen Substanzen wie Paraffin H-Kerne (Protonen) ausgelöst.

Es wird angenommen, daß „jedes Elektron aus dem Weltenraum, welches die Atmosphäre trifft, darin eine Schauersäule von einigen Metern Halbwertbreite auslöst" (H. EULER). Sekundäre Elektronen werden durch Gammaquanten ausgelöst (MATTAUCH). Aus der weichen Komponente der Höhenstrahlung können beim Aufprallen auf ein Proton, Neutron usw. „weiche Schauer" von Elektronen und Photonen ausgelöst werden (gemäß der Kaskadentheorie durch wechselweise fortschreitende Erzeugung von Bremsphotonen aus Elektronen und von Elektronenpaaren aus Photonen); durch schnelle Mesotronen werden „harte Schauer" bzw. „Explosionsschauer" ausgelöst (BOTHE). Es gibt eine „Auslösung fortlaufender Kernreaktionen", mit Neutronenabsplitterung oder -abdampfen im Falle des Uranatoms, so daß der Gedanke einer Nutzung der Kernenergie nahegelegt ist (FLÜGGE).

„Pendelnde Bewegungen der Elektronen rufen entsprechende Ladungsschwankungen auf den Elektroden und ihren Zuleitungen hervor" (ISOLDE HAUSSER). Elektrische Schwingungen werden angefacht. Streufelder rufen störende Kopplungen hervor. — In Kristallen können Reaktionen sehr vieler gleichartiger Atome durch die thermische Bewegung weniger einzelner gelenkt werden in einer Art „Kettenreaktion", indem „der thermisch bedingte Sprung eines Atoms das Umklappen einer ganzen Netzebene zwangsläufig nach sich zieht" (DEHLINGER; Modell für die Auslösung von Genmutationen als intramolekulare Umlagerungen). „Ein Peroxydstoß kann die Polymerisation ungesättigter Verbindungen einleiten" (V. SCHULZ). Radikale können Kettenreaktionen zünden, die mit der Bindung der Radikale abgebrochen werden. — „Chloratome, die beim Belichten von Chlormolekeln entstehen, können Kettenreaktionen, z. B. mit molekularem CO, auslösen" (BODENSTEIN). „Ein Vorstoß arktischer Kaltluft wird durch den jährlichen Strahlungsgang ausgelöst" (PHILIPPS). „Die polare Eiskappe hat das Eiszeitalter ausgelöst" (BECKSMANN).

„UV-Strahlung kann vielerlei verschiedene Prozesse an einem Eiweißmolekül auslösen" (P. JORDAN). „Durch ein absorbiertes Lichtquant wird ein Zustand geschaffen, der schon vorhandene Energiepotentiale zur Auslösung bringt" (BÜNNING). Zellteilungen werden nach WENT, KÖGL u. a. ausgelöst durch Auxin und Heteroauxin (β-Indolylessigsäure); letztere regt nach LAIBACH auch die Wurzelbildung an. Biosstoffe können Zellvermehrung stimulieren. Es gibt krebsauslösende Virusarten (BUTENANDT). Entwicklungsvorgänge können durch Wirkstoffe ausgelöst werden (A. KÜHN); z. B. Verpuppungsvorgänge von Schmetterlingen durch Verpuppungshormone (experimentelle Auslösbarkeit überzähliger Häutungen und vorzeitiger Verpuppungen). Kynurenin wurde als ein Agens gefunden, das bei Insekten Augenpigmentbildung auslöst (BUTENANDT). Amphibien-Metamorphosen werden durch Thyroxin ausgelöst. Den Stoffwechsel anregendes thyreotropes Hormon löst schon in kleinen Mengen bei Zugvögeln Unruhe und Abflug aus, wenn Zugbereitschaft als Vorbedingung gegeben ist (MERKEL). Auch „tumultuarische Vorgänge" werden ausgelöst.

H. DRIESCH spricht (1937) von auslösenden „formativen" Reizen im Sinne von HERBST, z. B. mit Rücksicht auf das Verhältnis zwischen Augenbecher und Linse im Amphibienembryo. HABERLANDT fand die Zellteilung anregende Wirkung bestimmter Wundstoffe (Nekrohormone); diese können nach A. FISCHER auch bei Regeneration wirksam sein. Auch hemmende Stoffe gibt es bei der Mitose (Colchicin als Mitosegift). „Karotinoidstoffe sind es, die im ganzen Organismus die Vorgänge der Befruchtung auslösen und regulierend bestimmen" (M. HARTMANN). Mutation auslösende Faktoren sind Strahlung, Temperaturschwankungen, Disharmonien der Ernährung usw. (STUBBE). Durch Umweltreize hervorgebrachte Neuerwerbungen des Organismus können auch das Keimplasma erfassen und dann vererbbar werden (R. FICK).

Mikrophysikalische Vorgänge wirken nach P. JORDAN als „Verstärker" steuernd auf makrobiologische Prozesse. „Unentbehrlich für die Lebensfunktion ist die Intaktheit des Steuerungszentrums. — Offenbar ist organisches Leben überhaupt nicht möglich ohne eine Organisation, welche es ermöglicht, ganze Zellen *steuern* zu lassen durch wenige einzelne Moleküle" (P. JORDAN). „Selbst an verwickelten Vorgängen der Organbildung und der Vererbung" sind sicher „spezifische, zum Teil schon chemisch definierte Stoffe beteiligt, denen, ähnlich den Fermenten in kleinsten Mengen, aber als Katalysatoren höherer Ordnung, die Steuerung der übermolekularen Vorgänge obliegt" (NOACK). Für die physiologische Atmungsregulation gibt es eine reflektorische und eine zentrale chemische (hormonale) Steuerung. Die vegetativen Nerven (Lebensnerven) erhalten „Weisungen" vom Zwischenhirn, die Drüsen vom Hirnanhang. — Die Gallentiere haben die Gabe erworben, sich mittels chemischer Befehle die Bildungsfähigkeit ihrer Wirtspflanze dienstbar zu machen (G. v. FRANKENBERG). Es gilt eine steuernde Wirkung der Bromverabreichung auf den Grundstoffwechsel (MORUZZI).

Lichtabsorption durch Karotinmolekeln erscheint als „erstes Glied in der Reizkette" (NOACK), die zu Reizkrümmungen von Pflanzenteilen bei einseitiger Belichtung führt. „Das Verkürzungsvermögen der Proteinfasern kann chemisch oder thermisch ausgelöst werden" (W. J. SCHMIDT). ABDERHALDEN spricht von Vorgängen, die zum Reiz führen und anschließend die Erregung der Nerven auslösen. Sinnesreizung (äußere oder innere) löst einen nervösen Erregungszustand, eine bestimmte spezifische „Erregungskonstellation" des Gehirns aus (ROHRACHER). Jede Nervenerregung ist „Auslösung". Nervenreize rufen chemische Stoffe hervor, die als „Anreger" wirken. v. MURALT vermutet Beziehungen zwischen den Vermittlersubstanzen der Nerven und den Aktionssubstanzen des Hirns. „Der Schlafzustand ist nicht bloß durch äußere Faktoren auslösbar, sondern wird auch von innen her gesteuert" (K. LORENZ).

„Photochemisch ausgelöste Sensibilisationserscheinungen" können ihrerseits Krankheitsfälle erzeugen. „Das Kennzeichen der Blutfremdheit ist die Auslösung der Bildung der entsprechenden, spezifisch eingestellten Abwehrproteinasen" (ABDERHALDEN). Spurenstoffe können Überempfindlichkeit (Allergien) auslösen. Krebsgeschwülste können durch bestimmte chemische Stoffe sowie Virusarten ausgelöst werden, infektiöse Erkrankungen durch pathogene Mikroorganismen. — Durch den Reiz eines Antigens entstehen Antikörper (LAUBENHEIMER). — Für die Entstehung der Kinderlähmung gibt es Dispositionen, vorbereitende Einwirkungen, erregenden Virus und außerdem auslösende Faktoren verschiedener Art (KLEINSCHMIDT). „Ein einziges Virusmolekül kann in einem geeigneten Wirtsorganismus eine Vermehrungslawine auslösen" (P. JORDAN).

Steuerungen von außerordentlich komplizierter Art liegen bei biologischen Arbeits- und Entwicklungsrhythmen vor: Arbeitsrhythmen endokriner Organe und holokriner Drüsen, jahreszeitlich bewirkte Schwankungen, Generationswechsel u. a. m. Hier wie anderwärts macht sich auch die *Polarität* geltend (s. S. 185). Richtunggebung, Steuerung spielen eine maßgebende Rolle auf den Gebieten biologischer Reflexe und Automatismen (irreführend „Mechanismen" genannt), sowie der psychophysischen Triebe und Instinkte. „*Reflexe*" sind nicht von Haus aus eindeutige „Mechanismen", aus denen sich die Kompliziertheit der Lebensvorgänge allmählich „zusammengesetzt" hätte; sie stammen im Gegenteil phylogenetisch aus komplexen psychophysischen Kausalismen, die mit steigender Entwicklungshöhe durch immer tiefere „Einfahrung der Bahngeleise" den Charakter von „zentralkoordinierten Automatismen" (LORENZ), d. h. zwingenden, der Willkür entzogenen Notwendigkeiten angenommen haben, die „fest im Erbgefüge verankert" sind.

Ähnlich beruhen alle *Instinkthandlungen* auf einer Erhaltungsgrundlage, vergleichbar „einem Reservoir, das je nach der Vorgeschichte mehr oder weniger gefüllt ist" (LORENZ); die Entleerung aber erfolgt durch *Anstoß*, durch *Auslösung* (mittels äußerer Wahrnehmungen und innerer Antriebe). Normalerweise wirken hier ein Drang von innen und bestimmte Reize von außen zusammen. „Der äußere Reiz lenkt die Handlung in bestimmte Richtung, erzeugt sie aber nicht" (W. WEYRAUCH). Es werden oft „autonome umweltbezogene Bewegungsautomatismen des Zentralnervensystems durch Reflexe gesteuert" (K. LORENZ); dabei kann die Hypophyse als „Transformator psychischer Antriebe" wirken. Erbanlagen relativ konstanter Art und Umwelteinflüsse, die vereint die Entwicklung und das Verhalten des Individuums bestimmen und steuern, zeigen damit ein großartiges Zusammenspiel von E.K. und A.K.

Umweltvorgänge sind es, ,,die in uns als Reize ganz bestimmte Empfindungen und Wahrnehmungen auslösen. — Sehnervenrythmen ... können in der Sehrinde spezifisch verschiedene objektive Prozesse auslösen, die Parallelprozesse zu den Empfindungen" (A. Kohlrausch). ,,Die Gefühle Hunger, Durst usw. werden chemisch ausgelöst" (L. R. Müller). Ein Willensprozeß entsteht, ,,wenn durch einen Reiz im Ich-Willen aus einer in diesem angelegter Willensdisposition eine Begehrungstendenz ausgelöst wird" (H. Maier). ,,Alle Antriebe eines Termitenstaates werden durch Signale aus der Zelle der Königin geleitet" (Marais).

,,Etwas materiell nicht Existierendes kann mechanische Wirkungen auslösen" (Adolf Wagner). Helga Baisch spricht von psychischen Anlässen, von ,,aufstörenden Anregungen" bei Psychosen und Wahnideen, sowie andererseits bei schöpferischen Intuitionen von hohem Wert. Es gibt eine ,,katalytische Auslösung in der Geschichte" (Buttersack). Auch auf dem Gebiete des Geistes besteht der Dualismus von Beharrung und Fortschrittimpuls; Beharrung wird nur dadurch vor Erstarrung bewahrt, daß dem Beharrungsgesetz ,,ein Erweckungsgesetz gegenübersteht, jenes immer wieder auflockernd" (Hellpach). Konservative und impulsive Tendenzen, letztere ansteigend bis zum schöpferischen Antrieb der Idee, beherrschen auch alles seelisch-geistige Geschehen der Gemeinschaft.

Für geistige A.K. gilt einerseits: ,,Das Spiel der Gedanken bedarf zu seiner Anregung stets eines Anstoßes von außen durch irgendein Naturerlebnis" (Planck). Als ,,Gegenstoß" äußert sich *psychische Kausalität* bis in ,,schöpferischen Entscheidungen und Impulsen der Berufenen. — Ausgelöst werden Aufbruch und Tat durch hereinfallenden Funken, durch den zündenden Blitz" (Krieck). Steht dann wohl noch etwas im Wege, daß ,,Entelechie und Geist in die Welt hineinwirken" (Burkamp), anstoßend, auslösend und Richtung gebend? Wenn dies *unverständlich* ist, so ist damit nichts bewiesen; denn (nach Kant): ,,Daß mein Wille den Arm bewegt, ist mir nicht verständlicher als wenn jemand sagte, daß derselbe auch den Mond in seinem Kreise zurückhalten könnte; der Unterschied ist nur der, daß ich jenes erfahre, dieses aber niemals in meine Sinne gekommen ist" (s. weiter Abschnitt 43).

Bei manchen der angeführten Beispiele taucht bereits die Frage auf, ob das Wort ,,Auslösung" wirklich immer nur in dem *Sinne einer Entfesselung von Eigenenergien des angestoßenen Körpers* durch einen quantitativ unbedeutenden Impuls gebraucht wird. Es ist richtig, wenn gesagt wird, eine Lawine sei etwa durch einen Fußtritt ausgelöst worden, unrichtig aber, wenn es weiter heißt, daß diese Lawine im Tal Verheerungen ,,ausgelöst" habe. Es ist anfechtbar, wenn gesagt wird, ein Geschoß löse in einer Glasplatte einen Bruchvorgang, in einem Getreidesilo eine Zerstörung aus; wird ein Pulvermagazin mit seinen ,,harrenden Energien" getroffen, so ist der Ausdruck am Platze. Es kommt letzthin weniger darauf an, das Wort ,,Auslösung" möglichst viel zu gebrauchen, sondern darauf, *den Auslösungsgedanken rein und unversehrt zu erhalten:* Dann wird vielfach die Entscheidung über die Zulässigkeit des Wortes ,,Auslösung" (im strengsten Sinne) ein genaues Studium des in Frage stehenden Vorganges — etwa eines photochemischen Prozesses — verlangen, in bezug auf seine Zusammensetzung aus Äquivalenzen der Umwandlung und bloßen Freimachungen vorhandener latenter Energien.

Tatsächlich besitzt der Auslösungsgedanke keinen schlimmeren Feind als den unterschiedslosen und unkritischen Gebrauch des Wortes „Auslösung" — als Modewort —, da, wo die allgemeineren Ausdrücke „verursachen, herbeiführen, bewirken, erzeugen am Platze ist. „Jede Ganglienzelle erzeugt ihre besondere Erregungsart." Wie verhält es sich z. B. mit den Sätzen: „Lichtelektrische Primärströme werden ausgelöst mit einer Ausbeute von 1 Elektron je hv." „Mesotronen werden von Elektronen bei ihrem Eintritt in die Atmosphäre ausgelöst." „Physiologische reflektorische Erregung durch chemische Reizung ... löst Wärmebildung von der zu erwartenden Größenordnung aus." „Die Auslösung der Karies wird durch Fehlernährung gefördert." „Im Anfang steht die Auslösung der Vermehrung der Keimzelle durch die Befruchtung."?

Fragt man nach dem *Verhältnis der A.K. und E.K. zu den Begriffen „Kraft" und „Bedingung"*, so ist kurz zu sagen: Die „Erhaltungen" schlüpfen in der Regel in die Begriffe „Kraft", „Bedingungen", „Umstände", während „die eigentliche Ursache" die Anstoßursache ist. Wirken mehrere oder viele Anstöße gleichzeitig (wie im Organismus), so werden auch die eben nicht unmittelbar interessierenden Anstöße den Bedingungen mit zugeteilt: variable Bedingungen neben den konstanten Bedingungen der „Kraft", der E.K. Nicht selten indessen werden Auslösung, Veranlassung den „Bedingungen" zugeordnet; man redet dann von aufstörenden und auslösenden Umständen u. dgl. (s. Anm. 16).

Das von R. Mayer bereits berührte Problem, *wie weit A.K., insbesondere biologische A.K., einer mathematischen Behandlung zugänglich ist*, soll Berufeneren zur Beantwortung überlassen bleiben. Im allgemeinen kann man sagen, daß auch hier eine gewisse, obgleich nicht so grundlegende, Mathematisierung möglich ist, vor allem sobald man ein *Kollektiv* ins Auge faßt: „wenngleich die Zusammenarbeit von Mathematik und Biologie schwierig ist" (Friederichs) (s. auch S. 149 und Anm. 78).

Auf die schon berührte Frage: Ist das duale Schema E.K. und A.K. für die Kausalbetrachtung der Wissenschaft ausreichend? — kann abschließend geantwortet werden: Ja, aber nur als *Schema*. Tatsächlich handelt es sich um ein durch weitgehende Abstraktion gewonnenes Begriffsschema oder ein „regulatives Prinzip", das an jeden konkreten Kausalfall anzulegen ist, und das auch für abstrakte Kausalismen seinen Sinn behält. Die diesbezüglichen Fragen aber lauten immer: Inwiefern besteht bei dieser oder jener W.W. Anregung und Anlaß oder Auslösung, wie weit findet Stoff- und Energieübertragung und -mitteilung statt, und welche Größen sind auch in der Veränderung erhalten geblieben? (153).

Nehmen wir R. Mayers Lehre von der „Erhaltung" in erweiterter und vervollständigter Form, dazu noch seinen Begriff der „Auslösung", und verbinden beide in dem Gedanken der W.W., so haben wir: zwar nicht eine Anweisung für eine neue kausale Methodik, erst recht nicht ein neues Kausalprinzip als „Zauberschlüssel", wohl aber ein Beleuchtungsmittel, ein *Regulativ*, das für jede logische *Zergliederung empirischer Tatbestände und hieraus ab-strahierter Kausalverhältnisse* taugt; die mathematisch messende und dar-stellende Methodik hat damit einen festen Punkt gewonnen, von dem aus sie der unendlichen Mannigfaltigkeit des Geschehens besser begegnen und gerecht werden kann, als von dem unzulänglichen mechanistischen Ausgangspunkt früherer Zeiten.

Die logische Zweiteilung des Kausalprinzips in E.K. und A.K. ist, wie schon R. MAYER erkannt hat, dem einfachen mechanischen Ursach-begriff auch insofern überlegen, als es mit ihrer Hilfe gelingt, *eine logische Überbrückung des Physischen und des Psychischen in Angriff zu nehmen,* ein für den allmechanischen Kausalbegriff aussichtsloses Unterfangen. Nur werden auf psychophysischem Gebiet die Ausdrücke „Erhaltung" und „Auslösung" u. dgl. noch mehr in übertragenem und rein bildlichem Sinne zu gebrauchen sein, als das schon auf dem Gebiet der chemischen, elektrischen und der physiologischen Verursachung der Fall ist.

Zugleich spiegelt sich in dem Dualismus E.K und A.K. der ewige Gegensatz, besser die *Korrelation,* von *Sein und Werden* wieder. Über die vielfältige Verknüpfung von E.K. und A.K. wird noch weiterhin zu sprechen sein. Für jegliche Auslösung aber bleibt zu beachten, daß es zwei reine Fälle von A.K. gibt, an denen sich jede andere A.K.-Betrach-tung orientieren kann: die *Katalyse* und der *Willensvorgang.* In beiden Fällen „wirkt" ein Agens (stofflicher bzw. nichtstofflicher Art), ohne selber physikalisch-energetisch irgend etwas zu gewinnen oder zu ver-lieren. Und wiederum: In welchem anderen Kausalsystem kann wohl der energetisch bilanzfreie Impuls (Katalyse im Physischen, Wille im Psychischen) ebenso zu seinem Rechte gelangen als in dem dualen System einer E.K. und A.K.? (154).

40. Ganzheitskausalität (G.K.) und statistische Kausalität (holistisches Wirken).

Unter Ganzheitskausalität wollen wir verstehen — mit gewisser Abwandlung der ursprünglichen Definition von DRIESCH (155) — Gesetz-mäßigkeit derjenigen Art, daß eine *stoffliche Ganzheit auf einen emp-fangenen Anstoß oder Anlaß, gemäß vorhandenen Möglichkeiten eigener freier Energiebetätigung, wahlhaft handelnd antwortet.*

Als „*Ganzheiten*" oder „Gestalten" bezeichnet man nach EHRENFELS solche Gebilde, Zustände und Vorgänge, „deren bezeichnende Eigen-schaften und Wirkungen aus artgleichen Eigenschaften und Wirkungen ihrer sogenannten Teile nicht zusammensetzbar sind". Jede *stoffliche Ganzheit* ist gekennzeichnet durch eine innige *Wechselwirkung* der Glieder eines mehr oder weniger räumlich abgeschlossenen und mehr oder weniger beständigen Gebildes. Nach H. WEBER ist Ganzheit „ein naturgesetz-licher Zusammenhang innerhalb eines raumzeitlichen Gefüges". Ganz-heitsbetrachtung will (nach PARACELSUS) „das Gesamte, das Ganze erklären". „Der Begriff der Ganzheit ist überall anwendbar, wo Abhängigkeiten zwischen den Teilen bestehen; er reicht vom Atom bis zum Weltall" (W. J. Schmidt).

„Holistisches Denken geht immer von komplexen Ganzheiten aus" (Adolf Meyer). Schon mathematisches Denken „ist nicht nur *summenhaftes* Denken; auch *Ganzheitliches* höchster Art läßt sich in gehaltvollen mathematischen Theorien ausprägen, z. B. mittels der „Großartigkeit des ganzheitlichen Denkens in der Gruppentheorie" (Scholz). Ganzheitliches Denken vereinigt die zuvor „zerhackten Stücke" des Geschehens.

„Man kann sehr wohl einen Helmholtzschen Wirbelring oder ein stabiles stationäres Atomgebilde als ‚Ganzheit' bezeichnen" (Schlick). „Die Atome und Moleküle sind auch Ganzheiten", aber solche niedrigerer Stufe. „Das *Wirkliche* der modernen Atomphysik ist nicht ein einziges Atom, sondern ein statistisches Ensemble von Atomen, d. h. eine wahre Ganzheit" (Donnan). Schon „in der Quantenphysik ist das System eine Art Organismus", die Individualität geht in der größeren Individualität des Systems auf (L. de Broglie). Damit aber ist das Merkmal der „Ganzheit" im allgemeinen Sinne (als Gegensatz zur bloßen Summe, zur „Gesamtheit") gegeben. Ganzheitliche Verhältnisse prägen sich in jedem über- oder unteradditiven Verhalten komplexer Stoffgebilde aus, z. B. in den Verstärkungs- und Abschwächungs-, sowie auch Lenkungserscheinungen der Mehrstoffkatalyse.

Ordnungs-Ganzheit in höherem Sinne (hologene Ganzheit gegenüber der nur merogenen nach Driesch) ist jeder *Organismus*. Nach Cuvier: „Jedes Lebewesen bildet ein Ganzes, ein einheitliches, geschlossenes System, dessen sämtliche Teile in W.W. stehen; keiner der Teile kann sich ändern ohne eine gleichzeitige Änderung der anderen" (Prinzip der Korrelation).

Um organismische Ganzheit handelt es sich, wenn es bei R. Kuhn heißt: „Der Vorgang der Befruchtung ist nicht *ein* Akt, sondern er stellt chemisch betrachtet, ein großes Schauspiel dar, das sich aus vielen einzelnen Akten zusammensetzt, in denen die verschiedensten Wirkstoffe, Anlockungsstoffe, Beweglichkeitsstoffe, Kopulationsstoffe, Agglutinierungsstoffe u. a. als Hemmungs- und Förderungssubstanzen auf die Bühne treten." „Der ganze Mensch steckt im kleinsten Einzelerlebnis, und dieses selbst ist wieder etwas Ganzes und Einheitliches, das sich nicht aus Elementen zusammenstückeln läßt" (Rohracher). „Wenn der Mensch denkt, erfindet, liebt; wenn er leidet, bewundert und betet, so tut er es mit seinem Gehirn und allen seinen Organen zugleich" (Alexis Carrell). (Rein energetische oder formalmathematische oder psychische Ganzheiten werden vielfach als „Gestalten" bezeichnet, nicht aber stoffliche Ganzheiten, sofern man auf ihren Stoffcharakter Wert legt.)

Auf Ganzheit im allgemeinen Sinne beziehen sich N. Hartmanns Worte: „W.W. besagt die durchgehende determinative Querverbundenheit alles Gleichzeitigen. Erst zusammen mit solcher Querverbundenheit macht die Kausalität jene umfassende Verknüpftheit alles am Prozeß Auftretenden aus, die wir als zeitlich durchgehende Dependenz kennen" (s. auch S. 15). „Ganzheit" und „Kausalität" stehen also in keinerlei Gegensatz, sondern sind in anorganischer und organischer Natur eng zusammengehörig. *Ganzheit ist Wohlordnung in der W.W. des Gleichzeitigen,* wie

Kausalität (d. h. primäre, konkrete Kausalität) *Wohlordnung in der Aufeinanderfolge von Ereignissen.* In dem Verhältnis der *Kausalität* zur *Totalität* ist nach HARALD HÖFFDING die „dritte reale Kategorie, der Begriff der Entwicklung" gegeben.

Unerläßliche Bedingung einer Tatbereitschaft, d. h. des freiwilligen Reagierens einer Ganzheit auf empfangenen Anstoß ist das Bestehen „nichtkompensierter Intensitätsunterschiede" der vorhandenen Energien, anders gesagt, die Existenz bestimmte Potentialgefälle, Spannungen, Differenzen qualitativer oder quantitativer Art (Polarität, Resonanz, Labilität, Plastizität, Korrespondenz usw.) (156). Nur wenn kein „stabiles Gleichgewicht" vorhanden ist, kann sich A.K. in einer G.K. entfalten. „Ohne Veränderlichkeit kann nichts erreicht werden" (DARWIN). „Labilität ist Bedingung für die Wirksamkeit von Suchorganisation" (BURKAMP). „Der organische Stoff hat Ansprechbarkeit, Gefügigkeit und Bereitschaft" (A. WENZL).

Im allgemeinen Sinne ist G.K., Holo-Kausalität, statt mechanistischer Kausalität, schon am Atom (und seinem Kern) zu beobachten, wenn es z. B. von harter Gammastrahlung oder von Neutronenaufprall usw. getroffen, sich so *oder* anders benimmt — nach kurzer „Überlegungszeit" und mit Rücksicht auf die benachbarten Individuen; ferner wenn Molekeln beim Zusammenstoßen nicht mechanisch auseinanderbrechen, sondern sich anders, und zwar nach bestimmten chemischen Regeln arrangieren. „Auch ein LAPLACE-Geist" könnte nach P. JORDAN in derartigen Fällen „nicht *berechnen,* was geschehen wird. Ein einzelnes Lichtquant eines polarisierten Lichtstrahles kann an einem zweiten NICOL-Prisma durchgehen *oder* reflektiert werden" usw.

G.K. im eigentlichen und höheren Sinne (von DRIESCH allein als solche bezeichnet) herrscht im *Reich des Lebens,* d. h. in dem wahlhaften Benehmen von Organismen auf empfangene Anregungen und Anstöße von außen oder aus dem eigenen Inneren. G.K. in dieser Bedeutung findet sich mithin vor in der wohlbekannten *Erregungs- oder Reizkausalität* (Irritabilität und Sensibilität) mit ihren äußeren und inneren, stofflichen und rein energetischen Anstößen, mit ihren Koordinationen und Subordinationen. G.K. erfährt weiter Steigerungen in der *entelechialen Führungs-, Entfaltungs- und Entwicklungskausalität* einerseits, der *seelisch-geistigen Motivkausalität* andererseits samt ihrer „Willkür".

Für die Organe eiens Lebewesens gilt: „Die Veränderungen des einen sind den Veränderungen aller anderen so angepaßt und in ein System von gleichzeitigen und aufeinanderfolgenden Veränderungen vereinigt, daß jede wechselweise Ursache und Wirkung der anderen wird" (KIELMEYER 1793). „Die organismische Reaktion hängt auf das innigste mit dem Totalitätsgedanken zusammen" (ASCHOFF).

„Um Kausalität in strengster Bedeutung feststellen zu können, müßte man zuvor sämtliche Faktoren ermitteln, die zu einem bestimmten Ereignis hingeführt haben. — Innerhalb des Komplexgeschehens des Lebens arbeiten die beteiligten Faktoren niemals linear, sondern stets integral" (ALVERDES). So ist nach W. JOHANNSEN (1923) „die Lehre von relativ selbständigen Merkmalen als Einheiten der Vererbung (Mosaiktheorie) ganz unhaltbar". MORGAN: „Unit charakter is a fiction." „Da die korrelativen Beziehungen der Inkretorgane sich stets zu einer Gesamtleistung für den ganzen Organismus vereinen, ist auch dort, wo sie sich entgegengesetzt betätigen, die Form dieses Antagonismus immer von besonderer Art, häufig nur ein Teilstück, letzten Endes nur scheinbar" (C. Oehme). Alle biologischen Reaktionen sind mehrfach versorgt und gesichert: nervös, hormonal, ional usw., in harmonischem Zusammenspiel; fällt ein Faktor aus, so kommt es zu Störungen, zu Fehlsteuerungen und Fehlleistungen, die vom Organismus als Ganzem überwunden werden, oder nicht. Die Merkmale des ausgebildeten Lebewesens sind „durch die korrelative Verknüpfung eines ganzen Genkomplexes, ja letzten Endes der gesamten Erbmasse bedingt" (Fr. Curtius). „Der lebende Organismus unterscheidet sich von einem rein physikalischen Mechanismus nicht zuletzt darin, daß er in Nervensystem und Säftestrom eine eng gekoppelte Regulationseinrichtung für eine wechselnde Reizbeantwortung aller Körperzellen besitzt. — Die jeweilige Reaktion eines Organismus gegenüber einem Reiz oder einer Aufgabe kann auch von der seelischen Einstellung abhängen. Aus den Empfindungs- und Bewußtseinssphären der Großhirnrinde können jederzeit nervöse Impulse über die vegetativen Regulationszentren im Zwischenhirn in das autonome Nervensystem einbrechen und die vegetative Ausgangslage oder die vegetativ gesteuerten Reaktionsabläufe in den verschiedenen Organsystemen stark abwandeln" (K. Wezler). „Es gibt nichts, was dem Eindruck von Großartigkeit gleichkommt, den die Ordnung im Hirngeschehen in uns erweckt. — Alles ist Dynamik im reinsten Sinne des Wortes ... Und alles das verläuft geordnet" (Rohracher).

Im Reich der Organismen entspricht jeder *Formganzheit* eine *Funktionsganzheit* als G.K., holistische Kausalität, „Totalität" (Höffding, Alverdes), Totalkausalität (Burkamp) mit „Kollokation oder Zusammenordnung von Ursachen" (Riehl) oder „Insertion" (Driesch), in einem „Chronoholismus" (Donnan, Léemann), in „ganzheitsbezogenem aktivem Reagieren" (Böker), gemäß „Feldgesetzen" als „erforschbarem Regulationsprinzip" (Gurwitsch). Schon v. Kries hat betont: „Jede Nervenerregung setzt das ganze Gebiet in einen gewissen neuen Gesamtzustand." (In einer Formulierung von Driesch: „Das Nervensystem verhält sich harmonisch-äquipotentiell.")

Ein „unsichtbares Band" umschlingt alle in W.W. stehenden Glieder, so daß eines das andere beachtet und respektiert; das Nebeneinander ist zugleich ein Zueinander und Füreinander. Ganzheitskausalität als derartige „Systemgesetzlichkeit" (v. Bertalanffy), als Holismus (im eigentlichen Wortsinne) ist das Kennzeichen des Lebens, nach Driesch gemäß eines ganzmachenden Vitalagens, des Faktors X, der Entelechie als führendem „Psychoid" (seelische Führung nach E. Becher). Für solche biologische und psychophysische G.K. gilt: „Der Organismus reagiert auf die Umwelt als Subjekt, wird also nicht bewirkt, sondern gestaltet sich selber" (Friederichs). „Der Organismus muß aktiv mitmachen" (Schlossberger). Auch die Pflanze ist ein „wirkendes Wesen" (Boas); sie kann z. B. ihren Pigmentapparat auf veränderte Umweltbedingungen neu einstellen (Seybold).

Auch *Krankheit und Krankheitsheilung* stehen heute völlig in dem Zeichen ganzheitlicher Betrachtung. Schon bei Novalis liest man: „Krankheit ist Zwist der Organe. Krankheiten sind partielle Überwältigungen." Der „Konditionismus" von Verworn u. a. hat später weitergeführt. Heute heißt es: „Es ist nicht die *eine* Ursache, die die Krankheit macht" (SIEBECK). Holistische Therapie (und Rangordnungstherapie dazu) beherrscht das Feld.

Die stärkste Verstrickung zeigt die G.K. der *biologischen Entwicklung* und Differenzierung in *Ontogenese und Phylogenese*. Es waren grundlegende Feststellungen einer ganzheitlichen Verknüpfung kausaler Fäden, als DRIESCH beim Seeigelei durch „Einschnürung" an passendem Ort und zu passender Zeit *zwei* Embryonen erhielt. Die „prospektive Potenz" engt sich sinngemäß ein in einen Akt der „prospektiven Bedeutung"; das Ausgangssystem ist kein „mechanisches", sondern ein „harmonisch-äquipotentielles System". In der gleichen Richtung liegt es, wenn weiterhin SPEMANN die dorsale Urmundlippe des Keimes als „Organisator" erkannte, der über seine eigenen Stoffgrenzen hinaus induzierend ein Ganzes gestaltet. A. KÜHN bezeichnet es als „eines der schwierigsten biologischen Grundprobleme: Wie kommt in der Stammesgeschichte das harmonische Ineinandergreifen einzelner selbständig bestimmter Entwicklungsvorgänge zustande?" K. TRIPP findet in phylogenetischer Entwicklung das Walten „rhythmisch verketteter Impulse".

Bei jeder Organisation ist „ein primäres, die Entwicklung führendes Induktionszentrum vorhanden" (F. E. LEHMANN). „Jeder kausale Faktor des wachsenden Keimes dankt das Spezifische seiner Wirkung der Gegenwirkung aller anderen Faktoren, die er selbst aber mit bedingt hat" (H. J. JORDAN): W.W. in dem kausalen Gefüge des Ganzen; die ganze Keimesentwicklung ist eine harmonisch geordnete Folge einander ablösender Induktionsvorgänge nach Art katalytischer Richtungsbestimmung. Embryonale oder regulatorische Vorgänge sind nach DRIESCH „unmittelbar ganzmachend". „Ganzmachende, ganzheitwiederherstellende Faktoren sind einzuführen, wenn überhaupt das Kausalitätsschema gerettet werden soll. Der sog. Vitalismus hat gesiegt. — Dem Kausalschema zu liebe wurde der Begriff der Entelechie als „eines wirkenden Agens" eingeführt, da „mechanische Kausalität eben nicht genügte" (DRIESCH).

In der „Ökologie" (Synökologie und Autökologie nach C. V. D. KLAAUW) zeigt sich „Abgestimmtheit der Lebewesen auf ihre Umwelt und Bezogenheit aufeinander" (A. WENZL), in „hochstrukturiertem Zusammenwirken von Funktionen" (V. V. WEIZSÄCKER), erfordernd eine „Synopsis des ökologischen Denkens" (FRIEDERICHS). „Die vitale Teilhabe ist im Grunde nur ein anderer Ausdruck für die Beziehung Bau-, Funktionsplan, Lebensmelodie und Eigen- oder Umwelt" (H. PETERSEN). „Bei allen echten Biologen ist eine ganzheitsbezogene Analyse eine Selbstverständlichkeit" (O. KOEHLER, s. auch J. S. HALDANE).

Für solche *ganzheitsbezogene Kausalanalyse* ist von hoher Wichtigkeit die Frage nach dem Grad der *Anwendbarkeit mathematischer Methodik,* über die sich R. MAYER einst so deutlich verneinend ausgesprochen hat. ADOLF MEYER verlangt „eine mathematische Bewältigung der biologischen Erscheinungen auf eigengesetzlicher Grundlage"; von F. G. DONNAN wird die Anwendung der „Methodik der Integro-Differentialgleichungen und der Integralgleichungen überhaupt" auf das „historische Ganzheitsverhalten lebender Systeme" als „sehr verlockend und hoffnungsvoll" bezeichnet (Chrono-Holismus). Die großen Erfolge der Vererbungstheorie (des Mendelismus) mit ihren wichtigen statistischen Gesetzmäßigkeiten wirken vielverheißend. „Eine Biophysik der Zukunft wird vielleicht die besondere Richtungsbestimmtheit der vitalen Vorgänge mathematisch verständlich machen" (Sapper). Eine logische Bewältigung des Einzelfalles aber wird immer mit dem Umstand zu kämpfen haben, daß unzählige „Erhaltungen" und unzählige „Anstöße" samt ihren Auswirkungen in jedem Erleben des Organismus zusammenwirken (s. auch Anm. 78 und S. 154).

Schon aus früheren Erörterungen (s. S. 147) läßt sich vermuten, daß G.K. im allgemeinen Sinne und die sogenannte *statistische Kausalität* als *Kollektivkausalität* nicht in schroffem Gegensatz, sondern sogar in gewissen verwandtschaftlichen Beziehungen zueinander stehen. Zunächst ist klar, daß *statistische* Betrachtung und *energetische* Behandlung in keiner Weise einander feindlich sein können; beziehen sich doch Energiegleichungen in der Regel nicht auf ein einzelnes Individuum, sondern auf ein Kollektiv; der Energiesatz betrifft gewöhnlich „den Mittelwert" (Gerlach), das „wahrscheinlichste durchschnittliche Resultat" (Exner).

„Durch statistische Mittelbildung kommt als Gesamtresultat vieler atomarer Einzelprozesse der kausale Ablauf makrophysikalischer Vorgänge zustande" (P. Jordan). Als radikale Schlußfolgerung: „Wir haben von den Vorgängen der molekularen Welt nur noch ein statistisches Wissen" (Helm). „Alle Kausalität ist Wahrscheinlichkeit" (Reichenbach). „Aus keiner noch so umfangreichen statistischen Untersuchung kann mit Sicherheit ein Urteil über das Bestehen eines Kausalzusammenhanges gewonnen werden; es kann nur sein Bestehen als mehr oder weniger wahrscheinlich dargestellt werden" (Carl Böhm). Statistik hat es nicht mit Notwendigkeiten zu tun, sondern mit „Chancen" (Max Weber).

Statistische Kausalität ist eine Beziehung von Kollektiven, genauer: dasjenige Verhältnis von Ursache und Wirkung, das uns bei der Betrachtung der Änderungen entgegentritt, die eine großzahlige Gesamtheit gleichartiger Gebilde zeigt, wenn an seinen Grenzen oder in seinem Innern neue stoffliche oder energetische „Anstöße" auftreten. Wie unbestimmt und „zufällig" hier auch Verhalten und Schicksal des Individuums erscheinen mögen, durchweg wird man das *Bestehen eines Gesetzes für das Kollektiv als vollgültigen Beweis kausaler Gesetzmäßigkeit auch für das Individuum* nehmen dürfen (157). „Wir können Statistik oder Theorie des Zufalls nur treiben, wenn wir annehmen, daß der Einzelvorgang streng gesetzmäßig verläuft" (J. Reinke).

„Gegen Statistik wird eingewendet, daß das Kausalitätsbedürfnis nicht befriedigt werde." Jedoch: „Statistik fügt sich den allgemeinen Gesetzen vollkommen ein, ohne daß die Forderung der Kausalität verletzt würde. — Das Kausalgesetz wird bleiben. — Die Wurzel des Eindringens der Wahrscheinlichkeitsrechnung in die Physik ist der Satz vom zureichenden Grunde" (W. Wien). Sommerfeld bezeichnet als eine „sehr vorsichtige und allgemeine Definition" der Kausalität, wenn Kant in der *ersten* Ausgabe der

Kritik der reinen Vernunft sagt: „Alles, was geschieht, setzt etwas voraus, worauf es nach einer Regel folgt. — Ich denke, diese Definition umfaßt auch die Wahrscheinlichkeitseffekte der neuen Theorie." — „Alle Wahrscheinlichkeitserwartung beruht auf dem Glauben an die Gleichmäßigkeit des Naturverlaufs" (DRIESCH). „Auch statistische Gesetzlichkeit bedarf zu ihrer Begründung ganz bestimmter Voraussetzungen" (PLANCK). „Gesetzmäßige Einschränkung der möglichen Fälle ist für die Wahrscheinlichkeitsrechnung eine conditio sine qua non ..., das Schema der Wahrscheinlichkeit ist nicht unabhängig vom Gesetz der Kausalität", bedeutet also nicht „Regellosigkeit" (WEINSCHENK). Für biologisches Geschehen gilt demnach: „Man möchte im Gegenteil den Würfelbecher als ein noch unpassenderes Modell gegenüber dem Uhrwerk ansehen" (H. J. JORDAN).

Es kann nur die besondere Form der *mechanistischen* Kausalität treffen, wenn SOMMERFELD sagt: Die Quantenmechanik „muß statt der kausalen Bestimmtheit statistische Spielräume setzen". Solche „Spielräume" (s. auch v. KRIES: Spielraumstheorie) werden erläutert durch folgende Sätze: „Schon die ursprüngliche BOHRsche Theorie des einfachen Wasserstoffatoms zeigte ein nichtkausales, raumzeitlich nicht beschreibbares Geschehen. — An Stelle der kausalen Notwendigkeit tritt die Übergangswahrscheinlichkeit, die in den atomaren Elementarprozessen das eigentlich Beobachtbare und Wissenswerte darstellt. — An die Stelle der Bahn tritt die Ladungswolke, deren Dichte die Wahrscheinlichkeit angibt, mit der wir erwarten dürfen, das Elektron an einem gewissen Ort zu einer gewissen Zeit anzutreffen ... Wir ersetzen das ankommende Elektron durch eine ‚Elektronenwelle‘, die wie die ebene optische Welle den ganzen Raum erfüllt", ebenso wie wir vom lichtelektrischen Gesetz her wissen, „daß in dieser Wellenfront irgendwie und irgendwo das Lichtquant als Energieknoten sitzen muß" (SOMMERFELD).

Alle *Naturstatistik ist gesetzmäßig festgelegt.* Noch nie z. B. ist beobachtet worden, daß sich ein radioaktives Element „zufällig" in seiner vorgeschriebenen Zerfallszeit geirrt und etwa in einen fremden Bereich eingegriffen hätte. Dazu: Statistik ist nur eine Methode des Sehens, nicht eine Weise des Geschehens. Wahrscheinlichkeiten sind bloß — „Grenzen vom Reich der Wahrheit" (HAMANN). „Die zahlenmäßige Verwertbarkeit einer Wahrscheinlichkeit stellt einen an ganz besondere Bedingungen geknüpften Ausnahmefall dar" (v. KRIES). „Dasselbe Ereignis kann in bezug auf verschiedene Bedingungen verschiedene Wahrscheinlichkeiten haben." Es handelt sich immer um einen „in bezug auf eine Bedingung wahrscheinlichsten Häufigkeitsgrenzwert" (MALLY).

Wenn PERRIN berechnet hat, es möge eine gewisse endliche, wenn auch sehr geringe Wahrscheinlichkeit dafür bestehen, daß ein Ziegelstein sich frei vom Boden erhebe, so ist dagegen zu sagen, daß hier sicher ein Denkfehler vorliegt. Besser wird man folgern: Aus der immer und immer wieder durch Beobachtung bestätigten Tatsache, daß statistische Schwankungen, Streuungen und „Unbestimmtheiten" des individuellen Geschehens bestimmte quantitative Grenzen nicht überschreiten (man denke an HEISENBERGs Unbestimmtheitsrelation), ergibt sich, daß *die Wahrscheinlichkeit gebändigt, geführt und beherrscht wird durch das höhere Gesetz des Kollektivs,* das thermodynamisch-energetischer Art oder auch ein „Sinngesetz" sein kann. Auch der statistische Aspekt als ein Aspekt von unten ist schließlich ein „Figment", das einer Ergänzung, eines „Korollariums" durch eine komplementäre Betrachtung von oben bedarf

(s. S. 110). Statistische Kausalität, weil nur innerhalb bestimmter, durch „höhere Direktiven" bedingten Grenzen sich bewegend, wird also irgendwie mit G.K. als einer *Gesetzlichkeit höherer Ordnung* zu tun haben.

Chemisches Gleichgewicht und Katalyse — zwei wichtige „makrophysikalische" Erscheinungen — sind ausgesprochen unmechanisch, antimechanisch; zugleich auch Erscheinungen, deren Verfolgung die Statistik in ihre Grenzen zurückzuweisen vermag. Die Wahrscheinlichkeit des Zusammenstoßes nimmt für Gasmolekeln, z. B. Stickstoff und Wasserstoff, Stickstoff und Sauerstoff, mit steigender Temperatur durchweg zu, und doch steigert sich beim Ammoniak der *Zersetzungs*anteil mit Anstieg der Temperatur, beim Stickoxyd der *Bildungs*anteil: *weil es die Thermodynamik, das energetische Gesetz so will.* Was von unten gesehen als statistische Kausalität mit Wahrscheinlichkeitsgepräge erscheint, wird einer Beobachtung von oben G.K., übergeordnete holistische Gesetzlichkeit sein.

Jede Unwahrscheinlichkeit und jede Wahrscheinlichkeit ist nur relativ, sie gilt nur in Beziehung auf bestimmte Annahmen. Es gibt keine voraussetzungslose Wahrscheinlichkeit. Hinter statistischer Kausalität steht das „Gesetz", das Überschreitungen nur bis zu bestimmten Grenzen duldet. Beim Ausschütten der Körner eines Getreidesackes werden die Lage-Wahrscheinlichkeiten andere, sobald seitliche Windstöße mitspielen. Die Gedeihens-Wahrscheinlichkeiten für einen Getreidehalm auf bestimmtem Boden werden mit Änderung der Wetterlage, der Sonnenscheindauer usw. jeweils anders. Wenn in ruhendes Knallgas ein Platinkatalysator hineingebracht wird, bestehen andere Wahrscheinlichkeiten als zuvor; ebenso wenn in einen normal arbeitenden Organismus eine Dosis Schlangengift gerät. Die Wahrscheinlichkeit der Mikrovorgänge eines Organismus wird beherrscht durch das Gesetz dieses Organismus. Wahrscheinlichkeiten des Naturgeschehens stehen im Dienste und unter dem Zwange von Ganzheitsgesetzen. Es ist nicht so, daß Wahrscheinlichkeiten das Gesetz machen; sie werden vielmehr durch das Gesetz gemacht, genauer: beschränkt und dirigiert.

Damit ist auch dem Begriff des „*Zufalls*" innerhalb jeder Statistik seine Stelle angewiesen (158). Absoluter Zu-fall, d. h. eine objektive Ursach- und Gesetzlosigkeit ist noch nie nachgewiesen worden. Relativ zufällig aber ist, was ganzheitlicher Beziehungen ermangelt — zumindest in unserer Einsicht; oder nach DRIESCH: „was ohne Ordnungsregel verknüpft ist". „Zufall" bedeutet mithin durchweg keineswegs Grenzen und Lücken der Kausalität, sondern nur Grenzen und Lücken in unserem Wissen um Kausalität (und W.W.), d. h. vor allem hinsichtlich der unzähligen Bedingungen, die oftmals zusammentreffen‘ müssen, damit ein Ereignis eintritt. „Willkür und Zufall sind die Elemente der Harmonie" (NOVALIS). „Zufall und Kausalität schließen einander nicht aus" (REINKE). Wenn in der Welt viel „Unwahrscheinliches" und insofern „Zufälliges" geschieht, so folgt dies nur zum kleineren Teile dem Würfelbecher, zum anderen größeren Teile aber dem *Willen,* der mit Leichtigkeit auch Unwahrscheinliches verwirklichen kann.

KRÖNIG unterscheidet Zufall als Wunder (ohne Grund) und Zufall als Willkür (ohne Absicht). „Der Unterschied Notwendigkeit und Zufall beruht durchaus nicht auf dem Wesen der Dinge, sondern nur auf dem Grade unserer Kenntnis derselben.“

Wie es sich im einzelnen verhalten möge: Auch für die Naturwissenschaft ist das Metermaß nicht das letzte Maß der Dinge und der Würfelbecher nicht das endgültig Entscheidende!

41. Die Frage der „Akausalität“.

Die Unmöglichkeit, kollektivem Geschehen, vor allem im subatomaren Gebiet, anders als durch statistische Methodik beizukommen, hat, zusammen mit den Ergebnissen dieser Methodik, an manchen Orten zu dem Begriff einer „Akausalität“, zu deutsch „Ursachlosigkeit“ geführt. Bei aller Erörterung hierüber muß man sich vor Augen halten, daß die Verfechter der „Akausalität“ oder des „Indeterminismus“ den *bestimmten mechanistischen Kausalbegriff zugrunde legen*, wie er sich in der Formulierung von Laplace (S. 33) am schärfsten ausspricht. Jener Kausalbegriff betrifft die Möglichkeit einer bestimmten Voraussage von Ort und Impuls eines Massenpunktes in einem künftigen Zeitmoment, wenn die entsprechenden Bestimmungsstücke für das System im gegenwärtigen Zeitmoment gegeben sind (159). Demgemäß muß von vornherein klar sein, daß wenn man einen *anderen Kausalbegriff* zum Ausgangspunkt nimmt, der Satz von *Heisenberg* zutreffen wird, den er 1938 gegenüber Weinschenk geäußert hat: „Wenn man das Wort Kausalität in Ihrem Sinne gebraucht, so ist es nicht richtig, von einer Aufhebung der Kausalität durch die modernen Physiker zu sprechen.“

Wir machen die Probe auf das Exempel, indem wir den dualen Kausalbegriff von R. Mayer zugrunde legen. Könnte man R. Mayer selber heute befragen, so würde er wohl folgendermaßen antworten: „Akausalität“ bedeutet völlige Unbestimmtheit, Ursachlosigkeit; die Behauptung einer solchen setzt mithin eine Definition von „Ursache und Wirkung“ voraus. Nehme ich „Kausalität“ im Sinne des Satzes: causa aequat effectum, so wird man von „Akausalität“ als einem *Wunder erster Art* reden dürfen, wenn Etwas aus Nichts entsteht („Dingschöpfung“ nach Driesch) oder Etwas in Nichts vergeht (Dingzernichtung). Vielleicht gibt es irgendwo in der Natur Vorgänge, bei welchen auch hinsichtlich „Kraft“ und „Stoff“ der im Bereich des Lebens, des Geistes belanglose, weil „sterile“ Satz: ex nihilo nil fit, gleichfalls nicht gilt (s. S. 77); solange davon jedoch nichts sicher bekannt ist (eine diesbezügliche *Vermutung* hinsichtlich schöpferischer Herkunft der Höhenstrahlung würde noch nichts *beweisen*), *weiß* ich nichts von „Akausalität“.

Weiter könnte R. Mayer sagen: Von „Akausalität“ als einem *Wunder zweiter Art* dürfte man sprechen, wenn irgendein stattfindender Anstoß, ein Anlaß trotz Resonanz keinerlei Wirkung zeitigte, oder wenn irgendein möglicher Vorgang ohne jeden Anlaß, ohne jede Auslösung sich ereignete. Bei Vorgängen wie der Zersetzung eines Radiumatoms könnte Letzteres vermutet werden, zumal wenn man nur *mechanischen* Anstoß im ursprünglichen Wortsinn gelten läßt; aber auch da wird man besser tun, *verborgenen Anstoß, verborgene Auslösung* anzunehmen; wie könnte sonst ein Gesetz für das Ganze gelten! — Anstöße geheimer Art für Begebnisse, namentlich auf seelischem Gebiet, werden häufiger sein, als man ahnen mag; mit

„Wundern" in diesem Sinne, mit Anlaßwundern statt Schöpfungswundern, müssen wir wohl immer rechnen.

Handelt es sich nun drittens nur um ein Versagen klassischer Mechanik, etwa für das atomare und subatomare Geschehen und für das stofflose Kraftfeld, so wird man überhaupt nicht von Wunder, von absolutem Zufall, von echter „Freiheit", also auch nicht von „Akausalität", sondern nur von *„Amechanität"* im Sinne der klassischen Mechanik für breite Gebiete physischen Geschehens zu reden befugt sein. Bestehen bleibt: Keine Ursache ohne Wirkung, keine Wirkung ohne Ursache!

Halten wir in Verfolg der Linie von R. Mayer an „Kausalität" oder „Determinismus" im Kantschen Sinne einer allgemeinen Denkerwartung fest, die dazu durch den dualen R. Mayerschen Kausalbegriff der „Erhaltung" und „Auslösung" (nebst Entropiegesetz und weiteren Gesetzen besonderer Art) auf das beste erfüllt wird; und erkennen wir demgemäß die Forderung einer strengen Voraussagbarkeit mechanischer Art *nicht* als allgemeines Kriterium der Kausalität an, so wird *die Behauptung einer „Akausalität" hinfällig,* ohne daß jedoch die wissenschaftlichen Ergebnisse nach Art der Heisenbergschen Unsicherheitsbeziehung irgendwie in Frage gestellt würden. Subjektive Unbestimmbarkeit ist nicht objektive Unbestimmtheit; *das Ganze hat Gewalt über das Einzelne.* Nichts *zwingt* dazu, von „einer in der Natur selber liegenden Unbestimmtheit" (P. Jordan) oder von einem „Versagen der Kausalgesetzlichkeit" auf einzelnen Gebieten (Riezler) zu reden.

Mit einer solchen, den Spuren R. Mayers folgenden Auffassungsweise stimmen Äußerungen verschiedener Forscher mehr oder weniger genau überein. Die *Gesetzlichkeit des Ganzen* nimmt Planck zum Ausgangspunkt, wenn er sagt: „Ein Vorgang, in welchem auch nur eine Spur von Indeterminismus hineinspielt, ist als Ganzes undeterminiert. — Der Streit um den Determinismus ist ein Streit um die Betrachtungsweisen." Ferner: „Aus einer indeterminierten Basis können *nie und nimmer* statistische Häufigkeitsgesetze entspringen" (Driesch). M. v. Laue: „Die Indeterministen operieren mit Begriffen (Ort, Impuls, Geschwindigkeit), die auf die Newtonsche Punktmechanik zugeschnitten sind" (s. S. 95). Nach Weinschenk *mußten* „Unbestimmtheiten" auftreten, wenn Begriffe der klassischen Physik auf ganz heterogene Erscheinungsgebiete angewendet wurden: „Es ist nicht richtig, daß die Natur freie Entscheidung von Fall zu Fall treffe. — Die Unmöglichkeit der Determinierung ist kein Beweis für Undeterminiertheit." „Man stellt ja gerade mit dem Kausalprinzip fest, warum hie und da die Kausalität nicht zu erfassen ist" (Eisler). Die Heisenbergsche Unsicherheitsrelation z. B. ist selber „gerade durch die strenge Anwendung der Kausalität festgestellt worden" (M. Hartmann; s. auch S. 95). W. Zimmermann: „Auch für den Bereich der Mikrozellularvorgänge fehlt jeder Anhaltspunkt, daß wir mit irgendeiner Form des Indeterminismus rechnen müßten."

Wenn die neue Quantenphysik findet, daß es keine strenge Kausalität in der Mikrowelt gebe, so heißt das nach Schlick, daß „die Voraussagungen nicht durch eindeutige Funktionsgesetze, sondern nur durch statistische Gesetze gemacht werden können". „Quantensprünge können als zufällig erscheinen und doch innerlich motiviert sein" (Bunnemann). „Aus dem Unvermögen, einen Vorgang zu bestimmen, kann noch nicht auf dessen objektive Unbestimmtheit geschlossen werden" (Hönigswald). „Sucht dort keine Kausalität, wo sie in Wirklichkeit nicht ist, weil wir mit großer Wahrscheinlichkeit wissen, wo sie ist" (E. MAY). „Die Unmöglichkeit restlos zahlenmäßig genauer Voraussage bedeutet auch auf biologischem Gebiet nicht eine Aufhebung der Kausalität in ihrer objektiven Bedeutung. — Keine Krise der Kausalität, nur eine Krise der Formulierung" (BR. BAUCH). „Neue Formen der Kausalität sind an neue Naturkonstanten geknüpft" (VOLKMANN).

„Wenn der gegenwärtige Zustand eines isolierten Systems in allen Bestimmungsstücken genau bestimmt ist, so läßt sich der zukünftige Zustand des Systems daraus genau berechnen"; das gab nach W. HEISENBERG „die Basis für den grandiosen Versuch einer objektiven Wissenschaft", für einen Versuch, der indes gescheitert und hinfällig geworden ist: „Es ist prinzipiell nicht möglich, alle zur Berechnung der Zukunft notwendigen Bestimmungsstücke eines isolierten Systems zu ermitteln" (HEISENBERG). Nach PLANCK gibt es hinsichtlich der Sicherheit voraussagender Wissenschaft „alle Grade der Wahrscheinlichkeit"; die Möglichkeit strenger Vorausberechenbarkeit ist kein Kriterium der Kausalerfüllung. FR. HUND: „Hin fällt die Anschauung, daß durch die vollständige Kenntnis der Gegenwart eines abgeschlossenen Systems seine Zukunft eindeutig bestimmt sei. — Ich behaupte nicht, daß damit der Kausalitätsbegriff des Philosophen getroffen wird, wohl aber die Vorstellung von der strengen Determiniertheit des Naturgeschehens." Das kann aber zugleich die Gewinnung der Freiheit bedeuten, „Dinge mit physikalischen Methoden zu beschreiben, bei denen es bisher unmöglich schien". E. MAY: „Das Denken gibt sich selbst auf, wenn es kausal zu denken aufhört."

So ist schließlich das Wort „Akausalität" immer nur ein Hinweis auf bestimmte Schranken unserer Einsicht, zeitweilige oder dauernde, ein schlechter Name für eine gute Sache, ein schlechter Name, weil er immer wieder dahin irreführen kann, daß Gesetzlosigkeit oder Unordnung statt Wohlordnung in der Natur bestehe. Zwar kann über Fassung und Auffassung bestimmter Kausalbegriffe viel und dauernd gestritten werden; die Kausalität als allgemeine Denkforderung der Vernunft bleibt unerschüttert. Man darf wohl sagen: Die Kausalität ist in dem oder jenem Falle anders als ich mir vorgestellt habe, etwa leichter, freier, beweglicher; nicht aber: hier *ist* keine Kausalität, keine Verursachung (160). Das allgemeine Kausal*postulat* sollte nicht in die Zwangsjacke eines bestimmten Kausal*begriffes* hineingepreßt werden, und sei sie noch so gut gewebt.

Auf die *Notwendigkeit einer freieren Kausalitätsauffassung* weisen Worte von NERNST (1921) hin: „So tritt also eines unserer bedeutungsvollsten Naturgesetze durchaus nicht mit der Forderung auf, mit absoluter Notwendigkeit erfüllt zu sein, sondern in dem viel bescheideneren Gewande einer allerdings ungeheuer großen Wahrscheinlichkeit dafür, daß es im speziellen Falle auch wirklich zutrifft. — Vielleicht ist zuzugeben, daß die bisher übliche Fassung des Kausalitätsprinzips als eines absolut strengen Naturgesetzes wie spanische Stiefel den Geist einschnürte, und es ist daher wohl Pflicht der Naturforschung, diese Fesseln so weit zu lockern, daß der freie Schritt des philosophischen Denkens nicht mehr behindert wird." Es ist also „wünschenswert, die bisher übliche, aus der klassischen Physik überkommene Formulierung des Kausalgesetzes so abzuändern, daß dasselbe wieder strenge Gültigkeit hat".

42. Staffelung oder Rangordnung der Kausalität (A.K.), insbesondere im Organismus (Gradualismus).

> „Überall ist alles übereinander
> geschichtet." Riezler.

Schon im Gebiet des Anorganischen ist es mitunter schwierig, sich im Einzelfall präzis vorzustellen, wie die Methoden und Gesetze der Quantentheorie und der Feldphysik, der Statistik und der Energetik, der Molekularkinetik und der Thermo- oder Elektrodynamik *gleichzeitig* erfüllt sein können und zusammenstimmen; eine bloße Nebeneinanderordnung der „Gesetze" kann nicht genügen; es muß — menschlich gesehen — *ein gestaffeltes System der Über- und Unterordnung bestehen,* derart, daß immer „das Niedere dem Höheren untertan" ist (Sennert), das Obere aber in Teilbestimmtheiten und relative „Freiheiten" eingreift, die auf der jeweils niedrigeren Ebene noch geblieben sind. Der Staffelung und Rangordnung (Hierarchie) stofflicher Ganzheiten — vom Atom über Molekel und Aggregat bis zum Fels, zum Organismus usw. — entspricht eine *Abstufung des Bewirkens in Über- und Unterordnung, Dienen und Gehorchen, eine Staffelung der Kausalgesetzlichkeit* (161). „Aus dem Wissen um die gestufte Ordnung der Gestalten folgt die Stufenordnung alles Werdens und Geschehens" (L. Wolf).

Dem Chemiker und gar dem Physiologen sind derartige Eingriffe von Höherem in Niederes vielleicht geläufiger als dem Physiker. Als einfachstes Beispiel können chemische Systeme (etwa $CO + H_2$ oder $NH_3 + O_2$) mit ihren Trägheiten, Verhaltungen und „Unbestimmtheiten" im Hinblick auf den *zeitlichen Verlauf* wie auch die *Richtung des Geschehens* gelten, Unsicherheiten, die dann durch das Eingreifen von *Katalysatoren* zu Bestimmtheiten werden. Kausale Über- und Unterordnungsverhältnisse zeigen sich weiter z. B. in dem Zusammenwirken von Enzym und Hormon, sowie in „Dominanz" und „Rezessivität" kooperierender Genstoffe (Allele). Jede Steuerung im anorganischen und noch mehr im organischen Gebiet weist auf eine Staffelung der Kausalität, auf eine Über- und Unterordnung, auf ein Befehlen und Gehorchen hin. Dabei gilt: „Was auf höherer Basis in Gemeinschaft mit anderem als Baustein erscheint, ist genau für sich besehen Vorgang" (Müller-Freienfels).

Die *Staffelung der Kausalgesetzlichkeit* von Naturgebilden ist so beschaffen, daß die *Gesetzlichkeit einer mittleren Stufe restlos weder von der nächst niederen noch von einer höheren abzuleiten ist.* Wer möchte sich wohl anheischig machen, etwa die Mendel-Gesetze aus chemischer Reaktionskinetik, geschweige aus der Wellenmechanik zwingend abzuleiten und umgekehrt! Oder wer möchte sich unterfangen, die geradezu abenteuerlich anmutende Komplikation bei der Bildung eines Embryos aus dem Ei nach stattgefundener Befruchtung kolloidchemisch und elektrokinetisch logisch zu deduzieren! „Niemals läßt sich ein Gebilde höherer Dimension aus den Gebilden der niederen Dimension erklären" (K. Hildebrandt). Organismische Gestalt ist „dem chemischen Gestaltungsprinzip übergeordnet" (L. Wolf).

Wenn andererseits eine „holistische" Lehre behauptet, es seien physikalische und chemische Gesetzlichkeiten holistisch als „Simplifikation" oder „Degeneration" biologischer Gesetzlichkeiten abzuleiten (ADOLF MEYER), oder es seien „die Gesetze der niederen Ganzheiten durch Weglassung der spezifischen Komplexität der höheren Ganzheit zu erhalten" (DONNAN), so ist auch das, wenigstens gegenwärtig, nicht *mehr* als ein frommer Wunsch oder eine „Idee", ohne die Möglichkeit exakter wissenschaftlicher Durchführung. „Es wird gesucht, die biologischen Axiomprinzipien und Gesetze auf eine solche Form zu bringen, daß die physikalischen Gesetze usw. durch simplifizierende Ableitung aus ihnen deduziert werden können. — Die *physikalische Wirklichkeit ist eine Simplifikation, eine modellmäßige vereinfachte Abstraktion der organischen*": Erweitertes Korrespondenzprinzip; Holismus als „das Prinzip der spezifischen Komplexität der individuellen ranggeordneten Ganzheiten". (Siehe auch Anm. 116 über ADOLF MEYERs Ableitung von Begriffen wie „Energie" und „Entropie" aus allgemeinen biologischen Prinzipien.)

So schwierig es ist, das Verhältnis von Über- und Unterordnung, niederer und höherer Gesetzlichkeit im einzelnen Falle wie im allgemeinen einzusehen, es wird doch immer eine Art Einklang bestehen *zwischen der Eigengesetzlichkeit einer bestimmten Ganzheit im Verhältnis zu der korrespondierenden Gesetzlichkeit der niederen Stufen einerseits, der Gesetzlichkeit der nächst übergeordneten Stufe andererseits.*

Zu der *Kausalität von unten* gesellt sich so in einem Doppelaspekt der Erscheinung eine *Kausalität von oben,* eine höhere A.K., die etwas „in Gewalt hat" und die im menschlichen Willen ihren höchsten irdischen Repräsentanten zeigt (162). Physikalische Statistik und Thermodynamik stimmen zusammen, weil Thermodynamik die übergeordnete Gesetzmäßigkeit ist. Das Nebeneinander einer Kausalität von unten und der Kausalität von oben wird am deutlichsten sichtbar, wenn sich der Wille mitunter bemüht, gewisse Muskelgruppen oder auch Drüsentätigkeiten in seiner Macht zu halten, während diese selber niederer „reflektorischer" Reizwirkung folgen möchten (Versagen der Kräfte trotz höchster Willensanstrengung; s. auch M.I. 112, S. 74). Individueller *Tod* tritt schließlich ein, wenn eine A.K. von oben durch die Kausalität von unten endgültig besiegt und überwältigt wird.

Besonders deutlich ausgesprochen ist eine Staffelung des Verursachens und Lenkens im *Reiche des Lebendigen* mit seinen unübersehbaren Mannigfaltigkeitsgraden, bei deren logischer Bewältigung man nicht auskommt ohne Anerkennung der *Staffelung, Stufenfolge oder Rangordnung der A.K.,* die, der Rangordnung stofflicher Ganzheiten folgend (Molekel, Makromolekel, Aggregat, Zelle, Gewebe, Organ, Organismus usw.), ein Eingreifen, Veranlassen, Richten, Steuern der verfügbaren Energien durch nächsthöhere Instanzen bedeutet (163). Biokatalysatoren (Enzyme) schalten sich bestimmend und lenkend in die energetischen Freiheiten arbeitsfähiger chemischer und kolloidchemischer Systeme ein; Hormone wirken (nach WILLSTÄTTER u. a.) enthemmend, regulierend und kombinierend auf die Betätigung der Enzyme (164). Reiz-, Prägungs-, Induktionsstoffe usw. betätigen sich steuernd und koordinierend vermöge der

Unsicherheiten und Möglichkeiten, die das kolloidchemische und elektrokinetische Geschehen in den Körpergeweben offen läßt. Die Hypophyse dient als „Oberdrüse", als Hormonzentrale.

„Reflexe" sind chemisch fundierte Dynamismen, die durch Automatisierung und Mechanisierung in den Dienst bestimmter Ziele gestellt worden sind. Das Nervensystem — auf höherer Organisationsstufe wiederum kausal gestaffelt — thront koordinierend, dirigierend und sinngebend über dem Hormongetriebe. Die regelnde und steuernde Tätigkeit des hormonalen (endokrinen) Systems und des Nervensystems — sowohl jedes für sich genommen wie auch in ihrem Zusammenwirken — geschieht in mannigfach verstrickten Gleich-, Gegen- und Überschaltungen (Synergien, Antagonismen, Subordinationen). Wichtig ist dabei, daß gerade die feinsten Reaktionen des tierischen Lebens, die hormonalen und nervösen Steuerungen, äußerst geringen Energieverbrauch erfordern; das gibt eine beispiellose Labilität, Plastizität mit Zentrierung (BETHE), und Führungsvariabilität gerade in den Bezirken, in welchen richtende und formende entelechiale Kräfte angreifen.

Ein Trieb kann jeweils über andere Triebe dominieren, es kann aber auch von oberer Stelle (dem höheren Begehrungsvermögen nach KANT) unterdrückt werden.

Der Wille kann in weitem Umfange die Bewegung der Körperorgane beliebig „auslösend" leiten; und über der individuellen Entelechie (dem „großen Verstand des Leibes") mit ihrer Blüte des Willens kann schließlich ohne Verletzung der Energiesätze eine *überindividuelle seelische Führung*, ein bestimmtes Wirkfeld, in einem universellen „Lebensfelde" existieren.

Wenn es bei R. MAYER heißt: „Bei Lebensvorgängen läßt Chemie im Stiche", so ist das unzweifelhaft im Sinne eines Stufenbaues der A.K. zu verstehen, gleichwie die ähnlichen Sätze von SCHOPENHAUER: „Die Gesetze des Mechanismus gelten nicht mehr, wo der Chemismus wirkt, und die Gesetze dieses nicht mehr, wo organisches Leben angefacht wird." Schon GOETHE hatte eine Staffelung von Erklärungsarten gegeben: mechanische — chemische — lebenskraftlich chemische — geistige. Nach KRIECK gilt: „Immer kann nur das Niedere aus dem Höheren, der Teil aus dem Ganzen, das Organ aus dem Organismus her begriffen werden." *Methodisch* ist allerdings das Wort von FR. A. LANGE zu beachten: „Es ist aber mit der mystischen Herrschaft des Ganzen über den Teil nicht viel anzufangen."

Der Satz von E. DU BOIS-REYMOND (1848): „Physiologie wird ganz und gar in Physik und Chemie aufgehen" kann nur in dem beschränkten Sinne einer *Fundierung* auf Physik und Chemie gelten; und ebenso wird über das neuere Streben nach einer „physikalischen Einheitswissenschaft" mit physikalischem Kommando zu urteilen sein. Nach W. OSTWALD ist Biologie „eine autonome Wissenschaft, jedoch nicht unabhängig von Chemie und Physik". Ähnlich A. v. OETTINGEN: „In jedem Naturreich tritt ein neues Prinzip auf, physiologische Vorgänge werden durch mechanische und chemische Betrachtung nicht erschöpft." CLAUDE BERNARD: „Die Vorgänge bei Organisation und Nahrungsaufnahme verhalten sich so, als ob die chemischen Kräfte durch eine höhere treibende Kraft beherrscht würden." HEIDENHAIN spricht von „Enkapsis" als einem hierarchisch geordneten Gefüge von Ganzheiten. „Unser Organismus ist oligarchisch eingerichtet" (NIETZSCHE).

Das 19. Jahrhundert ist in mühevoller Empirie zu der Erkenntnis gelangt, daß es im Chemischen wie im Elektrischen übermechanisch zugeht: unser Jahrhundert wird immer mehr bestätigen, daß es im Organischen überchemisch und überphysikalisch zugeht. In bezug auf das Verständnis des Lebens selbst wird (nach Niels Bohr) Chemie nicht viel weiter führen als Mechanik.

„Die letzten Einheiten der Physiologie sind nicht Massenpunkte, sondern die autonomen Lebenseinheiten, die Zelle und ihre Funktion" (Meyerhof). „Physikalische Gesetze lassen noch Möglichkeiten offen" (Burkamp). „In den biologischen Erscheinungen haben wir Naturgesetzlichkeiten kennenzulernen, die wesentlich Neues gegenüber den anorganischen Naturgesetzen zeigen." Eine „Rangordnung" ist vorhanden, indem „makroskopische Prozesse gesteuert werden durch wesentlich feinere Reaktionen" (P. Jordan). „Physik führt nur in den Vorhof der Lebenserscheinungen" (Trendelenburg). (Dazu auch Buytendijk: „Die Physiologie kann viel von der Physik lernen, aber es muß die Physik von heute, nicht die vor 50 Jahren sein.") „Die lebendige Einheit ist eine metachemische Einheit" (Kroner). „Im Biologischen treten neue, das Geschehen komplizierende Faktoren auf" (K. Sapper).

Bei Krankheit und Heilung handelt es sich nach Diepgen um „ein Schlachtgetümmel im Kampf des Körperwillens zur Gesundung gegen einen Einfluß von Schädlichkeiten, die im Organismus Einlaß gefunden haben". „Das Leben durchbricht die gewöhnliche Gesetzlichkeit nicht, es nutzt sie vielmehr auf eigenartige Weise aus und schafft dadurch eine höhere Gesetzlichkeit" zu sinnvoll geordnetem Sein und Geschehen (G. v. Frankenberg). Th. Billroth spricht von „dirigierenden Oberkräften". „Der innere Archeus heilt" (Paracelsus).

Schließlich noch Einzelangaben: „Das Proteinskelet überwacht gewissermaßen den Ablauf der chemischen Vorgänge in der Zelle" (W. J. Schmidt). „In der Plasmastruktur sind Richtkräfte gespeichert. Es herrscht ein *biologisches Führerprinzip*, nach dem der zuerst differenzierte Teil des Keimes die undifferenzierten bestimmt" (H. A. Stolte). Nach Timoféeff-Ressovsky kann man vier primäre Evolutionsfaktoren unterscheiden, „von denen zwei (die Mutabilität und die Populationswellen) nur als Materiallieferanten dienen und die zwei anderen (Selektion und Isolation) als richtende Faktoren angesehen werden müssen". Äußerst verwickelte Neben- und Überordnungsverhältnisse (Autonomie *und* Determiniertheit) bestehen bei embryonaler Entwicklung mit ihrer „Induktion". „Der Organisatorbereich ist ausgezeichnet durch starkes Induktionsvermögen, vielseitige Differenzierungstendenz und eine gute Regulationsfähigkeit" (F. E. Lehmann).

Wie weit sich eine „gradualistische" Kausalitätsbetrachtung — die notwendig in erster Linie die A.K., nicht die E.K. betrifft — vorwagen kann, mag an folgendem Beispiel gezeigt werden. In einer gedanklich an Driesch, Spemann, F. v. Wettstein und v. Uexküll anschließenden Untersuchung über „die Gene als Realisatoren und die Natur der prospektiven Potenz" gelangt C. Herbst zu folgenden Schlüssen: „Die Geschlechtschromosome haben weiter nichts zu tun, als eine der beiden Potenzen anfachen bzw. die andere unterdrücken." Weiter ergibt sich, „daß, wie in den Geschlechtsgenen, so auch in allen anderen Genen nur die Realisatoren der Entwicklungspotenzen aller Körpermerkmale drin stecken", d. h. „daß die Gene nur erweckend auf vorhandene Potenzen wirken. — Damit aus dem Chaos der Gene geordnete Organbildung hervorgehen kann, ist ein ganzmachender Faktor notwendig" (s. DRIESCH 1909 in seiner „Philosophie des Organischen"). „Was liegt da näher, als an das Plasma zu denken?" Es geht indessen nicht an, „die Totalpotenz eines Eies in sein Zytoplasma allein zu verlegen, sie ist vielmehr der Eizelle als Ganzem eigen". Der Faktor, der das Wirkungsfeld der Gene bestimmt, „kann nur die prospektive Totalpotenz sein. — Die Totalpotenz ist also dem Genom übergeordnet und gestattet nur, daß zur richtigen Zeit und an richtigem Orte Realisatoren in Tätigkeit treten, die aus der Totalpotenz Teilpotenzen erwecken, welche zur Entstehung der auswechselbaren Merkmale führen" (DRIESCHs „Insertion"). Es hat sich gezeigt, „daß durch die Gene etwas ausgelöst wird, das in der Entwicklungspotenz des Keimes schon vorher gegeben ist": Realisator, formativer Reiz, Erwecker oder „Evokator der englischen Autoren". Die prospektive Total-potenz muß man sich schließlich vorstellen nach Art eines „Handlungsplanes", der „im Unbewußten bleibt — ein Hauptplan, der eine Menge Teilpläne einschließt" (DRIESCHs „Entelechie"). Es ist hier „ein Etwas, das immer ganz bleibt und sich trotzdem gesetzmäßig verändert". Die prospektive Totalpotenz hält HERBST nicht für einen materiellen, sondern für einen psychischen Faktor.

„Der Hauptbauplan aktiviert die Gene im Genom und diese hinwiederum lösen aus dem ersteren die Teilpläne aus, von denen die Ausgestaltung der austauschbaren Merkmale abhängt, ... er lenkt nicht nur die Embryonalentwicklung, sondern auch die Ausbesserung von Schäden, und erhält auch die vollendete Organisation mit ihren Leistungen in ihrem Bestand." (So kommt auch die E.K. zu ihrem Rechte!) „Die Beziehung zwischen Ei und Totalpotenz ist dieselbe wie die zwischen Leib und Seele. Ich stelle mich auf Seiten jener Forscher, die eine W.W. zwischen beiden annehmen."

Immer wird gelten: „Die schwierigste Arbeit in der Naturerkenntnis ist vielleicht dem Biologen zugefallen. — Wer die Welt begreifen will, muß das Leben verstehen lernen. Wer über den Tod die Herrschaft gewinnen will, müßte wissen, was Leben ist" [RUBNER (165)].

Eine Verfolgung der biologischen A.K. in ihren Abstufungen mündet in das Aufwerfen der wichtigen Fragen der *Vererbungs- und Entwicklungskausalität* aus, die wiederum nicht ohne Berücksichtigung des Verhältnisses von Leib und Seele (das uns schon S. 146 begegnete) erörtert werden kann. Allgemein besteht „die erstaunliche Tatsache, daß aus der Reaktion relativ homogener embryonaler Systeme ein Muster von spezifischen Anlagen entsteht" (F. E. LEHMANN). Wie schwierig auch dergleichen Fragen sind, eine *Unmöglichkeit* des Lenkens, Richtens und „Entwickelns" durch einen nicht in der Energiebilanz stehenden Faktor — als psychischen Anstoßgeber — kann nicht behauptet werden; stellt doch der *Katalysator* auf niederer Ebene den Typus eines veranlassenden und richtenden Etwas dar, das unverändert seine Wirkungen überdauern kann: als ein *Modell des — unbewußten oder bewußten — „Willens in der Natur"*.

Die *kausale Schichtung des Physischen* setzt sich fort in einer entsprechenden *Staffelung psychischer Kausalität,* in den „Schichten der Persönlichkeit" (ROTHACKER). Nach ROHRACHER gibt es eine psychologisch-ethisch bedeutsame Staffelung von Erregungstendenzen (spezifischen Erregungskonstellationen) vom entwicklungsgeschichtlich älteren

Stammhirn („kortikale Grundkonstellation") zum Rindenhirn: „Die Urerlebnisse des Menschen, die *Triebe und Leidenschaften*, haben ihre letzte Wurzel nicht in der Rinde, sondern in den Stammganglien. Der Geist, der aus unseren Ganglienzellen entspringt, verlangt nach Unabhängigkeit von demjenigen, woraus er entstanden ist." Als ethisches Ideal: ein Werte schaffender Rinden-Wille!

In der Linie eines Weiterdenkens R. MAYERscher Rangordnungsgedanken (S. 74) liegen weiterhin folgende Aussprüche: „Mechanische, physikalische und chemische Vorgänge werden gesteuert von übergeordneten Ursachen und werden damit einer höheren Wirklichkeitsstufe teilhaft" (KRIECK). „Die höhere Stufe gibt den Geschehnissen eine Spezialgesetzlichkeit, in der die Gesetze der niederen Stufe für uns kaum wieder zu erkennen sind. Jede höhere Stufe ist das Produkt der Suchorganisation der nächstniederen Stufe" (BURKAMP). „Die höhere Schicht kontrolliert die Funktion der niederen, ohne sie aufzuheben" (WM. McDOUGALL). „Wenn die Gesetze der Physik ihrem Wesen nach nur Wahrscheinlichkeitsgesetze sind, die einen, wenn auch kleinen Spielraum für individuelles Verhalten geben, so könnte eben dieser Spielraum der Einsatzpunkt für eine seelische Führung sein" (A. WENZL). „Das leibliche Geschehen wäre also seelisch bestimmt, ohne daß überhaupt die Gesetze der Physik verletzt würden" (M. BENSE). „Der Wille ist autonom, den niederen Determinanten gegenüber frei" (N. HARTMANN). „Der Mensch steht nicht nur in der Ordnung des Lebendigen, sondern auch in der geistigen Sphäre" (FRANZ BÜCHNER). „Die lebendige Gestalt steht im Doppelverhältnis zur Welt; durch den Leib zur Umwelt, durch die Seele zur Gemeinschaft" (KRIECK). „Der kategoriale Bau der Welt ist ein Schichtenbau (N. HARTMANN).

Nach G. WOLFF ist wesentlich, daß im Organismus die Stoffe „in einen besonderen Dienst gestellt und als ursächliche Mittel auf einen bestimmten Effekt gerichtet sind". Im ganzen bietet sich einem „organischen Gedanken" (KRANNHALS) „der Aspekt eines Stufenbaues von Wirklichkeitsbereichen, der Möglichkeiten schöpferischen Neuwerdens bietet" (UNGERER), ein „hierarchischer Stufenbau" (V. WEIZSÄCKER), eine „enkaptische Ordnung" (HEIDENHAIN) mit „finalen Eigenschaften" und mit Harmonie der Selbstregelung; „die Seinsstufen sind Integrationsstufen" (FRIEDERICHS). Ein „hierarchisches Prinzip" (BOUTROUX, OLDEKOP) ist verwirklicht, „eine Stufenfolge der Daseinsrelativität (SCHELER, BENSE), die aber auch eine „Irrationalität der Abstufungen" (nach SIMMEL) anzeigt. KOTTJE vertritt die Anerkennung eines Aufbaues „mit stufenförmig sich steigernder Spannungsdifferenz; das Energiegesetz wird nicht angetastet". Die lebendige Substanz erscheint schließlich als „Ausführungsorgan einer Hierarchie von Ideen mit Zwischeninstanzen" (BUTTERSACK), mit Rangordnungsstufen von Ganzheiten (DRIESCH, RIEZLER, V. BERTALANFFY, ADOLF MEYER u. a.), in einem Schaltwerk biologischer Leistungen, kraft einer Obergesetzlichkeit des Lebens — und einer Höchstgesetzlichkeit des Logos? Greift aber „Entelechie" in Organisches ein, so greift sie wohl nicht in etwas ihr völlig Fremdes, Heterogenes ein — etwa ein „Mechanisches" im Sinn der klassischen Mechanik —, sondern in ein Dynamisches, das ihr gemäß und irgendwie verwandt ist.

43. Willenskausalität als eine Form psychischer Anstoß-kausalität (Kausalität von oben); Frage einer Wirksamkeit des Unbewußten oder Unterbewußten.

> „Immer höher, immer reiner, frei not-wendigen Bemühens." Nietzsche.

Die Rangordnung der Kausalität mit ihrer Doppelansicht, von unten und von oben, eröffnet das Verständnis für die *Willenskausalität,* die jeder engmechanischen Betrachtungsweise unüberwindliche Schwierigkeiten bereitet. Wie schon R. Mayer deutlich erkannt hat (S. 59), ist diese „Verursachung des Willens" nicht unter dem Gesichtspunkt einer Energielieferung, sondern einer *Energieentfesselung durch Auslösung,* durch gerichteten Anstoß, zu betrachten. Ist der Wille „ein Produkt der organischen Natur" (Flechsig), so ist er, sobald vorhanden, über-dies der stärkste Anlasser in der Natur. *Willenstätigkeit ist die oberste Form natürlicher irdischer A.K.* Die Tatsache der Katalyse aber, als eines Vorganges mit nichtenergetischen Impulsen, liefert ein einfaches Modell dafür, wie ein Etwas bestimmen und lenken kann, ohne selber energetisch dabei zu verlieren oder zu gewinnen. Tatsächlich ist der Wille gewisser-maßen der psychische Gegenpol der Katalyse, die Katalyse das physische Modell des Willens.

„Das bewußte Ich determiniert durch Vorstellungen (Bilder) die Zentral-entelechie des Körpers" (Oldekop). „Der Wille braucht bloß den Anstoß zur Umwandlung von Kräften zu geben" (Adolf Meyer); so werden Po-tenzen zu Vellenzen und weiterhin zum Akt. „Meist *wird* in uns gehandelt"; ein ständiges veränderliches Erleiden und Gegenwirken aber ist „Merkmal der Persönlichkeit" (Lotze). Ein Willensprozeß entsteht, „wenn durch einen Reiz im Ich-Willen aus einer in diesem angelegten Willensdisposition eine Begehrungstendenz ausgelöst wird" (H. Maier). „Die Gehirnsubstanz stellt eine geistige Reizquelle sowohl für bewußte wie für mnemisch unbewußte Körpertätigkeit dar" (Hasebroek).

Die Kausalität des Willens, die „Magie des Willens", als „Kausalität des Ich" (Laas), ist dadurch ausgezeichnet, daß sie *nicht auf das im physikalischen Sinne Wahrscheinliche beschränkt* ist. Es steht dem Willen frei, auch Unwahrscheinliches zu bewirken; man denke an die Pro-duktivität des genialen Menschen, der sich regelmäßig im Gebiet des Unwahrscheinlichen, ja des fast Unmöglichen bewegt. Das Ich wirkt als „Kraft", als nichtenergetische Richt- und Formkraft hoher Art. „Das Befehlen und das Gehorchen ist die Grundtatsache: Das setzt eine Rang-ordnung voraus", einen „Stufenbau des Wollens" (Nietzsche).

Anstoßursache oder Motiv des einzelnen Willensaktes, mit nachfolgender Handlung als Verursachung nach außen (s. Abschnitt 46), können die verschiedensten Erlebnisinhalte sein, wobei bald mehr die intellektuelle Seite — Wahrnehmung, Vorstellung, Gedanke, Urteil —, bald mehr die emotionale — Gefühl, Affekt, Leidenschaft — in den Vordergrund tritt. Beim Menschen führen bestimmte starke Erregungsgefühle dem Intellekt gegenüber oft eine Art Sonderkausalität oder Eigengesetzlichkeit, so daß

Gefühlskausalität in starken Widerstreit mit Normen geraten kann, die vom erkennenden Subjekt als ethisch bindend anerkannt werden. Im psychischen Determinismus, der im ganzen wohlgeordnet erscheint, führt ein naturgebundenes und naturstarkes Gefühl tatsächlich eine Art „eigensinniges" Dasein, indem es sich auch durch größte Häufung logischer Überlegungen oftmals nicht überreden und überwinden und von seiner dringlichen Motivwirkung als „Antrieb" abhalten läßt.

„*Affekte* sind Ursachen körperlicher Vorgänge. — Gefühlsregungen greifen auslösend und steuernd in jedes andere psychische Geschehen ein" (FISCHEL). Tierische Handlungen sind wesentlich durch spezifische Gefühlstönung bestimmt, die verschiedenen Funktionskreisen angehören: Freßton, Beuteton, Fluchtton usw. nach v. UEXKÜLL.

In bezug auf menschliches Handeln behält weitgehend ein „*Eudämonismus*" Recht (BURKAMP), sofern auch die höher und höchst zu wertenden Gefühle mit einbezogen werden: „Lustgewinnung als Motiv des Handelns" (BIER). Heißt es doch sogar bei KANT, der so ganz auf den Imperativ der Pflicht eingestellt ist: „Um das zu wollen, wozu die Vernunft das Sollen vorschreibt, dazu gehört freilich ein Vermögen der Vernunft, ein *Gefühl der Lust* an der Erfüllung der Pflicht einzuflößen" [Metaphysik der Sitten, III. Abschnitt (166)]. Dazu auch NIETZSCHE: „Warum gehandelt wird? Weil das Handeln selbst angenehm ist."

Weitgehend wird anerkannt, daß der Weg von dem Entschluß „Ich will" (Entschluß als Resultat wertschätzender Erkenntnis) bis zu den entsprechenden äußeren Muskelbewegungen — des Armes, des Mundes usw. — über *das unbewußte oder unterbewußte Seelische* läuft, *das im Dienste des bewußten Erkennens und Wollens steht*, während es andererseits auch alle rein vitalen Vorgänge des Organismus selbständig bestimmt und regelt. „Bei der äußeren Willenshandlung entlädt sich, auf das Kommando ‚Ich will Etwas', die Tätigkeit der unbewußten Seele nach außen auf den Leib. Das in Frage kommende *Ich* erlebt einen Willensinhalt spezifischer Form, und der bestimmt nun das Unbewußt-Seelische oder, von anderem Gesichtspunkt aus, die vitale Entelechie, das gleichsam Befohlene auszuführen, ‚so gut es geht' unter den jeweils obwaltenden Umständen" (DRIESCH).

Ein vom Seelischen ausgehender Anstoß kann „einen Bewegungssturm durch den gesamten Organismus entfesseln" (KRETZSCHMER). „Die organische Form des Denkens verläuft meistenteils unbewußt" (A. WAGNER). „Visualisierten Denkvorgängen liegt vielfach eine unterbewußte — von der Ichfunktion vorübergehend abgespaltene — intelligente Tätigkeit zugrunde" (BENDER). Ist ja nach B. v. BRANDENSTEIN das Bewußtsein „nur ein leichter Schaum über den dunklen Tiefen des Unbewußten"; im Unbewußten waltet eine sinnvolle, eine sinngebende Tätigkeit. Die Inhalte des Ichbewußtseins sind nach WENZL nur ein „Teil eines umfassenden, individuellen Subjekts, das wir unsere Seele nennen". Diese Seele ist die wirkende Gewalt des Körpers.

Das Unbewußt-Seelische, das Instrument des Willens ist, führt zugleich eine Art *Eigendasein,* namentlich in allen vitalen Vorgängen des

Organismus. „In uns ist gleichsam ein fremder Wille wirksam" (Kant). „Das Bewußtsein entfaltet sich aus dem Unbewußten; dieses wirkt plastisch organisierend" (C. G. Carus). „Das Ungewußte hat treibende Kraft" (Laotse). „Das Unbewußte lenkt alle Entwicklung" (E. v. Hartmann). „Ein großer Teil des Seelenlebens läuft unbewußt oder unterbewußt, bis herab zu jenen Organempfindungen und leiblichen Strebungen, die den relativ unbewußten Untergrund bilden und den psychischen Kausalzusammenhang mit herstellen" (Eisler). „Unbewußt seelische Realitäten" sind nach E. Becher „der beharrende fundamentale Teil unserer Seele". „Die Schichten der Seele stehen in kausaler W.W." (Driesch). „Die Reichweite des Seelischen geht so weit, als körperliche Vorgänge spielen" (J. H. Schultz). Die Tatsachen hypnotischer und sonstiger Suggestion (als Übertragung eines Fremdwillens), der Neurosen und Psychosen nebst ihrer psychotherapeutischen Behandlung, legen Zeugnis davon ab (167). Sehr viele Erkrankungen sind psychisch bedingt. Allgemein gilt: „Psychische Prozesse sind nicht minder real als physische und auch nicht weniger kausal wirksam" (Wm. McDougall). Den bewußten psychischen Antrieben gesellen sich auf niederer Ebene zu die unbewußten „Kräfte zweiter Hand" des Organismus.

Es gibt „entelechiale Ursachen im Sinne von Veranlassung" (Feyerabend). Oft taucht die Frage auf: Wo hört der physische Anstoß (z. B. durch Strahlung) auf, und wo setzt der psychische Anstoß ein? Weiter aber: Ist wohl der psychische Zustand, anders gesehen, immer zugleich ein ganzheitlicher physischer Zustand? (S. Abschnitt 46.)

So gibt es eine *psychische Kausalität auch des individuell Ungewußten und Unterbewußten,* die selbstverständlich auch wieder nur A.K. sein kann, nicht aber irgendwelche mystische Lieferung „vitaler oder psychischer Energien", mit „Zauberkünsten einer eingebildeten Lebenskraft" (Reinke) (s. S. 71). Der *Reiz* ist nach A. Bier „der Anlasser, der physische in psychische Kausalität und umgekehrt ineinander überleitet. — Der psychische Willensreiz löst wieder die physische Kausalität aus, denn die von der Muskelarbeit verbrauchte Kraft läßt sich nach dem Gesetz von der Erhaltung der Energie berechnen." Es ist „die unbewußte Seele, die das Leben anfacht, ermöglicht und unterhält. — Ich schreibe der Seele zwei kennzeichnende Merkmale zu: Reizbarkeit und zielstrebige Handlung. — Das Wesen der Seele ist Belebung. — Schon in der Pflanze ist unbewußter Wille tätig" (Bier).

Nach Hasebroek können „immaterielle Wachstumsreize" nur als eine Art „Willensimpuls" verstanden werden. Das gleiche gilt für die „immateriellen Faktoren" des Vererbungsgeschehens (Woltereck) und die „formbildenden Wirkungsfelder", die nach Spemann die Entwicklung des Embryos bestimmen. „In der befruchteten Zelle wirkt als stoffgestaltende Macht das *Bild* des werdenden Leibes" (Klages).

Die Frage, ob dem im Körper wirksamen „Unbewußten" das Prädikat des *Psychischen* zuzuerkennen sei, ist im Grunde eine Frage der Definition; sie ist also zu bejahen, wenn man ganz allgemein die „Innenseite", die jedem organischen Geschehen zukommt, mit dem Worte Seele, Psyche bezeichnet

(s. auch Anm. 171). „Es ist so, daß mit der Anerkennung des Wirkens der Körperseele die Biologie überhaupt erst ihren Anfang nimmt" (HUNEKE). „Seele ist die Gesamtheit der Innenzustände, schließlich das Leben selbst; sie ist überall dort, wo Leben pulsiert. — Die psychischen Funktionen sind das dem Leben Eigentümliche" (A. WAGNER). Die steuernde Kausalität unbewußten Seelenlebens, auf die letzthin alle organische Formgebung und Formentwicklung zurückzuführen sein wird, tritt deutlich hervor in allen Trieb- und Instinkthandlungen. Und weiter: „Die unbewußte gebundene Seele steigt auf zur bewußten, freien Seele. — Lustgewinn aber ist das Leben und Art erhaltende seelische Motiv" (A. BIER).

„Instinkthandlungen sind nicht Automatismen oder Reflexmechanismen, sondern aus der Organisation, ihrem Rhythmus und ihrem Gedächtnis hervorgehende echte Handlungen, getrieben von Lust und Unlust" (LOESER). Als letzten Antrieb, als innersten Anstoß von Instinkthandlungen muß man angeborene gefühlsbetonte „Suchbilder" des unbewußten Willens annehmen, von denen schon CUVIER redet: „Man kann sich keine Vorstellung vom Instinkt machen, als indem man die Annahme zuläßt, daß die Tiere in ihrem Sensorium angeborene und festgelegte Bilder (images) oder Eindrücke (sensations) haben, die sie zum Handeln bestimmen; es ist eine Art von Traum oder Vision (de rêve, de vision), was sie beständig verfolgt."

Zur Instinkthandlung gehört, „daß der Organismus nicht passiv auf Reize wartet, die zu ihrer Auslösung führen, sondern aktiv nach diesen Reizen sucht" (K. LORENZ). „Der erlebte Drang des Instinktes ist von seelischer Natur" (K. GROOS). Gleichwie Instinkthandlungen können aber auch organische Formbildungen als „Handlungen der Zelle und der Zellgewebe" durch tiefenseelischen Anstoß bestimmt sein (DEMOLL, BUYTENDIJK u. a.).

Die „Kausalität des Unbewußten" weist unmittelbar auf eine Kausalität des Überbewußten, eine *„überseelische Führung"* hin (E. BECHER). Regulatorische Vorgänge embryonaler und sonstiger Art sind nach DRIESCH „umittelbar ganzmachend. Diese Vorgänge sehen aus, als ob sie ‚gewollt' seien, wenn auch nicht ‚Ich-gewollt'. — Hypothetisch mag ein überpersonales *Ens* eingeführt werden, welches irgendwie mit der Gesamtheit des Lebendigen zusammenhängt. — Es gibt eine Kausalität im Rahmen des Überpersönlichen" (DRIESCH), vielleicht in einem „totalen Bewußtsein der Welt" (nach FECHNER).

Nach HELGA BAISCH steht den Feldern unterbewußten Seelenslebens (vgl. LEIBNIZENS „kleine Vorstellungen" auf niedrigem „niveau mental", KANTs „dunkle Vorstellungen"), das „mit mythischen Bildern bevölkert" ist, ein „überbewußtes Feld" gegenüber, das in die Sinnenwelt hineinragt: ein Über-Ich und Ideal-Ich, das Beziehungen zur platonischen Idee gewinnt. Das Unterbewußtsein ist „die dunkle Schatzkammer der Vergangenheit", das Überbewußte aber „der hohe Berggipfel", der in überwachen Bewußtseinszuständen, in Schauungen und leidenschaftlicher geistiger Empfängnis sichtbar wird. „Das Genie schaut eine andere Welt" (SCHOPENHAUER). „Unbewußte Mächte des Alls branden mit elementarer Wucht in unsere Bezugssysteme hinein" (BUTTERSACK). So gilt schließlich: „Auch das Wunderbare läßt sich mit dem Energiesatz in Einklang bringen" (MAUSBACH).

44. Formale und reale Zielgesetzlichkeit (Teleokausalität, Finalität, Biotelie); Entwicklungsbegriff, Lebensbegriff.

>,,Keine Künstlichkeit ohne Vorbedacht-
>heit.'' KRÖNIG.

>,,In immer neuen Ansätzen ringt die
>Schöpfung um die Erreichung ihrer Ge-
>stalten.'' RIEZLER.

Schon oft ist betont worden, daß Kausalität und Teleologie, ,,Ver-
ursachtsein'' und ,,Zweckmäßigsein'' keinen logischen Gegensatz bedeuten; haben doch Ursächlichkeit und Zielstrebigkeit ihre gemeinsame
Wurzel in der Verursachung des nach Zielen strebenden und nach Zwecken
handelnden menschlichen Willens. ,,Sinnhaftigkeit und Kausalität
schließen einander nicht aus'' (K. SAPPER). ,,Kausale Bestimmmtheit und
Zweckhaftigkeit sind durchaus miteinander vereinbar'' (E. BECHER;
ähnlich v. KRIES, SIGWART, WUNDT, E. v. HARTMANN, BLEULER, REINKE,
DRIESCH, BAVINK, WENZL, BURKAMP u. a.). ,,Die Teilchen tanzen kausal,
aber sie tanzen zugleich logisch'' (H. J. JORDAN). ,,Wir können das
Naturgeschehen prospektiv nach zu erreichenden Zielen und retrospektiv
nach verursachenden Faktoren betrachten'' (STEINMANN). ,,Man muß
die Zwecke der Natur nicht durch Klugheit erreicht denken, sondern
durch Notwendigkeit'' (K. E. v. BAER). Kausalismus und Telismus
sind korrespondierende Aspekte; dazu: ,,Ursache und Zweck laufen gleich
wenig in der Natur frei herum'' [E. BECHER (168)]. Durchweg handelt
es sich um ,,ein Sein, auf daß zukünftig etwas anderes sei''; wie denn
,,überall die Gegenwart mit der Zukunft schwanger geht'' (LEIBNIZ).

Zur ,,Stoßkraft der Vergangenheit'' gesellt sich die ,,Saugkraft der Zukunft'' (RIEZLER). Nach NIETZSCHE ist ,,das Kausaldenken zurückzuführen
auf die psychologische Nötigung'', die in der Unvorstellbarkeit eines Geschehens ohne Absichten liegt.

Tatsächlich *verlangt Kausalität als Postulat des Denkens (mit der Frage:
,,Warum''?) zur Ergänzung Teleologie (mit der Frage: ,,Wozu''?) als
gleich- oder sogar übergeordnetes Prinzip.* Für die Wissenschaft läßt sich
Telie als Zielstrebigkeit, Zielgesetzlichkeit, scheiden in *formale und reale
Telie.* Formale Zielgesetzlichkeit und Zweckhaftigkeit ist von jeher
bereits in gewissen Prinzipien der *Physik* gefunden worden, und zwar
in jenen, für welche ,,das Bezugssystem in der Zukunft liegt'' (nach
J. REINKE). Dies gilt insbesondere für die *Minimumsätze* mit ihren
,,Tendenzen der Sparsamkeit'': Gesetze der kürzesten Zeit, des größten
Umsatzes, des kleinsten Weges, des geringsten Kraftaufwandes, der
kleinsten Schritte (LYELL), des kleinsten Zwanges oder der Flucht vor
dem Zwange (nach LE CHATELIER-BRAUN) usw. (169); Telie tritt von
neuem und verstärkt auf in gewissen *Gesetzlichkeiten der Atomphysik,*
z. B. in den Termen der Quantenmechanik.

Als eine ,,neuartige oder bedingte Kausalität'' bezeichnet es SOMMER-
FELD, wenn ,,wir die Ausstrahlung aus einer Formel zu berechnen haben,
in die Anfangs- und Endzustand des Atoms gleichberechtigt und symme-
trisch eingeht'', wenn also mit anderen Worten ,,eine Voraussicht des End-

zustandes zusammen mit einer Rückerinnerung an den Anfangszustand als mathematisches Faktum vorhanden ist" (causa finalis des ARISTOTELES). „Erst im 18. Jahrhundert, offenbar unter dem Einfluß der klassischen Mechanik, setzte sich die uns heute in Fleisch und Blut übergegangene Form des Kausalitätsbegriffes durch, die das Geschehen ausschließlich durch den Anfangszustand determiniert." (Das ist im Hinblick auf die berühmten Minimumgesetze des 18. Jahrhunderts nicht streng richtig, gilt vielmehr erst für die Verflachung und Einengung, die der Kausalbegriff durch Formulierungen wie diejenige von LAPLACE 1814 gefunden hat.)

Derartige *formale* Teleologie, als eine Einheit von zeitlich vorlaufender und rücklaufender Betrachtungsweise (Richtungskausalität, Teleokausalität, Finalität, Zweckmäßigkeit als heuristisches und regulatives Prinzip nach KANT) wird kaum irgendwo ernsthaft angefochten. Sie ist, vor allem im Anorganischen, mit Wahrscheinlichkeitslehre und mit statistischer Physik ohne weiteres verträglich und stellt gewissermaßen nur eine *logische Umkehrung des Kausalitätsverhältnisses* mit anthropistischer Färbung dar. Schon jede Katalyse, vor allem die selektive, ist zielhaft.

Ausdrücke wie „Affinitäts*streben*" der Elemente werden von der Wissenschaft nicht streng wörtlich genommen. Ähnlich verhält es sich mit den Sätzen: „Gestalten streben nach ihrer Erhaltung und Ergänzung." „Ein Metallatom ist bestrebt, möglichst viel Atome an sich zu binden, soweit dies räumlich möglich ist" (G. R. SCHULZE). In Kristallen herrscht „das Streben der Materie zur Ordnung" (NACKEN). Photonen wählen (nach PLANCK) denjenigen Weg, der am schnellsten zum Ziele führt. „Eine an Elektronen gesättigte Schale weigert sich, weitere Elektronen zuzulassen" (MÖGLICH). Auch in der Lehre vom Organischen tritt Telie zunächst rein als Figment, ja als bloße Metapher auf, so z. B. in folgenden Sätzen: „Die Natur ist bedacht" — (R. MAYER, S. 76). „Die Natur verabscheut dauernde Selbstbefruchtung" (DARWIN); es besteht „eine Spiraltendenz der Blätter" usw.

Von *„echter" und „realer" Telie* kann da gesprochen werden, wo einwandfrei *mehr oder minder bewußter Wille als Anstoßursache* beobachtet oder angenommen wird. Der Wille ist durch die Fähigkeit des Ja- und Neinsagens, des Sich-Entschließens, des Wählens zwischen verschiedenen Möglichkeiten gekennzeichnet. *Dieser Wille aber ist, wie bereits bemerkt, nicht auf das physikalisch „Wahrscheinliche" eingeengt,* er vermag sich vielmehr mit seinen Entschließungen und Handlungen auch auf dem Gebiet des Unwahrscheinlichen zu bewegen. Wer möchte sich wohl vermessen, Werke des staatsmännischen, künstlerischen oder wissenschaftlichen Genies als aus physischen Wahrscheinlichkeitsregeln mit Notwendigkeit folgend abzuleiten? Erst „Bewertung und Absicht macht Zwecke" (KRONER), der Zweckbegriff muß „auf den Willen als zwecksetzendes Agens zurückgeführt werden" (v. KRIES). Nach KANT wird von Zweck geredet, wenn „die Vorstellung einer Wirkung Ursache dieser Wirkung wird". Das *zukünftige Zweckmäßige, das an sich „nicht das Bedingende sein kann"* (BURKAMP), *kann als wirksame Ursache nur gelten, wenn es von einem planenden Willen im Denken und Wünschen als „Motiv" vorweggenommen und sodann durch „Anstoß" zur Auslösungs-*

und Richtungsursache gemacht wird. Da nun der Wille *Werte* zu schaffen sucht, so gewinnt Teleologie auch Beziehung zur Wertlehre.

Jede echte und wahre sachliche Teleologie betrifft ein vom Willen gesetztes Ziel, sie herrscht also ohne weiteres in allen Wissenschaftsgebieten, die sich mit den *Auswirkungen des menschlichen Willens* befassen, also in Geschichts-, Kultur-, Sozial- und Rechtswissenschaft. Auch in den ausgesprochenen Wahlhandlungen (der Appetenz) des Tieres wird niemand die Tätigkeit eines Willens und damit das Streben nach Zielen leugnen. „Alles tierische Handeln ist ein Zielsuchen" (E. S. RUSSELL). Denkschwierigkeiten und harte Probleme treten erst auf, wenn man objektive Zweckmäßigkeit nicht ohne weiteres auf einen *erkennbaren bewußten* Willen zurückführen kann, wenn also ein *unbewußter Wille* — oder wie man sonst sagen mag — als Anstoßursache nur angenommen oder fingiert wird (170).

Das gilt für jede *tierische Trieb- und Instinkthandlung,* das gilt aber in gleicher Weise auch für *jede organismische Formbildung und Formentwicklung,* deren Dunkelheiten zu mannigfachem Streit (Schlagworte „Mechanismus" und „Vitalismus", Darwinismus, Lamarckismus, Holismus, Organizismus usw.) geführt haben. Hier wird der Unbefangene urteilen: Es ist, *als ob* ein verborgener oder ein höherer, dem Individuum ungewußter Wille tätig sei, indem er, im Einzelorganismus wie in seinen Kollektiven, lenkend, entwickelnd und steigernd im Rahmen der Erhaltungsgesetze bestimmte Absichten und *Pläne* verwirklicht, die gewissermaßen künstlerischer Art sind. In der Rangordnung stofflicher Gebilde ist dann jede höhere Stufe mit einem neuen höheren Plan ausgestattet: neben Stoffordnung und Kausalordnung gibt es auch Planordnung. „Nicht das Stoffliche, sondern das Planliche macht das Sosein eines Gefüges" (W. RUGE).

„Architektonische Motive" erheben sich über „Nützlichkeitsmotive"; die Welt der Formen und Organbildungen ist reicher als die Mannigfaltigkeit der Lebensbedingungen (GOEBEL); es gibt eine Art „Primat der Form gegenüber der Funktion" (ARMIN MÜLLER; s. auch FRIEDMANN: Die Welt der Formen). Hier überall können physikalische Wahrscheinlichkeitsbetrachtungen nur hilfsweise eintreten, ohne irgendwelche „wirkende Ursachen" zu erschließen. Sind doch die Organismen schon ihrer Existenz nach „unwahrscheinliche Gebilde" (WENZL).

Oftmals wird Teleologie der Natur als ein *Problem physikalischer Wahrscheinlichkeit* hingestellt (POISSON, GALIANI, BLEULER, v. FRANKENBERG u. a.). Nach KRÖNIG schließt „Zweckmäßigkeit" in sich den Gedanken der „Künstlichkeit" und den der „Vorbedachtheit"; beides ist in „*Industrismen*" als Äußerungen menschlicher Intelligenz untrennbar vorhanden, desgleichen aber zweifellos auch in den *Organismen,* die auf eine kosmische Intelligenz als Urheber hinweisen. Die Wahrscheinlichkeit, daß die Lebewelt durch bloßen „Zufall" aus anorganischem Material entstanden sei, ergibt „eine so kleine Würfelzahl", daß sie praktisch gleich Null wird; und jene Wahrscheinlichkeit erhöht sich auch dadurch nicht, daß man (mit DARWIN) eine Bildung in kleinen Schritten annimmt.

Bei HELMHOLTZ heißt es dagegen, daß „das, was die Arbeit unermeßlicher Reihen von Generationen unter dem Einfluß der DARWINschen Erblichkeitsgesetze erzielen kann, mit dem zusammenfällt, was die weiseste Weisheit vorbedenkend ersinnen mag". Doch wird weiter gesagt, daß „in unendlich vielen Fällen die organische Zweckmäßigkeit den Fähigkeiten der menschlichen Intelligenz so außerordentlich überlegen erscheint". Nach PLANCK entspricht Naturgesetzlichkeit zugleich einem „zweckmäßigen Handeln" in einer „vernünftigen Weltordnung, der Natur und Menschheit unterworfen sind".

SCHWANN hat bereits gelehrt, daß die Zellen „auf eine uns unbekannte Weise in der Art zusammenwirken, daß daraus ein harmonisches Ganze entsteht". Nach M. KLEIN gibt es nervenähnliche Gebilde schon bei Einzellern: ein Fibrillensystem, das die Einzelleistungen zu einer Gesamtleistung ordnet (neuroformatives System). O. HERTWIG: „Die Zellen determinieren sich zu ihrer späteren Eigenart nicht selbst, sondern werden nach Gesetzen determiniert." K. v. FRISCH: „Tatsache ist, daß der lebende Körper als Ganzes und in seinen Teilen auf Anforderungen, die an ihn herantreten, im Sinne bestmöglicher Leistung, also in zweckmäßiger Weise anspricht." „Unbekannte Kräfte" führen zur Reifeteilung, „dunkle Mächte" zur weiteren Entwicklung. ALVERDES: „Wohl ist Finalität, nicht aber Zweckmäßigkeit dem Leben immanent, Finalität offenbart sich uns in der Gerichtetheit und Zukunftsbezogenheit der Lebensvorgänge und setzt sich gegebenenfalls auch gegen abdrängende Außenumstände durch. Die Anerkennung der Lebensfinalität führt nicht notwendig zum Vitalismus. — Die medizinische Tiefenpsychologie hat gezeigt, daß es auch ein Unbewußtes gibt, das in ähnlicher Weise wie das Bewußtsein final wirkt. Körper, Unbewußtes und Bewußtsein können nur als drei verschiedene Ausdrucksformen des einheitlich (ganzheitlich) arbeitenden lebenden Organismus anerkannt werden. Jede Keimesentwicklung, jeder regulative Vorgang zeigt Finalität des Körpers an."

„Finalität ist der Kern alles lebendigen Geschehens" (ADOLF WAGNER). „Der Leib benimmt sich gerade so, als ob ihm ein überaus großes Maß von Klugheit und Umsicht, von Berechnung und Voraussicht zu Gebote stände, um seine Unversehrtheit, seinen Fortbestand für jetzt und selbst für die Zukunft zu sichern" (LASSON). „Der lebende Körper reagiert so, oder die Wirkung ist so, daß dadurch der allseitige Lebenszusammenhang nicht gestört, sondern gewahrt oder gefördert wird" (CHRISTMANN). (Vgl. auch die „teleologische Mechanik" des Lebendigen, nach PFLÜGER und ROUX; Integrationsgesetz, Gesetz des Optimums und der Harmonie nach v. WIESNER, FRANCÉ u. a., sowie REINKES „Telokinetik".) Es gibt eine „Tektonik der Natur" (LANGBEHN). SCHOPENHAUER redet von „jener ganz unbegreiflichen Künstlichkeit der Struktur", von der „unendlichen Zweckmäßigkeit in dem Bau der organischen Wesen". Lebende Gestalten sind anzusehen als „Melodien", als „Gedanken" (v. BAER).

„Der tierische Organismus baut die Eiweißkörper seiner Körperflüssigkeiten, seiner Gewebe und Zellen nach eigenen ererbten Plänen auf" (ABDERHALDEN). „Die Eigengesetzlichkeit der Lebewesen dürfte in einer bestimmten Zielsetzung der Prozeßorganisation bestehen, während die einzelnen Prozesse den physikalisch-chemischen Gesetzen gehorchen" (DONNAN). „Mit dem Bauplan des Organismus werden zugleich die Betriebsvorschriften gegeben" (L. R. MÜLLER). „Harmonie zwischen Organismus und Umwelt ist die Ordnung des Lebenskreises. Ordnung ist die materielle Grundlage des finalen Geschehens. Lebendige Ordnung nun gar mit ihren Probiermechanismen ist Werk und Schöpfer in einem" (v. FRANKENBERG). Es gibt demgemäß Kausalismen und Telismen der Abwehr, des Ausgleichs, der Regulation und Regeneration, der Kompensation, der Nutzung, des Probierens und Variierens. Für jedes *bedrohliche* Ereignis von einiger Wahrscheinlichkeit ist nach v. Frankenberg im Organismus „so etwas wie eine gespannte Feder vorhanden, die einen Abwehr- oder Ausgleichsmechanismus (besser: Kausalismus, d. Verf.) in Tätigkeit setzt", und „entsprechend ist für günstige Möglichkeiten durch Einbau von Nutzungsmechanismen vorgesorgt". Günstige Zufälle werden aber nicht nur „eingefangen", sondern geradezu „aufgesucht": „Probiermechanismen" auf Grund einer „Überproduktion von Gelegenheiten" (nach O. zur Strassen). „Von allen Probiermechanismen aber, die das Leben hervorgebracht hat, ist der menschliche Denkapparat der eleganteste" (v. Frankenberg).

Können sonach Physiologie, Genetik und andere Zweige der Biologie nicht ohne Teleologie auskommen, so wird kritischer Forschergeist sich doch vorerst auf *formale, regulative und fiktive Teleologie* beschränken. Dabei wird man zusehen, *wie weit man mit Ursachen rein physischer Art kommt*, ehe man zu Anstoßursachen psychischer oder „psychoider" Art, die immer telistisch sind, seine Zuflucht nimmt. Teleologie tritt in den verschiedensten biologischen Begriffsbildungen zunächst *als Aufgabe für kausale Erklärung* zutage; nicht aber kann sie selber als Lösung des Rätsels gelten.

Schon die Begriffe Antrieb, Steuerung, Regulation, Koordination, Organisation, Anpassung, Entwicklung deuten darauf hin, daß die „Folge" zugleich als ein günstiger „Erfolg", die „Wirkung" zugleich ein im Interesse des Lebewesens gelegenes und irgendwie gestecktes „Ziel" aufgefaßt werden kann. „Die finale Betrachtungsweise ist ein unentbehrliches Element biologischer Begriffsbildung" (P. Jordan). „Betrachten wir das *Ganze,* d. h. den ganzen Komplex von innerlich verketteten Prozessen des Organismus und seiner Außenwelt, so liefert die Anschauung einer bestimmten *Zielsetzung* dessen einfachste Beschreibung. — Der lebende Organismus ist ein ‚Mechanismus', eben deshalb, weil er *als Ganzheit betrachtet* eine bestimmte Zielsetzung aufweist" (Donnan). (Man beachte die total abweichende Definition des „Mechanismus" gegenüber derjenigen von Driesch, der „Mechanismus" nur auf „summative Struktur" bezieht.)

Regulative „Teleokausalität" oder Finalität beherrscht alle Wissenschaften, die sich mit dem organischen Leben befassen. Es sind *teleologische Begriffe, die der Kausalforschung die schwierigsten und größten Aufgaben stellen.* „Formative Kausalität gibt die Grundlage einer causa finalis" (O. Feyerabend). Man spricht von Organisation, von Regulierung (Selbstregulierung) und Differenzierung (Selbstdifferenzierung), „Dauerdienlichkeit" und „Suchorganisation" (Burkamp); weiterhin „Verwirklichungsdrang" (Planverwirklichung), Gedeihdrang, Gipfeldrang (Schmalfuss), Ganzheitsstreben, Enharmonie (Wiesner), „zunehmende Integration der lebenden Substanz" (Rhumbler), Vervollkommnung usw. Der Organismus verfügt über Heilkraft, Regenerationskraft, Schutz- und Abwehrkräfte: spezifische und unspezifische Abwehr, passive und aktive Immunisierung nach R. Koch, Behring, Weichardt, Bier,

KREHL, PRIGGE u. a., „Abwehrfermente" nach ABDERHALDEN; es gibt Schutzmaßnahmen des „Blutgefühls", Tendenzen der Wundheilung und der „Überheilung" (W. OSTWALD); Heilwerte des Fiebers und der Entzündung usw. Heilungsprozesse sind nach SAUERBRUCH „final zu behandeln"; hier gibt es Sicherung, Defension, Regeneration, Restitution.

Daß die zahlreichen „Dystelien" und „Paratelien" (G. v. FRANKENBERG) des organischen Lebens nur einem oberflächlichen Utilitarismus widerstreiten, die Idee einer allgemeinen Zielgesetzlichkeit und Zielstrebigkeit jedoch unberührt lassen, ist bereits oftmals betont worden. Lebensfinalität führt nicht durchweg und notwendig zu Zweckmäßigkeit. Dystelien, „Irrtümer der Seele" (nach HERAKLIT und BIER) entstehen, wenn „ein Teil selber ein Ganzes sein will" (UNGERER), also letzthin aus dem Widerstreit der A.K. von unten und der A.K. von oben. Zum „Sinn" gehört komplementär der „Widersinn" (s. hierzu auch A. MITTASCH, Katalyse und Determinismus, S. 135). Ein *Gesamtziel* der Lebewelt ist nach KRÖNIG u. a. allerdings nicht ersichtlich.

Auch in den kollektivischen Zweigen der Biologie, wie Phylogenie, Ökologie usw. beherrschen finale Begriffe das Feld. „Ökologie ist notwendig teleologisch" (FRIEDERICHS). „Verschiedene Lebensmelodien sind genau aufeinander abgestimmt, die Rhythmen ihres Daseins greifen genau ineinander" (PETERSEN) (s. auch S. 168). In bezug auf *formale Telie* herrscht Übereinstimmung: „Alle großen Forscher sind im tiefsten Herzen Teleologen gewesen" (STEINMANN). „Innerhalb der Wissenschaft gibt es gar keinen Streit zwischen Mechanismus und Vitalismus" (E. SCHNEIDER).

Derjenigen biologischen Richtung, welche die Begriffe Ziel, Plan und Führung nur als Ordnungsschemata — als Figmente — auffaßt, steht eine andere Richtung gegenüber, der es mit jenen Vorstellungen völlig ernst ist: *die reale Biotelie des Vitalismus.* Hier wandelt sich das Figment zur Realität, zur tatsächlichen „Finalität des Unbewußten" (E. v. HARTMANN), indem „*höhere Potenzen*" und „*Valenzen*" unbewußt-psychoider Art (s. S. 175) ausdrücklich für organische Formbildung und Entwicklung beliebiger Art verantwortlich gemacht werden. Von „Organizismus" und „Systemgesetzlichkeit", von „Holismus" und „Chronoholismus" scheidet sich ein „*Neovitalismus*", der in seiner entschiedensten Form ein „*Psychovitalismus*" sein muß.

Bei KRÖNIG heißt es: „Eine intelligenzlose Intelligenz kann nicht dadurch zu einem haltbaren möglichen, denkbaren Begriff gemacht werden, daß man sie umtauft in einen immanenten Zweck. Der Begriff eines immanenten Zweckes ist logisch unhaltbar."

Eine vom Individuum ungewußte und ihm also unbewußte „entelechiale Tätigkeit" kann nur nach Art der *psychischen Kausalität* des menschlichen Willens, insbesondere des genial schaffenden Menschen gedacht und vorgestellt werden, mithin als eine höhere „Auslösungskausalität", zunächst individueller, dann aber auch überindividueller „seelischer Führung". Die mechanistische Deutung reicht nicht aus; wir müssen annehmen das Wirken einer „unsichtbaren ursachlosen Gewalt" mit einem „Streben nach Ganzheit" (ASCHOFF), gemäß einer „vitalen Phantasie" (PALAGYI). „Nicht Symbol, sondern bewirkende Ursache aller von der Substanz getragenen Wirkungen ist die Gestalt" (L. Wolf).

Auch in der Pflanze, als einem „Schichtstruktur bildenden Wesen mit zweidimensionalem Bauprinzip", wirkt eine Entelechie, d. h. „ein sinnvoll gerichteter Trieb, der in sich ein bestimmtes Formziel trägt" (K. C. Schneider); die Pflanze bildet Formen ein in die Materie, Formen künstlerischer Art. Hierzu Driesch: „Die Pflanzen wären duale, aus Materie und Entelechie zusammengesetzte Wesen, die Tiere triale" (mit einem seiner selbst bewußten „Ego" als „besonderem Ens", das vor allem im Menschen die „Fähigkeit des Neinsagens" erlangen kann). (Siehe hierzu die kategoriale Dreiheit R. Mayers, S. 77.)

Werden nur anerkannte *physikalisch-chemische* Gesetzlichkeiten in Betracht gezogen, dann ist das Entstehen und Bestehen der unzähligen Organismen mit unzähligen Formen das Unwahrscheinlichste, was es gibt: sie können erst „wahrscheinlich" werden, wenn irgendeine *Obergesetzlichkeit* richtender und kombinierender Art als „*Planung*" (nach v. Uexküll u. a.) hinzukommt. Woher diese stammt, ist für die „Obergesetzlichkeit" ebensowenig zu sagen wie für die Untergesetzlichkeit; so mancher erklärt schon die Frage danach als sinnleer. Jede Formenlehre (Morphologie) mündet in Planlehre (Typologie) aus.

J. v. Uexkülls *Umweltlehre* ist durchaus von telistischen Begriffen beherrscht: Die Organismen als Bedeutungsträger und Bedeutungsverwerter bzw. -erdulder, jeweils verbunden durch einen Funktionskreis mit Bedeutungsbefehlen; spezifische Wachstumsmelodie des Lebewesens, folgend einer unsichtbaren Ur-Partitur, einem Urbild, einem Bau- und Formbildungs-Plan mit bestimmten Regeln der Komposition des lebendigen Glockenspieles (Kontrapunkt der Naturtechnik). „Die Melodie baut die Spieluhr. — All die zahllosen Umwelten liefern ... die Klaviatur, auf der die Natur ihre überzeitliche und überräumliche Bedeutungssymphonie spielt."

Gemäß voller Analogie mit menschlicher Willenstätigkeit schaut reale Teleologie die Natur: Zielstrebigkeit in der Natur, vor allem Finalität in der Gestaltung, Erhaltung und Entwicklung von Lebewesen erscheint als die Wirkung dauernden Willensanstoßes geglaubter höherer Mächte. „Es geht eben nicht ohne Agenzien, d. h. Werdebestimmer, die nach geltenden Regeln wirken. — Es gibt Naturfaktoren, welche das Energiegetriebe der Welt in seinen Quantitäten nicht stören, aber es lenken" (Driesch). „Warum soll man das gestaltbildende Etwas nicht Entelechie nennen, d. h. eine zielstrebige Wirksamkeit, eine Tendenz zur Verwirklichung!" (A. Wenzl). Der *Forscher* aber will wissen, wie es das dem Individuum unbewußte Agens macht. „Es ist das große Problem, wie denn Entelechie auf Natur wirkt" (Driesch) — oder auch: *in* Natur wirkt. Nach A. Wenzl ist Entelechie „Träger einer wirksamen Idee", nach Spranger identisch mit der „Körperseele", aus der die „Geistseele" hervorgeht. „Man muß schon seltsam konstituiert sein, um eine ordnende Instanz zu leugnen" (Buttersack; siehe weiter v. Bunge, Sapper, Haering u. a. m.)

Driesch hat „dem Kausalschema *zuliebe*" den Begriff der „Entelechie" eingeführt (171), „da mechanische Kausalität eben nicht genügt". — „Auf alle Fälle ist es so, daß ein seelenartiges Agens, also Entelechie, auf Materie in irgendeiner Form lenkend wirkt. — Es müssen für *jeden* Formbildungsprozeß Akte des unbekannten ‚Wollenden' angenommen werden, d. h. unmittelbar ‚zweckmäßige' Vorgänge, *wenn* man sie so nennen will." — Entelechie führt zu „selbstbildnerischer Entfaltung vorhandener Erbanlagen". Entelechie und Seele sind „im empirischen Sinne daseiende *Entia,* aber nur angesichts der lebendigen Person" (Entia wie „Volksgeist, Zeitgeist" lehnt DRIESCH als „Substanzen restlos ab"). „Das Ich erlebt von den entelechialen Leistungen nur Benehmens-Bruchstücke, und auch sie nur in Bruchstücken. Entelechie darf seelenartig genannt werden, im Hinblick auf die Insertion (das ‚In-Eins-Fassen'), die in gleicher Weise in der Willenshandlung zu finden ist." „Entelechie, Affektion der Entelechie, Wirkungsart der Entelechie usw. sind hier Schemata, *notwendige* Schemata, wenn man überhaupt ‚kausal' denken will" (172).

Es unterliegt keinem Zweifel, daß *vitalistische Biotelie,* die es wahrhaft ernst mit dem Zielbegriff meint, die Wissenschaft mit wertvollen Begriffsbildungen und Problemstellungen bereichert hat; es sei nur an DRIESCHs Ausdrücke „komplex-äquipotentielle und harmonisch-äquipotentielle Systeme", „prospektive Potenz" und „prospektive Bedeutung" erinnert. „Die prospektive Potenz ist immer größer als die prospektive Bedeutung" (PETERSEN).

Andererseits kann es keinem Forscher verargt werden, wenn er *methodisch* auf jede „reale Telie" verzichtet und statt dessen Teleologie rein als „regulatives Prinzip" (KANT), als „methodologische Erkenntnisform", als „Figment" gelten läßt. Es ist, „als ob die Natur im Organismus technisch verfahren wäre" (KANT). „Es ist, wie wenn ein Baugedanke den ganzen Aufbau einheitlich und zielstrebig leitete" (E. BECHER). „Die Arbeit sieht aus, wie von einem Wollenden gemacht" (DRIESCH), wobei dieser „Geist des Willens" zugleich ein Geist der Ordnung und ein Geist der Unruhe, ein Geist der Schönheit und ein Geist höchster Mannigfaltigkeit sein muß.

Die zwei widerstreitenden Auffassungen: regulative und fiktive gegen reale Telie, prägen sich gegenwärtig vor allem auf dem Gebiet der *Entwicklungslehre* (Onto- und Phylogenetik) aus. Ist doch der Entwicklungsbegriff, in welchem jede Kausalbetrachtung gipfelt (A.K., E.K., G.K. mit höchster Verwicklung und Staffelung), zugleich derjenige telistische Begriff, der wissenschaftlich wie philosophisch dem Denken die größten Schwierigkeiten macht. Welch gewaltiger Fortschritt dabei die heutige chemisch und katalytisch fundierte Epigenesis-Vorstellung gegenüber früherem mechanistischen Präformationsdenken bedeutet, wird offenbar, wenn man noch bei KRÖNIG 1872 liest, ein Spermatozoon wie auch ein weibliches Ei sei wunderbarerweise eine „Kopie des Individuums von mikroskopischer. Größe bis zu sehr minutiösem Detail des kleinsten Körperteiles".

Es mag sein, daß *Mutationen,* d. h. chemisch geringfügige Änderungen der Erbmassemolekeln, wie sie durch irgendwelche Einflüsse (Strahlung usw.) angestoßen und veranlaßt werden können, den Weg zur Änderung organischer Form („vielleicht bis zur Familie hinauf", nach FRIEDERICHS) und damit vielleicht sogar zur phylogenetischen Abwandlung des Typus bilden. „Aus der Synthese von Paläontologie und Deszendenztheorie mit Genetik ist eine befriedigende Erklärung für die Stammesgeschichte der Tiere zu gewinnen" (SCHINDEWOLF). Nach TIMOFÉEFF-RESSOVSKY sind Mutationen „das langgesuchte elementare Evolutionsmaterial"; hier greift die Auslese durch Umwelteinwirkung ein, die aus ungeordneten und ungerichteten Vorgängen allmählich eine Gerichtetheit, eine Finalität erzeugt (s. auch S. 169). „Mutation, Selektion und Isolation sind die rassen- und artbildenden Vorgänge, die wir zur Zeit als einzige experimentell erfassen können; ein Glaube an mystische Evolutionsfaktoren erscheint danach unbegründet" (GOTTSCHEWSKI). Man kann der ersten Hälfte dieses Ausspruches vollkommen zustimmen, ohne sich der Möglichkeit zu verschließen, daß es *außerdem noch höhere Anstoßursachen*, „metaphysische Einbruchstellen" nach A. SCHULTZ gibt, insbesondere dort, wo es sich um deutlichen *Anstieg von gegebener Entwicklungsebene zu höherdifferenzierten Gattungen von Lebewesen*, um sprunghafte Organisationsumprägung auf Grund vorhandener Plastizität handelt. Es könnte „ein geringer Rest des Nichtrationalisierbaren" zurückbleiben (nach SCHINDEWOLF), ein Rest „metaphysischen Anstoßes" gemäß Plan und Sinn, der bei der gebotenen exakten Verfolgung „greifbarer" physischer Anstoßursachen immer weiter hinausgeschoben wird, ohne daß er dadurch an Bedeutung irgendwie abnähme. Eine Behauptung, daß man in Genmutationen „die *letzte* bewirkende Ursache des stammesgeschichtlichen Geschehens" zu erblicken habe, wird als Dogma (statt als Arbeitshypothese) sicherer Grundlagen ebenso entbehren wie eine gegenteilige Aussage.

„Es gibt keine phylogenetische Theorie ohne die Annahme eines dirigierenden Anpassungsfaktors" (W. ZIMMERMANN). „Ob natürliche Auslese allein die Entwicklung der Arten mit ihrer Fülle oft höchst verwickelter Anpassungen verständlich machen kann, das ist eine andere Frage" (K. v. FRISCH; vgl. BEURLEN, BÖKER u. a. in bezug auf „aktives Umkonstruieren"). Nach K. FRIEDERICHS sind bisher *nicht* beobachtet Mutationen, „die fortschrittlich sind" im Sinne einer „Höherstufung des Organismus, in bezug auf steigende Differenzierung und Zusammenfassung (Integration)", auf eine Höherentwicklung des Genotypus. Es bleibt fraglich, „ob auf diese Weise auch eine allmähliche Trennung höherer systematischer Kategorien und die Herausbildung komplizierterer, fein angepaßter Strukturen ... zustande kommen kann" (A. KÜHN). „Ohne *schöpferisches* Prinzip ist die Entstehung der Arten nicht zu verstehen" (K. HILDEBRANDT). K. GROOS tritt für den „philosophischen Glauben" ein, „daß in allen vitalen Vorgängen Geistesmächte am Werke sind"; auf jeder Stufe der Entwicklung seien „überindividuelle zielstrebige Einflüsse" anzunehmen.

Im ganzen wird es *wissenschaftlich* nicht viel ausmachen, ob der Biolog Begriffe wie Lebenskraft, Archäus, Entelechie, Mneme, Horme lediglich als *Figment* faßt (es ist, *als ob*) oder als *Realität* (es ist). Dabei wird aber vorausgesetzt, daß sich der Forscher ebenso wie in anderen Fällen allgemeiner Begriffe (Katalyse, Energie, Reizwirkung, Entwicklung, Organisation, Anpassung, Seele, Verstand usw.) nicht bei dem (gut definierten) *Worte* beruhigt, sondern nachsieht: wie es im einzelnen zugeht, wie es geschieht. „Der Versuch, die Biologie als *Wissenschaft* auf den Begriff der Entelechie zu stellen, muß mißlingen" (RIEZLER).

Die Begriffe Ziel und Plan, Entelechie und „Willen in der Natur" stehen in enger Beziehung zu dem *Feldbegriff*, der neuerdings auch im

Reiche des Belebten eine schärfere Präzisierung erfährt (GURWITSCH, P. WEISS, v. BERTALANFFY; „axial gradients" als Faktoren der Lokalisierung nach CHILD). Das physische Wirkfeld — unserem sinnlich beschränkten Verstande als stoffliches „Vakuum" zwischen verstreuten Atomkernen und Elektronen erscheinend — wird zum *Lebensfeld,* schließlich zum psychischen *Führungsfeld* (Diapsychicum, „körperloses Leben" nach BUTTERSACK, Syntagma nach R. EUCKEN). Doch gilt für dergleichen Begriffsbildungen, was W. FRANKL speziell von der „Polarität" sagt, daß damit „im strengen Sinne des Wortes nichts erklärt" ist. So hat es wissenschaftlich wenig Wert, vom Plane zu sprechen, „ohne den Plan wirklich aufzeigen zu können" (E. SCHNEIDER). Indessen macht biologische Plan- und Feld-Forschung dauernd Fortschritte (z. B. SPEMANNs „determinierende Kraft der Wirkungsfelder", samt mannigfachen „Zellpotenzen" usw.

Eine wesentliche Teilgestalt der Feldgesetzlichkeit ist die viel erörterte *Polarität* (s. Anm. 156), die von der Elektrizität und dem Magnetismus her allmählich auch das Gebiet der Chemie, der Biologie und der Psychologie erobert hat und die (nach GOETHE) „die unendliche Mannigfaltigkeit durchdringt und belebt": „Polarität und Steigerung!" (Siehe hierzu ARMIN MÜLLER, ANDRÉ, DACQUÉ, FRANCÉ u. a. m.) Nach FEYERABEND ist Polarität „der Motor des organischen Prozesses, der Geist sein oberstes Prinzip"; nach RUGE: „das zeugende Prinzip"; nach KLAGES „die rhythmische Seitlichkeit", die in der gesamten Welterscheinung wirkt, „die Urerscheinung des Lebens".

Wir geben anschließend einige *Umschreibungen von „Leben" und Organismus,* die mehr oder minder im Zeichen der Zielstrebigkeit, des Telismus stehen.

HAMANN: „Leben ist immerwährende Schöpfung". Nach HERDER ist die äußere Form des Lebendigen unmittelbare Auswirkung des im Körper waltenden Lebensprinzipes als einer „organisch-genetischen Richtkraft". JOHANNES MÜLLER: „Die Dinge, die sich gegen ihre Ursachen, als gegen Reiz verhalten, sind die organischen Wesen." Nach SCHOPENHAUER läßt sich Leben definieren als „der Zustand eines Körpers, darin er, unter beständigem Wechsel der Materie, seine ihm wesentliche (substantielle) Form allezeit behält". VIRCHOW: „Organische Gestalt ist eine einheitliche Gemeinschaft, in der alle Teile zu einem gleichartigen Zweck, oder wie man es auch ausdrücken mag, nach einem bestimmten Plan tätig sind." UNGERER: „Wir zerschneiden notwendig mit unseren Begriffen. Das Leben ist eines, Vorgang und Form zugleich, Werden und Sein." K. E. RANKE: „Das Wesen des Lebens ist mit Mathematik und Physik nicht faßbar. Alles Lebendige muß in die Zukunft weisen." Nach J. REINKE erscheint der Organismus als „ein geordnetes energetisches System, in dem gewisse Richtungen und Umwandlungen der Energie den Vorzug haben vor anderen. Der Organismus ist final und ganzheitlich eingestellt". KRÖNIG: „Organisch nenne ich ein Gebilde, dessen Künstlichkeit auf Vorbedachtheit schließen läßt, ohne daß der vorbedenkende Schöpfer persönlich nachzuweisen ist."

ROUX: „Die Lebewesen sind Naturkörper, welche durch qualitative Selbsttätigkeit und durch Selbstregulierung aller Leistungen sowohl im

Wechsel des Stoffes, der Energie, der Form und der Person als auch in gewissem qualitativen Wechsel der äußeren Verhältnisse sich eine Zeitlang in ihrer Eigenart erhalten können und dauerfähig sind." Oder kürzer: „Naturkörper, die sich in dem fünffachen Wechsel des Stoffes, der Energie, der Form, ja der individuellen Eigenart und der Qualität zu behaupten vermögen. Das Leben gestaltet sich unter determinierenden und realisierenden Faktoren." (Dazu: Lebewesen sind komplizierte Gebilde, „die man *noch* nicht synthetisch herstellen kann". Plotnikow läßt die Möglichkeit offen, daß primitives organisches Leben im wäßrigen Medium auf photochemischem Wege erzeugt werden könne!)

Aschoff: „Es läßt sich nicht eindeutig genug umschreiben, was unter Leben zu verstehen ist. Als eigentliche Lebenseigenschaften gelten: Reizbarkeit, Stoffwechsel und Fortpflanzungsvermögen." Riezler: „Alles Lebendige schwankt zwischen Streben und Verzicht. Das Lebende ist dadurch gekennzeichnet, daß nichts sich selbst Genüge tut", oder nach Goethe) „daß alles Gebildete sogleich wieder umgebildet wird". Nietzsche: „Leben ist ein Wachsen-wollen." Klages: „Leben ist beständiger Wiedererneuerung fähige Form."

H. Friedmann: „Das Leben sucht überall Form, und zwar jegliches Leben. — Und wenn die Physiologie die Form nicht erklären kann — und sie kann es nicht —, dann kann sie auch nicht das Leben erklären." Ihering: „Leben ist Zweckverwendung der Außenwelt für das eigene Dasein." Huneke: „Leben heißt vom Geist gerichtete geordnete Kraft." A. W. Volkmann: „Leben und Organismus müssen eine Ursache haben, die außer ihnen selbst liegt. ... Die Hauptursache aller organischen Entwicklung suche ich in dem Walten einer intelligenten Macht, welche nach Zwecken handelt." G. v. Frankenberg: „Leben ist Ordnung, die sich in bestimmten Formen selbst erhält und sich ohne fremde Hilfe zu steigern vermag; oder: jene Art von Ordnung, die sich selbst zu schaffen vermag." W. Ruge: „Das Leben ist eine höhere Integrationsstufe des Seins."

Ein organisches System ist „eine hierarchische Ordnung stationärer Ströme" (Benninghoff), „eine hierarchische Ordnung über dem chemischen Niveau" (Woodger), eine „gerichtete und harmonisch bezogene Einheit" (Woltereck), eine „im Dienst eines übergeordneten Zweckes stehende Ganzheit" (Müller-Freienfels), ein mit „Hysterese" ausgestattetes chronoholistisches System (Donnan), ein Wesen mit geschichtlicher Reaktionsbasis.

P. Jordan: „Der lebende Organismus beruht nicht auf einem Minimum von freier Energie, sondern auf einer gesetzmäßigen Verteilung und Entfaltung freier Energie und auf einer gesetzmäßigen Kopplung von Vorgängen mit Energieabfall und solchen entgegengesetzter Art." Er ist ausgezeichnet „durch stationäre, fortwährend veränderliche (entwicklungsfähige) Prozesse, die in morphologisch abgeschlossenen, aber chemisch-energetisch nicht abgeschlossenen Systemen stattfinden". Abderhalden: „Das, was das Leben ausmacht, ist schon in der kleinsten Zelle der Kampf." (S. auch S. 99 ff., Ostwald, Auerbach u. a. m.)

„Die Seele ist das Innensein des Organismus" (Wundt). „Die Grenze des Psychischen fällt mit der Grenze des Lebendigen überhaupt zusammen" (Scheler). „Die vorhandenen Planteile fügen sich zum Plan zusammen. — Nicht nur Stoff und Plan sind unzertrennlich, sondern auch Stoffteil und Planteil. Leben ist das Vermögen, Eigenplan und Eigengesetzlichkeit (Bau- und Wirkplan) in geeigneter Umwelt selbständig zu erhalten. Die niederen Ränge sind Planteilträger der höheren Ganzheiten. — Ein höherer Plan nimmt niedere in sich auf und stimmt sie ab" (Schmalfuss). „Leben ist Beseelung" (Marais). Alle lebendige Substanz hat ein seelisches Dasein"

(K. C. Schneider). „Der eigentliche Sinn des Lebens ist das Erleben“ (Wenzl). „Lebendigsein heißt Erlebenkönnen, und das Erlebenkönnen fordert eine erlebende Seele“ (Klages).

Nach Krieck ist Leben „das spontane, hervorbringende, zeugende, gestaltende, bewegende, sinngebende, sinnrichtende und sinnfügende oder ganzheitliche Prinzip mit all seinen Polaritäten“; Grundwesenheit des Lebens ist „Spontaneität mit Sinn. Das Leben entsteht nicht, sondern ist der Urgrund der Natur und alles Entstehens“. — „Leben ist Sinnverwirklichung“ (Alverdes). V. v. Weizsäcker: „Das Lebende entsteht nicht aus dem Toten. — Leben finden wir als Lebende vor; es entsteht nicht, sondern es ist schon da, es fängt nicht an, denn es hat schon angefangen.“ Schließlich Riezler: „Alles ist sterblich; aber das Sterbliche ist von Liebe bewegt.“

Von absonderlichen Umschreibungen des Lebensprinzips sei nur angeführt: „Leben ist Einheit der Schwere und des Lichtes“ (Steffens). „Leben ist ein holistischer Effekt eines pulsierenden Dipoles“ (Léeman). „Das ursprüngliche, im Urphänomen gekennzeichnete Magistral, d. h. das Integral, ist durch die Varianten im Gesamtablauf der differenzierten Realisationen unbeeinflußbar“ (Sihle, mit Unterscheidung von Präpotential, Potential, Real als „Stufen“).

Für Ziel und Zweck allgemein kann gelten: „Gehen Zwecke durch die ganze Welt, so muß auch die geistige Tätigkeit durch die ganze Welt gehen“ (P. J. Möbius). Dann werden die Gesetze der Bewegung, des Chemismus, des Kolloidchemismus, der Elektrodynamik usw. (nach Lotze kurz „des Mechanismus“ im allgemeinsten Sinne des Wortes) das Mittel und Instrument bilden, dessen sich der Logos zur Verwirklichung seiner Ziele mittels A.K. höchster Ordnung bedient. „Die Natur gehorcht Führungsfeldern vom Seinsrang der Potentialität; die niederen sind mathematisch formulierbar, die höheren folgen Sinngesetzen“ (A. Wenzl).

Für Leibniz und ebenso für Lotze ist ursächliche Verknüpfung („Mechanismus“ genannt), das Wirkmittel verborgener göttlicher Zwecktätigkeit, für R. Mayer ein Zeugnis für die Existenz eines „allweisen höchsten Wesens“ als Schöpfer und Erhalter. Auch dem Forscher von heute wird es unbenommen sein, angesichts der Staffelung von Naturgesetzlichkeit mit einheitlichen Zielen eine wissende Allpotenz unbekannter Art zu fingieren, als metaphysische Macht, als „höchste Kraft“, die Logos und schaffender Wille in einem ist: den Dingen immanent oder aber darüber hinausgehend, also völlig transzendent. Unerschüttert bleibt Kants Annahme einer „absichtlich wirkenden obersten Ursache“, eines „verständigen Urwesens“, sein regulatives Prinzip „einer absichtlichen Kausalität, einer höchsten Ursache“ (s. Abschnitt 48).

„In und hinter dem Naturgeschehen sieht man wieder die Auswirkung nichtmaterieller zwecktätiger, ideenhafter Faktoren, einen Vorrang des Logos gegen die Materie“ (Pfennigsdorf). „Das Weltall fängt an, mehr einem großen *Gedanken* als einer großen *Maschine* zu gleichen“ (Jeans). Dazu: „Ein göttlicher Beschauer kann an Stelle unseres Rechnens ein Musizieren setzen“ (Riezler). „Gott ist die Universaldominante der Welt“ (Reinke).

45. Notwendigkeit und Freiheit (Determinismusfrage).

> „Im Leben wird die Notwendigkeit durch Freiheit gemildert, die Freiheit durch die Notwendigkeit beschränkt."
>
> R. Mayer.
>
> „Freiheit ist Zwang durch sich selbst."
>
> Riezler.

Mit Hilfe seines Auslösungsbegriffes war es R. Mayer gelungen, was jeder Druck- und Stoß-Allmechanistik versagt ist: strenge „Naturkausalität" und freie menschliche „Willenentschließung" — nebst entsprechender Verantwortlichkeit — nicht als schroffen Gegensatz, sondern als logisch vereinbare Tatsachen hinzustellen. Seither hat sich immer mehr die Überzeugung gefestigt, daß die konträr erscheinenden Begriffe: *Notwendigkeit oder Freiheit, Determinismus oder Indeterminismus in die Reihe der Komplementarismen oder gepaarten Symbole* gehören (s. S. 110), als zweiseitige Aspekte derselben Erscheinung, die in gewissem Maße schon wissenschaftlich, auf alle Fälle aber metaphysisch in Einklang gebracht werden können.

Wie bei anderen sehr allgemeinen Begriffen — Lebenskraft, Seele, Geist u. dgl. — hat man auch hier die Mahnung von Lotze zu beherzigen: „Sage mir erst, was du damit meinst!" Dazu aber ist es vonnöten, den Begriffen auf den Grund zu gehen. „Freiheit" ist der Gegensatz zu „Gebundenheit" und „Zwang" (im Zwinger); das sind zunächst mechanistische Bilder. Gebundenheit kann sehr verschiedenartig sein, von der Festhaltung einer Pflanze an ihren Standort bis zu „Gebundenheit" der Himmelskörper an ihre Bahn, und von körperlicher Fesselung eines Menschen bis zur Hemmung durch moralische Motive.

Eine Erörterung des Begriffes „Freiheit" verlangt demgemäß immer ein Eingehen auf die Frage: „wovon frei"?, dazu auch: in welcher Weise und wozu frei? So kann *Freiheit von den Bindungen der mechanischen Kausalität* bestehen; und sie besteht, sobald wir das Gebiet der Punkt- und Körpermechanik verlassen; schon der Chemismus der Atomumsetzungen hat unmittelbar nichts mit klassischer Mechanik zu tun. Ferner muß „statistische Kausalität", die ja nur für Kollektive sinnhaft ist, für das Individuum Grenzen haben. Es sei an den Ausspruch von G. Rümelin 1867 erinnert: „Wenn mir die Statistik … sagen wollte, daß mit einer Wahrscheinlichkeit von 1 zu soundsoviel eine Handlung von mir der Gegenstand eines strafgerichtlichen Erkenntnisses sein werde, so dürfte ich ihr unbedenklich antworten: ne sutor supra crepidam!" (Zitiert von R. Mayer M.I. 428.)

Wie bereits bei der Frage der „Akausalität" (Abschnitt 41) ausgeführt, würde „Freiheit" von den Bindungen der E.K. bestehen, wenn Energie oder Materie oder sonst etwas aus dem Nichts geschaffen würde: Wunder erster Art, Schöpfungswunder (Drieschs „Dingschöpfungen"), die von der Wissenschaft nicht *grundsätzlich* abgeleugnet werden können, wenngleich kein sicherer Fall bekannt ist. (Vgl. R. Mayers Ausspruch über die „Sterilität" des Satzes: *ex nihilo nihil fit*, S. 77.) Freiheit von den

Bindungen der A.K. aber wäre vorhanden, wenn ein Ereignis ohne jeden Anlaß, ohne jeden Anstoß geschähe; hierfür sind gleichfalls keine Zeugnisse vorhanden, sofern man auch verborgene Anstöße, unbekannte Anlässe anerkennt, für die das Bestehen von „Naturgesetzlichkeit" (statt Regellosigkeit) zwingend Zeugnis ablegt (173).

Scheinen die Aussichten der „Freiheit" im strengen Sinne ungünstig zu stehen, so ist zu bedenken, daß die *A.K. selber in sich einigen Spielraum läßt, wie vor allem physikalische Statistik, Katalyse und G.K. zeigen, gemäß einer Staffelung der Kausalität,* auf die wir in Abschnitt 42 genauer eingegangen sind. „Die unbedingte Notwendigkeit enthält nichts von einem Zwange" (NIETZSCHE).

Von extrem *mechanistischer Bestimmtheit jedes Naturgeschehens* gilt das Wort von L. DE BROGLIE, daß wir „die Existenz eines strengen Determinismus in der Natur nicht mehr bejahen können". Andererseits ist nach DE BROGLIE „ein scheinbarer Determinismus der makroskopischen Erscheinungen vollkommen vereinbar mit einem gewissen Indeterminismus im mikroskopischen Maßstabe. — Die deterministische Lehre hat nicht nur einen praktischen Nutzen, sie enthält zweifellos auch einen Teil der Wahrheit. Es gäbe in den physikalischen Phänomenen weder Ordnung noch Regelmäßigkeit, wenn sie absolut falsch wäre". „Freiheit im echten Sinne des Wortes" ist jedoch nach DRIESCH im Anorganischen auch in der Mikrowelt keineswegs zu finden (174). „Die Freiheit kann nicht, wie einige Naturforscher glauben, an die Hypothese der elementaren Unordnung geknüpft werden" (RIEZLER).

Kann im Gebiet des Unbelebten das Wort „Freiheit" nur übertragenen symbolischen Sinn haben, nämlich: verschiedene Möglichkeit des individuellen Geschehens innerhalb statistischer Regeln, so ist *echte Freiheit* denkbar bei *Lebewesen*, und zwar mit Ausschluß der Pflanzen, bei denen von „Freiheit" zu reden wohl lediglich Sache poetischer Freiheit sein würde. Im Reich des Menschlichen wird das Wort „Freiheit" in zweierlei Sinn gebraucht; entweder: *wesens*gemäßes Verhalten im ganzen, oder *willens*gemäßes Verhalten im einzelnen Akt, d. h. volle und reine Entscheidungsmöglichkeit des Ja- oder Neinsagens im Handelnsfalle: „Ich erlebe mich als frei; oder: Ich will (oder will nicht) die Tat" (DRIESCH). „Handlung und Tat folgen aus der Fraglosigkeit, der bestimmten Zuordnung zu Funktions- und Lebenskreisen, aus der Zweifelsfreiheit" (PETERSEN). Immer jedoch bleibt es ein großes Geheimnis, wie das „es tut" des Organismus sich wandelt in das „ich tue" des bewußten Willens.

Wie ist es möglich, daß lebende Systeme, vor allem tierische und noch mehr menschliche, *weit „freier" sind* als anorganische Gebilde, derart, daß sie auf einen gegebenen Anstoß mit verschiedenen Reaktionsweisen antworten können? Nicht eigentlich darum, weil lebende Systeme etwa in besonderem Sinne „mikrophysikalische Systeme" wären, sondern darum, weil, rein physisch gesehen, in ihnen auf der Grundlage komplizierter metastabiler Kohlenstoffverbindungen verschiedener Art eine wundersam hierarchisch geordnete Verflechtung mannigfacher, vor allem enzymatischer, kolloidchemischer und elektrokinetischer Reaktionen gegeben ist, vergleichbar den Verhältnissen eines wohlgeordneten Staatswesens, in welchem infolge einer Rangordnung dynamischer Zusammenhänge höhere und höchste Instanzen die Möglichkeit gewonnen haben, durch „Drücken auf verschiedene Knöpfe" die verschiedensten Wirkungen zu erzielen, auf historisch und logisch geordneter Reaktionsbasis.

Je höher ein Organismus auf der Stufenleiter der Lebewesen steht, desto reicher und vielgestaltiger ist die *Mannigfaltigkeit möglicher Anstoßursachen*, Anreize und Motive; je verwickelter aber der Wettstreit der Motive, um so mehr Entscheidungs- und Wahlmöglichkeiten stehen dem Individuum offen. „Je eindeutiger und einfacher die Zuordnung des Ereignisses zu einem bestimmten Funktionskreise ist, d. h. je weniger Merkmal und Bedeutungsgehalte es hat, um so sicherer und geradliniger reagiert der Umweltbesitzer in seinem Handeln und seiner Verarbeitung des Falles" (Petersen). „Für den Menschen aber besteht die Aufgabe, „Handlungsfähigkeit und Handlungsbereitschaft nicht durch Umweltverarmung, Primitivität und Reflexautomatie zu erkaufen" (Petersen). Gilt doch nach Goethe: „Es sind wenige, die den Sinn haben und die Tat zugleich. Der Sinn erweitert, aber lähmt; die Tat belebt, aber beschränkt."

Freiheit im psychologischen Sinne ist, wie schon R. Mayer erkannt hat, sowohl mit den Gesetzen der E.K. wie mit denen der A.K. durchaus verträglich. „Gesetze im physikalischen Sinne, Naturgesetze, die sich durch ausnahmslose Notwendigkeit charakterisieren, gibt es in der lebenden Welt nicht" (S. 68). Hier gilt vielfach sogar: „Das Wissen um das Gesetz hebt seine Giltigkeit für den Wissenden auf" (Driesch). „Vor dem freien Geiste hat der Nomos kein Recht" (Burkamp). „Ordnung macht ihren Träger bis zu einem gewissen Grade *frei*, sie ermöglicht ihm, dem *Gesetz seines eigenen Wesens* zu folgen. — Dies gesteigerte, in die Zukunft weisende Sein, das allen Gewalten zum Trotz dem Gesetz seines eigenen Wesens dient und in diesem Sinne *frei* ist — dies Geordnetsein und das daraus entspringende geordnete Geschehen ist das Leben" (G. v. Frankenberg). Indem dem Menschen „jede Phase seines Verhaltens Motive zum Ansatz eines nächsthöheren freigibt", wird sein Verhalten „zunehmend frei von der Unmittelbarkeit" und dadurch „führend und umsichtig" (Gehlen). Nach Krönig wird der Mensch mit vollem Recht für sein Handeln verantwortlich gemacht, „weil jeder das, wozu er sich gezwungen fühlt, zugleich will". — „Freiheit ist Zwang durch sich selbst. — Werden können, was man werden will, heißt frei sein" (Riezler).

Die Tatsache der *Wechselwirkung aller Naturdinge und Naturvorgänge* bringt es mit sich, daß von *absoluter Freiheit*, d. h. *Ursachlosigkeit jeweiliger wahlhafter Entscheidung eines Geschöpfes* (Ursachlosigkeit im Sinne der A.K.) nicht die Rede sein kann. „Ein Handeln ganz ohne Motiv ist wissenschaftlich ebensowenig annehmbar wie ein absoluter Zufall in der unbelebten Natur" (Planck). Absolut frei, ungebunden, darum auch „unnahbar" kann nur eine Gottheit gedacht werden, und zwar eine solche, die, obwohl in der Welt wirkend, doch *über* die Welt und ihre niederen und höheren Geister erhaben ist (Panentheismus).

Sind Freiheit und Notwendigkeit komplementäre und noch dazu recht unbestimmte Begriffe, so wird man nicht fragen: Ist der heutige Kulturmensch frei oder unfrei?, sondern: Inwiefern und in welchem Sinne ist ein beliebiges Naturgeschöpf „gebunden", verknüpft, mit der Umwelt in Wechselwirkung stehend; und in welcher Beziehung und inwieweit hat es die Möglichkeit beliebiger Wahl, spontaner Entscheidung, souveräner Aktivität? Dazu auch: Wie weit und in welcher Weise kann man sich — wovon? — bestenfalls frei machen? Dann wird sich eine *Stufenleiter* ergeben, im Organischen von einfacher Wahlfreiheit der Nahrungsaufnahme des Infusoriums bis zur schöpferischen Erzeugung unwahrscheinlichster Dinge durch das künstlerische Genie und zum Welt gestaltenden und umgestaltenden Vorgehen des großen Kriegsherrn, Staatsmannes oder Religionsstifters.

Erbgut und Umwelt, Vererbung und Erziehung (im allgemeinsten Sinne) sind die zwei großen Faktoren (gemäß E.K. und A.K.), die den Menschen nach Leib und Seele formen — wie besonders am Schicksal eineiiger Zwillinge deutlich wird. „Ausschlaggebend ist das grundlegende Erbanlagegefüge, das für die Entwicklungsmöglichkeit die Grenzen setzt" (REINÖHL). Es ist „erschütternd, wie weit die Leiden und Freuden, der Segen und das Unheil eines menschlichen Daseins schon im Erbgut der mikroskopisch kleinen Keimzellen vorausbestimmt sind" (K. v. FRISCH).

Wenn jemand mit gutem Recht behaupten kann: Ich habe in diesem oder jenem Falle völlig frei, ohne jede fremde Beeinflussung, wesensgemäß nach bestem Wissen und Gewissen und demgemäß auch unter voller eigener Verantwortung entschieden und gehandelt, so wird nachträglich, also historisch, ein Fremder doch (nach SCHOPENHAUER) sagen können: Er würde anders gehandelt haben, „wenn er ein anderer gewesen wäre". Oder: „Mit einem Wort: Der Mensch tut allezeit nur was er will und tut es doch notwendig" (SCHOPENHAUER). „Die Menschen folgen einer Naturabsicht, die ihnen selbst unbekannt ist" (KANT).

„Aber ob du lange wählest,   Tausend strenge Hände greifen
Schon bestimmt ist dein Wahl.   Nach der deinen, daß sie muß."
RÜCKERT.

BURKAMP: „Unsere Motive sind nicht Ursachen, der Wille ist frei; eine aus dem ganzen Ich ganz und gar determinierte Entscheidung, aber nicht eine Determination dieses Ich selbst." RIEZLER: „Wir spielen das Spiel und werden gespielt. Wir sind zugleich Spieler und Figur, wie wir zugleich Schöpfer und Geschöpf sind." Allgemein halten sich nach N. HARTMANN im Schichtenbau der Welt Selbständigkeit und Abhängigkeit die Wage.

Auch auf diesem denkschwierigen Gebiete kann das Schema von E.K. und A.K., die sich zur G.K. in einer Staffelung der Verursachung zusammenschließen, die Überlegung weiterführen: es sind Tendenzen des Beharrens — der Charakter, die Persönlichkeit, die Mneme, das Ich — und es ist ein unablässiger Ansturm wechselnder „Anstöße" — Reize der Umwelt, ständige Erregungen des Nervensystems, Motive aus dem Erlebnisbesitz —, die die äußere und innere Geschichte des Individuums sowie seiner Kollektive bestimmen.

Der alte, starre *mechanische Determinismus* eines Laplace ist tot; es lebt der neue, lockere und lose Determinismus, der *ein gestaffelter Dynamismus* (Gradualismus) ist, mit psychischem Untergrunde; dazu so weitläufig, daß darin auch der Freiheitsbegriff seinen Platz findet. „Mit der Preisgabe eines universellen Mechanismus entfällt auch die Kausalität im Sinne des Laplaceschen Weltgeistes" (Sommerfeld). Im Lichte von A.K., G.K. und Kausalitäts-Rangordnung wird die Frage: Besteht Determinismus? sinnleer; die neue Frage lautet: *Inwiefern besteht Führung und Zwang, und inwiefern besteht eigene Aktivität und Freiheit?* — vom niedersten Protisten bis zum Kulturmenschen.

Soweit es sich um den *menschlichen Willen* handelt: Sittliche Verantwortlichkeit setzt nicht ein Freisein von motivierenden Anstoßursachen voraus, sondern ein Freisein von äußerem Zwange, ein Ja- oder Neinsagen nach Wesensgemäßheit oder auch nur nach jeweiligem Gutdünken.

Der Schwerpunkt der Freiheitsfrage liegt im *Freiheitsbewußtsein*, im *Freiheitsgefühl*, gepaart mit *Verantwortlichkeitsgefühl*, das mit objektiver Bestimmtheit der einzelnen Handlung durchaus verträglich ist. „Der Wille geht nicht von der Freiheit aus, er führt zur Freiheit hin" (Riehl). „Freiheit ist nur die Selbsttätigkeit, deren man sich bewußt ist" (Kant). Nach Nietzsche ist Freiheit des Willens „ein vielfacher Lustzustand des Wollenden, der befiehlt und sich zugleich mit dem Ausführenden als Eins setzt". Niels Bohr nennt das Gefühl der Willensfreiheit einen dem bewußten Leben, dem *Ichgefühl*, eigentümlichen Zug.

„Freiheit ist notwendig, weil das Sittengesetz Faktum ist" (N. Hartmann); das Bestehen von Naturgesetzlichkeit aber gibt dem menschlichen Willen erst die Möglichkeit, seine Freiheit *mit Aussicht auf Verwirklichung der vom Denken gesetzten Ziele* zu betätigen. (Siehe hierzu auch M. Hartmann, Planck u. a. m.)

46. Psychophysische Wechselwirkung und psychophysischer Parallelismus.

„Überall ist die Geisterwelt nur in der
Körperwelt." Jean Paul.

„Wer bei der Erklärung des Organismus keine Rücksicht auf die Seele nimmt und das geheimnisvolle Band zwischen ihr und dem Körper, der wird nicht weit kommen" (Novalis). „Der Mensch kann nur das erleben, wofür in ihm eine Erregungskonstellation vorhanden ist. Es wirkt Erregung auf Erregung" (Rohracher). Zur Klärung der Dinge ist es vorteilhaft, zu scheiden zwischen derjenigen *Betätigung der Psyche*, bei der die Beteiligung der Physis in unmittelbar vorangehenden oder unmittelbar nachfolgenden materiellen Vorgängen deutlich zutage tritt: Aufnahme von Sinneseindrücken einerseits, Erzeugung von Muskelbewegungen andererseits (Sensorik und Motorik, mit Rezeptoren und Effektoren); und derjenigen Betätigung, bei welcher eine solche Beteiligung der physischen Umwelt (den physischen Organismus eingeschlossen) nicht ohne weiteres sichtbar ist, sondern erst auf Grund besonderer Experimente (man denke an die Aktionsströme des Großhirns nach BERGER) erschlossen werden kann: Flug der Gedanken, ,,inneres'' Phantasieren (auch Spiele des Traumes), affektloses Wünschen und Wollen.

Der *Betätigung* der Psyche steht gegenüber ihr ,,*Besitz*'' als ,,Substanz'', als Resultat früherer Tätigkeiten, d. h. der Schatz von ,,Engrammen'' und Erinnerungen, die die notwendige Erhaltungsgrundlage (E.K.) für psychophysische Vorgänge schon beim Tier bilden: kurz die Mneme, das *Gedächtnis mit seiner Bereitschaft für Erinnerung.* Hierfür ist überhaupt noch kein physisches ,,Korollarium'', keine untrennbar verbundene materielle ,,Struktur'' im Sinne von DRIESCH gefunden worden. ,,Hirnspuren'' gehabter Sinneseindrücke, vergleichbar den Einritzungen und ,,Eindrücken'' einer Grammophonplatte, als denkbare Hinterlegung von Erlebnissen in Gehirnschrift, als bleibende spezifische Veränderung von Ganglienzellen, als Verkörperung von Vorstellungen, als ,,Narbe im Gehirn'', sind willkürliche Annahme; eine zuverlässige *physiologische* Theorie des Gedächtnisses konnte noch nie geliefert werden. Dieses ,,Dritte'', der ,,rein geistige'' Besitz als gehabter ,,Erlebnisinhalt'', scheidet mithin für eine Erörterung des *psychophysischen* Kausalismus völlig aus (175).

In bezug auf ,,*W.W.*'' ist zunächst die *Zweideutigkeit* des Ausdrucks zu beachten, der sowohl ,,ganzheitliche Beziehung im Simultanen'' (Wechselbeziehung) wie ,,kausale Verknüpfung im Nacheinander'' (mit Wechselspiel) darstellen kann (S. 14); die zweite Erscheinung ist als eigentliche oder echte Wechselwirkung zu bezeichnen.

Für die erste Hauptgruppe wahrhaft *psychophysischer* Erscheinungen, Sensorik und Motorik, erscheint der Ausdruck ,,W.W.'' von Leib und Seele als *echte kausale W.W. im Sinne der A.K.* angemessen; für die zweite dagegen, die eigentliche Psychik, W.W. im ganzheitlichen Sinne. Ist aber eine solche W.W. *im ganzheitlichen Sinne* des Zugleich oder Nebeneinander statt des Nacheinander in Wirklichkeit verschieden von dem, was man ,,*psychophysischen Parallelismus*'' nennt? Natürlich handelt es sich dabei um eine rein bildliche, modellhafte Bezeichnung, und zwar mit der Bedeutung einer *Gleichzeitigkeit von Physischem und Psychischem als Teilaspekten derselben Sache.* Eine *zeitliche Differenz* aufeinanderfolgender Momente, die für konkrete Kausalität und dementsprechende *kausale* W.W. wesentlich ist, kann hier nicht beobachtet werden, so daß für *diese* Teilgruppe der Begriff ,,*Wirkung* des Physischen auf das Psychische und umgekehrt in bestimmter Zeitfolge'' hinfällig wird.

Indessen darf *psychophysischer Parallelismus* durchaus nicht als ,,psychomechanischer'', sondern nur als untrennbarer *psychoenergetischer Zusammenhang* verstanden werden; auch ist von vornherein klar, daß nicht etwa ganz bestimmt und begrenzt lokalisierte physiologische Vorgänge einem bestimmten psychischen Erlebnis oder Akt zugeordnet sind; vielmehr handelt es sich (schon nach V. KRIES und WUNDT) um *ganzheitliche Zustände*, um ,,Gestalten'' auf der einen wie auf der anderen Seite. „Ich bin ebenso unmittelbar in der Fingerspitze wie in dem Kopfe. — Meine Seele ist ganz im ganzen Körper und ganz in jedem seiner Teile" (Kant). „Der Sitz der Seele ist bald hier, bald dort, bald an mehreren Orten zugleich. Der Sitz der Seele ist da, wo sich Innenwelt und Außenwelt berühren" [Novalis (176)].

Hält man die obige Scheidung ein, so sollte der alte Streit „psychophysische Wechselwirkung" oder „psychophysischer Parallelismus" leicht seine Erledigung finden können; beide Ausdrücke beziehen sich da, wo sie zu Recht gebraucht werden, auf *verschiedenartige* Gruppen psychophysischer Erscheinungen. Dazu darf „W.W." sachgemäß lediglich im Sinne der A.K. genommen werden, während „Parallelismus" gar nur ein geometrisches Bild und Gleichnis, also ein „Figment" ist, das eine ganzheitliche Gleichzeitigkeit (statt eines Nacheinander) zum Ausdruck bringen soll.

Über „Parallelismus" (= W.W. im ganzheitlichen Sinne) heißt es bei Schopenhauer: „Der Willensakt und die Aktion des Leibes sind nicht zwei objektiv erkannte verschiedene Zustände, die das Band der Kausalität verknüpft, stehen nicht im Verhältniß der Ursach und Wirkung; sondern sie sind Eines und das Selbe, nur auf zwei gänzlich verschiedene Weisen gegeben: einmal ganz unmittelbar und einmal in der Anschauung für den Verstand." Weiter Sigwart: „Wir haben allen Grund zu glauben, daß kein psychischer Vorgang ohne korrespondierende physiologische Veränderungen ... verläuft." V. v. Weizsäcker: „Die Empfindungsqualität ist den physischen Vorgängen signalartig oder repräsentativ zugesellt. — Jedes somatische Geschehen hat einen psychischen Wert, das psychische Geschehen aber ganz ebenso einen körperlichen, es darstellenden Ausdruck"; also „nicht Kausalkette, sondern ein geschlossener Kreisprozeß. — Wer hat angefangen? Das brauchen wir nicht zu wissen." („Überkausale Zusammenhänge" nach Friederichs.) „Alles Psychische ist irgendwie an Hirnzustände gebunden, und *verschiedenen* seelischen Vorgängen müssen *verschiedene* Hirnvorgänge entsprechen" (Bumke). (Siehe auch R. Mayer, S. 77.) Auch Driesch, der dem psychophysischen Parallelismus (von ihm unnötig als rein „psychomechanischer" Parallelismus genommen) abgeneigt ist, erkennt an, daß in vielen Fällen „eine Zuordnung von Erinnerungsstörungen zu Hirnstörungen nachweislich besteht".

Für seelisches „*Haben*" mag ein stoffliches Korrelat fehlen; seelischgeistige *Tätigkeit* ist aber nachweislich mit stofflich-energetischen Vorgängen untrennbar verbunden, und zwar nicht nur im nervösen Zentralapparat, sondern, wie feine Messungen gezeigt haben, auch in anklingenden beliebigen peripheren Teilen des Organismus.

Die lebhafte Vorstellung einer Bewegung kann als ein körperlicher Vorgang nachgewiesen werden, z. B. durch Ableitung elektrischer Stromschwankungen von der Beinmuskulatur, wie sie sonst bei wirklicher Muskeltätigkeit gefunden werden (J. H. Schultz). Nach de Rudder sind z. B. „die körperlichen Wirkungen der Luftkörperfronten von den psychischen gar nicht abtrennbar", indem sie „sicherlich über gleiche Beeinflussung von Körperfunktionen laufen". „In der Formulierung: Jedem Psychischen entspricht ein Physisches (Wundt) ist der psychophysische Parallelismus auch heute noch ein durchaus brauchbares Prinzip" (A. Kohlrausch); so gibt es z. B. einen „deutlichsten Parallelismus zwischen Netzhautströmen und Wahrnehmungen".

Bei ROHRACHER heißt es: „Was geschieht eigentlich in unseren Ganglienzellen, wenn wir etwa denken und fühlen? *Das wissen wir nicht.* Die Erregungen der Ganglienzellen sind die Grundlagen der psychischen Vorgänge. Jede Art der Ganglienzellen erzeugt eine besondere spezifische Erregung. Die Erregungsprozesse im Gehirn sind die *letzte faßbare Ursache* der Bewußtseinsvorgänge. — *Das Psychische hat kein Eigendasein;* es hört im gleichen Augenblick auf, in welchem die Erregungen aufhören." Oder: „Es ist immer nur die Begleiterscheinung, die aus den Erregungsprozessen hervorgeht, also von ihnen erzeugt wird." Jedoch weiter: „Der materielle Charakter des Gehirns ist unbeweisbar. — Das Psychische ist nicht Materie. — Das Primäre ist das Psychische, der *Geist* des Menschen, der in der Welt der Erfahrung nach seinen eigenen Ursachen sucht. — Das Leib-Seele-Problem ist für das menschliche Denken *prinzipiell unlösbar.* — Auch die Überzeugung: das kann nicht wahr sein, hat eine gehirnmäßige Grundlage." (Aber doch nur hinsichtlich der innerlich ausgesprochenen *Worte* und nicht in bezug auf den *Sinn!*)

Eine tiefgründige Betrachtung physikalischer Art gibt SOMMERFELD: „Wir behandeln die Elektronen im Atom mit einer Wellengleichung, aber wir setzen in diese Gleichung die COULOMBsche Anziehung durch den Kern ein, ausgedrückt durch die Koordinaten Kern und Elektron." Mit Beziehung auf den *Dualismus von Korpuskel und Welle* heißt es weiter: „Ich denke, diese physikalische Dualität ist ein nützlicher Beitrag zu einer der höchsten Fragen der allgemeinen Philosophie, dem alten Problem der Beziehung von Stoff und Geist, von Körper und Seele ... Das Beste ist, einen psychophysischen Parallelismus, eine prästabilierte Harmonie anzunehmen... Ist nicht die Welle als Führungsfeld des Elektrons der mathematische Ausdruck für das, was uns in den Bewußtseinsakten von Wille und Streben gegeben ist und unsere Handlungen bestimmt? Wenn wir den Leib physiologisch behandeln, müssen wir von einem korpuskularen örtlichen Geschehen reden. Dem seelischen Prinzip ... können wir keine Lokalisation zuweisen, sondern wir müssen es behandeln ... als ob es im Leib mehr oder weniger allgegenwärtig sei, ebenso wie die Welle mit der Korpuskel in einer nicht näher angebbaren Weise verknüpft ist."

Andererseits aber ist der Begriff einer „W.W." *im echten, d. h. eigentlich kausalen Sinne,* mit der Möglichkeit der Unterscheidung eines „Früher" und „Später", auf dem Gebiete der „Sinneseindrücke" sowie der „Willensausdrücke" durchaus am Platze (177).

Von einer solchen W.W. redet R. MAYER (S. 65). Es gibt weitreichende psychische Wirkungen von Chemikalien, z. B. Rauschmitteln. Gefühle und Affekte wirken wiederum (nach F. MOHR u. a.) deutlich auf Herzschlag und Leukozytengehalt, auf Atmungs-, Haut- und Magentätigkeit, auf Galle und Milz, auf verschiedenste Drüsen mit innerer Sekretion. Impulse aus der Bewußtseinssphäre können in das vegetative System einbrechen, und umgekehrt (WEZLER u. a.; s. auch S. 173 über psychische Kausalität, insbesondere Psychotherapie). „Psychische Kräfte wirken lenkend auf materielle Hirnprozesse ein und werden wechselweise durch diese erst ermöglicht" (J. REINKE). Man sagt wohl, eine anstoßende und führende Einwirkung von Seelischem auf Körperliches und umgekehrt sei nicht „einzusehen". „Es ist unbegreiflich, wie ein Prozeß als Körpervorgang anfangen und als seelischer Vorgang enden kann und umgekehrt" (N. HARTMANN). Ist aber etwa die Einwirkung dessen, was man elektromagnetisches Strahlungsfeld oder ein Energiequant, ein Photon usw. nennt, auf eine Atomhülle, einen Atomkern usw., oder die Aussendung elektrischer Wellen aus Körpersystemen

,,einzusehen"? Wirklich ein-sehbar und be-greiflich, d. h. hand-greiflich ist durchweg nur das rein Mechanische der Makrowelt, nach dessen Analogie auch die übrigen Wirkungen der Natur fingiert und damit veranschaulicht werden. Dazu auch: ,,Es ist erwiesen, daß niemand imstande ist, die behauptete völlige Verschiedenheit von Physischem und Psychischem festzustellen" (C. Weinschenk (178)]. ,,Warum sollen Geist und Materie nicht in Wechselwirkung treten?" (Jeans).

,,Der psychophysischen W.W. standen angeblich die beiden berühmtesten Naturgesetze im Wege, nämlich das mechanistische Kausalgesetz, welches lehrte, daß nur Physisches auf Physisches wirkt und nirgends in diese Kausalreihe etwas anders Geartetes eingefügt werden könnte, und vor allem das Gesetz von der Erhaltung der Energie, das bei allen Naturforschern zum Axiom geworden war" (A. Bier). Wie wenig aber ,,Erhaltung der Energie" hier zu sagen hat, braucht nicht abermals ausgeführt zu werden.

Im ganzen *faßt das psychophysische Problem in sich Momente ganzheitlicher Natur* (Gleichzeitiges) und *Momente kausaler Natur* (Aufeinanderfolgendes); die ersteren können mit dem Schema des Parallelismus erfaßt werden, die letzteren nach ,,W.W.", im Sinne einer reversiblen A.K. Dabei darf man nicht außer acht lassen, daß alle Beschreibung psychischer Ursachen und Wirkungen nur möglich ist mit sprachlichen Symbolen, die im Grunde zeiträumlicher Art, also *mechanistische Figmente und Modelle* sind. Das gilt für den ,,psychophysischen Parallelismus" ebenso wie für die ,,W.W.", für Schichtung ebenso wie für ,,Aus-Druck" (der Leib als Erzeugnis und ,,Ausdruck" der Seele). Auf ihrem Teilgebiete und mit der gebotenen kritischen Zurückhaltung können *beide* Begriffe, Parallelismus und W.W., unbedenklich gebraucht werden (179).

In mannigfachen Bestrebungen, und zwar auch von Vertretern der ,,W.W.", wird der *Dualismus von Körper und Seele zu überbrücken gesucht*, und zwar neuerdings vorwiegend in dem Sinne, daß *das Seelisch-Geistige*, weil dem Bewußtsein unmittelbar gegeben, als *der überragende Aspekt* der Erscheinung gilt. Bei Fechner heißt es: ,,Psychische Einflüsse als Ursachen ..., wobei ich natürlich die psychischen Bestrebungen und Zustände als die innere Seite der physisch-organischen ansehe, wovon jene Umbildungen abhängen." Weiterhin A. Bier: ,,Ich sehe in den physiologischen Vorgängen ... in erster Linie ein psychisches Geschehen. So sind die physiologischen Vorgänge in erster Linie psychologisch zu betrachten und zu bewerten." Der ganzheitliche psychische Zustand ist in jedem konkreten Falle, von außen betrachtet, zugleich ein ganzheitlicher physischer Zustand.

,,Totale Unvergleichbarkeit von Körperlichem und Psychischem ist verschwunden, wenn man sich unmittelbar an die Wirklichkeit hält: eine einheitliche psychophysische Welt" (Rickert). ,,Der Leib ist die Erscheinung der Seele, die Seele der Sinn des lebendigen Leibes" (L. Klages). ,,Der Mensch ist eine leib-seelische Ganzheit mit der Einheitsbezogenheit aller Lebensfunktionen" (H. Graewe). ,,In Summa: nicht Geist als Ursache des Körpers oder Körper als Ursache des Geistes, sondern Geist-Körper als Ursache des Geist-Körpers" (Bain, zitiert von Jeans). Der Mensch erscheint darnach schließlich als ,,Umschlagsstelle des Diapsychikums" (Buttersack).

Für die *Beziehung von Subjekt und Objekt,* d. h. des denkenden Menschen zu seiner Umwelt gibt V. v. WEIZSÄCKER folgendes Schema:

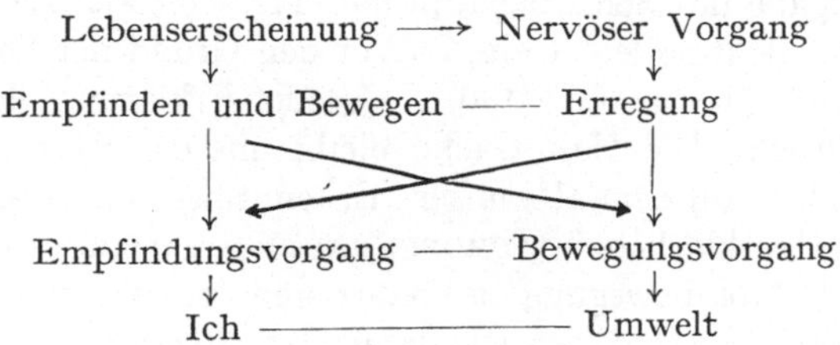

Der „äußeren kausalen Bedingtheit" steht eine „innere subjektive Kausalität" gegenüber. Es gibt eine biologische Kontinuität: „Leben—Organismus—Ganglienzellen—Erregungen—Seelenleben" (ROHRACHER). Letzthin muß eine *volle Überwindung des psychophysischen Dualismus* gelingen, und zwar in der Weise, daß das Psychische als das unmittelbar Gewisse und darum als das wahre Wesen aller Dinge erscheint (s. Abschnitt 48). Metaphysisch betrachtet wird unzweifelhaft *der Seele die Führerrolle* zufallen: *Metapsychik.* Psychische Kausalität als seelische Führung — zunächst gemäß MAYERs Bild des „Steuermanns", dann aber auch als „Schöpfer" — ist eine ausgesprochene Form einer „Kausalität von oben", die in „überindividueller seelischer Führung" noch eine Überhöhung erfahren mag. „Der physischen Kausalität ist die psychische mindestens gleichwertig. Aber im Grunde sind sie beide doch nur Subalterne. Sie stehen unter dem Logos, dem großen allgemeinen Weltgesetze, dem alle anderen Gesetze und Regeln untertan sind. Jede der beiden Kausalitäten allein ist wiederum eine Halbheit. Erst zusammen fügen sie sich als ausgesprochene Gegensätze zur Harmonie" (BIER).

47. Grenzen wissenschaftlicher Erkenntnis; Bedeutung des Figmentes im Kausaldenken.

„Man sol nicht mer der vernunft zumuten,
denn ir müglich ist zu tragen."
PARACELSUS.

In der Entwicklung der mechanischen Physik wie auch innerhalb der Energetik hat es einen *Optimismus des Begreifens* gegeben, der uns schon heute fremd anmutet. Aus Elektrizitätslehre und Optik, Chemismus und Strahlungstheorie ist innerhalb der Physik selber die Wandlung gekommen, die sich in der gegenwärtigen Atomphysik und Feldphysik besonders deutlich ausspricht, und die sich kurz in dem Satze ausdrücken läßt, daß *Körperbewegung, auf die man früher alle und jede Vorgänge in der Natur zurückführen wollte, für den heutigen Forscher keineswegs das Erste und Letzte* ist, ja daß solche „Körperbewegung" vielfach nur als ein Bild und Gleichnis verborgenen Geschehens zu gelten hat.

Das Bestehen von *Erkenntnisgrenzen,* das so oft ausgesprochen worden ist, kann auch für die Zukunft nicht mehr ernsthaft bestritten werden, so sehr sich der Menschengeist gegen die „Demütigung" (nach Burkamp) aufbäumen mag, daß sein Erkenntnisdrang in den eigenen Lebensraum mit seiner Aufgabe der Selbstbehauptung eingeschlossen sein soll. „Der Mensch gesteht nicht so leicht ein, daß er den Grund der Dinge niemals erkennen kann" [Poincaré (180)]. „Jede Erklärung läßt ein Unerklärliches zurück. Die Hauptsache bleibt uns ein Mysterium. — Der Grund und Boden, auf dem alle unsere Erkenntnisse und Wissenschaften ruhen, ist das Unerklärliche" (Schopenhauer). „Wenn es gelingt, alles Geschehen auf Atombewegung zu reduzieren, so ist damit die Welt noch nicht begriffen. Und versucht man, das Physische auf Psychisches zurückzuführen, so kommt man wieder bei einem letzten Unbegreiflichen an. — Wir begreifen die Welt nicht, indem wir über ihre Rätsel nachdenken, sondern indem wir an ihr arbeiten" (Vaihinger).

„Alles Denken ist Zurechtmachen" (Chr. Morgenstern). „Schon was wir in der Wissenschaft Tatsache nennen, ist etwas mit begrifflicher Arbeit in Auswahl und Synthesis Geformtes" (Windelband). „In der Naturwissenschaft wandeln wir immer, auch durch das Feststellen von Tatsachen, die Wirklichkeit um" (Rickert). Ferner P. Jordan: „Jede Beobachtung ist nicht ein passives Wahrnehmen, sondern eine aktive, geradezu brutale Auseinandersetzung des Beobachtenden mit dem Objekt." Nach Niels Bohr mündet naturwissenschaftliche Erklärung in „Resignation hinsichtlich des Verständnisses unserer eigenen bewußten Gedankentätigkeit". J. Herschel: „So sehen wir uns denn an die Erfahrung als die mächtige und in der Tat einzige, letzte Quelle der Naturerkenntnis verwiesen." Riehl: „Natur ist die empirische Wirklichkeit mit Rücksicht auf ihren allgemeinen begrifflichen Zusammenhang." Riezler: „Wir müssen zugeben, daß noch niemand die Gesetze der Gravitation oder der Elektrodynamik *verstanden* hat. — Darum muß der Verstand auch darauf verzichten, sich selbst zu verstehen."

Aus der natürlichen Gebundenheit auch des höchsten menschlichen Geisteslebens an erlebte Sinneseindrücke, sowie aus Entstehungsweise und Struktur menschlicher Sprache folgt, daß *durch Wortzeichen mitteilbar* nur sind a) unmittelbare psychische Erlebnisse, soweit sie dem anderen gleichfalls aus Erfahrung bekannt sind (Empfindung rot usw., ein Ton, ein Schmerz usw.), b) raumzeitliche Konstellationen, Beziehungen und Veränderungen, c) die abstrakte Ordnungsform der Zahl. Naturwissenschaft als die Wissenschaft zur Ergründung der objektiven Wirklichkeitsordnung der Natur sieht von der subjektiven Sinnesqualität zunächst ab, es bleiben mithin nur *Zeit, Raum und Zahl als allgemeine Ordnungsschemata für jedes Vorstellen, Begreifen und Mitteilen.* Das „Wort" aber ist vom Zaubermittel zum Ding und von diesem schließlich zum bloßen Zeichen geworden (181).

Schon in dem reinen „Beziehungstum" mathematischer Physik ergeben sich genügend Verständnisschwierigkeiten, namentlich hinsichtlich des alten Problems des *Zusammenhanges der Naturkräfte.* „Benutzt wird ein Formalismus, der die mathematische Beschreibung auf die einfachste und vollkommenste Weise besorgt, der jedoch zur qualitativen Deutung und Erklärung der Naturwirklichkeit völlig unbrauchbar ist" (E. May). „Von allen Schwierigkeiten für die Elektronentheorie scheint mir die Schwerkraft die größte zu sein. Diese Naturkraft, der wir alle unterworfen sind, steht ganz isoliert da, und es ist nicht gelungen, eine Beziehung zu anderen Naturkräften aufzufinden" (W. Wien 1905) (182).

Mit jedem Fortschritt ergeben sich neue Rätsel. Nach Überwindung des Allmechanismus durfte man der Meinung sein, daß schließlich alles, auch der „Stoff", sich in „Elektrizität" auflösen lasse: So suchte um die Jahrhundertwende W. Wien die Elektrizitätslehre zur physikalischen Grundlehre zu machen. „Es gibt keine andere Masse als elektrodynamische Trägheit" (W. Wien). Und dann taucht auf einmal das geheimnisvolle „ungeladene" Neutron als Bestandteil jedes Atomkernes auf! (Siehe hierzu L. de Broglie u. a.) Mitten in das Mysterium führt ferner die Frage: „Kann ein Körper da wirken, wo er nicht ist?" (Maxwell). Dazu die Antwort: „Ein Körper *ist* dort, wo er wirkt" (Mach). „Es scheint die Schwierigkeit beim Verstande selbst zu liegen" (Weyrauch). (Nach D. van Dantzig sollte es sinnvoll heißen: „What does it mean to say that a body is there where it does not work"!) (Siehe auch S. 112). Und die dunkelen Kernkräfte?

Mithin ist jeder Naturforscher genötigt, sich an *raumzeitliche anschauliche Beschreibung* konkreter Begebnisse zu halten, sofern er sich nicht völlig auf das abstrakte Zahlensymbol zurückziehen will; infolgedessen gerät auch jeder Naturforscher in logische Schwierigkeiten, wenn er erschlossene Vorgänge auf solchen Erscheinungsgebieten „beschreiben" und mitteilen will, die sich seinen Sinnen nicht unmittelbar als *räumliche Konstellation* von Körpern und als deren zeitliche Veränderung darbieten: das sind einerseits Vorgänge im stofflichen „Vakuum", das dennoch ein Wirkungsfeld sein muß, und andererseits Vorgänge im atomaren Bezirk, in das gleichfalls geometrische „Zerlegung" durch mikroskopische und jenseitmikroskopische Mittel nicht hineinreichen kann. „Quantenmechanik bricht den Primat der anschaulichen Erkenntnis" (Bense, s. auch Heisenberg u. a., S. 116). Was für ein seltsames „Ding", rein mechanisch angesehen, ist doch ein Wirkungsquantum, ein Photon, ein Elektron, ein Neutron!

Hier beginnt die „Anschauungsproblematik der nichtklassischen Physik", und es eröffnet sich eine weitreichende *Herrschaft der Analogie oder des „Figmentes"* (des Als-Ob im Kantschen Sinne), das schon in der Elektrizitätslehre von Ampère, Ohm, Faraday und Maxwell und in den „Zusammensetzungen" und „Bindungen" der neueren Chemie eine bedeutsame Rolle gespielt hat [s. S. 113 (183)]. An die Stelle der unmittelbaren und belegbaren „siegesgewissen" Anschaulichkeit der makrophysikalischen Körperwelt tritt als „symbolische Beschreibung" (P. Jordan) eine *sekundäre oder konstruktive Anschaulichkeit*, die Willkürzüge aufweist, und die vor allem im *mechanischen Modell des Nichtmechanischen* ihre Erfüllung findet. Sie kann als „Ersatzwahrheit" nützliche Dienste leisten. „Nur Gleichnisse können wir von dem machen, dessen wir um uns gewahr werden" (W. Wien). Nach Niels Bohr ist z. B. die Wellennatur des Lichtes „keineswegs eine Hypothese in des Wortes gewöhnlicher Bedeutung, sondern ein unentbehrliches Mittel zur Beschreibung der betrachteten Phänomene". „Auch die Chemie strebt zu konstruktiver Begriffsbildung hin ohne unmittelbare Abbildung des Wirklichen" (CASSIRER).

Weitgehende Differenzen bestehen heute noch in bezug auf die Frage, wieweit das mechanische Modell nicht nur zweckmäßig, sondern auch zwingend sei. Nach E. MAY ist das mechanische Bild „das einzig mögliche und zugleich naturgemäße Zwischenglied, das der begabte und objektverbundene Theoretiker in die Lücke hineinkonstruieren muß. — Anschauliche Bilder werden in den Hohlraum hineinkonstruiert, damit ist die Kontinuität der Anschauung gewährleistet." Ähnlich J. SCHULTZ: „Wer noch theoretisch philosophiert, will *restlos* begreifen — und dieses Wollen führt in seinen letzten Konsequenzen zu mechanistischen Konstruktionen. — Das Postulat eindeutiger und quantitativer Bestimmtheit der Folge durch die Ursache verwandelt die Welt in eine Art Maschine" (s. auch S. 91). Übereinstimmung herrscht indessen darüber: „Man soll nicht das Instrument mit der Welt verwechseln" (E. MAY). Auch H. DINGLER will Mechanik „als unvermeidliches wissenschaftliches Instrument, nicht aber als Metaphysik!" Schon NEWTON war sich der fiktiven Natur seiner „Anziehungskraft" bewußt, die er nicht als *Realität* verstanden haben wollte: es ist, als ob ... (s. Anm. 66). Das Gleiche gilt heute z. B. für „Elektronengas".

Es ist von größter Bedeutung, zwei Dinge deutlich auseinanderzuhalten:

A. Durch die wissenschaftliche Entwicklung überwunden ist die Meinung, daß sich alle Vorgänge in der Natur *adäquat* als Bewegungen von Körpern und Körperpunkten beschreiben lassen. Das war der Standpunkt der klassischen Mechanik und des „Allmechanismus", der auf die Dauer nicht festgehalten werden konnte. Ein anthropomorpher Irrtum ist es, wenn der Mensch glaubt, „die Wirkungsweise der Natur mittels einer Analogie zu dem Spiel seiner eigenen Muskeln und Sehnen begreifen zu können. Es hat sich herausgestellt, daß die Außenwelt von den vertrauten Begriffen des täglichen Lebens entfernter ist, als die Physik des 19. Jahrhunderts sich träumen ließ. — Materialistische Wissenschaft mit der Annahme, alles und jedes müsse in Raum und Zeit darstellbar sein, läuft der Lehre der jetzigen Physik zuwider" (JEANS). „Raum und Zeit haben ihre mechanistischen Eigenschaften als *Behälter der Formen* verloren, wie es nun auch den Inhalt Materie nicht mehr gibt" (J. PETZOLDT).

Demgemäß gibt es auf weiten Gebieten der Naturerkenntnis *kein einfaches Abbilden und Porträtieren;* geboten ist ein „Verzicht auf vollständige Kongruenz mit der Natur" (BOLTZMANN). „Die adäquate Erkenntnis des Wirklichen kann ihren Bedingungen zufolge nur eine *formale* sein. — Die Klage aber, daß durch die Wissenschaft die Welt in ein bloßes Rechenexempel verwandelt werde, ist töricht. Von allem, was nicht wir selbst für uns selbst sind, können wir nur formale Erfahrungen gewinnen, welche adäquat sind. — So schränkt der Grundsatz der Begreiflichkeit unsere Naturerkenntnis auf das Formale und Quantitative der Natur ein: Erhaltung des Gewichtes, Gesetze der konstanten und multiplen Proportionen sind numerisch bestimmte Kausalsätze, ebenso die Prinzipien der Mechanik. —

Es besteht keine Gleichung zwischen Sein und Denken, es kann eine solche nur zwischen der Form des Seins und der Denkform bestehen" (A. RIEHL). Aufgabe der Wissenschaft ist, „aus jeder unübersehbaren, heterogenen, qualitativen Mannigfaltigkeit der empirisch-wirklichen Anschauung eine übersehbare homogene, (mathematisch) quantitative Unendlichkeit zu machen. — Dem mathematischen Rechenprinzip haftet die Unvollkommenheit des Wortbegriffes nicht an; hier wird Zusammenhang und Ordnung selber als Form wiedergegeben" (H. RICKERT). [Siehe auch R. MAYERs Preisung der mathematischen Methode, S. 54 (184).]

B. Berechtigt ist, weil aus dem Denk- und Sprechzwang folgend, das Vorgehen, auch Zustände und Begebenheiten, die *nicht* als räumliche Konstellation und deren Veränderung in der Zeit unmittelbar gegeben sind, sich *fingierenderweise raumzeitlich*, d. h. vor allem in Form und als Resultat von Bewegung „*vorzustellen*" *und zu* „*veranschaulichen*" (schon diese Worte deuten die Versinnlichung und Veräußerlichung an, die jedem mechanistischen Fingieren anhaftet). Bewegung aber als Ortsveränderung im Raum kann sich zunächst nur auf unveränderliche Massenteilchen beziehen; sie ist schwerer vorstellbar für Zustände (Feldzustände) mit unscharfer Abgrenzung und stetigen Wandlungen.

„Wir können das Denken in Analogien aus unserem Geistesleben nicht verbannen. — Der Mensch kann gar nicht anders als anthropomorph vorstellen" (J. REINKE). „Der Mensch kann sich nicht selbst überspringen" (JASPERS). „Physikalische Gesetze sind symbolische Konstruktionen. Es gibt eine über der Physik stehende höhere Ordnung" (DUHEM).

Streng zu scheiden ist mithin der *dogmatische Standpunkt*, daß alle Naturvorgänge letzthin Bewegungen — womöglich nur gemäß Gesetzen der klassischen Mechanik — seien und nichts weiter, von dem *kritischen Standpunkt*, daß alle Naturvorgänge irgendwie — wenngleich fiktiv — als Bewegungen eines Dinges, eines Zustandes gedacht und vorgestellt werden können, ja müssen, wobei das eigentliche „innere Wesen" des Vorgangs unbestimmt bleibt; das gilt insbesondere für die Welt der Elektrizität, die Welt der Strahlung, die Welt der chemischen Affinität, die Welt des unendlich Kleinen, die Welt des Lebenden.

„Die Atome und ihre Wirkungen sind als solche unanschaulich und nicht durch entsprechende Atommodelle zu beschreiben; ein Modell gilt jeweils nur für eine bestimmte Eigenschaft" (FROMHERZ). Vor allem in dem Komplementarismus von „Welle" und „Korpuskel" (S. 114) ist somit die Voraussage von ERICH BECHER überraschend in Erfüllung gegangen: „Unter Umständen könnten zwei leistungsfähige, aber *miteinander unvereinbare* Theorien zugleich Anwendung finden." — „A priori spricht die Wahrscheinlichkeit dagegen, daß es gelingen könnte, uns anschauliche Bilder irgendwelcher Art von den Grundvorgängen der Natur zu machen" (JEANS). Angesichts solcher sprachbedingter Engen der Erkenntnis nimmt es nicht wunder, daß es verschiedenartige „physikalische Naturmodelle" gibt, gleichwie auch verschiedene „philosophische Weltmodelle" bestehen.

Nach HEISENBERG gilt: „Das Ziel der klassisch-physikalischen Forschung war die Feststellung einer objektiven, von unserm Wahrnehmungsvermögen unabhängigen raumzeitlichen Welt." Gegenüber der griechischen Wissenschaft mit ihren statischen Gesetzmäßigkeiten hat die Wissenschaft der Neuzeit gezeigt, daß in der uns umgebenden realen Welt nicht die geometrischen Formen das Bleibende sind, sondern die das Werden und Vergehen bestimmenden dynamischen Gesetze. Das Gesetz, „die mathematische Struktur", tritt als „formende Kraft" auf, z. B. beim Kristallisationsvorgang. „Während die antike Philosophie den Atomen der Elemente die regulären Körper zugeordnet hat, gehört zum Elementarteilchen der modernen Physik eine mathematische Gleichung. — Bestehen geblieben ist die große Pythagoräische Idee der Zahlenverhältnisse, der mathematisch faßbaren Ordnung, die die Empfindung der Harmonie begründet. Diese Entdeckung gehört zu den stärksten Impulsen menschlicher Wissenschaft überhaupt." Allgemein ist es so, „daß die mathematische Einfachheit als das oberste heuristische Prinzip bei der Auffindung der Naturgesetze in einem durch neue Experimente erschlossenen Gebiet gilt. — Für das Atom der modernen Physik sind alle Eigenschaften abgeleitet"; raumzeitliche wie sonstige Qualitäten „sind Äußerungsweisen eines in Raum und Zeit nicht mehr objektivierbaren Vorgangs. — Die Forderung nach Klarheit ... läßt sich unbedingt aufrechterhalten auch in einem Gebiet der Naturwissenschaft, in dem eine Objektivierbarkeit des Wahrgenommenen nicht mehr möglich ist. — Wenn von dem ‚Bleibenden' im Wandel der Erscheinungen gesprochen werden soll, so ist ‚bleibend' nur die mathematische Form, aber nicht die Substanz. — Es gibt aber dahinter noch ein unmittelbares Verstehen der Natur, das die mathematischen Strukturen unbewußt empfängt und im Geist nachbildet und das sich allen den Menschen erschließt, die zu einer innigeren, aufnehmenden Beziehung zur Natur bereit sind". (Siehe auch S. 118 über den Glauben an die sinngebende Kraft mathematischer Strukturen.)

Für das ganze *Gebiet der Lebenswissenschaften* gesellt sich zu den Vorstellungsschwierigkeiten in bezug auf das Gebiet des atomar Kleinen und des Ruhmasse-los Energetischen die neue Denkschwierigkeit, daß *das Leben, die Seele, selber eine Urtatsache* ist, die keine „Erklärung" finden kann. „Der Begriff des Lebens ist ein Mysterium" (A. v. Oettingen). „Das Leben läßt sich schlechterdings nur aus Leben erklären" (Novalis). Belebung weist auf Beseelung hin. „Wenn wir aber zugeben müssen, daß vor den seelischen Vorgängen die Grenze theoretischer Forschung liegt, so wird man weiter sagen, daß ein vollständiges Erkennen der Natur nicht möglich ist" (W. Wien). Hierzu auch Kroner: „Das mechanisch Unbegreifliche wird dadurch nicht begreiflicher, daß man es als entstanden denkt".

Praktisch sind *Physik und Chemie in gleicher Weise wie Biologie und Psychologie auf den Gebrauch mechanistischer Figmente als vermenschlichender Analogien angewiesen* (s. auch S. 108 ff.). In dieser Beziehung gilt: „Ein Vorgang erscheint erklärt, wenn ich ihn aus lauter mir im täglichen Leben unmittelbar geläufigen Teilvorgängen zusammengesetzt denken kann" (H. Dingler). „Wir wissen nur, insoweit wir machen. — Was ich begreife, das muß ich machen können — was ich begreifen will, machen lernen" (Novalis). „Erklärende Fiktionen haben die Tendenz, die Naturvorgänge auf Mechanik zurückzuführen" (J. Schultz). Denn: „Mechanische Kausalität ist die faßlichste von allen" (Schopenhauer). „Die Vernunft sieht nur ein, was sie selbst nach ihrem Entwurf hervorbringt" (Kant). „Jede wahre wissenschaftliche Induktion ist zugleich die Lösung einer gegebenen Aufgabe und ein Erzeugnis des dichtenden Geistes" (F. A. Lange).

Driesch hebt die „betrübliche Tatsache" hervor, daß „nur extensive Mannigfaltigkeiten, d. h. Mannigfaltigkeiten im Raum, uns in ihren letzten Einzelheiten kennbar sind. Psychologisch und biologisch handelt es sich aber um *intensive* Mannigfaltigkeiten".

Welche Rolle kommt dann der *mechanischen Kausalität* im heutigen dynamischen Weltbild zu? Sie bleibt (gleichwie die statistische Kausalität) in ihrem Bereiche durchaus bestehen, soll jedoch die Grenzen ihres Gebietes nicht überschreiten und keinen Anspruch auf Oberherrschaft oder gar Alleinherrschaft erheben.

Hierzu ein Beispiel: Freilich *bewegen* sich die Atome beim Reagieren einer Molekel mit einer anderen reaktionsfähigen; aber sie folgen dabei nicht der einfachen Gesetzlichkeit von Stab- und Zentralkräften der Mechanik, gemäß „Attraktion" nach gewissen Potenzen der Entfernung, sondern bestimmt und geführt durch *spezifische Ordnungsgesetze* (Elektronenschemata der Quantenphysik), so daß in Platzwechsel und Gruppierung ein entfernteres Atom leicht den Vorrang haben kann vor einem näher und „bequemer gelegenen". Die Sinnordnung einer komplizierten organischen Verbindung hat mit der Sinnordnung eines astronomischen Gebildes, z. B. eines Spiralnebels, zunächst nichts zu tun. Elementare Sinngesetze wie die chemischen geben dann die Grundlage für *Sinngesetze höherer Art*, die vor allem im Reich des Lebendigen zur Geltung kommen.

„Auf Vergleichen, Gleichen läßt sich wohl alles Erkennen, Wissen usw. zurückführen" (Novalis). Symbolisches Denken ist es auch, das nach Nicolaus von Cues schließlich den Weg zu Gott weist: es muß von der „Natur" ausgehen, um über sie zum Quell des Seins zu gelangen. „Unser Denken kann das Ewige nur im Spiegel des Zeitlichen sehen" (nach E. Hoffmann).

„Sich selbst nur sieht der Mensch im Spiegel der Natur,
Und was er sie befragt, das wiederholt sie nur." Rückert.

Neben der *Mechanisierung* gibt es noch eine *zweite Möglichkeit*, die Dinge und Vorgänge der Welt in Zusammenhang zu bringen und dadurch „verständlich" zu machen: *die Psychisierung*. Der Doppelnatur seines eigenen Wesens entsprechend ist der Mensch in der Lage, analogiemäßig alle Vorgänge in der Natur *in zweifacher Weise zu denken*: rein *äußerlich* als aus Bewegung entspringende neue Bewegung und so fort in alle Ewigkeit — das ist die Weise des mechanistischen Figmentes; oder *innerlich*, als Begebnisse, denen auch eine „Innerung", eine seelische Qualität, etwa eine Willensqualität (nach Schopenhauer) zukommt — das ist die Weise des *psychistischen Figmentes*. „Soll man sich das Geschehen der Natur vorstellen, so kann man das nur nach Analogie von Bekanntem; nach Analogie einer mechanischen Maschine oder nach Analogie von Seele und Geist, die uns ja auch vertraut sind" (Burkamp; ähnlich auch Nietzsche, Krieck u. a.). „Dem Als—Ob der Naturwissenschaft stellt die Metaphysik ein anderes Als—Ob gegenüber" (Riezler).

Es ist nun das Ergebnis der Wissenschaftsgeschichte der letzten Jahrhunderte, daß das *mechanistische Figment für Voraussage und praktisches Handeln fruchtbarer und wertvoller ist als das psychistische*, weshalb es auch der Alltagsarbeit mit Recht zukommt. Das soll nicht bedeuten, daß der strengen Wissenschaft psychistische Figmente, zumindest in Form metaphorisch-anthropistischer Analogie (meist voluntaristischer Art), ganz fremd wären. Wir erinnern an die Ausdrücke chemische „Verwandtschaft", chemische „Trägheit" (gegenüber „chemischer Bindung" als mechanistischem Figment), „Entscheidungen" des Elektrons, „Erinnerungsvermögen" kolloidaler Stoffe, „organisches Gedächtnis" u. dgl. m. (s. auch die telistischen Metaphern, S. 177). Erst in den Händen einer idealistischen Naturphilosophie — von Kepler über Schopenhauer und Fechner bis Schleich, Francé, Bier, Krieck u. a. m. — wandelt sich das psychistische Figment zur Realität (185). „Das Weltall, die Natur ist belebt und beseelt in allen Winkeln, heute noch und immerdar. Wenn wir es nicht zu sehen vermögen, so steht doch unser Leben darunter, und das Wenigste, was wirklich geschieht, geschieht aus dem Bewußtsein; wir werden gelebt von der Naturseele, von der Gattungsseele". (Dacqué: Das verlorene Paradies, 1938; s. auch Abschnitt 48.)

Für die harte und strenge Alltagsarbeit taugt jedoch derartige „Schwärmerei der Vernunft" so wenig wie eine Bescheidung mit dem Gedanken einer göttlichen Schöpfung. Hierzu sagt Kant: „Endlich müssen wir, nach einer wichtigen Maxime der Naturphilosphie, uns aller Erklärungen der Natureinrichtung, die aus dem Willen eines höchsten Wesens gezogen werden, enthalten, weil dieses nicht mehr Naturphilosophie ist, sondern ein Geständnis, daß es damit bei uns zu Ende gehe." Das Gleiche aber wird strenge Wissenschaft urteilen hinsichtlich eines immanenten „Willens in der Natur", von dem sein Hauptverfechter, Schopenhauer, selber sagt: „Man darf, statt eine physikalische Erklärung zu geben, sich so wenig auf die Objektivation des Willens berufen, als auf die Schöpferkraft Gottes."

Freilich hat jedes Geschehen, auch das anorganische, eine „Innenseite", eine „Innerung": diese aber können wir nicht eigentlich „verstehen", denn „wir stehen daselbst immer draußen"!

Wohl oder übel muß sich darum der Forscher mit dem Raum-Zeit-Symbol und oftmals sogar mit dem Zahlensymbol begnügen, wenn er auf eine Beherrschung der Natur ausgeht. Verzichtet er hiermit auf jeden Einblick in das tiefste *Wesen*, den eigentlichen „Kern" der Erscheinungen, so wächst doch dauernd der Einblick in die formalen *Zusammenhänge*. Es kann mithin, wie schon R. Mayers Beispiel zeigt, das Gefühl der Bewunderung und Ehrfurcht dem Naturganzen gegenüber — oder dem, was noch „darüber steht" — durch dauernd vorgetriebene Naturwissenschaft nicht beeinträchtigt, sondern nur verstärkt und vertieft werden.

„Das *Gesetz des Gegenstandes* liegt unerbittlich über der Wissenschaft . . .; die Grenzen der naturwissenschaftlichen Erkenntnis fallen zusammen mit den Grenzen des naturwissenschaftlichen Gegenstandsbereiches. Das *Woher* der Naturdinge zu erklären, das muß die Naturwissenschaft der Weltanschauung überlassen" (Aloys Müller).

Wir verzeichnen schließlich noch eine Anzahl Stimmen aus verschiedenen Lagern über *Wesen und Grenzen der Naturerkenntnis*, Stimmen, die mehr oder weniger im Einklang mit R. MAYERs Stellungnahme stehen: bescheidene Zurückhaltung und Demut, gepaart mit hoffnungsfreudiger Zuversicht, d. h. mit „der Überzeugung, daß die Erweiterung unseres Erfahrungsbereiches immer neue Harmonien ans Licht bringen wird" (HEISENBERG).

KANT: „Was die Dinge an sich sein mögen, weiß ich nicht und brauche es nicht zu wissen, weil mir doch niemals ein Ding anders als in der Erscheinung vorkommen kann." SCHOPENHAUER: „Die Qualität jedes anorganischen Körpers ist ebenso geheimnisvoll wie das Leben im Lebendigen." LOTHAR MEYER: „Unsere Vorstellungen werden niemals mit dem Wesen der Dinge identisch sich decken, aber sie können denselben mehr und mehr sich nähern." POINCARÉ: „Was die Wissenschaft erreichen kann, ist nicht die Wirklichkeit der Welt, sondern es sind einzig die Beziehungen zwischen den Dingen. — Wenn also eine wissenschaftliche Theorie den Anspruch erhebt, uns zu lehren, was die Wärme oder die Elektrizität oder das Leben sei, so ist sie von vornherein verurteilt; alles, was sie uns geben kann, ist nur ein grobes Bild." HELMHOLTZ: „Es kann gar keinen möglichen Sinn haben, von einer anderen Wahrheit unserer Vorstellungen zu sprechen als von einer praktischen. Unsere Vorstellungen von den Dingen können gar nichts anders sein als Symbole, welche wir zur Regelung unserer Bewegungen und Handlungen benutzen lernen." NIETZSCHE: „Es dämmert, daß Physik auch nur eine Welt-Auslegung und Zurechtlegung und nicht eine Welt-Erklärung ist." LOTZE: „Die Physik gebraucht ein Formelspiel, das überall sich hütet, ein Präjudiz über die wahre Natur des Realen zu fällen. — Hier scheiden sich die Wege der Naturphilosophie und die Physik. Die Physik spricht nicht von der inneren Natur der Dinge ...". GRILLPARZER: „Unser Erklären der Natur besteht darin, daß wir ein *selten* vorkommendes Unverständliches auf ein *oft* vorkommendes, aber ebenso Unverständliches zurückführen." FR. A. LANGE: „Die menschliche Erkenntnis stellt sich uns als eine kleine Insel dar in dem ungeheuren Ozean möglicher Erkenntnis. So werden wir mit dem Fortschritt der Wissenschaft immer sicherer in der Kenntnis der *Beziehungen* der Dinge und immer unsicherer über das Subjekt dieser Beziehungen. — Das Naturerkennen wäre dann eben nur ein Analogon des wahren Erkennens." MACH: „Die Inkongruenz zwischen Denken und Erfahrung wird also fortbestehen, solange beide nebeneinander hergehen; sie wird nur stetig vermindert. — Denn ein *anderes* Verstehen, als Beherrschung des Tatsächlichen in Gedanken, hat es nie gegeben." JASPERS: „Sachkenntnis ist nicht Seinskenntnis und vermag keine Ziele für das Leben zu geben." K. LAMPRECHT spricht von dem „urgermanischen Wohlgefühl der Unfaßbarkeit des Erhabenen".

W. WIEN: „Die Wirklichkeit selbst bleibt uns unbekannt. Wir können uns nur mit Hilfe unserer Verstandeskräfte Bilder von ihr machen, die von der Art sein müssen, daß die logischen Forderungen aus unseren Theorien mit dem Ablauf der Wirklichkeit übereinstimmen. Dann haben wir die Natur begriffen." W. GERLACH: „Wir arbeiten mit den zwar unverstandenen, aber in jeder Weise experimentell handhabbaren Dingen weiter" (186). Nach P. JORDAN ziemt eine „radikale Bescheidung" hinsichtlich des Wunsches nach einem „Eindringen in den Wesenskern der physikalischen Naturvorgänge unter Abstreifung aller Hüllen des äußeren Scheines". Dazu auch RUBNER: „Wie weit die Grenzen unseres Erkennens einstmals reichen werden, können wir nicht sagen." Nach PLANCK „herrscht in allen Vorgängen der Natur eine universale, uns bis zu einem gewissen Grade erkennbare Gesetzlichkeit". J. Reinke vertritt eine „Berechtigung des Denkens bis in die metaphysische Sphäre hinein", mit der Aussicht auf zunehmende Teilerkenntnisse. „Daß wir einen Teil der Natur zu begreifen vermögen, unterliegt keinem Zweifel." Jedoch: „Ich weiß nicht, woher wir den Rechtstitel nehmen sollen, daß die ganze Natur für uns begreiflich sei." Gebbing: „Man gerät schließlich an die Klosterpforte der Erkenntnis, daß die ganze wissenschaftliche Erkenntnis im Vertrauen wurzelt." Rohracher: „In Wahrheit glaubt auch der Wissenschaftler seinem Gefühl mehr als seinen rationalen Erkenntnissen."

Sommerfeld: „Ich bin überzeugt, daß jede Naturforschung ... immer etwas, freilich nicht zu viel, über die unmittelbare Wahrnehmung hinausgehen muß"; eine völlige Ausschaltung derartiger „metaphysischer Elemente" wäre „in höchstem Grade unphysikalisch und unökonomisch. — Die Natur scheint zurückzuweichen, wo wir sie naiv zu fassen glaubten, aber nur um uns anzuspornen, ihre Gesetze in immer schönere, mathematisch vollkommenere Form zu gießen" (s. weiterhin Heisenberg, Jeans, de Broglie u. a.). Driesch: „Es gibt unzählige sinnvolle Fragen, aber nur wenige davon kann man beantworten." Vor allem auch: „Das Problem des Einen und des Vielen — das Problem der Probleme im Rahmen alles Lebendigen. Absolute Wahrheitserreichung? Nur geglaubt kann sie werden auf dem Boden des Vertrauens." — „Die Wissenschaft: eine seltene, wunderbare Blume auf dem Boden des Mysteriums, ja ... selbst Mysterium" (Chr. Morgenstern). „Der Geist bleibt ewig gleich und ewig unerforschlich" (Buttersack).

Ungerer: „Die letzten Möglichkeiten der Wirklichkeitsdeutung sind nicht beweisbar." Eddington: „Im mystischen Fühlen erfassen wir die Wahrheit von innen." Krieck: „Notwendig ist der Anthropomorphismus und der psychische Mythos des Weltbildes — auch in der Wissenschaft mit ihren Begriffsmythen an Stelle der Bildermythen." Burkamp: „Wir wollen nicht in Bewunderung der Ganzheitsbezogenheit schwelgen, sondern den Zusammenhang begreifen. — Die Wirklichkeit wird sich auch hier reicher denn unsere Phantasie erweisen. Im tiefsten Sinne ist auch reinste Wissenschaft tatsächlich Mythos." Miksch: „Es könnte die Vorstellung entstehen, man werde eines Tages mit einem n-dimensionalen Fernrohr gewissermaßen den lieben Gott zu sehen bekommen. — Die Welt der Religion aber steht jenseits der Erscheinung." Fechner: „Das Höchste, Beste geht bei Zerfällung verloren. — Alles Allgemeinste, Höchste, Letzte, Fernste, Feinste, Tiefste ist überhaupt seiner und unserer Natur nach Glaubenssache." Eine „Wesenswissenschaft" oder eidetische *Wissenschaft* (nach Husserl), durch reine Intuition gewonnen, ist ein bloßer Wunschtraum (s. hierzu auch Burkamp über Erkenntnis durch Wesensschau). Nur in formaler Beziehung kann der Satz gelten: „Die Bilder, die in der Wissenschaft gewonnen werden, haben ihren Sinn und Wert eben darin, daß sie, wie Hertz sagt, ‚adäquat‘ sind" (Windelband). Oder wäre die neue Physik wirklich (nach E. Schneider) „bis zum Markstein der Schöpfung vorgedrungen"?

Dem *erkenntnistheoretischen Komplementarismus von skeptischer Zurückhaltung und froher Zuversicht* (Mut für „das Abenteuer des Geistes" nach Glockner) hat schon R. Mayer deutlichen Ausdruck gegeben. Einerseits: „Die Wahrheit ist ja an und für sich ewig, und das Ewige läßt sich nicht definieren und auch nicht beweisen." Andererseits aber der selbstbewußte und so ganz unpragmatische oder überpragmatische Satz: „Was subjektiv richtig gedacht ist, ist auch objektiv wahr!" Es gibt eine Art Harmonie zwischen schärfstem Denken und kosmischem

Sein, höchster Erkenntnis und Wirklichkeit, da der Menschengeist selber ein Stück der Natur ist, die Natur selber in ihm wirkt.

Nach PLATO wohnen dieselben Ideen der Seele und dem Kosmos inne; den Pythagoräern erschienen die Prinzipien der Zahlen zugleich als Prinzipien der Dinge. Für KANT gilt: „Die Bedingungen der Möglichkeit der Erfahrung überhaupt sind zugleich Bedingungen der Möglichkeit der Gegenstände der Erfahrung"; Erkenntnisprinzipien sind also zugleich „Gegenstandsprinzipien" (N. HARTMANN).

„Unser Denken steht nicht außerhalb der Wirklichkeit, sondern gehört zu ihr und ist in ihr enthalten. *Darauf* beruht die Übereinstimmung" (B. VON KERN). Auch für Kausalordnung wird gelten, was KRÖNIG von Raum und Zeit als Anschauungsordnung sagt: „Daß diese Formen erstens den Dingen angehören, zweitens aber auch dem denkenden Geiste, ist ein neues Beispiel der unzähligen wunderbaren Anpassungen, die uns in der Natur überall entgegentreten."

Was dem Denken am einfachsten, befriedigendsten, zweckmäßigsten und *sinnvollsten* erscheint, wird der objektiven Wahrheit und Wirklichkeit der Welt am nächsten kommen. „Wieviel Schein, soviel Hindeutung auf Sein" (HERBART). „In der Wissenschaft gibt es auf die Dauer nur ‚richtig' und ‚falsch'; für subjektive Deutung ist in ihr kein Raum" (HEISENBERG). Es klingt an R. MAYER an, wenn es bei WINDELBAND heißt: „Die Wahrheit an sich gilt zeitlos: unser Erfassen der Wahrheit ist ein zeitlicher Akt des Willens. — Die Wahrheit stammt nicht aus dem Willen, sondern aus den Sachen selbst."

GOETHE: „Wir tappen alle in Geheimnissen und Wundern. Es gibt in der Natur ein Zugängliches und ein Unzugängliches. Dieses unterscheide und bedenke man wohl und habe Respekt. Der Mensch ist nicht geboren, das Problem der Welt zu lösen, wohl aber zu suchen, wo das Problem angeht, um sich dann in den Grenzen des Begreiflichen zu halten." Und doch: „Der Mensch muß bei dem Glauben verharren, daß das Unbegreifliche begreiflich sei; er würde sonst nicht forschen."

RIEZLER: „So hinterlassen die Kategorien unseres Verstandes eine von uns bezwungene, eine immer noch zu bezwingende und fortschreitend bezwingbare und eine ewig unbezwingbare Welt. — Natur und Geist, Sein und Sollen, reichen sich, wenn nirgends sonst, zum mindesten im Menschen die Hand."

48. Der Kausalbegriff in Naturphilosophie und Metaphysik; Wiedererscheinen des personalen Kausalbegriffes auf höherer Ebene: Metapsychik.

> „Die Metaphysik ist dazu da, uns das Leben lebenswert zu machen und es in seiner Intensität zu steigern." VAIHINGER.
>
> „Das Formprinzip der natürlichen Dinge und zugleich das Grundwesen der Seele ist das Licht. Das geistige Licht erleuchtet alle Dinge." MIGUEL SERVETO.

Es sind durchweg R. MAYERsche Gedanken gewesen, die wir weiterverfolgt haben, und zwar auch da, wo sein Strom nur unterirdisch weiterfloß, wie bei „Ganzheitskausalität" und der Wirksamkeit des Unbewußten. Seinem Vorbild folgend, scheuen wir uns auch nicht, *Grenz-*

fragen aufzuwerfen, die, streng positivistisch gesehen, „sinnleere" Probleme anrühren und insofern „verbotene Wege" darstellen. Ziel ist eine *Sinndeutung der Welt*, und sei sie lediglich eine Deutung in Symbolen. Wir beachten dabei auch einen Ausspruch von Mayers Zeitgenossen Friedrich Albert Lange, der da sagt: „Der Fisch kann nur im Wasser schwimmen, nicht in der Erde; aber er kann doch mit dem Kopfe gegen Boden und Wände anstoßen" (187).

Die Zwiespältigkeit aller Versuche einer denkenden Bewältigung der Welt, die schon in R. Mayers dualem Kausalbegriff einen gewissen Ausdruck erlangt, die sich in der Gegensätzlichkeit des intransitiv-verbalen und des aktiv-personalen Kausalbegriffes (Geschehen und Tun) offenbart, und die schließlich bis in das schwierige psychophysische Problem hinein ragt, läßt eine *Trennung naturwissenschaftlicher und naturphilosophischer bzw. metaphysischer Kausalbetrachtung* angezeigt erscheinen. Herrscht in der Kausalforschung strenger Naturwissenschaft das mechanistische Figment, das Verlangen nach einer Beschreibung in Wortzeichen von raumzeitlicher Bedeutung, das Streben nach formalem Beziehungstum, so gewinnt *in der Naturphilosophie leicht das psychistische Figment die Oberhand, hinauslaufend auf eine Sinndeutung unter der Annahme seelischer Führung.* Fechners „Tagesansicht" der Natur läßt sich demgemäß fortsetzen und ergänzen zu einer Sonntagsansicht, einer *Feiertagsansicht*, die von derjenigen des Alltags verschieden und gleichwohl mit ihr verträglich und vereinbar ist: „eine primär leuchtende, tönende, denkende und schaffende Welt" (Feyerabend) (188).

Der Naturforscher hat kein Recht, es dem Metaphysiker als „müßig" oder „unwissenschaftlich" zu verwehren, daß er den Schlüssel zum erreichbaren Verständnis der äußeren Erscheinungen in seinem eigenen Innern sucht und die sichtbaren Veränderungen der Natur als „Kraftäußerungen" eines unsichtbaren Geistes oder als Wirkungen eines universellen Willens auffaßt. „Der Naturphilosophie bleibt es unbenommen, so viel Innerlichkeit und so viel lebendige, selbst geistige Realität anzunehmen, als es ihr nötig erscheint. — Das Füreinander begründet das Nebeneinander; folgeweise muß auch die Bewegung als von einem inneren Geschehen abhängig und die mechanische Wirkung ebenfalls als die Erscheinungsform einer Gemeinschaft und wechselweisen Bestimmung der inneren Zustände gedacht werden. Die denkende Seele ist ein Teil vom Weltganzen. — Alle Realität ist Geistigkeit" (Lotze). „Die Physiologie zeigt uns das Wirken des Geistes in der Körperwelt" (Ernst Heinrich Weber).

„Die Vorgänge, die sich in unserem Geiste ereignen, sind ein Teil des Ablaufes der Natur, und wir wissen nichts davon, daß die Geschehnisse, die sich anderswo zutragen, von diesen prinzipiell verschieden seien" (Bertrand Russell). „Für den gegenwärtigen Forscher ist die Natur nicht mehr etwas radikal von ihm Geschiedenes; die ganze Natur läuft mit uns mit" (Jeans).

Wissenschaftliche und metaphysische, empirische und transzendente Naturbetrachtung müssen kausal ungleich vorgehen und werden schließlich doch zusammentreffen: „Die Ätiologie der Natur und die Philosophie der Natur tun einander nie Abbruch, sondern gehen neben einander, den selben Gegenstand aus verschiedenem ₐGesichtspunkte betrachtend. — Aus dir sollst du die Natur verstehen, nicht dich aus der Natur. — Führen wir daher den Begriff der *Kraft* auf den des *Willens* zurück, so haben wir in der Tat ein Unbekannteres auf ein unendlich Bekannteres, ja auf das einzige Bekannte zurückgeführt. — Der Wille ist die Kraft" (SCHOPENHAUER).

Wie SCHOPENHAUER hier erkennen läßt, hat sich eine *voluntaristische Richtung der Metaphysik der Natur* nur entfalten können auf Grund einer an LEIBNIZ anschließenden *dynamischen Naturauffassung*, die eine *Verknüpfung des Geschehens vermöge bestimmter Kraftbeziehungen* vornimmt. Dabei ist notwendig der Begriff eines „ruhenden Seins" zurückgetreten. Kann sich doch das, was auf höherer Stufe der Komplikation als konstant bleibendes „Individuum" erscheint, auf niederer Stufe in lauteres Geschehen wandeln; man denke an das Atom des praktischen Chemikers gegen das Atom des Atomphysikers. „Das Etwas, was unsere Welt von dem Nichts unterscheidet, ist zugleich Sein und Geschehen, Materie und Energie" (BAVINK) (s. auch S. 119).

Sieht man genau zu, so zeigt sich, wie der von der strengen physikalischen Wissenschaft mit ihrer Betonung des *Geschehens* beiseite geschobene *personale Ursachbegriff* des *Bewirkens*, zumindest metaphysisch, immer wieder zum Vorschein kommt. Man mag ihn hundertmal ausgetrieben haben, und er wird hundertmal in irgendwelcher Verkleidung wieder einschlüpfen: als Archäus, Anima und Pneuma, als Entelechie, als höhere Führung, als Planung (Planfassung und Planverwirklichung) und Sinngebung, als Logos (s. R. MAYER, S. 76). Faustischer Forschergeist kehrt sich letzthin nicht an positivistische und pragmatische Verbote; er begnügt sich nicht mit reinem „Beziehungstum" und „operativem Gehaben"; er möchte auch wissen, was als „*Sinn*" dahinter steht. „Sinn ist das, wodurch und wofür etwas da ist" (FRIEDERICHS). Sinnforschung beginnt demgemäß an dem Punkte, da, um mit SCHOPENHAUER zu reden, „die ätiologische Erklärung zu Ende ist und die metaphysische anfängt". *„Kausalität" als Gesetz des Geschehens in der Natur wandelt sich metaphysisch mehr und mehr um in den Gedanken der „Aktivität", d. h. eines Wirkens in der Natur, eines Bewirkens in der Natur, ja schließlich der Betätigung eines „Willens" in der Natur (oder auch „über der Natur").* R. MAYER und SCHOPENHAUER können demgemäß auf höherer Ebene zusammentreffen. Erscheint es auch „ganz unmöglich, den physikalischen Energiebegriff dem SCHOPENHAUERschen Willen gleichzusetzen" (TRENDELENBURG), so gilt doch andererseits: „Damit etwas geschieht, muß freie Energie vorhanden sein, und alles Geschehen besteht in einer Verminderung der freien Energie" (OSTWALD). Freilich ist Energie gemäß R. MAYER zunächst nur eine Rechengröße und nicht mehr; metaphysisch gewinnt jedoch die Gleichsetzung Energie = Arbeitsfähigkeit und Arbeitsleistung realen Sinn, als Hinweis auf *ein Wirken* *in der Natur*, das wir nur nach Analogie des menschlichen Wirkens denken können.

In der Entwicklung der Wissenschaft hatte sich der personale Kausalbegriff primitiver Naturanschauung immer mehr verflüchtigt; an seine Stelle war ein unpersönliches Beziehungstum getreten, für das schließlich „kausal" = „modal" (O. Hertwig) wurde. Der Begriff der *Auslösung*, der A.K. aber, der in der Wissenschaft selber erstanden ist, mußte in seiner zielbewußten Weiterverfolgung zu *voluntaristischer und schließlich auch zu entelechialer Kausalität, also zu einer Art kritisch geläuterter personaler Kausalität zurückführen:* der Kreis ist geschlossen.

Im Aufwerfen und Ausdenken des *personalen Kausalbegriffs einer spekulativen Metaphysik* kehrt gewissermaßen die Neugierde des Kindes auf höherer Stufe wieder, mit seinen Kettenfragen bis zum „letzten Grund" der Dinge und damit auch nach dem höchsten Sinn: Fragen, die aus Gemütsbedürfnissen entspringen und darum unabweisbar sind. Es heißt dann in den Antworten nicht mehr ausschließlich: es *geschieht*, sondern auch: es *wirkt*, es schafft, es bildet, es gestaltet und entwickelt. (Der jeweilige Übergang des „Es" zum „Er" und zum „Ich" ist freilich ein großes Mysterium.)

Der *personale Kausalbegriff der Naturphilosophie:* das Wirken der Entelechie, des Archäus, der Horme (Chr. H. Weisse, Monakow), des Logos wird schließlich in Mystik, in Religion auslaufen. Ein gesunder Anthropismus im Denken über Lebens-Innerlichkeit, über eine Welt-Entelechie ist gewiß erfreulicher als leere Spekulation über Abstrakta, z. B. über „das Absolute" (189). So mag sich schließlich das neutrale „Es" — das vom Positivismus vielleicht gerade noch zugelassen wird — wandeln in das theistisch klingende „Er" einer Allpersönlichkeit als umfassender Weltmonade (Leibniz, Lotze). Kann denn das allbewirkende Ganze weniger „Persönlichkeit" sein als irgendeines seiner Teile?

„Die Kreatur ist das Aufzeigen des Schöpfers selbst, der sich begrenzend erweist, oder des Lichtes, das Gott selbst ist und sich selbst zur Erscheinung bringt" (Cusanus). „Für das Dasein der Organismen kann die Wissenschaft keinen anderen Grund angeben als den Willen eines Schöpfers" (Lord Kelvin). „Die letzten Gründe der Erscheinungen finden wir nicht in der physischen Sphäre. — Die Induktion auf Gott ist näherliegend als die Induktion auf den Zufall" (J. Reinke). „Der Begriff des Göttlichen ist heute auch wieder aus dem Munde von Naturforschern zu vernehmen. Gerade die, die die Naturgesetze erforschen, haben erkannt, daß die Gesetze *sinnvoll* für den Kosmos wie für das Leben sind" (W. Kolle). „Wir müssen uns frei machen von jenem Materialismus, welcher an der Welt nur anerkennen will, was die Sinne uns zeigen. Hinter der Welt, die wir schauen, liegt eine andere Welt, deren Wirken wir wohl empfinden, für deren Erkenntnis wir aber nur sehr unvollkommen ausgestattet sind" (Wiechert). „Wir suchen Gott im Grunde der Naturgesetze, wie in der ehrfurchtsvollen Stimmung eines nach diesen Gesetzen sich richtenden Gemütes" (A. Riehl).

Der verschiedenartigen Gestaltung und Offenbarung seelischen Lebens entsprechend, bildet bei den verschiedenen *metaphysischen Sinndeutungen des Wirkens in der Natur* bald der *Lebensbegriff*, bald der Begriff der *Seele*, des *Geistes* oder (besonders oft seit Schopenhauer) *des Willens* den Ausgangspunkt: hier überall entfaltet sich *„Kausalität von innen"*, die Analogieschlüsse auch auf solche Gestaltungen der Natur nahelegt, an denen Leben, Seele, Geist, Wille nicht unmittelbar sichtbar wird. So ergeben sich metaphysisch Allbelebung, Allbeseelung, Allvergeistigung, Allbewillung. Nicht „Ursache und Wirkung" steht dann im Vordergrund, sondern „Motiv und Handlung" (A. BIER).

Sämtliche Darstellungen des *Wirkens in der Natur* oder auch *Wirkens der Natur* — statt bloßen Geschehens in der Natur — haben das Gemeinsame, daß dabei die Grundbegriffe Leben, Seele, Geist, Phantasie, Wille über ihren ursprünglichen logischen Inhalt hinaus ins Unbestimmte erweitert werden; ahnendes Gefühl muß in die Bresche springen, logisch Unerreichbares ersetzen. Im einzelnen finden sich bei der Zuerteilung jener Attribute an die Natur mitunter scharfe Scheidungen, in anderen Fällen unklare Übergänge. Wir führen einige derartiger Ansprüche an, nochmals betonend, daß es sich hier nicht mehr um wissenschaftliche Erkenntnis, sondern um Versuche metaphysischer Sinndeutung handelt.

All-Leben: „Erde, Planeten, Fixsterne gehören einem in sich homogenen Weltleib an. Adlig (nobilis) wie der gesamte Weltleib ist auch unsere Erde" (NICOLAUS VON CUES). Weiterhin LEIBNIZ: „Ich erkenne wirklich die in der ganzen Natur verbreiteten und unvergänglichen Lebensprinzipien an. Die ganze Natur ist voller Leben. — Daher gibt es nichts Unbewohntes, nichts Unfruchtbares, nichts Totes im Universum." Für KIELMEYER, ALEXANDER V. HUMBOLDT, die Romantiker, V. BUNGE ist wie für PARACELSUS die Natur ein lebendes Ganzes, ein Organismus. „Alles strebt und wirkt weiter" (HERDER). Nach A. VON HUMBOLDT ist die Natur „ein durch innere Kräfte bewegtes und belebtes Ganzes".

SCHMALFUSS findet „dunklen Lebensdrang" schon in chemischen Stoffen und „Planung" bereits in niederen Stoffrängen. „Die Grenze zwischen Lebewesen und Lebedingen schwindet." Leben im allgemeinen Sinne einer „Innerung" wird auch gemeint sein, wenn z. B. AMPFERER über die Sonne sagt, daß „die Oberfläche dieser feurig wogenden Kugel zu dem Lebendigsten gehört, was uns der Weltraum zu schauen gestattet", und wenn demgemäß weiterhin von dem lebendigen Leib der Erde und von dem „glühend lebendigen Erdinnern" samt den „Unregelmäßigkeiten eines reichen Innenlebens" die Rede ist (Natur und Volk 1939). Nach BLEULER sind Naturfarben „Ausdruck der Lebensfreude". SCHELER spricht von einem „ekstatischen Gefühlsdrang der Pflanze". KRIECK: „Es gibt überhaupt keine tote Natur. Alles Mechanische ist zuletzt ein Lebendiges. — Leben der einzelnen Gestalt kommt her aus ewigem All-Leben und kehrt ins ewige Leben wieder ein." Und GOETHE: „Die Natur hat kein System; sie hat, sie ist Leben aus einem unbekannten Zentrum, zu einer nicht erkennbaren Grenze."

Nach KLAGES lautet „die Frage nach der sogenannten Entstehung des Lebens auf Erden *nicht*: Wie wurde aus totem Stoff ein lebendes Plasma, sondern sie lautet: Wie wurde das Leben der Erde zum Zellenleben"?.

All-Seele. Nach PARACELSUS haben alle Dinge einen „spiritus"; im Organismus waltet ein heimlicher „Chimist" oder Archeus; KEPLER kennt „spiritus rectores" der Planeten: „Die Planeten müssen Bewußtsein besitzen, *Erkenntnis*, um ihre elliptischen Bahnen so richtig zu treffen"; die Erdseele (anima terrae, mit einer *facultas formatrix*) muß von der Konstellation der Himmelskörper eine bestimmte Empfindung haben. Nach STAHL lebt die Seele nicht nur im Bewußtsein, sondern auch im Vegetativen: sie umfaßt

Logos und Archeus. Nach Goethe ruft das Licht sich sein Organ hervor — „daß es seinesgleichen werde, und so bildet sich das Auge am Lichte fürs Licht, damit das innere Licht dem äußeren entgegentrete". (Ähnlich schon Kepler: „Darum ist das Auge so beschaffen, weil der Geist ein solcher ist, nicht umgekehrt.") John Herschel schreibt den wandelnden Himmelskörpern eine Art Bewußtheit zu.

„Alles im Universum ist beseelt" (Schelling). „Keine Materie der nicht ein inneres Dasein entspräche" (H. Ritter; vgl. auch E. Haeckels Atomseelen, Kristallseelen, Zellseelen). „Der Geist hat Sinne. Die Materie hat Seelen. — Jeder durchsichtige Körper ist in einem höheren Zustande — er scheint eine Art des Bewußtseins zu haben. — Ist das Leben der Planeten etwas anderes als Sonnendienst? Nur der Geist sieht, hört und fühlt. — Geist ist ein lauteres Wirken. — Ich finde meinen Körper durch sich und die Weltseele zugleich bestimmt und wirksam" (Novalis). „Physis ist die Darleibung der Weltseele" (C. G. Carus). „Der Leib der physischen Dinge ist so restlos durchseelt worden, daß er als solcher nirgends mehr nachweisbar ist." Physis ist „diejenige Darleibung der Weltseele, die so viel Seele wie irgend möglich von sich abgestreift hat" (Adolf Meyer). „Richtig und wertvoll" ist, wie Lotze sagt, der Satz, „daß alle Naturereignisse aus *inneren Zuständen* der Wesen und nicht, nach gewöhnlicher mechanistischer Annahme, aus bloßen Änderungen der Relationen zwischen ganz unveränderlichen Atomen entspringen". Dazu noch: „Organisation ist für die Seele ein einschränkendes Prinzip." — „Alles ist nicht es selbst" (Rilke).

In die „gottbeseelte Natur" und deren schöpferisches Walten gehört nach Fechner auch die Pflanze hinein (190). „Die Pflanze lebt, während der Stein schläft, ... sie träumt Bilder" ... (K. C. Schneider). „Die Pflanze ist ein empfindendes Lebewesen" (Bose). Allenthalben wirkt „psychische Gesetzmäßigkeit" (Francé). Marais spricht von einer „Gruppenseele", z. B. in einem Termitenstaat mit der Königin als Hirn und der „Leibwache" als Nerven: „Gibt es vielleicht auch eine Art Gruppenseele über und jenseit der Natur, die alle Naturerscheinungen beherrscht und alle Vorgänge einem Ziele zuführt?" — „Das Seelische der Natur setzt sich im Seelischen der Kultur fort" (A. Wagner).

All-Wille. Der Grund der Natur ist „eine beständige Begierde, ein unablässiges Suchen, eine ewige nie gestillte Sehnsucht zu sein" (Schelling). Raoult Richter vertritt wie Schopenhauer, Wundt und zahlreiche andere Philosophen die „voluntaristische Hypothese, welche in den letzten Elementen des Wirklichen geistähnliche Aktualitäten erblickt, deren substantielles Wesen sich in den tätigen Vorgängen selbst erschöpft". „Nur Willensakte lassen sich nachlebend verstehen" (J. Schultz). „Auch im Anorganischen ist etwas einem Willen Analoges. — Die anziehenden und abstoßenden Kräfte treten uns nur durch den Vergleich mit dem *Willen* nahe"; man kann sie „auch als Absichten der Natur auffassen" (Mach). „Kraft ist ein von außen erschlossener Wille, der Wille eine von innen gesehene Kraft. — Naturkräfte sind Willensmächte" (E. v. Hartmann); Dominanten sind „heimliche Mitspieler hinter den Schranken unserer Sinne" (Reinke). Die Natur wird dann zu einem „Stufenreich von elementaren und höheren Willensträgern" (E. Becher, A. Wenzl u. a.) mit einem Gesamtplan von verborgenem Sinn. „Im elementaren Wirkungsquantum manifestiert sich der Wille der Photonen" (K. Wagner). „Wir müssen den Versuch machen, die Willenskausalität als die einzige zu setzen" (Nietzsche). Dieser Wille der Welt, der „Wille zur Macht" ist (nach Dehmel) auch „ein Wille zur Steigerung und Hebung der Lebenswerte". „Die Welt als Tat" (Kirchhoff). „Für Goethe war die Natur ein schöpferisches Ganzes, das gleicherweise Steine und Pflanzen, Tier und Mensch hervorbringt" (Waaser).

Schopenhauer: „Wo wir einer ersten Kraft inne werden, sind wir genötigt, ihr inneres Wesen als Willen zu denken. Auch ist allerdings der Wille das Zentrum, ja, und der Kern der Welt". Dabei muß aber beachtet werden, daß „der Begriff Wille eine größere Ausdehnung erhält als er bisher hatte"; der „vom Erkennen geleitete" und „nach Motiven sich äußernde Wille" ist „nur die deutlichste Erscheinung des Willens". „Was sich entwickelt hat, ist von der Natur gewollt (Rohracher). „Überall, auf allen Stufen, ist alles *zugleich* Wille und Kraft" (Noirè). „Der Organismus ist seinem tiefsten Wesen nach *Wille* und Handlung" (A. Meyer). Die Welt ist „Leben und Wille zum Leben" (A. Schweitzer).

All-Geist. „Die übergeordnete Potenz ist der lebendige Geist" (Schelling). Übersteigert bei Hegel: „Die Natur erzeugt sich durch das Denken aus dem Nichts" (191). Die „Ursachen der Veränderungen liegen in einem fortschreitenden Denkprozeß der Erdseele" (Riemann). „Die ganze Natur wirkt vernünftig, die ganze Natur ist vernünftig" (K. E. v. Baer). „Geist im Sinne von Immaterialität ist das wirkliche Sein. Stoff ist bloß Erscheinungsform. — Alles im Universum kann sich gegenseitig beeinflussen, weil im Grunde alles immateriell ist. Die Vernunft ist ein Naturwirken, das Formen schafft"; es besteht „ein Vernunftcharakter des organischen Geschehens, trotz aller Disharmonien der Welt" (A. Wagner). Die Weltseele ist zugleich „kosmische Vernunft" (Krönig). „Ist nicht ‚Kraft' etwas, was uns unmittelbar geistig vertraut ist, und dokumentiert das nicht, daß selbst das Anorganische letzten Endes geistiger Herkunft sein muß?" (Burkamp). „Intelligenz und Energie sind die bewegenden Kräfte der Welt" (Reinke); es gibt „geistige Ordnungsmächte" in der Natur (K. Groos). Ist doch „das Denken selbst ein Naturvorgang" (A. Riehl).

„Wie könnten Denken denn und Seyn verschieden seyn?
Was in dir denket, ist, denn Denken ist dein Seyn." Rückert.

Nach Krönig ist es „durchaus nicht undenkbar, daß der Träger der Wärme-, Licht- und chemischen Strahlen, der Äther, den Körper eines intelligenten Wesens bilden kann. Ähnlich erscheint K. Groos „der universelle Seelengrund immateriell, aber ausgedehnt und nicht zeitlos". Darin waltet „ein um seine Ziele wissendes Weltprinzip. Die Welt, trotz allem, ein sinnerfülltes Ganzes". Pichler: „Der Metaphysiker kann das Rationale in der Natur als Schaffen des Weltgeistes oder als Walten einer übernatürlichen Vorsehung ausdeuten. Der objektiven Vernunft, die im Naturganzen sich offenbart, steht unsere subjektive Vernunft und Unvernunft gegenüber. Darum soll in der Geistfeindlichkeit das zutiefst Widernatürliche gesehen werden. Jede Zeit, die allseitig schöpferisch ist, erlebt das Natürliche des Geistes, das Geistvolle der Natur." Die Natur ist „geistdurchtränkt"(Driesch).

Th. Lipps spricht von einem „Weltbewußtsein, das sich in individuelle Bewußtseinseinheiten differenziert, ohne sich aufzulösen"; es herrscht ewiger Geist und göttlicher Wille. Nach Hermann Schwarz „bricht eine überzeitliche Göttlichkeit durch die Weltwirklichkeit". —

Aller ernsthafte Panvitalismus, Panpsychismus, Panvoluntarismus u. dgl. der Gegenwart ist von mythischem Seelen- und Geisterglauben darin grundsätzlich geschieden, daß er ohne „Wunder erster (und zweiter?) Art" auskommt (s. S. 163). Die Erhaltungsgesetze brauchen nirgends verletzt zu werden; nirgends auch *muß* eine materielle und energetische Neuschöpfung oder auch „Zerstörung" (im Sinne indischer Mythologie) angenommen werden (als letzter Grenzbegriff des Universums und dessen, was darin waltet, würde indes nach R. Mayer auch diese Spekulation der Phantasie unbenommen sein); es genügt vollkommen, eine Art höherer, überindividueller psychoider A.K. als nichtenergetische „Auslösung" und „Führung" („entelechiale Ursachen") anzunehmen: ein Figment, das als Feiertagsüberzeugung mit strenger Alltagsforschung durchaus vereinbar ist.

Lehrreich ist ein von August Bier angeführtes Beispiel aus der Pflanzenwelt, das sich auf das „Streben" einer in trockenem Erdreich befindlichen Baumwurzel nach einer Zone höherer Feuchtigkeit hin bezieht, die von dem Leck einer benachbarten Wasserleitung herrührt. Der physikochemisch denkende Physiolog wird hier von einem Konzentrationsgefälle des Wassers reden, samt Folgeerscheinungen in bezug auf Assimilation und Infiltration, von Permeabilität, elektrischen Grenzschichten-Potentialen u. dgl., von elektrodynamischen, kolloidchemischen und elektrokinetischen Teilvorgängen. Nach Bier aber — ganz in der Weise von Schopenhauer — „empfindet die Pflanzenwurzel mit der Feinheit des Sinnesorganes" die winzigen Wassermengen irgendwie als Reiz, der ihr „das Ereignis zur unbewußten Wahrnehmung bringt. Der empfundene Reiz erweckt in der Pflanze das Begehren, dieses wird zum Motiv für sie, erhebliche Wurzelmassen geradewegs nach dem Leck der Wasserleitung hinzusenden, sie in den Spalt hineinwachsen zu lassen und ihn zu erweitern, um das ersehnte Naß für ihr Wohl zu erwerben".

Wer von beiden hat recht? Wahrscheinlich beide, nur daß der Physiolog einer praktisch wertvollen, weil handlungsmäßig weiterführenden Alltagsbetrachtung nachgeht, der Philosoph Bier aber einer das Gemüt befriedigenden Feiertagsstimmung Ausdruck gibt (ähnlich Schleich, Francé, Dacqué, Buttersack, Feyerabend und zahlreiche andere).

Demgemäß kann es heute *nicht mehr als unwissenschaftlich* gelten, wenn der Naturforscher — ganz im Einklang mit R. Mayer — auch *Plan, Ziel und Sinn in der Welt* gelten läßt: „Der Bauplan schafft erst das Subjekt und mit ihm seine Umwelt. Ein allgemeiner Weltplan umschließt alle kausalen Beziehungen und gibt ihnen erst ihren rechten Sinn" (v. Uexküll). „Der Plan für sich ohne Stoff ist denkbar und unabhängig vom Stoff ewig da" (H. Schmalfuss). „Nicht daß die Natur ganz sinnerfüllt wäre, sondern nur, daß Sinn in ihr zu finden ist" (Friederichs). „Schließlich werden Materie und Mechanistik zum Verschwinden kommen und der Geist unumschränkt und allein zur Herrschaft gelangen" (Jeans).

Zur Vermeidung eines oberflächlichen Hylozoismus (nach Kant „der Tod jeder Naturphilosophie"), oder eines schwärmerischen Panpsychismus wird man indes *in strenger Wissenschaft* die Bezeichnungen Seele, Willen usw. für die gesamte Natur nur *symbolhaft* verwenden dürfen, zur Kennzeichnung eines unbekannten Innendaseins, einer „Innerung" aller Erscheinungen, die wir nur von außen beobachten können. „Dem Organischen allein gebührt" nach Schopenhauer „das Prädikat Leben". Ihm selber aber hält J. Reinke vor, er habe „mit kühnem Analogieschluß einen Willen auch in die anorganische Welt hineingedichtet". „Das Wort ‚psychisch‘ verliert seinen Sinn, den es nur im Gegensatz zum Physischen hat, sobald es zur Bezeichnung *aller* empirischen Wirklichkeit werden soll" (BURKAMP). „Wenn die Seele, die Psyche, ihren Sinn behalten soll, darf sie weder durch die Vitalisten zu einem Psychoid noch durch die Panpsychisten zu einer Atomseele verwässert werden" [E. SCHNEIDER (191)].

Zu beachten bleibt, daß ebenso wie „Ursache und Wirkung", „Mittel und Zweck", auch „Leben, Seele, Geist", „Plan und Sinn" zunächst nur *menschliche Denkkategorien* sind, doch wird diesen nach dem Gesetz der Korrespondenz, der Harmonie auch eine objektive Bedeutung nicht fehlen. „Das Seiende selbst ist schon von einem Sinnprinzip getragen" (N. HARTMANN). „Der Sinn aber, den man sinnen kann, ist nicht der ewige Sinn" (LAOTSE). „Mit dem Logos, mit dem Sinn des Ganzen, haben menschliche Gefühle nichts zu tun" (BUTTERSACK). „Die Wahrheit ist ja an und für sich ewig, und das Ewige läßt sich nicht definieren und nicht beweisen" (R. MAYER). Darum auch, gleichfalls im Sinne von R. MAYER: „Wissenschaft ist nur eine Hälfte, Glaube ist die andere" [NOVALIS (192)].

Es ist für die Gestaltung des zukünftigen Weltbildes (das nach WUNDT nur „ein dynamisches sein kann") von allergrößter Bedeutung, daß *die Wissenschaft selber, in ihrer exaktesten physikalischen Form, die Fesseln allmechanistischer Kausalik abgestreift* hat. „Durch die moderne Physik ist der materialistischen Philosophie ihre naturwissenschaftliche Fundamentierung endgiltig entzogen" (P. JORDAN). Damit ist eine *Verinnerlichung,* ja *Vergeistigung* gewonnen, die schon in der nichtmechanischen Energetik von R. MAYER vorgebildet ist, und die für eine Harmonisierung von Glauben und Wissen einen zuverlässigen Ausgangspunkt liefert. „Man wird zu der Ansicht gedrängt, daß neben dieser materiellen Welt noch eine zweite, rein geistige Weltordnung existiert" (W. GAUSS).

Einer Metapsychik, die in der Welt eine wesentlich gleichbleibende Ordnung und Harmonie erblickt, steht eine andere Anschauungsweise gegenüber, die den *geschichtlichen Gedanken* auch auf das Universum ausdehnt: „Der Geist als ewiger Wühler" (J. BURCKHARDT). „Vielleicht ist die Welt gar keine fertige Ordnung, sondern Ordnung mit Unordnung gemischt, um Ordnung ringend und in Bildung begriffen." Als „ein Gleichnis der Ordnung der Welt" gilt dann „nicht die vermeintliche Harmonie des Sternhimmels, sondern die ruhelose Menschheitsgeschichte" (RIEZLER).

> „Nicht fertig ist die Welt, sie ist im ew'gen Werden
> Und ihre Freiheit kann die deine nicht gefährden."   FR. RÜCKERT.

Weiter heißt es bei RIEZLER: „Denke das Innere der anorganischen Natur nach dem Gleichnis der organischen, das Innere der organischen nach dem Gleichnis des Menschen. Denke, das Innere der Natur sei Geschichte! — Leidenschaft und Schicksal der Gestalt ist das Wesen der Welt. — Die Schöpfung währt immerfort, und das Wunder des Anfangs erneuert sich alle Tage. — Das Schicksal der Natur umschließt auch den Geist. Ob Natur oder Geist; es ist in beiden ein ewiges Wechselspiel zwischen der vollendeten und der unvollendeten Welt. — Die Metaphysik muß von dem Gotte, der ist, zu dem Gotte, der immer nur werden will, vordringen."

Für den Menschen: „zugleich Zuschauer und Mitspieler des Lebens" (NIELS BOHR), in seiner „Stellung zwischen den beiden Welten" (K. GROOS) gilt: „An ausgezeichneten Stellen schimmern höhere Ordnungsgefüge durch die Welt, die das philosophische Denken zu formulieren sucht"; darum: „Nicht *gegen* die Natur, sondern *mit* der Natur *über* die bloß naturhaften Schichten hinaus!" (SPRANGER). „Der Geist erhebt sich über die Natur, aber er weiß sich ihr in der Tiefe durch seinen Ursprung, sein Wachstum und seine Ziele verbunden" (K. PICHLER).

> „Jenseit der Körperwelt muß eine Lichtwelt stehn,
> Aus der sie niedersank, in die sie will auf gehn. —
> Baumeisterin Natur scheint für sich selbst zumeist
> Zu baun, und baut zuletzt doch für den Geist. —
> Und weiß nur Eines noch, und weiß das Eine ganz:
> Gott ist die Geistersonn' und die Natur sein Glanz." RÜCKERT.

Ausklang.

Es gehört zu den Besonderheiten der Wissenschaftsgeschichte, daß ein enger spezieller Kausalbegriff der Mechanik, der dazu erst im Anfange des 19. Jahrhunderts ein Übergewicht über das dynamische Kausalschema von LEIBNIZ und KANT erlangte, durch die Schärfe seiner Zuspitzung die Geister so fesselte, daß er fast bis heute die ganze Physik und Chemie in Bann gehalten, d. h. *als das Kausalprinzip schlechthin* gegolten hat. Auch R. MAYER hat in seiner Erweiterung des dynamischen Kausalschemas, durch die Gegenüberstellung von Erhaltungs- und Auslösungskausalität, diesen Bann nicht ohne weiteres brechen können. Heutzutage aber wird es an der Zeit sein, den eng mechanistischen Kausalbegriff nicht etwa über Bord zu werfen, sondern ihn in seine Schranken zurückzuweisen und dem dualen *Kausalschema nach* R. MAYER *zur Herrschaft zu helfen*, das nicht nur für das ganze Gebiet der physischen Welt gilt, sondern bei bildhaft analogischer Anwendung auch das Gebiet des Geistigen, d. h. die Kultur-, Geistes- und Sozialwissenschaften zu umfassen geeignet ist.

Durch eine Weiterführung und Ergänzung des dualen Kausalbegriffes von R. MAYER kann tatsächlich die *sichere Grundlage für jede spezielle Kausalforschung auch über die Naturwissenschaften hinaus* gewonnen werden. Zugleich wird offenbar, daß gegenüber der Erhaltungskausalität der Begriff der *Anstoß-, Auslösungs- und Führungskausalität* dauernd an Bedeutung gewinnt; vor allem ist er allein imstande, mit seiner Staffelung von unten nach oben schließlich sogar *die Brücke von sogenannter rein physischer zu psychophysischer Kausalität* zu schlagen.

Versuchsweise und Anregungs halber seien *Leitsätze einer künftigen allgemeinen Kausalik* als eines umfassenden Kausalsystems, einer *Wirkordnung der Natur*, im Sinne R. MAYERs entworfen:

1. Das kausale Denken, das der Frage warum? folgt und nach Erkenntnis von Ursache und Wirkung, Grund und Folge verlangt, entspricht einem unabweislichen angeborenen (apriorischen) Bedürfnis, indem es ebenso wie das kausale Handeln im Dienste der Lebenserhaltung und Lebenserhöhung steht. Gemäß der dauernd erlebten Ordnung der Naturereignisse wird erwartet, daß einer genau gleichen Ursache auch die gleiche Wirkung folgt.

2. Das Kausalpostulat als Denkerwartung schafft behufs Ordnung der Erlebnisse Kausalvorstellungen und Kausalbegriffe niederer und höherer, bestimmter und allgemeinerer Art; diese sind im Gegensatz zum Kausalpostulat selbst, das feststeht, wandelbar, entwicklungsfähig und oft strittig. (Begriffe Impuls, Kraft, Energie, Funktion usw.)

3. Kausaldenken führt zu einem Ordnen gehabter Erlebnisse, die in der Erfahrung gewonnen werden; es führt damit auch in gewissem Grade zu einem Voraussehen künftiger Erlebnisse und zu einer entsprechenden Beherrschung der Natur, der das Subjekt selber gliedhaft angehört. Erfolgreich durchführbar aber wird solches subjektives Ordnen nur dadurch, daß in der Natur selber eine objektive Ordnung und Regelläufigkeit besteht. Die Wiederkehr gleichartiger zeitlicher Erlebnisse in der Folge von Sinneseindrücken setzt eine entsprechende Wiederkehr von Vorgangs- oder Geschehensfolgen voraus, die außerhalb des subjektiven Willens stehen, da sie nicht von diesem geschaffen wurden.

4. In dieser Welt unzähliger elementarer und höherer räumlich-stofflich-seelischer Einzelgebilde äußert sich objektive Ordnung und Regelläufigkeit in einer dauernden *Wechselwirkung* (W.W.), die zu immer neuen Gruppierungen und Gestaltungen führt; in dieser W.W. kosmischer Allverbundenheit steht auch das kausale Denken, als eine Auseinandersetzung mit der Umwelt, zu welcher das Ich teils in tätigem, bewirkendem, teils in erleidendem Verhalten sich befindet.

5. Der Menschengeist vollzieht inbezug auf die Wechselwirkung der Erscheinungen Kausalismen konkreter Art, die sich auf Zusammenhänge einzelner gegebener Gebilde beziehen, und Kausalismen abstrakter Art, die zu Verallgemeinerungen, „Induktionen" nebst „Deduktionen" führen. Auch die abstraktesten Zusammenhänge und Abhängigkeiten, sofern sie durch die Sprachform „weil — darum" und ähnlich wiedergegeben werden, müssen schließlich auf unmittelbaren Wahrnehmungen des äußeren und inneren Sinnes beruhen, wenn sie nicht leer sein sollen.

6. Die Grundlage *naturwissenschaftlicher* Kausalität bildet der neutral-verbale Kausalbegriff, der sich dem aktiv-personalen Kausalbegriff des Bewirkens durch den Willen anschließt, und der die *notwendige* Aufeinanderfolge von Vorgängen, Erscheinungen, Begebenheiten betrifft; durch logisches „Abstrahieren", Weiterführen und Umgestalten ergibt sich der substantivisch-sachliche Kausalbegriff: Die Ur-Sache, mit ihrer Wirkung als „Funktion", d. h. Abhängigkeit. Wissenschaftliche Kausalismen können qualitativ oder auch quantitativ vollzogen werden; das

erste Vorbild strenger quantitativer Kausalik hat die klassische Mechanik geboten. *Causa aequat effectum;* die Wirkung entspricht der Ursache.

7. Wissenschaftliche Kausalbetrachtung kann zunächst einen Kausalzusammenhang zwischen den verschiedenen Zeitmomenten eines sich gleichbleibenden Gebildes feststellen; ein stationäres Gebilde, ein ungestörtes Gleichgewichtssystem wirkt, indem es sich selbst erhält: Beharrungsvermögen, „Trägheit", Erhaltungstrieb. Das gibt die Grundlage der *Erhaltungs-, Beharrungs- oder Gleichbleibungskausalität* (E.K.), die mathematisch auch für stofflose energetische Gegebenheiten gilt: Erhaltung der Energie neben der Erhaltung des Stoffes und sonstigen Erhaltungen. Gleichbleibung erscheint oft als *Äquivalenz.*

8. Neue Begebenheiten treten nur durch Wechselwirkung ein, indem ein Gebilde das andere anstößt, wörtlich oder bildlich. Hierbei kann es sich um vollkommene Energiemitteilung von A auf B handeln, oder nur bzw. vorwiegend um eine Entfesselung solcher Energien, die B eigentümlich sind. Bleibt im letzteren Falle das Gebilde A (das anstoßende Gebilde im engeren Sinne) unverändert erhalten — wie bei der Erscheinung der Katalyse, so liegt der Fall reinster *Anstoß- oder Anlaß- oder Auslösungskausalität* (A.K.) vor. Kleine Ursachen, große Wirkungen.

9. Immer wenn etwas Neues in der Welt geschieht, ist ein Anstoß, ein Anlaß, eine Auslösung vorhanden, und es ist auch Erhaltung und Gleichbleibung vorhanden. Es ist etwas da, das wörtlich oder bildlich anstößt, veranlaßt, auslöst; und es ist etwas da, das durch den Anstoß, den Anlaß verändert wird; gleichzeitig ist aber auch etwas da, das erhalten bleibt, wenn auch in immer neuen Gestaltungen und oft nur als logische oder mathematische Abstraktion, in Form von Konstanten und Invarianten. A.K. und E.K. vereint liefern Mitteilungs-, Umsetzungs- und Entwicklungskausalität.

Anders gesagt: Wirkende Ursache im eigentlichen Sinne, causa efficiens, E.K., und auslösende oder veranlassende Ursache, causa occasionalis, A.K., sind komplementär verbunden und ergeben zusammen die vollständige Ursache, den zureichenden Realgrund.

10. Die Tatsache der potentiellen Energie, der in unmittelbarer Betätigung gehemmten Wirkungsfähigkeit, schafft die Möglichkeit, daß infolge eines Anstoßes das angestoßene Gebilde zur Entfaltung eigener Energien gemäß *eigener Aktivität* gelangt; das ist die Grundlage der *Ganzheitskausalität* (G.K.), die als Reiz- und Motivkausalität in den Organismen zur höchsten Entfaltung gelangt.

11. E.K., A.K. und G.K. kann der Intellekt nur dann geregelt vollziehen, wenn er auch eine *Staffelung oder Rangordnung der Kausalität* (d. h. der A.K.) anerkennt, gemäß welcher Niederes von Höherem veranlaßt, gelenkt, geleitet und entwickelt wird. An oberster Stelle biologischer Verursachung steht der Wille; unbestimmt aber bleibt die Betätigung eines uns unbewußten, unterbewußten und überbewußten Willens in der Natur, einer Entelechie, einer psychoiden oder überseelischen Führung.

12. Der Kausalität von unten gesellt sich als komplementärer Aspekt eine *Kausalität von oben* zu, die letzthin psychischer Art sein muß, und die auf Finalität und Teleologie führt. Es ergibt sich so der *Begriff eines neuen nichtmechanischen Determinismus,* der den Freiheitsbegriff und den Führungsbegriff zumindest metaphysisch (besser „metapsychisch") in Einklang bringt.

13. Da ein aktueller psychischer Zustand erfahrungsgemäß zugleich ein ganzheitlich physischer Zustand des lebenden Organismus ist und umgekehrt, so bedeutet eine Anstoßwirkung von Physischem auf Psychisches und umgekehrt keineswegs eine Verletzung der physischen Erhaltungsgesetze; die psychophysische W.W. (einschließend den sog. „Parallelismus") ist dann im Grunde nicht rätselhafter als jede andere Art W.W.

14. Das Kausaldenken der Wissenschaft benutzt neben dem Zahlensymbol vorwiegend raumzeitliche Bilder; als mechanisches „Figment" und „Modell" da, wo primäre Anschaulichkeit versagt. In Naturphilosophie und Metaphysik tritt das anthropistisch-psychistische Figment in den Vordergrund, gemäß einer Annahme von *Strebungen in der Natur,* in einem Gesamtgefüge mit Plan, Sinn und Wert.

15. Der den Allmechanismus ablösende *Dynamismus,* der an LEIBNIZ und R. MAYER anknüpft, führt schließlich zu einer Verflüchtigung des Materiebegriffes und zu einer Überbrückung von Physischem und Psychischem, als verschiedenen Aspekten des gleichen Erscheinungsgebietes. Der den Erhaltungsgedanken ergänzende „Auslösungsgedanke" insbesondere stellt die Verbindung mit dem aktivischen Kausalbegriff der Geistes- und Kulturwissenschaften her: personales „Wirken und Bewirken" gegenüber unpersönlich-sachlichen „Geschehensfolgen".

16. Auch wissenschaftliche Kausalbegriffe sind wandelbare und einer dauernden denkenden Vervollkommnung zugängliche und bedürftige Gebilde. Über der fließenden — dualen oder multiplen — Gestaltung allgemeiner Kausalbegriffe aber thront unveränderlich der eine unteilbare kausale Gedanke, als allgemeine Denkerwartung, die auf Erfahrung gegründet ist.

> „Und ewig bleibt die Welt in ihrem Gleichgewicht.
> Du fühle, wer sie hält, und zittre für sie nicht." RÜCKERT.

> „Geburt und Grab,   Ein wechselnd Weben,
> Ein ewiges Meer,   Ein glühend Leben."
> GOETHE.

Anmerkungen.

1. Hinsichtlich des Schrifttums über jene Reise und über R. Mayers Leben und Wirken überhaupt sei auf das Literaturverzeichnis verwiesen. In erster Linie kommt in Betracht J. Weyrauchs Ausgabe von R. Mayers „Mechanik der Wärme", 3. Aufl. 1893, sowie die Sammlung „Kleinere Schriften und Briefe", 1893; beim Zitieren durch M.I. und M.II. bezeichnet.

2. Wie noch genauer darzulegen sein wird (Abschnitt 16), schließt sich R. Mayers „Kraft"-Begriff an Leibniz und Huygens an; er steht also gegensätzlich zu demjenigen von Descartes und Newton (d. h. zu dem *heutigen* Kraftbegriff) und fällt mit „Arbeitswert" (Arbeitsleistung und Arbeitsfähigkeit) zusammen, wofür zuerst Th. Young (1807) den Ausdruck „Energie" angewandt hat. In der heutigen *allgemeinen* Bedeutung ist das Wort „Energie" erst von William Thomson (1849 und 1852) sowie Rankine (1853) gebraucht worden. (S. auch Anm. 24.)

3. Man kann für Kausalitätserörterungen zweierlei Ausgangspunkte nehmen: den kritischen Realismus der Naturwissenschaft oder den kritischen Idealismus der Psychologie; doch müssen bei gehöriger Verfolgung beide Betrachtungsweisen in das gleiche Ziel ausmünden. Wir wählen den Weg des kritischen Realismus, der den Forderungen der Naturwissenschaft unmittelbar entspricht. Die objektiv gegebene Natur ist so beschaffen, daß der Mensch subjektiv die Kategorie der Kausalität bilden und auf sie anwenden kann und darf, ja muß.

Nicolai Hartmann unterscheidet Realgrund, Seins- oder Wesensgrund, Erkenntnisgrund; „Ursächlichkeit ist der Determinationstypus des physikalisch-materiellen Seins". Driesch unterscheidet vier Arten von Ursachen: Einzelkausalität, Dingschöpfung, Veränderungsschöpfung, Ganzheitskausalität; Ihering mechanische und psychologische Kausalität, Adolf Wagner „Konstellation" und technische Ursachen.

4. Über das kausale Benehmen der Tiere siehe Wm. Mc. Dougall, Aufbaukräfte der Seele, deutsch 1937; W. Fischel, Psyche und Leistung der Tiere, 1938, Naturwiss. **1939**, 249; O. Koehler, Naturwiss. **1939**, 179; Alverdes u. a. Nach E. J. Russell: „In jedem instinktiven Verhalten kann ein Körnchen Einsicht liegen. — Alles tierische Handeln ist ein Zielsuchen" („Suchorganisation" nach Burkamp). „Logische Begriffe im Sinne der menschlichen Sprache hat kein Tier, wohl aber anschauliche Vorstellungen": „vorsprachliches Denken und Urteilen" (Fischel). Der Mensch aber ist „das rastlose Ursachentier" (Lichtenberg). *„Der Mensch erkannte sich zunächst als Urheber, als Ursache.* Immer empfand und fühlte er gegenüber den bewegten, widerstrebenden, bearbeiteten Dingen klar und deutlich sich selbst, seine Glieder als das Bewegende, Schaffende, Arbeitende, als die Ursache" (Heim). „Der wohlgeschulte Forscher gewöhnt sich mit Hilfe des Satzes vom zureichenden Grunde in seinem Denken an dieselbe Bestimmtheit, welche die Natur in ihren Wirkungen hat" (Mach). „Und nun muß auch der, dem seiner Anlage nach Handeln das Wichtigste ist, Wissen in Form der Wissenschaft für sein Handeln benutzen, wenn er nicht auf die besten Mittel für sein Handeln verzichten will" (Driesch).

5. Siehe hierzu R. R. Marett, Glaube, Hoffnung und Liebe in der primitiven Religion, deutsch 1936; W. Hellpach, Einführung in die Völkerpsychologie, 1938. „In der magischen Naturansicht sind die Kausalbeziehungen nicht aufgehoben, sondern sie sind völlig anderer Art als unsere verstandlichen Verknüpfungen. — Magische Einwirkung heißt: die Götter und Dämonen spüren" (Dacqué, Das verlorene Paradies, 1938). In der Tätigkeit des Frühmenschen und in den mancherlei „Zufällen", denen er

ausgesetzt war, vollzieht sich eine erste Entwicklung des kausalen Denkens, die einerseits zu bestimmten Arbeits- und Verhaltens-Anweisungen führt, andererseits in Fetischismus, Animismus und in sonstiger urtümlicher Religiosität ihren eindrucksvollen Niederschlag findet. Auch für den Zauberglauben des Negers oder des Tibetaners gilt, daß alles, was geschieht, nach bestimmten Regeln vor sich geht; nur sind es hier Regeln der Dämonen, guter und böser überirdischer Mächte, denen man sich ebenso ausgeliefert fühlt wie der heutige Kulturmensch den „ewigen, ehernen und unerbittlichen Naturgesetzen". „Die Wirkung wird ... einem Wesen zugeschrieben, dem wir ein Ich leihen" (NOIRÉ).

6. So konnte THEOPHRAST einst schreiben: „Von den Ursachen der Pflanzen." Noch heute liest man etwa: „Von der Ur-Sache der Plastik"; oder „von der Ursache von Tag und Nacht". LOMONOSSOW 1741: „Die Ursache der Wärme liegt in der inneren Bewegung, und zwar in kreisförmiger Bewegung der Korpuskeln eines Stoffes." (Nach SCHELLING ist die Schwere der *Grund* und das Licht die *Ursache* der Dinge!) „Causa, Ursache wird für alles dasjenige genommen, was zur Hervorbringung einer anderen Sache etwas beiträgt. — Vis, Kraft bedeutet in der Mechanik das Vermögen, eine Bewegung zu verursachen" (Natur-, Kunst, Berg-, Gewerck- und Handlungslexikon 1746). „Substanz als die allgemeine Ur-Sache tritt uns in einer Fülle von *Gestalten* ... entgegen" (L. WOLF).

7. Dem persönlichen Urheber-Begriff gesellt sich der Begriff einer Ur-Sache, einer causa bei, die auf den verschiedensten Ebenen gedacht wird: von der „Sache" als einem Streitgegenstand, der die Sippe, den Stamm zu einer gerichtlichen Verhandlung und Entscheidung veranlaßt, bis zu den höchsten Abstraktionen der Wissenschaft und der Philosophie.

Nach ANAXIMANDER gilt für das Werden und Vergehen der Dinge: „Sie leisten einander Strafe und Buße für ihr Unrecht, gemäß der Ordnung der Zeit."

Auf innige Beziehung des Ursachbegriffes zu volitivem Rechtsdenken weisen weiter schon die Worte *causa*, αιτια mit der Urbedeutung der „Schuld" hin, sowie die Bezeichnung „verschuldet haben", „verantwortlich sein" für „verursacht haben" (dagegen „antworten" = „verursacht sein"). Zumeist sind die für kausale Beziehungen gebrauchten Wortsymbole von räumlicher oder zeitlicher Urbedeutung: beruhen auf, abhängen von, quellen aus, entspringen, begründet sein durch, wurzeln in, fußen auf, Einfluß haben in (auf); daneben aber auch psychistisch: zu verdanken haben usw.

8. Im Anschluß an die griechische (insbesondere aristotelische) Philosophie unterschied man vor allem causa formalis, materialis, efficiens (oder actualis, movens), finalis, essentialis, occasionalis. In der „causa prima" alles Geschehens = Gott verdichtete sich der uralte personale Kausalbegriff. Bereits THOMAS VON AQUINO verlangt eine „cognitio rerum ex causis". So können in philosophischer Hypostasierung der Begriffe schließlich platonische „Ideen" als „hohe Ursachen" der Erscheinungen, als schöpferisch tätig gedacht werden. Derart metaphysische Übersteigerung des Ursachbegriffes (die nach KANT die Schranken des Erkennens durchaus überschreitet) wird in dem kosmologischen Satze von LEIBNIZ offenbar: „Die Gründe der Welt liegen in etwas Außerweltlichem" (s. auch Abschnitt 48).

9. Zur kausalen Methodik der Naturwissenschaft siehe H. RICKERT, Die Grenzen der naturwissenschaftlichen Begriffsbildung, 5. Aufl., 1929; M. HARTMANN und W. GERLACH, Naturwissenschaftliche Erkenntnis und ihre Methoden, 1937. W. SOMBART, Angew. Chem. **1930**, 34. Ferner die Schriften von BAUCH, BAVINK, BURKAMP, N. HARTMANN, A. RIEHL, A. WENZL, POINCARÉ, DINGLER, BRIDGMAN, PLANCK, SOMMERFELD, WEINSCHENK u. a.

10. „Ich hoffe, daß die künftige Naturwissenschaft die Begriffe Ursache und Wirkung, die wohl nicht für mich allein einen starken Zug von Fetischismus haben, ihrer formalen Abhängigkeit wegen beseitigen wird. — Der Begriff der Ursächlichkeit muß durch den Funktionsbegriff ersetzt werden. — Das Kausalgesetz ist also hinreichend charakterisiert, wenn man sagt, es setze eine Abhängigkeit der Erscheinungen voneinander voraus" (MACH). Gegen MACHs Funktionalismus wendet sich NIEWEN, Ann. Naturphil. **13** (1917) 113.

11. LEIBNIZ betont, daß zufolge prästabilierter Harmonie „eine vollkommene Verknüpfung zwischen den Dingen besteht, so entfernt dieselben auch voneinander sein mögen". Wenn SCHOPENHAUER — im Gegensatz zu KANT und LOTZE — das *Wort* „Wechselwirkung" ablehnt, so geschieht dies auf Grund einer sehr willkürlichen Auslegung, in dem Sinne, daß im dynamischen System etwas gleichzeitig und in bezug auf den gleichen Partner Ursache und Wirkung sein könnte. „Aus dieser wesentlichen Verknüpfung der Kausalität mit der Sukzession folgt, daß der Begriff der *Wechselwirkung*, strenge genommen, nichtig ist. Er setzt nämlich voraus, daß die Wirkung wieder die Ursache ihrer Ursache sei, also daß das Nachfolgende zugleich das Vorhergehende gewesen" (Satz vom Grunde, § 20). „Niemals ist etwas zugleich und in demselben Sinne Ursache und Wirkung" (CHRISTMANN). Daß SCHOPENHAUER indes den *Begriff* Wechselwirkung doch auch besitzt, beweist sein ganzes System, im einzelnen z. B. schon seine Hochschätzung des NEWTONschen Prinzipes der Gleichheit von Wirkung und Gegenwirkung.

12. Das Problem der W.W. rührt NIETZsche an, wenn er sagt: „Alle Kausalität ist Kampf zwier an Macht ungleicher Elemente." Synonyme und sinnverwandte Wortausdrücke für W.W. sind: Wechselbeziehung, gegenseitige Beziehung oder Korrelation, wechselseitige Determination, Aufeinanderbezogensein, Teilhabe, Gemeinschaft, Wechselbefehl, Erlebnisverkehr, Austauschwirkung (z. B. quantenmechanische), auch Begegnung (in der Historie), „Partnerschaft" wie Mykorrhiza, Symbiose, Biozönose usw. Der Begriff der W.W. führt zum Begriff der „Ganzheit" und weiterhin auch der „Harmonie". Voraussetzung der W.W., stationärer oder aktuell dynamischer Art, ist durchweg ein gegenseitiges „Ansprechen" infolge Füreinanderdaseins, eine Resonanz (oder ein energetisches Gefälle), eine gegenseitige Entsprechung, schließlich auch „Sympathie" oder „Antipathie". Die bedeutsamste Art der W.W. stellt sich in dem „Urphänomen" der *Polarität* dar, die sachlich durch + und — sehr unzulänglich wiedergegeben wird (s. auch Anm. 156). Auch jede „Symmetrie" weist auf W. W. hin.

In bezug auf v. UEXKÜLLs Lehre von der selbsteigenen Umwelt jedes Organismus wird gelten: Wohl hat jedes Individuum seine „monadische" Eigenwelt; alle Eigenwelten aber stehen in Beziehung zueinander, in W.W. miteinander.

13. „Demnach mag man, in Hinsicht auf einen gegebenen einzelnen Fall, die zuletzt eingetretene Bestimmung eines Zustandes, weil sie die Zahl der hierfür erforderlichen Bedingungen voll macht, also ihr Eintritt die hier entscheidende Veränderung wird, die Ursache *kat' exochen* nennen" (SCHOPENHAUER). Besonders eingehende Untersuchung erfährt die Aufspaltung der Vollursache in Teilursachen verschiedener Geltung und Wertung in der Jurisprudenz, insbesondere im Anschluß an v. KRIES (adäquate und zufällige Ursachen); s. BELING, MEZGER, ENGISCH, R. WIRTH u. a. Hinsichtlich der Naturwissenschaft siehe DRIESCH, BAUCH, BAVINK, BURKAMP u. a.; insbesondere auch G. HEIM „Ursache, Bedingung" 1913. Über bedeutsame fehlerhafte kausale Verknüpfungen in der Wissenschaftsgeschichte, z. B. auf dem Gärungsgebiete, siehe ADOLF MAYER, Annal. Naturphil. **8** (1903) 63.

14. „Überlegt man, daß *eine* Ursache in der Regel nicht angebbar ist, sondern daß eine Tatsache meist durch ein ganzes System von Bedingungen bestimmt ist, so führt dies dazu, den Begriff der Ursache ganz aufzugeben" (MACH, s. auch Anm. 10). Nach VERWORN: „Jeder Vorgang oder Zustand ist bestimmt durch zahlreiche Bedingungen. Diese Bedingungen können sich zu sehr verschiedenen Zeiten an dem gegebenen Orte zusammenfinden, aber diese Bedingungen sind für das Zustandekommen des Vorgangs alle gleichwertig. — Es geht die wissenschaftliche Weltanschauung restlos im Konditionalismus auf. — Die Zeit ist gekommen, den Ursachenbegriff aus der wissenschaftlichen Betrachtungsweise zu eliminieren usw." VERWORNs Konditionalismus aber ist „ein Vorstoß gegen eine Irrlehre, die nicht besteht" (HEIM). Sieht man von den Übertreibungen des „Konditionalismus" bei MACH und VERWORN ab, so kann man ihn als Vorläufer der späteren „Ganzheitsbewegung" bezeichnen.

15. „Kein Vorgang oder Zustand in der Welt ist von einem einzigen Faktor abhängig" (VERWORN). „Die Summe der Bedingungen ist für jedes Ereignis gleich dem unendlichen Kausalzusammenhang der Dinge" (WUNDT). WO. KÖHLER indes warnt von der „verschwommenen unkritischen Betrachtungsweise", daß nichts Selbständiges existiere, als vor einer „romantisch-philosophischen Erbauung" und betont einen „unstetigen Weltzusammenhang". Vgl. auch WERTHEIMERs Prägnanz-Gesetz: Gestalten werden so „gut", wie es die Randbedingungen gestatten. In angelsächsischer Literatur redet man von „organized whole, functional whole" usw. Auf die Beziehungen zu „Kraft", „Wechselwirkung" und „Ganzheit" wird noch einzugehen sein (s. insbes. Abschnitt 40).

16. Zur Erläuterung von Vollursache (Bedingungskomplex) und Teil- oder Einzelursachen (von denen die eine oder andere als besonders maßgeblich hervorgehoben werden kann) mögen folgende Beispiele dienen: „Die Erde oder die hypothetisch in ihr angenommene Anziehungskraft ist nur die permanente Bedingung, unter der die Körper fallen können; die Ursache der einzelnen Fallerscheinung ist aber die Erhebung in eine bestimmte Höhe" (WUNDT). „Es ist wohl nie *ein* Element allein, dem eine bestimmte Wirkung auf das Befinden des gesunden oder kranken Menschen zuzuschreiben ist, sondern es sind eben solche Akkorde" (d. h. Kombinationen) (WEICKMANN). „Es ist nicht möglich, eindeutige Aussagen zu machen, wie eine Legierung bestimmter Zusammensetzung kristallisieren wird, da allzuviele *Bedingungen* und Umstände allgemeiner (mechanischer) und besonderer (spezifisch chemischer) Art maßgebend sind" (LAVES). Bedingung einer Phosphoreszenz und Fluoreszenz ist (nach KAUTSKY) Hervorbringung einer W.W. zwischen angeregten und unangeregten Molekeln der betreffenden Stoffe durch Zusammenstöße und Assoziation. Ferner: Die Empfangsmöglichkeit von Kurzwellen ist abhängig von der Wellenlänge, von der Entfernung der Sendestation, von der Tageszeit, von der Jahreszeit, der Witterung, von besonderen Vorgängen in der Ionosphäre und der diese beeinflussenden Sonnentätigkeit.

Daß mitunter ein sehr ausgesprochener Geltungs- oder Wertungsunterschied zwischen den Worten „Ursache" und „Bedingung" besteht, zeigt auch folgendes Beispiel: Kein Forscher wird sich scheuen, ein unversehrtes zentrales Nervensystem als unerläßliche „Bedingung" menschlichen Denkens zu erklären; nennt er jedoch Hirnvorgänge die wahre „Ursache" des Denkens, so ist er mitten im platten dogmatischen Materialismus eines KARL VOGT und LUDWIG BÜCHNER!

Lehrreiche Beispiele dafür, wie je nach dem Standpunkt des ätiologisch Urteilenden und dem jeweiligen „Zusammenhange" im Einzelfall sehr Verschiedenes als „Ursache" bezeichnet werden kann, gibt A. BIER in

,,Die Seele". Von HELGA BAISCH wird die ,,aufstörende Anregung", die ,,auslösende Gelegenheit", der Anlaß, die causa occasionalis, den ,,Teil-bedingungen" oder ,,Vorbedingungen" für ein Geschehen untergeordnet; die Bezeichnung ,,Ursache" wird also der ,,Auslösung" versagt, in Gegensatz zu verbreitetem Wortgebrauch. (S. auch S. 125.)

17. Einen besonders hohen Grad der Verwicklung und Verknäuelung ein-zelner Kausalismen unter einem latenten Plan und Ziel weisen die physio-logischen, biologischen und ökologischen Erscheinungen auf, von der CO_2-Assimilation und der Zellatmung bis zu den neurohormonalen Steuerungen und Schaltungen und den mannigfachen Korrelationen, Symbiosen und Biozönosen (s. Abschnitt 40, Ganzheitskausalität).

18. ,,Als a priori einleuchtend läßt sich bei wissenschaftlichen Unter-suchungen bloß das Kausalgesetz betrachten oder der Satz vom zureichenden Grunde, der lediglich eine andere Form des Kausalgesetzes ist" (MACH). Hinsichtlich der Wichtigkeit einer strengen Scheidung zwischen dem all-gemeinen Kausalprinzip als Denkpostulat einerseits, den bestimmten — wenn auch vielfach noch sehr allgemeinen — Kausalbegriffen der einzelnen Wissenschaften andererseits siehe RICKERT, HELMHOLTZ, BR. BAUCH (Forsch. u. Fortschr. **1935**, 33), BAVINK, PLANCK u. a.

19. W. TRENDELENBURG, Nova Acta Leopold, N. F. **2** (1934) führt aus, daß die räumliche Unterscheidungsfähigkeit des optischen Reizes, also die Sehschärfe, die Empfindlichkeit gegen Helligkeitsunterschiede weit über-trifft und daß sie die größte *Entscheidungssicherheit* besitzt; darum wird ihr nach Möglichkeit jede Entscheidung in physikalischen Erkenntnissen über-tragen. Durch die Benutzung von Teleskop und Mikroskop — schließlich bis zum Elektronenmikroskop — läßt sich die Zerlegungsfähigkeit für ,,räumliche Konstellationen" noch weiter steigern, bis schließlich im ato-maren Gebiet den Sinnen ,,Halt" geboten wird!

20. Philosophisch kann bis auf WILHELM V. OCCAM .(um 1300) der Ursprung der neueren Dynamik (Trägheitsgesetz, Kraftbegriff, Fallgesetz, Himmelsmechanik) zurückgeführt werden. CUSANUS will durch vergleichende Gewichtsbestimmungen zur Erkenntnis verborgener Dinge gelangen. Von GASSENDI, dem Gegner von DESCARTES, wird DEMOKRITs atomistisch-mechanistische Lehre erneuert (immer aber mit Gott als dem ersten Urheber der Atome und ihrer Bewegung). ,,Die Dinge wirken aufeinander nur durch Stoß und Gegenstoß." GALILEI und NEWTON fügen hierzu den Begriff der Kraft als ,,Fernwirkung". Eine Darstellung der Resultate der gesamten Bewegung bis um 1900 gibt W. WUNDT: ,,Die Prinzipien der mechanischen Naturlehre" 1910 (2. umgearb. Auflage der Schrift: Die physikalischen Axiome und ihre Beziehung zum Kausalprinzip 1866). Als letzte große Leistung der klassischen Mechanik erscheint die *Potential-theorie*, vorbereitet von LAGRANGE, entwickelt von GREEN (1828), GAUSS 1834 (absolutes Maßsystem 1832), DIRICHLET, HELMHOLTZ, DUHEM (thermo-dynamisches Potential). Jede universalistische Mechanik aber erwartet eine ,,Begreifbarkeit" der Natur, ja sogar eine vollkommene ,,Evidenz" ihrer Grundgesetze. Über die ältere Entwicklung des Kausalbegriffes s. auch W. FROST, BACON und die Naturphilosophie 1926.

21. ,,Es bedurfte eines außerordentlichen Geistes, um die Gesetze der Natur in Erscheinungen zu entwirren, die man stets vor Augen gehabt hatte" (LAGRANGE über GALILEI). ,,Die induktive Spekulation ist das Auszeichnende der Verfahrungsart GALILEIs gewesen. — Bei NEWTON hat das Trägheitsgesetz, das bei GALILEI noch bloße Bemerkung ist, die Würde und Unanfechtbarkeit eines päpstlichen Ausspruches" (DÜHRING). In bezug auf den Satz: ,,Aktion gleich Reaktion" sagt P. JORDAN: ,,Dieses letztere Prinzip (also der Schwerpunktssatz, auch ‚Impulssatz' genannt)

ist für die moderne Physik von nicht geringerer Wichtigkeit als der Energiesatz" (Physik des 20. Jahrhunderts 1936, S. 77). „Das Bild einer eigentlichen Anziehung wurde von Newton für unerheblich angesehen" (Dühring). Wesentlich war die mathematische Formulierung, wonach die „Kraft" der Anziehung proportional den beteiligten Massen und umgekehrt proportional dem Quadrat der Entfernung definiert wird. „Es lag nun sehr nahe, die Attraktion mit der Materie *überall* verknüpft und daher jede Masse als zugleich angezogen und anziehend vorzustellen" (Dühring).

„Es hat wohl keine wissenschaftliche Persönlichkeit von größerer Kraft gegeben als Isaac Newton. Die Macht, die Newton anwendet, ist eben die der wahren wissenschaftlichen Methode" (W. Wien). Wie sehr Newton „Anziehung" nur als „Figment" ansieht, zeigen seine brieflichen Äußerungen an Bentley: „Daß ein Körper aus der Ferne durch ein Vakuum hindurch, ohne Vermittlung von sonst etwas, wodurch seine Wirkung und Kraft übertragen wird, einen anderen Körper beeinflussen könne, ist für mich eine so große Absurdität, daß ich glaube, Niemand, der in philosophischen Dingen hinlängliche Denkfähigkeit besitzt, kann jemals darauf verfallen." (Schließlich ist er der Ansicht Bentleys beigetreten, daß ein göttliches Wesen die Materie beeinflusse.) Nach Krönig ist aber auch schon Stoß „eine Wirkung in der Ferne".

22. Wenn nach Descartes u. a. auch der Organismus des Menschen in seinen Äußerungen nur nach den Prinzipien der Mechanik verstanden werden kann, der Mensch also physisch als „Maschine" erscheint, so wird doch von den theistisch gerichteten Denkern der „Kontrollstand des Ingenieurs" — die Seele, der Geist — nicht vergessen, von wo — ohne eigentlichen Kraftaufwand — die Bewegungen angestoßen, veranlaßt und gesteuert werden, nach Analogie des Weichenstellens, des Schließens und Öffnens von Hähnen usw. (s. auch Abschnitt 20 über „Auslösung").

23. Als Ausdrücke für Kraft (vielfach ohne scharfe Scheidung gegenüber „Arbeit") treten auf: vis, force, actio (Newton), effort, mechanical power, motive power, puissance motrice (S. Carnot). Noch Kant hat sich in seiner (unbedeutenden) Erstlingsarbeit von 1747 an der Diskussion über das wahre Kraftmaß beteiligt. R. Mayer wie Helmholtz gebrauchen das Wort „Kraft" vornehmlich im Leibnizschen Sinne von „Energie". „Nun sehet ir das ein Ding, nit allein *ein* tugent hat, sondern vil tugent" (Paracelsus; Tugend = zu etwas taugend = Kraft; noch R. Mayer spricht von arzneilichen Tugenden = heilenden Kräften, M. II. 245); ähnlich auch Liebig von „Tugenden und Fehlern chemischer Familien").

24. Die Quellen des Begriffes „Energie" gehen weit zurück (s. auch Anm. 2). Über die „Energeia" bei Aristoteles siehe E. Hoffmann, Sitz.-Ber. Heidelb. Akad. d. Wissensch. 1934/35 S. 107 (Energie als Tätigkeit des Wirklichen und als Mittel für die Weltentwicklung: „So sind Gott und der Stoff die Pole, zwischen denen die Energien wirken"). Zu der vis viva von Leibniz gesellt sich im 18. Jahrhundert der Arbeitsbegriff der technischen Mechanik und Thermik: travail, labour, work (Poncelet, Coriolis, Navier, Dupin u. a.), quantité d'action (Poncelet 1827), moment d'activité (Lazare Carnot 1783), effet dynamique (Hachette), the work done (W. Thomson). „Schon Archimedes und Galilei haben den Arbeitsbegriff erfaßt" (Helm); desgleichen Lionardo de Vinci. Von R. Mayer werden die Ausdrücke angeführt: „lebendige Kraft der Bewegung, mechanischer Effekt, dynamischer Effekt, mechanische Arbeit, Leistung, quantité de travail" (M. I. 155).

Das Wort „Energie" im Sinne von Arbeit oder Arbeitsfähigkeit war unter anderem schon von d'Alembert, Varignon und Thomas Young (1807, für vis viva) gebraucht worden. Allgemeine Anwendung im heutigen

Sinne aber hat es erst durch englische Physiker um 1850 gefunden: W. Thomson (intrinsic energy, total energy, stores of mechanical energy; schon 1849: „no energy can be destroyed"), sowie Rankine 1853, mit der Unterscheidung von potentieller und aktueller Energie. W. Thomson unterschied zunächst statische und dynamische Energie, ab 1862 sprach er von kinetischer statt aktueller Energie. Als Arbeitseinheit wurde 1826 von Navier das Meterkilogramm eingeführt (statt 1000 kg m, Coulomb 1797). Für die Messung des „Effektes" als Arbeit in der Zeiteinheit hatte schon länger die „Pferdekraft" gegolten. — In ganz anderer Bedeutung tritt das Wort „Energie" auf in den Begriffen: spezifische Sinnesenergie (Schopenhauer 1816 und Johannes Müller 1826), Muskelenergie (Helmholtz 1850), Lebensenergie, psychische Energie, Willensenergie usw. (S. auch Anm. 114 u. 117.)

25. Wiederholt hat in der Ableitung der Prinzipien der klassischen Mechanik die spekulative Deduktion eine ebenso große Rolle gespielt wie die empirische Induktion. „Das Zeitalter Galileis und Newtons ist gekennzeichnet durch seinen vorwiegend deduktiven Geist; von den ersten Prinzipien der Naturerklärung verlangt man völlige Evidenz" (Koenig). Galilei bemerkt, daß er mehr Jahre auf die Philosophie als Monate auf die Mathematik verwendet habe; schon bei ihm ist „spekulatives Denken mitbestimmend gewesen" (Dühring). „Leibniz und Newton begegnen sich in dem metaphysischen Interesse der dynamischen Naturauffassung" (K. Lasswitz). Aus dem Grundprinzip der Gleichheit von Ursache und Wirkung hat Leibniz die Erhaltung der Gesamtkraft abgeleitet, und noch Kant und Wundt haben das Beharrungsgesetz in Zusammenhang mit der Kategorie der Kausalität gebracht.

26. „Die Erhaltungs- und die Umwandlungsidee ist so alt, wie die Theorie überhaupt" (G. Helm). „Nichts tritt ins Sein oder wird zerstört" (Anaxagoras). „Thoren denken, es könne zu sein beginnen, was nie war, oder es könne, was ist, vergehen und gänzlich verschwinden" (Empedokles). „Aus Nichts wird Nichts und Nichts kann zu Nichts werden" (Demokrit, Gassendi). „Könnte denn je ein Stäubchen aus dem All verschwinden?" (Lucretius). Nach Urso (von Salerno, um 1200) sind unwandelbar „die göttliche Kraft, die Engel und die Seele". Schopenhauer zitiert „den alten Satz: Ex nihilo nihil fit, et in nihilum nihil potest reverti". Es ist jedoch etwas Grundverschiedenes, ob man bei dem philosophischen Satze: ex nihilo nihil fit — stehenbleibt, oder ob man von da ausgehend *quantitative Maßbeziehungen* aufsucht; den letzteren Weg haben hinsichtlich der Materie Jungius, R. Boyle, J. Rey, Mayow, Lavoisier, Dalton, Berzelius beschritten, hinsichtlich der Energie vor allem Huygens und Leibniz, R. Mayer, Joule und Helmholtz. Lomonossow betont um 1750 die Erhaltung von Materie und Bewegungsimpuls.

27. Bei Stevinus heißt es: „Wie der Weg des Wirkenden zum Weg des Leidenden, so die Kraft des Leidenden zur Kraft des Wirkenden." (Daß Stevin bereits die Unmöglichkeit eines Perpetuum mobile klar ausgesprochen habe, wird indes von Haas verneint.) Im Jahre 1775 hat die Pariser Akademie es abgelehnt, sich fortan noch mit der Prüfung von vermeintlichen Realisationen eines Perpetuum mobile zu befassen.

28. K. Lasswitz bezeichnet es als einen „Höhepunkt" der Entwicklung, daß Huygens „den Satz von der Erhaltung der mechanischen Energie schuf" (Philosoph. Monatshefte **29** (1893) 1 f., über „die moderne Energetik"). Die gleichlaufenden Verdienste von Leibniz rühmt E. A. Haas, Ann. d. Naturphil. **7** (1908) 373 (Verallgemeinerung der Sätze von Galilei und Huygens; Gipfelung der alten Energetik). Ähnlich auch A. v. Oettingen: „Die erste klare Erfassung der Energie gibt Leibniz in Anknüpfung an Galileis Fallgesetze und Huygens' Pendeltheorie." Von Sonderprinzipien

der Erhaltung erscheinen: Erhaltung der algebraischen Summe der Bewegungsgrößen, des Schwerpunktes, der Flächen, der Schwingungsebene, der Wirbelringe (DESCARTES) u. a. m. R. MAYER hat die Bemühungen der Mechanik um das Erhaltungsprinzip in folgenden Worten gewürdigt (1845): „Dieses Gesetz, eine spezielle Anwendung des Axioms der Unzerstörlichkeit der Kraft, wird in der Mechanik unter dem Namen ‚Prinzip der Erhaltung der lebendigen Kräfte‘ aufgeführt. Belege hierzu liefern: der freie Fall aus jeder Höhe, der Fall auf vorgeschriebenen Wegen, die Pendelschwingungen, die Bewegungen der Himmelskörper" (M.I. 51).

29. Metaphysisch ist für LEIBNIZ das Universum ein System von Körpern (Monaden), die miteinander nicht kommunizieren; „daher erhält sich in ihm immer dieselbe Kraft".

30. Das Wort „Energie" kommt in MAYERs erster, von POGGENDORFF abgelehnter Abhandlung von 1841 vor, die dann zu der von LIEBIG angenommenen grundlegenden Abhandlung von 1842 umgearbeitet wurde. Es heißt daselbst von den „wellenförmigen und oszillierenden Bewegungen": „nach der verschiedenen Energie bringen sie verschiedene Erscheinungen hervor" (Licht oder strahlende Wärme) (M.II. 106). Weiter spricht er von der „Energie" des Oxydationsprozesses (M.I. 101). Auch das Wort „Effekt" sowie „Aufwand" im Sinne von „Energie" kommt bei MAYER wiederholt vor. HELMHOLTZ spricht 1869 von der Konstanz der „*Energie*".

31. Zu der Ausbreitung mechanischen Denkens in der Physiologie siehe außer den geschichtlichen Werken von DANNEMANN, L. GÜNTHER u. a. DRIESCH, Geschichte des Vitalismus 1922; ACHELIS, Die Ernährungsphysiologie des 17. Jahrhunderts, Sitz.-Ber. Heidelb. Akad. d. Wissensch. 1938; P. DIEPGEN, Das physikalische Denken in der Medizin 1939. „Man sieht, wie das Organische und das Vitale für die mechanische Auffassung keine Schranken bilden kann" (BORELLI um 1660). Sogar bei R. MAYER heißt es einmal von der Mechanik: „... und es umfaßt also dieselbe ... eigentlich die ganze weite Schöpfung Gottes" (M.I. 385).

In der älteren Biologie kann man deutlich vier verschiedene theoretische Richtungen erkennen: die mechanische (HARVEY, SANCTORIO), die chemische (PARACELSUS, SYLVIUS, SPALLANZANI), eine autonome Richtung (A. v. HALLER, C. F. WOLFF) und eine psychisierend metaphysische (Romantik).

32. „Mechanisch ist ein System, dessen letzte Teile sich nur (kinetisch) durch Stoß oder (dynamisch) durch Stoß und Anziehung in ihren Bewegungen beeinflussen" (DRIESCH). „Soweit die Geschichte der Physik reicht, von DEMOKRIT bis zur Gegenwart, hat ein unverkennbares Streben geherrscht, *alle* physikalischen Vorgänge *mechanisch* zu erklären" (MACH). „Vollständige Kenntnis der Bewegung fehlt, wenn nicht die Bewegung jedes einzelnen materiellen Punktes angegeben werden kann" (HELMHOLTZ). Das ganze Universum erscheint als umfassender Mechanismus.

„In der Mechanik trat zum ersten Male die Fähigkeit des Menschen hervor, die Naturvorgänge zu begreifen. Das verführte zu dem Glauben, daß man in der Mechanik die Grundlage des ganzen Naturgeschehens habe" (W. WIEN). „Das moderne Denken ist grundsätzlich und wesensmäßig durch das kausale Denken der klassischen Mechanik bestimmt, so wie es durch GALILEI gefordert und in seinen wesentlichen Voraussetzungen entwickelt worden ist" (BEURLEN). Schließlich aber: „Nachdem die außermechanischen Gebiete der Physik eine gewisse Entwicklung erreicht hatten, konnten für sie die Abstraktionen der Mechanik nicht mehr ausreichen" (THEODOR GROSS). „Durch das Wirken FARADAYs wurde der Schwerpunkt der Physik immer mehr aus der Mechanik in die Elektrizitätslehre verlegt" (E. SCHNEIDER).

15*

33. Es ist bemerkenswert, daß die Begriffe „Kraft" und „Fluidum" (auch „Seele") von alters her in einem gewissen verwandtschaftlichen Verhältnis stehen. Zunächst war die von Göttern und Dämonen, dann auch die vom Menschen, vor allem vom Magier, vom Priester, vom Heros ausgehende und „überströmende" Kraft nach Art eines okkulten „Hauches", eines „Pneuma" gedacht worden, und jenes magische Denken hatte bis weit in die Zeit wissenschaftlichen Denkens hinein seine Spuren hinterlassen. „Die Kraft des Magneten, die Sympathie zwischen Menschen, das im Menschen vorhandene Göttliche ist „Ausfluß" (W. KÖHLER, Forsch. u. Fortschr. **1939**, 113). Nach DELUC (um 1800) ist Wärmestoff die Verbindung der feurigen Materie mit dem Lichtstoff. Geschichtlich bestehen Beziehungen zwischen pneuma und anima, dem alchemistischen „Sulfur", dem „Phlogiston" STAHLs, dem „Wärmestoff" und „Lichtstoff". Neben magnetischem und elektrischem Fluidum wird auch ein Nervenfluidum usw. angenommen.

34. Daß Wärme aus Bewegung entstehen kann, hatte schon CICERO gewußt: windgepeitschte Wogen sind wärmer (s. hierzu M.I. 12). Allgemein bekannt sind Graf RUMFORDs Versuche (bei Kanonenrohrbohrungen) 1778, an die später JOULE anschloß, sowie H. DAVYs Eisschmelzen durch Reibung 1799. Die mechanische Wirkung der Reibungselektrizität und des Magnetismus (Anziehung und Abstoßung) war zuerst von COULOMB 1777 mittels seiner Drehwaage gemessen worden; die „mechanische" Wirkung des galvanischen Stromes auf die Magnetnadel hat OERSTED 1820 beobachtet.

35. Auch auf chemischem Gebiete ist es ähnlich: Ein ruhendes Knallgasgemisch kann durch geringfügigen Anlaß, etwa einen Funken, in starke explosive Bewegung übergehen, ohne daß man sagen könnte, diese Bewegung sei einfach durch Summation oder Integration schon vorhandener Bewegung, also letzthin durch „Erhaltung" der lebendigen Kräfte aller Gasteilchen zustande gekommen.

36. An der Wärmestofftheorie (BLACK, EULER, LAVOISIER) hat zunächst SADI CARNOT noch festgehalten, als er in Ausbildung seiner Theorie (1824) lehrte, daß Wärme beim Übergang von einem höheren zum niederen Niveau Kraft produzieren, Arbeit leisten könne. Im Jahre 1822 hatte FOURIER in dem Vorwort seiner „Théorie analytique de la chaleur" geschrieben: „Was auch die Ausdehnung der mechanischen Theorien sein möge, sie wenden sich nicht auf die Wärmewirkungen an. Diese bilden eine besondere Ordnung von Erscheinungen, welche durch die Prinzipien der Bewegung und des Gleichgewichts nicht erklärt werden können" (Referiert von WEYRAUCH, M.I. 277). (Ausführliches siehe bei MACH, HELM, PLANCK u. a.)

37. Daß auch bei Bescheidung hinsichtlich des Ganzen auf Teilgebieten wichtige Fortschritte einer „physikalischen Bilanz" zu erzielen waren, zeigen unter anderem die Anfänge einer *Thermochemie* (G. H. HESS, FAVRE, SILBERMANN, FARADAY, H. KOPP). „Auf nichtmechanischem Gebiet war das schon 1840 von HESS ausgesprochene Gesetz der konstanten Wärmesummen ein Vorläufer des MAYERschen Satzes" (DRIESCH 1904, ebenso BODENSTEIN). (Andererseits war, wie HELM bemerkt, GALILEIs und LEIBNIZENS Satz der Unabhängigkeit der Endgeschwindigkeit von der Bahnform — dem Kraftweg — eine Art Muster für den Satz von HESS über die Unabhängigkeit der insgesamt entwickelten Reaktionswärme vom Reaktionswege.) Weiterhin sieht MACH in CARNOTs Satz des Wärmeüberganges von wärmeren zu kälteren Körpern „wohl die erste außermechanische Anwendung" des Erhaltungssatzes (die zweite außermechanische Anwendung bei NEUMANN in seiner Begründung der Gesetze der elektrischen Induktion).

38. Lieb. Ann. **16** (1842) 189. Eine Einheit der Naturkräfte wurde von Männern der verschiedenartigsten Richtungen geglaubt und gefordert:

von Graf RUMFORD, SÉGUIN, HEGEL, SCHELLING, SCHOPENHAUER, MOHR, LIEBIG, H. DAVY, GROVE, FARADAY u. v. a. FRESNEL: „Am wahrscheinlichsten ist, daß die Summe der lebendigen Kraft immer dieselbe sei, und daß die Menge lebendiger Kräfte, die als Licht verschwindet, als Wärme wieder erscheint" (ähnlich vorher auch LOMONOSSOW). Hinsichtlich des *Wesens der Kräfte* heißt es beispielsweise bei ACHARD: „Das Wesen der Attraktionskraft ist uns unbekannt, und ebenso ist es mit den anderen Kräften; wir erkennen nur, daß sie tätig sind." Und schließlich GROVE 1842: „Die letzte Ursache aber ist unerreichbar; sie ist der Wille, die Tat Gottes. Weder Materie noch Kraft können geschaffen oder vernichtet werden." PLACIDUS HEINRICH 1812: „Unterdessen wissen wir wenigstens so viel mit Zuverlässigkeit, daß in der Natur nichts verloren geht, mithin auch Licht nicht; alles erhält sich durch einen steten Umtausch. Das eine gewinnt durch den Verlust des anderen; das eine entsteht durch das Verschwinden des andern ... Also im Universum nie Verlust, nur Wechsel und Umtausch." Hierzu G. HELM: „Wer die Umwandlungsidee erfaßt hat, ist nicht weit entfernt von der Äquivalenz und der Konstanz der Energie."

39. Es hat keinen Sinn, die allmechanistische Tendenz jener Epoche der Naturwissenschaft zu tadeln; sie war eine notwendige Durchgangsstufe; auch haben es ihre Vertreter großenteils an der schuldigen Ehrfurcht vor der Natur — oder ihrem Schöpfer gegenüber — nicht fehlen lassen, und das ist letzthin die Hauptsache! „Wissenschaft verlangt Ehrfurcht vor der Wahrheit" (W. OSTWALD).

Ein mechanistischer Zug in LIEBIGs Denken zeigt sich unter anderem in folgender Äußerung („Chemische Briefe" 1844): „Alle Erscheinungen der Gärung zusammen beweisen den längst schon von LAPLACE und BERTHOLLET aufgestellten Grundsatz, *daß ein durch irgend eine Kraft in Bewegung gesetztes Atom (Molecule) seine eigene Bewegung einem andern Atom mitteilen kann*, welches sich *in Berührung damit befindet*. Dies ist ein Gesetz der Dynamik, von der allgemeinsten Geltung überall, wo der Widerstand *(die Kraft: Lebenskraft, Verwandtschaft, elektrische Kraft, Cohäsionskraft)*, der sich der Bewegung entgegensetzt, nicht hinreicht, um sie aufzuheben."

40. Siehe hierzu E. v. LIPPMANN, ACHARD als Physiker; Ztschr. Wirtschaftsgr. Zuckerind. Techn. T. **89** (1939) 33. — FR. MOHR, Ztschr. f. Physik **5** (1837) 419; abgedruckt in: Allgemeine Theorie der Bewegung und Kraft 1869: „Einige Ansichten über die Natur der Wärme" mit den denkwürdigen Sätzen: „Außer den bekannten 54 chemischen Elementen gibt es in der Natur der Dinge nur noch ein Agens, und dieses heißt *Kraft*; es kann unter den passenden Verhältnissen als Bewegung, chemische Affinität, Kohäsion, Elektrizität, Licht, Wärme und Magnetismus hervortreten, und aus jeder dieser Erscheinungsarten können alle übrigen hervorgebracht werden." Diese „Vorahnung" hat in dem Prioritätsstreit um die „Erhaltung der Kraft" eine gewisse Rolle gespielt (TAIT!), ohne daß jedoch MOHR selber Ansprüche gestellt hätte. R. MAYER aber sagt in vornehmer Weise: „Wäre MOHR bei seinen vielfach richtigen Ansichten, die er 1837 ausgesprochen, nicht durch die hergebrachten Ausdrücke gehemmt gewesen, so hätte er leichtlich das Dasein des mechanischen Wärmeäquivalentes gefunden ..." (An REUSCHLE, 1. März 1868; M.II. 297); s. auch Briefwechsel MAYER-MOHR, M.II. 416f.

41. Es ist mehrfach bemerkt worden, daß der Grundgedanke der Phlogistontheorie, obwohl anthropomorph-animistischen Regungen entsprossen, doch eine Art wissenschaftliche *Vorläuferin* „*energetischer*" *Betrachtungsweise* gewesen ist: So wie der lebende Körper im Tode sein Pneuma, seinen Archäus, seinen „spiritus rector", seine „Kraft" verliert, so verlieren auch „aktive" Stoffe wie Kohle, Schwefel, Zink beim Verbrennen oder Verkalken

ihren „Geist", ihren „Sulfur", ihr „Lebensprinzip", ihr „Phlogiston"; sie werden *kraftmäßig* weniger, um schließlich ein Phlegma oder ein „caput mortuum" zu hinterlassen. Die zunächst recht einseitig atomistische Chemie des 19. Jahrhunderts hat erst durch Thermochemie, Thermodynamik und Energetik ihre Ergänzung mit einer Art Wiedererstehung der alten Phlogistontheorie in veredelter Form erfahren: STAHLs Phlogiston = freie Energie! Siehe hierzu v. GROTTHUSS: Die negative Elektrizität $= - E$ als „neue Repräsentantin" des Phlogiston von STAHL; SCHRÖDER VAN DER KOLK 1864 (bei HELM), K. A. HOFMANN, „Finden und Forschen" Sitz.-Ber. Preuß. Ak. d. Wiss. 1931. „Das Phlogiston war ja in wesentlichen Stücken die chemische Energie" (HELM). (Vgl. auch D. BERNOULLI über die „lebendige Kraft", die in einem Kubikfuß Kohle enthalten sei.) Demgemäß nimmt es nicht wunder, daß R. MAYER der Phlogistontheorie ausgesprochene Sympathie entgegenbringt. „Die Phlogister erkannten die Gleichung von cal. und x, das sie Phlogiston nannten, und taten damit einen großen Schritt vorwärts, verwickelten sich aber wieder dadurch in ein System von Irrtümern, daß sie statt 0, $-x$ setzten, also beispielsweise $H = HO - x$ erhielten" (1842; M.I. 31).

42. Siehe hierzu FRIEDRICH MOHR, Die mechanische Theorie der Affinität 1868; Allgemeine Theorie der Bewegung und Kraft 1869. „Danach ist chemische Affinität nichts andres als eine neue Form der bewegenden Kraft, die an der Materie haftet" ... (An MAYER, 8. Jan. 1868; M.II. 416). Ähnlich auch LOTHAR MEYER, Die modernen Theorien der Chemie 1. Aufl. 1864 „Wenn nicht alle Zeichen trügen, so sind auch die Erscheinungen der Affinität, Kohäsion usw. aus den den kleinsten Teilen der Materie zukommenden Bewegungen abzuleiten."

43. Über R. MAYERs Stellung zu NEWTON siehe M.I. 202, 254 und zahlreiche weitere Stellen. Nach kurzer Zeit der Unsicherheit über das zweckmäßigste Kraftmaß (Bewegungsgröße mc als „Bewegungsmaß" im Aufsatz von 1841) hat R. MAYER instinktsicher seinen Weg verfolgt, auf Grundlage des Ausdruckes mc^2 $\left(\text{genauer } \dfrac{mc^2}{2}\right)$ als Grundmaß für die „lebendige Kraft", von ihm „Bewegung" genannt. Kennzeichnend für den Zwang der Intuition, dem R. MAYER dabei folgte, ist seine Äußerung: „Auf meiner Seereise mit dem Studium der Physiologie mich fast ausschließend beschäftigend, fand ich die neue Lehre aus dem zureichenden Grunde, weil ich das Bedürfnis derselben lebhaft erkannte". (An GRIESINGER, 5. und 6. Dez. 1842; M.II. 194).

Über den an POGGENDORFF abgesandten Entwurf von 1841 sagt TH. GROSS, das Bemühen MAYERs erscheine seltsam, in „pseudomathematischen Formeln" qualitative Kraftänderungen zu veranschaulichen. Dennoch aber seien hier schon alle die Wurzeln der wichtigsten Ideen, die R. MAYER später ausgesprochen hat. Vor allem: „Bewegung, Wärme, und, wie wir später zu entwickeln beabsichtigen, Elektrizität sind Erscheinungen, welche auf *eine* Kraft zurückgeführt werden können, einander messen und nach bestimmten Gesetzen ineinander übergehen" (M.II. 105).

In dem gleichen Jahre 1841 erschien B. BOLZANOS „Versuch einer objektiven Begründung der Lehre von der Zusammensetzung der Kraft".

44. So mißachtet (ähnlich LIEBIG) R. MAYER die „Faseleien der Naturphilosophen" (An GRIESINGER, 31. Nov. 1842; M.II. 181), „unnütze Spekulationen, womit man die Zeit totschlägt" (M.II. 115), „das illusorische Mittelreich der Naturphilosophie und des Mystizismus" (M.I. 262). Er will nicht „in die Fehler der antiken Naturforschung oder in die Verirrungen einer modernen Naturphilosophie" fallen (M.I. 46), die „durch die ephemere Existenz ihrer Geburten das Urteil schon in der Gegenwart empfangen hat"

(M.I. 236). In seinem Aufsatz „Über veränderliche Größen“ von 1873 verurteilt er die „linguistischen Turnübungen“ seines Landsmannes HEGEL (M.I. 418, s. auch M.I. 20, sowie Anm. 52, M.II. 201). Bei seinem Hochschulstudium hatte MAYER die Philosophie ganz unbeachtet gelassen; von KANT hat er nur oberflächlich gewußt (M.I. 372, 376; M.II. 378). Im Jahre 1870 heißt es: „Die Naturwissenschaften haben sich zum Glück von philosophischen Systemen emanzipiert und gehen an der Hand der Erfahrung mit gutem Erfolg ihren eigenen Weg“ (M.I. 376). (Ähnlich hatte FRIEDRICH der Große gesagt: „Die vervollkommnete Physik trug die Fackel der Wahrheit in die Träume der Metaphysik. LOCKE löste die Bande des Irrtums ganz.“)

45. „Auch sind es keine Hypothesen, die ich samt und sonders verfluche.“ (An BAUR, 1. Aug. 1841; M.I. 18, M.II. 113). („Hypothese“ gemeint als das, „was sich weder beweisen noch widerlegen läßt“, also „Figment“, wie bei NEWTON.) „Du wirst mir zugeben, daß es sich nicht um eiteln Wortstreit oder leere Spekulationen handle“ ... (An GRIESINGER, 16. Jan. 1844; M.II. 211). „Es versteht sich ..., daß es notwendig war, aus den Einzelerscheinungen zu allgemeinen Begriffen und Lehrsätzen zu gelangen, wobei ich mir aber die möglichste Klarheit und Freiheit von allem Hypothetisierten und eitel Spekulativen zur ersten Aufgabe machte; ich glaube daher auch rein auf dem Boden der Empirie geblieben zu sein“ (An GRIESINGER, 14. Juni 1844; M.II. 209).

46. R. MAYER „fordert, daß die Auffassung der Naturerscheinungen mit den allgemeinsten Denkgesetzen übereinstimmt; so gewinnt er den richtigen logischen Ausgangspunkt für seine Deduktionen, von dem er zu der wahren letzten Ursache, dem Prinzip von der Erhaltung der Energie gelangt“ (TH. GROSS). „Der genialen Intuition, die auf ein Ganzes gerichtet war, enthüllte sich ein Prinzip, dessen Tragweite in konsequenter Arbeit weiter erschlossen werden mußte“ (HELL). „R. MAYERs Gedankengang zur Gewinnung des Satzes war allerdings weitgehend spekulativ. — Bestimmend ist sein Begriff der Ursache, der mit Aufwand identifiziert wird.“ Auch beim Erhaltungsgesetz hat sich gezeigt, „wie sehr das naturwissenschaftliche Denken noch von spekulativ-rationalistischen Motiven beherrscht wird“ (A. KOENIG). „Ohne apriorische Überlegung ist kein Naturgesetz entdeckt, durch sie allein keines bewiesen worden“ (RIEHL). Wie hoch aber R. MAYER die experimentelle Grundlegung schätzt, zeigt unter anderem sein Ausspruch: „Nur die Erfahrung kann uns hierüber Aufschluß erteilen“ (M.I. 26). RIEHL betont, daß von dogmatischer Art nur die *Darstellungsweise* in den Schriften von 1841 und 1842 sei, nicht aber die tatsächliche *Ableitung* des Gesetzes.

47. R. MAYERs klare Begriffsbestimmung der Kraft hebt sich höchst vorteilhaft von den vielfach verworrenen Anschauungen seiner Zeit ab, wie sie beispielsweise in dem „Physikal. Wörterbuch“ von GEHLER 1830 zum Ausdruck kommen. Resignierend lautet eine aus jener Zeit stammende Äußerung von BAUMGARTEN: „Kraft ist eine uns dem Wesen nach ganz unbekannte Ursache einer Erscheinung“ (M.II. 142) (s. auch Abschnitt 23).

Vgl. DÜHRING: „Nach MAYER ist Kraft ein Objekt, welches in den verschiedensten Erscheinungsformen, also trotz aller Qualitätsänderungen, unzerstörlich dasselbe bleibt. An die Spitze wird der Grundsatz gestellt: causa aequat effectum. Diese Gleichung wird sowohl begrifflich als quantitativ verstanden. Die Ursache erhält sich in der Wirkung und bleibt in der letzteren auch eine Ursache ihrer Art.“

48. Wie klar R. MAYER selber den großen Erkenntnisfortschritt gesehen hat, der durch sein Prinzip von der Unzerstörlichkeit der Kraft erreicht wurde, leuchtet durch alle Bescheidenheit des persönlich so anspruchslosen Forschers mehrfach hindurch. Schon im Dezember 1842, in einem Briefe

an GRIESINGER (M.II. 194) heißt es: „Früher oder später wird die Zeit gewiß kommen, in der die Wissenschaft die Wahrheiten hell erkennen wird,
die ich zum Teil erst in dunkler Ferne ahne." Im ersten Überschwang des
Glückes hatte er in einem Briefe an BAUR vom 24. Juli 1841 gar davon
gesprochen, daß sein neues Prinzip auch „noch die wichtigsten Fragen der
Metaphysik auflöst"! (M.II. 110). „Wenn man nun die so hervorgebrachte
Wärmemenge mit dem gleichzeitig stattfindenden Arbeitsverbrauche vergleicht, so hat man damit das wichtigste naturwissenschaftliche Problem
der Jetztzeit gelöst." (Augsburger Allgem. Ztg. vom 14. Mai 1849; M.I. 230,
M.II. 307) An anderer Stelle (M.I. 389) spricht MAYER von dem neuen
Wissen, „welches die Grundlage einer neuen Wissenschaft bildet und welches
eine Neugestaltung der Naturwissenschaften hervorruft . . .". Oder: „Kommen wird der Tag, das ist ganz gewiß, daß diese Wahrheiten zum Gemeingut
der Wissenschaft werden" (An GRIESINGER, 16. Juni 1844; M.II. 213).
Kenntnis des mechanischen Äquivalentes der Wärme ist für die Naturforschung „so unentbehrlich, als für den Geldverkehr der Kurszettel"
(M.II. 249; s. auch M.I. 273).

49. HERMANN HELMHOLTZ, „Über die Erhaltung der Kraft" 1847.
OSTWALDs Klassiker Nr. 1. Ferner „Über die Wechselwirkung der Naturkräfte" 1854; „Über die Erhaltung der Kraft" 1862—63 (Vorträge und
Reden I. Bd. 4. Aufl. S. 48, 187, 369, 401). Über das Verhältnis zu R. MAYER
siehe außer DÜHRING, GROSS, MACH, PLANCK, OSTWALD u. a. auch WIENER,
Ztschr. f. Naturwiss. **63** (1890) 336. Im Jahre 1850 hat JOULE seinen abschließenden Aufsatz „Über das mechanische Äquivalent der Wärme"
veröffentlicht. „Die Naturkräfte sind durch den Ruf des Schöpfers so
geordnet, daß man immer, wo man mechanische Kraft vorfindet, das genaue
Äquivalent der Wärme erhält." Die Priorität von MAYER hat HELMHOLTZ
auch in seinen späteren Arbeiten (1862, 1869f.) nicht durchweg vorbehaltlos
anerkannt; (s. M.II. 439); doch wird schließlich zugegeben, daß R. MAYER
„unabhängig und selbständig diesen Gedanken gefunden hat, der den größten
neueren Fortschritt der Naturwissenschaft bedingt. — Der Ruhm der Erfindung haftet doch an dem, der die neue Idee gefunden hat" (s. auch M.I.
226f.). Über TYNDALLs Hervorhebung der Leistung R. MAYERs siehe die
Äußerung M.I. 339: „Dieser geniale Mann arbeitete ganz in der Stille."

50. R. MAYER hat wiederholt geschildert, wie ihm auf der Reede von
Surabaya auf Java im Sommer 1840 infolge der Beobachtung, daß beim
Aderlaß erkrankter Matrosen das Armvenenblut weit heller auslief als in
kälteren Zonen, blitzartig die Erleuchtung über einen Zusammenhang
von Bewegung, Wärme und „chemischer Differenz" (hier Oxydatiönsenergie),
insbesondere der Gedanke einer Äquivalenz von „Wärme" und „mechanischer Arbeit" gekommen ist; siehe sein Reisetagebuch, M.I. 45—77, sowie
M.I. 105; M.II. 194, 213: . . . „wo ich mich in manchen Stunden gleichsam
inspiriert fühlte". — „Einige Gedankenblitze, die mich, es war auf der
Reede von Surabaya, durchfuhren, wurden sofort emsig verfolgt." Und
weiter: „Wie erfreut war ich, als ich dieses Resultat, Isomerie der Kräfte,
nach und nach auffand!" (An BAUR, 16. Aug. 1841; M.II. 122). „Die Tage
fliehen vor mir wie Stunden und werden mit Studieren angenehm und
nützlich ausgefüllt" (Brief an die Eltern von Surabaya am 25. Juli 1840;
M.II. 97; siehe auch Autobiograph. Aufzeichnungen M.II. 391).

Zu der weitschauenden Schlußfolgerung von R. MAYER über den Zusammenhang von Venenblutfarbe, Wärme und Arbeit ist zu sagen: Neben
der unmittelbar als *fühlbare Wärme* abgegebenen Wärme q erleidet der
Körper auch indirekt einen Wärmeverlust p durch geleistete *Arbeit v*; beide
zusammen sind gleich der durch Oxydation von Körperbestandteilen
chemisch erzeugten Wärme w. (R. MAYERs Lehrer AUTENRIETH hatte schon

1801 gelehrt: „Beim Menschen nähert sich das Venenblut im Sommer an hellerer Röte dem Arterienblut.") „Was ihn in der von ihm beobachteten physiologischen Erscheinung die Äquivalenz von Wärme und Arbeit ahnen ließ, war sein wunderbares intuitives Naturverständnis" (TH. GROSS).

Als Knabe schon hatte sich R. MAYER um die Herstellung eines Perpetuum mobile bemüht; bereits in früher Jugendzeit hatte er die Einsicht gewonnen, „daß mechanische Arbeit sich nicht aus Nichts erzeugen. lasse" (M.II. 390, 392). Über die historische und psychologische *Bedingtheit* von MAYERs Werk siehe MACH, RIEHL, PREYER, JENTSCH, v. OETTINGEN, GROSS, HAAS, HELL. R. MAYERs Jugendfreund G. RÜMELIN hebt hervor ein charakteristisches „unaufhaltsames einbohrendes Durchdenken eines Gedankens bis in seine letzten Ausläufer". „R. MAYERs neuer Gedanke gehört zu jenen *intuitiv* erfaßten Ideen, die, aus anderen Gebieten geistiger Art stammend, gleichsam das Denken überfallen und es nötigen, die überlieferten Begriffe ihnen gemäß umzuwandeln" (HELM). MACH spricht von einer experimentellen, einer logischen und einer formalen Wurzel des Energieprinzips. (Naturphilosophische Ideen haben auch bei JOULE und COLDING bestimmend mitgewirkt; s. Anm. 56.)

51. „Bemerkungen über die Kräfte der unbelebten Natur" Lieb. Ann. **42**, 233—240 (1842). (Mit der Arbeit von 1845 zusammen in OSTWALDs Klassiker, Nr. 180, herausgeg. von A. v. OETTINGEN.) „Es war ein günstiger Umstand für mich, daß durch die wohlwollende Aufnahme jenes mit so tiefer Einsicht begabten Mannes die unscheinbare Arbeit gleich den Eingang in eines der ersten wissenschaftlichen Organe gefunden hat" (1851, M.I. 247). (Beachtung hat freilich der Aufsatz dennoch nicht gefunden.) Eingehende *Würdigungen* der genialen Erfassung von R. MAYER, mit dem glücklichen Zusammentreffen von schärfstem Durchdenken der Einzelbeobachtung, Weitblick der Phantasie und fruchtbarer Grundüberzeugung geben DÜHRING, v. OETTINGEN, MACH, HELM, GROSS, HELL, PLANCK, LENARD, RIEHL, OSTWALD (s. auch Anm. 97).

52. Was bei MAYER „Fallkraft" ist, nennt HELMHOLTZ allgemein „Spannkraft", RANKINE „potentielle Energie". MAYERs „Bewegung" ist identisch mit der „kinetischen Energie" (RANKINE: „aktuelle Energie"). Wie die kinetische Energie (Bewegungsenergie, Wucht) begrifflich ihre Wurzel in der geleisteten menschlichen Arbeit hat, so die potentielle (Energie der Lage, allgemein: Tucht) im menschlichen Arbeitsvermögen, in der Arbeitsfähigkeit und Arbeitsbereitschaft. (Von einer *force vive latente* hatte schon der ältere CARNOT gesprochen [s. S. 28]; für den Arbeitsbegriff verwendet MAYER bisweilen auch das Wort „Effekt"; z. B. M.II. 225.) Über das Wort „Schwerkraft" heißt es: „Dies prächtige Wort, bei dem sich so viel denken läßt, da es eigentlich gar keinen Sinn hat, werden sich die spekulativen deutschen Naturphilosophen möglichst reservieren" (An GRIESINGER, 16. Dez. 1842; M.II. 201). „R. MAYER kämpfte vergebens gegen das Wort Kraft als Antrieb, heute beschränkt die Physik die Bedeutung hierauf" (A. v. OETTINGEN). Beziehungen zum Gravitationsgesetz stellt R. MAYER in folgendem Ausspruche her: „Das Gesetz von der Erhaltung der Kraft ist als ein allgemeinerer, ich will sagen als der dynamische Ausdruck des in statischer Form redigierten Gravitationsgesetzes anzusehen" (M.II. 255; s. auch Anm. 28 u. 106).

53. Wie schon von A. RIEHL und W. OSTWALD hervorgehoben wurde, ist es bedeutungsvoll, daß hier wie an anderen Stellen die qualitativen und quantitativen Umwandlungen der *Energie* mit Wandlungen chemischer *Stoffe* bei Verbindung und Zersetzung durchaus in Parallele gesetzt werden; chemische und energetische Äquivalenz sind analoge Begriffe. Der „Erhaltung des Stoffes", wie sie schon SENNERT, JUNGIUS, VAN HELMONT

begrifflich fixiert hatten, korrespondiert eine „Erhaltung der Kraft". Die „Formänderungen der unentstandenen und unzerstörbaren Materie" sind R. Mayer das Vorbild für die Wandlungen der Kraft. Sauerstoff und Wasserstoff erscheinen ihm, rein stofflich betrachtet, als „das Knallgas-äquivalent des Wassers" (M.I. 250). Die chemische Tradition des väterlichen Hauses, das frühe Bekanntwerden mit der Leistung von Lavoisier, und die mannigfachen Belehrungen, die er insbesondere von seinem Heilbronner Apotheker-Bruder empfangen hat (seinem „chemischen Wörterbuch" und ersten Anhänger seiner Lehre), haben reiche Früchte getragen. (Hinsichtlich Lavoisier siehe z. B. M.I. 319, 389.) „Die gleiche Bewandtnis wie mit der Lehre von den Materien (Chemie) hat es mit der Lehre von den Kräften (Physik); beide müssen auf dieselben Grundsätze basiert sein" (An Baur, 16. Aug. 1841, M.II. 121 f.; siehe auch M.I. 31; M.II. 110, 122, 176, 187, 223). Zum Beispiel: „Das auf dem Erdboden liegende Gewicht ist, wie die (bei der Verbrennung gebildete, d. Verf.) Kohlensäure nichts weiter als ein *caput mortuum*" (M.I. 256). „Es ist hier mit der Kraft wie mit dem Stoffe" (M.I. 325). Siehe auch A. Mittasch, R. Mayers Stellung zur Chemie, Angew. Ch. **1940**, 113. (Auch gesondert erschienen.)

54. Die erste Äußerung über das mechanische Wärmeäquivalent und die Möglichkeit seiner Berechnung findet sich in einem Briefe an Baur vom 12. Sept. 1841; M.II. 129. (Der Studienaufenthalt in Paris, im Herbst 1839 vor Antritt der Schiffsreise, hat hier sichtlich mitgewirkt, daß die berühmten französischen Physiker der Zeit mit ihren Leistungen Mayer geläufig wurden. Hatte doch Dulong gelehrt, daß beim Zusammendrücken eines Gases Wärme entsteht.) (Siehe auch M.II. 152, Auseinandersetzung mit Petit.) Wie Weyrauch betont, war Mayers Berechnungsweise „die einzige Art, welche damals ohne neue Versuche möglich war"! (M.I. 144). Eine Zusammenstellung aller Bestimmungen des mechanischen Wärmeäquivalentes bis 1865 gibt Helm, „Die Lehre von der Energie" 1887, S. 90—91. (Schon aus Sadi Carnots nachgelassenen Schriften läßt sich ein Wärmeäquivalent berechnen, und zwar: 1 Cal. = 370 kgm; die erste unmittelbare experimentelle Bestimmung von Joule — aus der Reibung — ergab 423,6.) Über R. Mayers nebenhergehende Versuche, auch experimentell den Wärmewert der Arbeit zu ermitteln (Apparat von Mechanikus Wagner, später verbessert von E. Zech) siehe die kurze Notiz „Wichtige physikalische Erfindung" in der Beilage zur Augsburger Allgem. Zeitung vom 14. Mai 1849; M.II. 307, sowie M.I. 61, 144, 270, 348, 358; II. 449; auch O. Lehmann und C. Matschoss. In absolutem Maße beträgt das Wärmeäquivalent 4, 186 · 10^7 erg.

55. Hierüber würde heute R. Mayer (nach de Broglie, Dirac, Heisenberg, Schrödinger u. a.) anders reden, im Sinne einer Umwandlungsfähigkeit von Masse in strahlende Energie, die unter extremen Verhältnissen möglich ist: $E = mc^2$ (s. S. 86).

Über R. Mayers physikalische Ausbildung sagt v. Oettingen: „Ihm fehlten alle Kenntnisse in Physik und Mathematik, und nur langsam und mühsam arbeitete er sich in diese Wissenszweige hinein." (Er selber nennt sich „einen der Physik nur so wenig kundigen Mann", M.II. 213). Doch haben die schriftlichen und mündlichen Belehrungen durch seinen Freund Dr. Carl Baur, Professor der Mathematik und Mechanik in Tübingen, Winter 1842—43 vertretungsweise in Heilbronn, nützliche Dienste geleistet; siehe M.I. 17 f.; M.II. 108). Auch die klugen Einwände seines weiteren Jugendfreundes Wilhelm Griesinger (später bedeutender Psychiater) haben fördernd gewirkt; siehe M.II. 173 f., sowie Preyer.

56. Bei Helmholtz (1847) heißt es (im Anschluß an S. Carnot und Clapeyron) ähnlich: „Wir gehen aus von der Annahme, daß es unmöglich

sei, durch irgendeine Kombination von Naturkörpern bewegende Kraft aus Nichts zu schaffen." Für die Geisteshaltung von JOULE (ab 1843) ist charakteristisch, daß er in gleicher Weise wie LEIBNIZ und MAYER die Gültigkeit des Erhaltungsgesetzes als eine logische Notwendigkeit ansieht: „It is manifestly absurd to suppose that the powers which God has endowed matter can be destroyed" (1843). COLDING schließlich meint (1843), daß die Kräfte darum in keiner Weise vernichtet, sondern nur transformiert werden können, weil sie geistiger Art seien. Über das viel diskutierte Verhältnis von HELMHOLTZ und JOULE zu R. MAYER siehe DÜHRING, MACH, GROSS, HAAS, PLANCK u. a. „Während MAYER das *formale* Bedürfnis mit der größten instinktiven Gewalt des Genies, man möchte sagen mit einer Art Fanatismus vertritt . . ., wendet sich JOULE der eingehenden Begründung derselben durch wunderbar angelegte und meisterhaft ausgeführte Experimente auf allen Gebieten der Physik zu. Der 27jährige HELMHOLTZ aber fragt schließlich mit voller Klarheit: Was folgt, *wenn* es besteht?" (MACH, Vorlesungen). „Die Begründung der modernen Energetik konnte nur das *gemeinsame* Werk der spekulativen Naturphilosophen, des experimentierenden Empirikers und des analysierenden Theoretikers sein" (HAAS).

57. Drei „Beweise" führt R. MAYER für sein neues Prinzip an: 1. „Aus einfachen, nicht zu leugnenden Prinzipien", 2. Aus der Unmöglichkeit eines Perpetuum mobile (hier gilt: „so bringt man es doch auch in Gedanken nicht hin . . ."), 3. „Ein dritter Beweis ist aus den Lehren der Experimentalphysik zu führen. — Eine sehr dankbare Arbeit ist es für mich, die speziellsten Folgerungen mit den Tatsachen der Experimentalphysik stets und immer im Einklange zu finden." (An GRIESINGER, 5. u. 6. Dez. 1842; M.II. 188, 193). Immer wieder werden „Vernunft und Erfahrung" als gleichberechtigt und zusammengehörig angeführt; z. B. M.I. 152). In einem Briefe an BAUR vom 1. Aug. 1841 (M.II. 115) hatte es noch geheißen: „Als Axiom . . . eine Kraft ist nicht weniger unzerstörlich als eine Substanz. Direkte Beweise läßt dieser allgemeine Satz so wenig bei Kraft zu als bei Substanz; er folgt aus innerer Nötigung." (Vgl. A. COMTE 1830: „Alle Versuche, das Trägheitsgesetz aus bloßen Gedanken statt aus der Erfahrung abzuleiten, sind absurd.") Aus der Gleichbewertung empirischer und logischer Gründe für sein Erhaltungsprinzip geht hervor, wie unberechtigt im Ganzen der Vorwurf „rein spekulativen Vorgehens" (JOULE, TAIT) oder eines „Liebäugelns mit der Metaphysik" (HELMHOLTZ) gewesen ist (siehe auch DÜHRING, GROSS, ISRAEL u. a.).

In bezug auf das Perpetuum mobile ist bemerkenswert: Die gewichtigsten Einwände gegen VOLTAs „Kontakttheorie" der galvanischen Kette — gegenüber DAVYs und RITTERs chemischer Theorie — sind von der Unmöglichkeit eines Perpetuum mobile her geltend gemacht worden: ROGET 1829, FARADAY 1840, L. GMELIN, SCHÖNBEIN u. a. Umgekehrt lehnte der Physiker CHRISTIAN HEINRICH PFAFF in Kiel MAYERs Erhaltungsgesetz u. a. darum ab, weil „die Annahme, daß eine gegebene Ursache sich bei Hervorbringung einer ihr gleichen Wirkung erschöpft", mit der von ihm vertretenen Kontakttheorie unvereinbar sei! (M.II. 230, 381; M.I. 257f.).

58. Schon bei der ersten Formulierung im Aufsatz von 1841 sind die Bewegungskräfte zu den thermischen, chemischen und elektrischen in Beziehung gesetzt (M.II. 101). „Bewegung, Wärme und . . . Elektrizität sind Erscheinungen, welche auf *eine* Kraft zurückgeführt werden können, einander messen und nach bestimmten Gesetzen ineinander übergehen" (M.I. 105). In einem Briefe an BAUR vom 17. Juli 1842 (M.II. 135) nennt MAYER „Fallkraft, Bewegung, Wärme, Elektrizität und chemische Differenz der Materie" (Affinität) als die einzigen fünf Kräfte der leblosen Natur. Die „chemische Differenz" steht in Analogie zu „räumlichem Abstand"

(Fallkraft) und „elektrischer Differenz" (Potentialdifferenz). Auch bei SCHOPENHAUER findet sich der Ausdruck „Ausgleichung chemischer Differenz" (nach KRÖNIG „nicht gut gewählt").

59. Durch die Hervorhebung des Erhaltungsmomentes wird von R. MAYER (ähnlich wie von LEIBNIZ) der *Kraftbegriff* durchaus dem *Substanzbegriffe* nahe gebracht, wenn er auch nicht — in der Weise späterer Energetiker — geradezu verdinglicht und verabsolutiert worden ist. SCHOPENHAUER läßt sich vernehmen: „Wer also das Gesetz der Kausalität erkannt hat, der hat eben damit das ganze Wesen der Materie als solches erkannt ... Ursach und Wirkung ist also das ganze Wesen der Materie: ihr Sein ist ihr Wirken ... sie ist durch und durch lauter Kausalität. Diesergestalt ist das Gesetz der Kausalität wesentlich verbunden mit dem der Beharrlichkeit der Substanz: beide erhalten bloß voneinander wechselseitig Bedeutung. Die Materie und die Naturkräfte ... sind die Bedingungen der Kausalität ... Die Naturwissenschaft nun hat die Materie als Problem und das Gesetz der Kausalität als Organon", usw. (Vgl. MITTASCH, Schopenhauer und die Chemie, 1939; auch Jahrb. d. Schopenhauer-Gesellschaft 1939, S. 81 f.) Und HELMHOLTZ (1881): „Ursache ist der ursprünglichen Wortbedeutung nach das hinter dem Wechsel der Erscheinungen unveränderlich Bleibende oder Seiende, nämlich der Stoff und das Gesetz seines Wirkens, die Kraft." (Siehe auch Anm. 82, sowie Abschnitt 35.) *„Quod non agit, non existit."*

60. „Die organische Bewegung in ihrem Zusammenhange mit dem Stoffwechsel. Ein Beitrag zur Naturkunde." Verlag der C. Drechslerschen Buchhandlung Tübingen 1845. M.I. 45—128. E. WÖHLISCH, Naturwiss. **1938**, 585, rühmt von R. MAYER, er stelle „mit dem an diesem merkwürdigen Manne immer wieder zu bewundernden, fast seherischen Weitblick in unerhörter Klarheit *als Axiom den Satz von der Giltigkeit des Energieprinzips auch für den lebenden Organismus* auf", einen Satz, den fast 40 Jahre später MAX RUBNER für das Tier, noch wesentlich später ATWATER und BENEDICT auch für den Menschen experimentell erwiesen haben (s. Anm. 101).

61. R. MAYERs Freund BAUR nimmt an dem Satze Anstoß: „eine Kraft ist die *Ursache* einer Bewegung" (Brief an MAYER, 11. Aug. 1841, M.II. 117). Nach HELMHOLTZ ist die *Bewegungskraft* die „Ursache" der Änderung der räumlichen Verhältnisse zweier Körper gegeneinander. Noch BOLTZMANN hat Kräfte als „Ursachen" bezeichnet (1892). Neuerdings aber kann man es als eine „Entgleisung" bezeichnet finden: „Kraft als Ursache, Gesetz als Ursache" (BURKAMP 1938).

62. Hieraus ergeben sich, wie R. MAYER ausführt und an Beispielen erläutert, 25 verschiedene mögliche Gruppen von Umwandlung einer Energieform in eine andere.

63. Ähnlich LIEBIG; siehe S. 38 und Anm. 101. Noch im Jahre 1842 hatte REICH in der tierischen Wärme ein Erbstück gesehen, das jedes lebende Wesen auf seinen Weg mitbekommt; DE LA RIVE vermutete in der „Nervenelektrizität" die Quelle der Wärme.

64. Zeitlebens hat R. MAYER die klassische Mechanik sehr hoch geschätzt, die ihm „eine immense Wissenschaft" ist (M.I. 39; s. auch M.I. 46.) Ganz deutlich geht jedoch schon die Erstlingsschrift von 1841 über Mechanik hinaus: „Eine besondere Klasse, den Übergang von einfacher Bewegung zur Wärme, bilden die wellenförmigen und oszillierenden Bewegungen ...; nach der verschiedenen Energie bringen sie verschiedene Erscheinungen hervor ... Bewegung geht in Wärme über dadurch, daß sie durch eine entgegengesetzte Bewegung oder durch einen festen Punkt neutralisiert wird, die entstandene Wärme ist der verschwundenen Bewegung proportional ... Aus Licht wird Wärme, wenn die Bewegung in Ruhe übergeht, aus Wärme Licht, wenn

die angehäufte Neutralisierte wieder die Form der Bewegung annimmt"
(M.II. 105, 106).

65. Dagegen SCHOPENHAUER: „Das *Licht* ist ebensowenig mechanisch
zu erklären, wie die Schwerkraft. — Also hat das Emanationssystem Recht
oder vielmehr kommt der Wahrheit am nächsten." Dazu auch: „Die Kraft
selbst ... bleibt ihr ewig ein Geheimnis." Ferner die heftigen Worte gegen
„die unglaubliche *Rohheit* der jetzigen mechanischen Physik, deren Adepten
jede Naturkraft höherer Art, Licht, Wärme, Elektrizität, chemischen Prozeß
usw. zurückführen wollen auf die Gesetze der Bewegung, des Stoßes und
Druckes, und auf geometrische Gestaltung, nämlich ihrer imaginärer Atome".

66. Von seinem Freunde REUSCHLE wird die BROWNsche Bewegung
(1827) geltend gemacht, wo man „in dem längst bekannten, unter dem
Mikroskop sich zeigenden Tanzen und Herumschwärmen eines in eine Flüssigkeit gestreuten möglichst feinen Pulvers ... die *Wärme als Bewegung sichtbar
vor Augen habe*" (22. Juli 1869; M.II. 301). Hierzu weiter: „Wenn wir die
Entdeckung anstaunen, daß Wärme Bewegung sei, so staunen wir etwas an,
was nie entdeckt worden ist" (MACH). „Alles, was nicht aus Erscheinungen
folgt, ist eine *Hypothese*, und Hypothesen, seien sie nun metaphysische oder
physische, mechanische oder diejenigen der verborgenen Eigenschaften,
dürfen nicht in die Experimentalphysik aufgenommen werden" (NEWTON
1687). Nach THOMSON und TAIT (1871) soll es eine experimentelle Tatsache
sein, daß „Wärme Bewegung ist".

67. In GEHLERs „Physikal. Wörterbuch" 1830 heißt es: „Die kalten
Sonnenstrahlen treffen auf Körper und machen den Wärmestoff frei, setzen
ihn in Bewegung." BERZELIUS dagegen: „Das seinem Wesen nach unbekannte
Etwas, das wir Wärme nennen."

68. Angesichts der Ablehnung einer Vorherrschaft des „Mechanismus"
im Reiche der beharrenden „Kraft" wird so recht deutlich, wie gewaltsam
die Definition von J. SCHULTZ ist: „Unter Mechanistik verstehe ich jede
Weltanschauung, deren Prinzip lautet: causa aequat effectum." Ebenso
unzutreffend ist es, wenn CHRISTMANN in „Biologische Kausalität" 1928
sagt: „Dem Mechanismus wurde zur Herrschaft verholfen durch die Auffindung des Prinzips der Erhaltung der Energie"; oder wenn KRIECK („Mythologie des bürgerlichen Zeitalters" 1939) R. MAYER als Vertreter der Mechanistik hinstellt. Hierzu auch ERNST MACH: Von dem Satze: „Arbeit aus
Nichts zu schaffen oder ein sog. ‚Perpetuum mobile' ist unmöglich", gilt,
1. „daß dieser Satz mehr oder weniger klar fast allen bedeutenden Forschern
vorgeschwebt und seit der STEVIN-GALILEIschen Epoche den wichtigsten
Erweiterungen der physikalischen Wissenschaften zur Grundlage gedient
hat" und 2. „daß dieser Satz keineswegs mit der mechanischen Weltanschauung steht und fällt". S. auch SIGWART, Anm. 102.

69. Es ist von Interesse, gegen derartige Äußerungen die Auffassung
zweier anderer dazumal lebendenden Männer zu halten: FECHNER, der das
Atom, weil es „wirkt", als „wirklich" hinstellt (G. TH. FECHNER, Über die
physikalische und philosophische Atomenlehre, 1. Aufl. 1855.) und SCHOPEN-
HAUER, der das Atom nur als „Rechenpfennig", als „Fiktion" gelten läßt.
„ROBERT MAYER hält seine Idee frei von allen Hypothesen" (GROSS).

70. R. MAYER hat sich eifrig bemüht, seine von Haus aus sehr dürftige
mathematische Ausbildung zu vervollständigen. In seinem ersten Briefe
an GRIESINGER vom 30. Nov. 1842 (M.II. 175) redet er von „fortgesetzten
Studien der Mathematik und Mechanik" (mit Unterricht von BAUR). Am
16. Dez. 1842; M.II. 205, heißt es weiter: „Gegenwärtig bin ich mit dem
Studium der höheren Mathematik und der Mechanik viel in Anspruch
genommen; dies muß aber auf alle Fälle sein." An seinen Freund P. LANG

schreibt er am 19. März 1844 (M.II. 19): „Du siehst, daß in meiner Anschauungsweise immer noch etwas vom Mathematiker spukt, und in der That bin ich fortwährend beflissen, alle zu erübrigende Zeit einem Versuche zu mathematisch klarer Auffassung der Naturerscheinungen zuzuwenden, wobei sich mein Gesichtskreis immer mehr erweitert." Noch in den Aufzeichnungen aus den sechziger Jahren (M.II. 380) spricht er von der Lücke in dem Studium der Mathematik, „die ich oft schmerzlich empfunden habe und empfinde". (Über „Störungsrechnung" siehe M.I. 425, über Statistik M.I. 427). (S. auch Anm. 55, 72 u. 86.)

„Beruht die angemessene Form der endlichen Erkenntnis auf dem Urteil, das Urteil auf der Gleichung, auf der Vergleichung, so hat unter allen Arten der Naturerkenntnis die messende, also die mathematische den Vorrang: das Instrument der neuen Naturerkenntnis ist die *Wage*" (NICOLAUS VON CUES, nach E. HOFFMANN in VORLÄNDER, Geschichte der Philosophie, I. Bd.). Allerdings kommt es auch in der Mathematik auf das „Wie" und „Wozu"? an. So tadelt DÜHRING HERBART als „in der bizarresten und unexaktesten Weise am falschen Ort mathematisierend".

71. Ganz ähnlich POINCARÉ: „Wenn eine Definition zu irgend etwas nützlich sein soll, muß sie uns lehren, die Kraft zu messen; es ist keineswegs nötig, daß sie uns lehrt, was die Kraft *an sich* ist."

72. Von R. MAYERs Wertschätzung mathematischer Erfassung der Naturerscheinungen zeugen auch die zwei Aufsätze: „Über die Bedeutung unveränderlicher Größen" 1870 (M.I. 381), und „Über veränderliche Größen" 1873 (M.I. 418). Sein Energiegesetz betrifft nur mathematische Beziehungen, quantitative Zusammenhänge; nie aber ist von wirklicher „Identität" der Energieformen die Rede.

In dieser Hochschätzung des Zahlensymbols wie in der Betonung der „Relationen" als Gegenstand der Forschung begegnet sich R. MAYER mit HELMHOLTZ: „Das endliche Ziel der theoretischen Naturwissenschaften ist..., die letzten unveränderlichen Ursachen in der Natur aufzufinden. Das Denken hat die Aufgabe, die universellen Konstanten zu suchen. — Ich habe mir erst später klargemacht, daß das Prinzip der Kausalität in der Tat nichts anderes ist als die Voraussetzung der Gesetzlichkeit aller Naturerscheinungen" (1881). (S. auch S. 69.)

73. „Wenn die Wirkung proportional der Ursache ist, und die Quantität der Bewegung und der Kraft nicht vermehrt werden kann, wie kann dann aus dem kleinsten Funken der größte Brand entstehen?" (L. EULER 1738, anläßlich eines Preisausschreibens der Pariser Akad. d. Wissensch. über die Natur und Ausbreitung des Feuers.)

74. Immer aber bedarf der *Influxus physicus* der Assistenz Gottes. Andere vermeintliche Lösungen des Problems wurden im „Okkasionalismus" von MALEBRANCHE und in der prästabilierten Harmonie von LEIBNIZ gesehen. Siehe hierzu und zu dem Folgenden auch E. DU BOIS-REYMOND, Die sieben Welträtsel 1880 („Gesammelte Reden" 1886—87, Bd. 1, 381) mit Angabe älterer Literatur.

75. SCHOPENHAUER, dem jede Kenntnis des Katalysebegriffes fehlte — für seine späteren Werke wäre eine solche möglich gewesen — konnte noch der Auffassung sein, daß in der anorganischen Natur „der Grad der Wirkung dem Grad der Ursache stets genau angemessen" sei, und daß erst in der *Reizkausalität* des organischen Lebens eine Inkongruenz von Ursache und Wirkung beginne, die sich in der „Motivation" der Handlung auf höherer Ebene fortsetze. „Der Stein muß gestoßen werden; der Mensch gehorcht einem Blick". Und weiterhin: „Allerdings hat MALEBRANCHE Recht; jede natürliche Ursache ist nur Gelegenheitsursache, gibt nur Gelegenheit, Anlaß zur Erscheinung jenes einen unteilbaren Willens, der das An-sich

der Dinge ist und dessen stufenweise Objektivierung diese ganze sichtbare Welt ist.“

76. Man hat Grund anzunehmen, daß R. MAYER den epochemachenden Aufsatz von BERZELIUS eingesehen und aufmerksam gelesen hat: „Einige Ideen über eine bei der Bildung organischer Verbindungen in der lebenden Natur wirksame, aber bisher nicht bemerkte Kraft“ (1835); siehe auch MIT- TASCH, Berzelius und die Katalyse 1935; Robert Mayer und die Katalyse, Chem.-Ztg. **1940**, 38. Der vorgeschlagenen Erweiterung des Begriffes „kata- lytisch“ auf „veranlassend“ überhaupt ist die Wissenschaft erklärlicherweise nicht gefolgt, wie denn auch R. MAYER darauf nicht erneut zurückgekommen ist. Im einzelnen scheut er trotz seiner „Hypothesen-Feindlichkeit“ auch vor sehr gewagten katalytischen Vermutungen nicht zurück; so z. B. daß der „Gehirnphosphor“ „per contactum zur Ozonbildung dient, und daß durch das auf solche Weise gewonnene elektrische Agens die Nervensubstanz befähigt wird, den Willen und die Empfindung zu leiten!“ (An MOLESCHOTT, 13. Dez. 1867, M.II. 362.)

77. „Über Auslösung“, erschienen im Staatsanzeiger für Württemberg 1876, M.I. 440—446. Wie wichtig dieser Gegenstand R. MAYER erschien, beweist der Umstand, daß er ihn (nach einer Äußerung zu DÜHRING 1877) in einer großen Schrift weiterführen und diese einer Bewerbung um den Bressa-Preis der Kgl. Akademie in Turin (12000 fr.) für die bedeutendste physikalische Arbeit der letzten Jahre zugrunde legen wollte; der Tod (am 30. März 1878) hat die Ausführung des Planes vereitelt. (Im Jahre 1891 hat HEINRICH HERTZ einen Bressa-Preis erhalten.) Siehe hierzu DÜHRING, Robert Mayer, der Galilei des 19. Jahrhunderts, S. 30. (Von der Akademie zu Turin war MAYER 1867 zum Mitglied ernannt worden, und zwar auf Vor- schlag von MOLESCHOTT; M.II. 361.) In M.II. 32 findet sich ein Referat von 1881 über den Inhalt jenes Aufsatzes, „daß auf viele Naturprozesse wie Gärung, welche durch Auslösungen eingeleitet werden, der Satz *causa aequat effectum* keinen Bezug habe“. Siehe auch A. MITTASCH: Auslösungs- kausalität, ein vergessenes Kapitel Robert Mayers? Umschau **1939**, 1114.

Nach E. v. LIPPMANN (briefl. Mitteil.) fehlen Belege, daß damals „in der neueren Wissenschaft“ das Wort „Auslösung“ gebräuchlich gewesen wäre; es sei darnach zu vermuten, daß E. MAYER das Wort selber eingeführt habe, und zwar — als Übersetzung von „Katalyse“! („Ich habe mich von jeher dem herrschenden Sprachgebrauch gerne akkommodiert“; M.I. 441. Vgl. auch die umfassende Definition von „katalytische Kraft“, S. 58.)

78. Hier liegt eine sehr bedeutsame und weitreichende Äußerung vor, mit deren Geltungsbereich sich jede Mathematisierung der Wissenschaft, insbesondere der Biologie unserer Tage ernsthaft auseinanderzusetzen hat! Schon für die Erscheinung der Katalyse ist zu fragen: Wie kann etwa die Tatsache, daß ein Stück Platinmetall in der Lage ist, unendlich lange immer neue Mengen Knallgas in Wasser zu verwandeln, in die Gestalt einer bestimm- ten mathematischen Funktion übergeführt werden, die den *Gesamtvorgang* „adäquat“ beschreibt? Und wie ist es gar bei biologischer Wahlhandlung?

Nach A. BIER ist Mathematik in der Biologie „unbrauchbar“, auch bei den MENDEL - Gesetzen „mit Vorsicht zu gebrauchen“! Nach FRIEDERICHS ist die Anwendung von Mathematik auf Biologie „schwierig“. Nur in Neben- sachen“ hat es nach DRIESCH die Biologie mit dem Begriff der Größe zu tun. Für A.K. allein wird der weitere Satz von DRIESCH gelten: „Mathe- matik kann an den *eigentlichen* Kausalitätsbegriff gar nicht heran“. Siehe dagegen die Bestrebungen der Schaffung einer „mathematischen Biologie“ durch PEARSON, DONNAN, RASHEVSKY, ADOLF MEYER u. a. (S. 154).

79. Weiterhin heißt es noch über „Auslösungen“ und (mit heutigem Worte) auch „Ausdrucksbewegungen“: „Im allgemeinen gilt also der Satz,

daß richtige physiologische Auslösungen, wenn nämlich solche gewisse
Grenzen nicht überschreiten, angenehm empfunden werden, und es beruhen
auch auf dieser Tatsache eine Menge von Vergnügungen, z. B. Spazieren-
gehen, Singen, Tanzen, Schwimmen, Schlittschuhlaufen u. dgl. m. Spiri-
tuosen befördern geistig und leiblich die Auslösung, der Wein erfreut des
Menschen Herz, wogegen Narcotica die Auslösung deprimieren ... Wie
die Trauer ein passiver, so ist der Zorn ein aktiver Seelenschmerz, der die
Auslösungstendenz, und zwar vor allem die der Zunge, gewaltig steigert
und sich dadurch Luft macht. — Physiologische Auslösungen in höchster
Potenz sind die sexuellen Verrichtungen." Schließlich können nach MAYER
sogar strafbare Verbrechen wie „Attentate" und „Herostratos-Taten"
unter den Begriff der „Auslösung" gefaßt werden.

BALFOUR STEWART hatte schon vor MAYER die Ansicht vertreten, daß
die Wirkungsart des Willens bei der „Auslösung" zu suchen sei: „Die Arbeit,
welche den Beginn der Umwandlung bewirkt, nähert sich (in erkennbaren
Fällen) der Grenze Null. Nichts verhindert anzunehmen, daß die geheimnisvolle Verbindung des Subjektes mit seinem Organ so festgesetzt ist, daß es
ohne mechanische Arbeit den Beginn des Austausches bestimmen kann."

80. Im Anfange hatte es weit schärfer geheißen: „Wie der Begriff ‚Schwerkraft' ein unsinniger, so ist auch der vieler andern, namentlich der katalytischen Kraft etc. gleich töricht, verderblich" (An BAUR, 17. Juli 1842;
M. II. 134). Gegenüber der Bezeichnung von „Zug" und „Druck als Kraft"
(kartesianischer Kraftbegriff) hat indes MAYER seine ablehnende Haltung
nie völlig aufgegeben. „Ob es zweckmäßig ist" von „Schwerkraft" zu
reden, „das ist eine andere Frage". Er bleibt dabei (1851), daß der Ausdruck auf alle Fälle „unpassend" sei (M.I. 260). Kennzeichnend für seine
zunehmende Duldsamkeit hinsichtlich des Wortes „Kraft" überhaupt ist
auch die Tatsache, daß R. MAYER 1851 einen Aufsatz, betitelt: „Über die
Herzkraft" geschrieben hat (M.I. 298). In einem Brief an BAUR vom 6. Aug.
1842 (M.II. 140—144) erörtert R. MAYER ausführlich den Kraftbegriff unter
Ausführung verschiedener Definitionen (BAUMGARTNER, LAMÉ, BIOT u. a.),
ebenso in der Abhandlung von 1851 (M.I. 250f.), mit Beziehung auf NEWTON
und LEIBNIZ.

81. E. DÜHRING betont zutreffend, daß R. MAYER, nachdem er von
seinem Prinzip die äußersten Konsequenzen gezogen hatte, nunmehr zu
einer Ergänzung des Prinzips unmittelbar genötigt war. „So entstand eine
geistvolle, von den physikalisch-chemischen bis zu den sexuellen und leiden-
schaftlichen Erscheinungen, ja bis zu den Gemütsexplosionen und Atten-
taten reichende neue Theorie." Damit hat MAYER „die Schranken seines
alten Satzes durchbrochen, daß die Ursache mit der Wirkung von der gleichen
Größe sei". TH. GROSS bemerkt: „ROBERT MAYER stellte auch die Begriffe
Fallkraft und Auslösung zuerst fest und bewies dadurch wiederum die geniale
Tiefe seines Denkens."

82. ... „wenn es vielleicht auch noch nicht allen hinlänglich klar ist,
daß nämlich die Substanz der Dinge in der Kraft zu handeln und zu leiden
besteht" (LEIBNIZ). Nach SCHOPENHAUER ist LEIBNIZENS „Philosophie
der Kraft" die Vorgängerin seiner „Philosophie des Willens; der Wille ist
die Kraft". —

Von einer unmittelbaren Zurückführung aller „Naturkräfte" auf einige
oder gar eine einzige „Urkraft" ist die Wissenschaft heute weiter denn je
entfernt. So spricht der Chemiker und Physiker von Valenzkräften, von
VAN DER WAALSSchen Kräften, von Atomkräften und Kristallisationskraft,
von Austauschkräften und Resonanzkräften, von Dämpfungskraft, Erreger-
kraft, Koerzitivkraft, von richtenden Kristallgitterkräften und assoziativen
Kräften, von elektrophoretischer Bremskraft, Relaxationskraft in Elektro-

lyten, „nichtelektrischen" Kernkräften, tektonischen Kräften der Erde usw.; der Biolog kennt Formungskräfte, Abwehr- und Heilkräfte, dirigierende und koordinierende Kräfte usw. Auch macht es der Wissenschaft nichts aus, bei Bearbeitung neuer Gebiete jeweils neue Kräfte zu „erfinden", — mit dem Hintergedanken, diese nach Möglichkeit später wieder verschwinden, d. h. in bekannten „allgemeinen" Kräften aufgehen zu lassen.

83. Die anfängliche Annahme einer Konstanz der Wärmemenge bei verschiedenem Niveau hat CARNOT später auf Grund der Erkenntnis aufgegeben, daß Wärme auf Kosten mechanischer Arbeit erzeugt werden könne und umgekehrt. Auch die Grundlagen des Entropiebegriffes hat CARNOT geschaffen. „Entropie" bezeichnet gewissermaßen denjenigen Teil der Energie, der sich nicht mehr nutzen, d. h. nicht mehr in mechanische Arbeit umsetzen läßt: Nichtumkehrbarkeit des Geschehens (s. auch M.II. 188, Fußnote). R. MAYER bringt hierzu folgenden — nicht einwandfreien — Vergleich: „So wenig eine gegebene Menge von Chlor, Metall und Sauerstoff, ohne Bildung eines Nebenproduktes, in chlorsaures Salz sich verwandeln läßt, so wenig können wir eine gegebene Wärmemenge als *Ganzes* in Bewegung umsetzen" (M.I. 57). Im Jahre 1848 hat W. THOMSON auf den CARNOT-CLAPEYRON-Satz die absolute Wärmeskala gegründet. Der Satz, daß „die Wärme nicht von selbst aus einem kälteren in einen wärmeren Körper übergehen kann", ist nach Meinung seines Urhebers CLAUSIUS „ein Grundsatz von derselben Wichtigkeit, wie der, daß man nicht Arbeit aus Nichts schaffen kann" (Abhandlungen I, 1864, S. 50; nach TH. GROSS, ebenso nach K. WAGNER, ist die Gleichsetzung *nicht* berechtigt).

Der Aufbau der Thermodynamik ist bald durch die kinetische Gastheorie ergänzt worden, die von einer *mechanischen* Theorie der Wärme, d. h. der Vorstellung einer spontanen Wärmebewegung der Gasmolekeln ausgeht (KRÖNIG 1856, CLAUSIUS 1857, Vorläufer D. BERNOULLI 1738, HERAPATH). Den statistischen Charakter des II. Hauptsatzes hat CLERK MAXWELL erkannt und BOLTZMANN weiterverfolgt: „Durch ein Gedankenexperiment hat JAMES CLERK MAXWELL den statistischen Charakter des II. Hauptsatzes der Wärmetheorie erkannt" (PLANCK). BOLTZMANNs „große Entdeckung" (nach PLANCK) ist der Zusammenhang von Entropie und Wahrscheinlichkeit: Die Energie wird in einem System immer aus unwahrscheinlichen in wahrscheinlichere Formen übergehen, aus geordneten Zuständen in ungeordnete. (Siehe OSTWALDs Klassiker, Nr. 99: CLAUSIUS, Nr. 193: W. THOMSON; ferner RANKINE, ZEUNER, BOLTZMANN, MACH, POINCARÉ, PLANCK u. a.)

84. Es heißt da (M.I. 351): „Das zweite Gesetz der mechanischen Wärmetheorie, das CARNOTsche Gesetz, welches lehrt, daß die Wärme nur dann zur Hervorbringung von Bewegung benutzt werden kann, wenn dieselbe von einem wärmeren auf einen kälteren Körper übergeht, postuliert eine solche allgemeine Massenvereinigung keineswegs" (= „Vereinigung aller ponderablen Substanz des Universums zu einer Masse"). Mißverständlich bezeichnet R. MAYER zuweilen das Gesetz von der „Erhaltung der Kraft" als „mechanische Wärmetheorie" (M.I. 347, 372). Siehe auch den Briefwechsel mit CLAUSIUS (M.II. 365).

85. Ähnlich später MACH: „Ein solcher Satz, über das ganze Weltall ausgesprochen, erscheint mir durchaus illusorisch." Und G. HELM: „Man sollte Schlüsse auf die Zukunft der Welt vorsichtiger aussprechen." NIEWEN: „Erhaltung und Zerstreuung von Energie ist keine Denknotwendigkeit, sondern eine Sache der Erfahrung." Bei TAIT heißt es 1879: „Das Prinzip der Dissipation oder, wie ich es lieber nennen würde, der Degradation sagt nur aus, daß ... die Energie im Weltall beständig weniger transformierbar wird." Hieraus folgt, „daß der gegenwärtige Zustand nicht während einer unendlichen Vergangenheit durch die Tätigkeit der jetzt wirkenden Gesetze

sich entwickelt haben mag, sondern einen bestimmten Anfang gehabt haben muß, über den hinauszudringen wir ganz und gar unfähig sind".

Es mag ein gesundes Empfinden gewesen sein, das R. MAYER zu der Ablehnung der Erweiterung eines für bestimmte abgeschlossene Systeme gültigen Prinzips auf das *ganze Universum* geführt hat; später aufgetauchte Probleme und „Welträtsel" wie Radioaktivität, kosmische Strahlung und „Entstehung neuer Welten" in „Nebelflecken" haben es deutlich gemacht, daß wir nicht alle Winkel und Ecken des Weltalls kennen, und daß wohl ein „Wille zur Macht" an oberster Stelle stehen mag, nicht aber ein „Wille zu schließlicher Ohnmacht" (s. auch Anm. 100).

86. R. MAYER nennt hier LAGRANGE den eigentlichen „Gründer unserer Statistik", das für das „Gebiet des Zufälligen" gelte. „Das sogenannte *Gesetz der großen Zahl* läßt sich also von dem LAGRANGEschen Satze nicht herleiten, ja scheint sogar mit demselben nicht einmal ganz zusammenzustimmen" (M.I. 427).

87. Von alters her war die „Lebenskraft" entweder von dem lebengebenden Windhauch (Hauch des Atems, pneuma) oder von der „Wärmekraft" des Körpers oder von dem Licht der Sonne abgeleitet worden. Nach BLUMENBACH erhebt sich ein formbildendes ganzheitliches Gesetz mit zeugendem Antrieb über die organische Welt: „daß in allen belebten Geschöpfen vom Menschen bis zu den Maden ein besonderer, eingeborener Trieb liegt, die bestimmte Gestalt anfangs anzunehmen, dann zu erhalten, und wenn sie ja gestört worden, womöglich wieder herzustellen". Bei PROCHASKA und ERASMUS DARWIN ist der Lebensgeist, die Lebenskraft zur Nervenkraft geworden. Nach SPIELMANN (1722—1783) sind organische Körper Produkte der Lebenskraft. REIL stellt sich die Lebenskraft als einen feinen „Stoff" vor; AUTENRIETH als eine von der Materie ablösbare „Kraft". LEIBNIZENS „erste Entelechie" ist nach E. DU BOIS-REYMOND in Wahrheit das Lebensprinzip, die *vis formatrix*. Die „Lebenskraft" wird vertreten von F. C. MEDICUS, TREVIRANUS, A. VON HUMBOLDT, JOHANNES MÜLLER, LIEBIG, BERZELIUS, BICHAT; bekämpft von DUTROCHET, SCHLEIDEN, SCHWANN, C. LUDWIG, BRÜCKE, HELMHOLTZ (vielfach allerdings mit abweichender Definition!). Von zeitgenössischem Schrifttum sei angeführt: LOTZE „Über Lebenskraft", WAGNERs Handwörterbuch d. Physiol. 1842; ferner „Streitschriften" 1857. Nach VAIHINGER ist Lebenskraft eine „Nominalfiktion". Allgemein siehe E. v. LIPPMANN, Urzeugung und Lebenskraft 1933; H. DRIESCH, Geschichte des Vitalismus 2. Aufl. 1922; „Kausalität und Vitalismus" in Jahrb. d. Schopenhauer-Gesellschaft **26**, 1 (1939); ferner auch A. MITTASCH, Katalyse und Lebenskraft, Umschau **1936**, 733; Katalyse und Determinismus 1938; Über Kausalität-Rangordnung in der Natur, Forsch. u. Fortschr. **1938**, 16.

88. Fast mit den gleichen Worten hat LIEBIG gegen BERZELIUS' „katalytische Kraft" (nach P. WALDEN die „legitime Nachfolgerin der Lebenskraft") Einspruch erhoben: „Die Annahme dieser neuen Kraft ist der Entwicklung der Wissenschaft nachteilig, indem sie den menschlichen Geist scheinbar zufrieden stellt und auf diese Weise den weiteren Forschungen eine Grenze setzt" (An WÖHLER, 30. Mai 1837; siehe MITTASCH, Berzelius und die Katalyse 1935). Hinsichtlich LOTZE siehe GRIESINGER an MAYER, 17. Mai 1843, M.II. 206; auch H. LOTZE, Streitschriften, I.1857: „Die organisierende Kraft ist von Umständen abhängig, und zwar recht sehr abhängig."

89. Es handelt sich um LIEBIGs Ausführungen in seinem bedeutsamen Werke von 1842: „Organische Chemie in ihrer Anwendung auf Physiologie und Pathologie." LIEBIG versteht hier unter „Lebenskraft" eine Kraft, welche der Affinität des Sauerstoffs zu den tierischen Geweben während des Lebens Widerstand leistet oder das Gleichgewicht hält. (Ähnlich DANILOWSKI: „Die lebende Substanz birgt in sich die Kraft des Widerstandes gegen

zerstörende Einflüsse"; von RUBNER bekämpft.)   Über MAYERs Verhältnis
zu LIEBIG (teils Ablehnung, teils Zustimmung) siehe auch M.I. 34, 81, 132f.,
313; M.II. 190, 218, 412. An der letztgenannten Stelle (An SCHAFFHAUSEN,
20. Aug. 1867) heißt es, daß LIEBIG „die Ansichten, welche er versuchsweise — der Aufstellung des Phlogistons vergleichbar — 1842 über die ‚Lebenskraft' veröffentlichte, soviel mir bekannt, längst hat wieder fallen gelassen,
weshalb ich auch die in meiner Schrift vom Jahre 1845 dagegen erhobene
Polemik neuerdings nicht mehr habe abdrucken lassen". So sind LIEBIGs
endgültige Anschauungen über Lebenskraft (s. Chemische Briefe usw.) und
MAYERs *endgültige* Anschauungen (ebenso wie diejenigen von JOHANNES
MÜLLER und SCHOPENHAUER) in Wahrheit kaum noch verschieden voneinander: Siehe auch E. v. LIPPMANN, Chem.-Ztg. **1908**, 341, Abhandl.
u. Vorträge II (1913) S. 460: Justus Liebig über R. Mayer. J. VOLHARD,
Justus von Liebig 1909, Bd. II, S. 352 (LIEBIGs Vortrag von 1858 über
R. MAYERs „Erhaltung der Kraft").

Für den späteren LIEBIG ist Lebenskraft eine besondere Fähigkeit, physikalische und chemische Kräfte zu binden und zu lösen, zu koordinieren,
zu hemmen und zu richten. Er lehrt, „daß die Ideen der organischen Welt
einen Urheber haben, und daß in dem lebendigen Leibe eine Ursache besteht,
die die chemischen und physikalischen Kräfte der Materie beherrscht und
sie zu Formen zusammenfügt, die außerhalb des Organismus *niemals* wahrgenommen werden".

90. Noch schärfer hat sich E. DU BOIS-REYMOND gegen die „Lebenskraft" von LIEBIG u. a. gewendet: „Über die Lebenskraft" 1848. Er spricht
da von einem Verstoß gegen die „Erhaltung der Kraft", die durch die tief-
sinnigen Untersuchungen von R. HELMHOLTZ (!) erkannt worden sei, von
einem „willkürlichen Eingriff in die Naturgesetze", einem „Unding", einer
„Irrlehre", verkündet von der „Geißel Gottes, welche in unseren Tagen
über die Physiologie verhängt wurde". Und weiter wird gespottet: die Lebenskraft als „Dienstmagd für alles", oder „die gemütliche Lagerstätte, da die
Vernunft zur Ruhe gebracht wird auf dem Polster dunkler Qualitäten"
(nach KANT). Wozu allerdings schon BLUMENBACH (und nach ihm SCHOPEN-
HAUER) bemerkt hatte, daß die Kräfte und Gesetzlichkeiten der Physik
und Chemie ebenso „qualitates occultae" seien als der „organische Bildungstrieb". Schon 1802 hatte G. F. PARROT gegen den Begriff der Lebenskraft
geeifert als „eine nicht nur unnötige, sondern auch schädliche Hypothese".
In gleichem Sinne SCHWANN: „Der Organismus entsteht nach blinden Gesetzen der Notwendigkeit, die ebenso durch die Existenz der Materie gesetzt
sind wie die Kräfte in der anorganischen Natur." Noch bei KRONER (1913)
heißt es, daß der Begriff der Lebenskraft der Erhaltung der Energie wider-
spreche.

KRÖNIG (1874) verteidigt die „Lebenskraft" gegen DU BOIS-REYMOND,
der sie in dem engen Sinne einer Zentralkraft nimmt; man vermöge aber *keine*
der Naturkräfte außer Gravitation als Zentralkraft nachzuweisen. „Lebenskraft verstößt nicht gegen die Erhaltung der Kraft."

91. DE CANDOLLE 1832: „Wenn wir alle bekannten physikalischen und
chemischen Ursachen, die eine gewisse Wirkung hervorzubringen vermögen,
der Reihe nach geprüft haben, so werden wir den Teil der Erscheinungen,
der noch unerklärt bleibt, dem verborgenen Einfluß des Lebens zuschreiben."
Nach SCHOPENHAUER ist die Lebenskraft „das unzerstörbare Prinzip" für
alle lebenden Wesen: „Ebenso setzen alle Erklärungen der Physiologie die
Lebenskraft voraus, als welche auf spezifische innere und äußere Reize bestimmt reagiert. Allerdings wirken im tierischen Organismus physikalische
und chemische Kräfte: aber was diese zusammenhält und lenkt, so daß ein
zweckmäßiger Organismus daraus wird und besteht, das ist die Lebenskraft;

sie beherrscht jene Kraft und modifiziert ihre Wirkung, die also hier nur eine untergeordnete ist." Ähnlich schon DESPRETZ: „Die Affinitäten der Elemente im Organismus stehen unter der Herrschaft der Lebenskraft." Auch nach BERZELIUS steht über den Gesetzlichkeiten der Chemie und Physik noch ein „spiritus rector"! Vgl. W. OSTWALD: „Der Biolog muß die Mittel und Wege der allgemeinen Chemie und Physik kennen, wenn er die Mittel und Wege des Organismus begreifen will." Die Biologie herrscht „als autonome Wissenschaft, jedoch nicht unabhängig von Chemie und Physik, sondern innerhalb der durch sie gegebenen Grenzen des empirisch Möglichen". (Biologie und Chemie 1903, in Abhandlungen und Vorträge 1916, S. 282.) (S. auch S. 98.)

92. Neben den Zeugnissen entschiedenen Bewußtseins der Größe seiner eigenen Leistungen stehen mitunter Aussprüche R. MAYERs, die eine übertriebene Bescheidenheit samt großzügiger Würdigung der Leistung seiner Konkurrenten offenbaren: „Mit den ausgezeichneten Experimentalleistungen eines JOULE und den analytischen Untersuchungen eines CLAUSIUS konkurrieren zu wollen, ist nicht meine Absicht" (M.I. S. III). (Siehe auch M.II. 367; M.I. 246, 272: „Das mechanische Äquivalent der Wärme, fast gleichzeitig in Deutschland und in England veröffentlicht"; M.II. 289: „ganz dieselbe Theorie ... auch HELMHOLTZ"; M.I. S. IV: „die Prioritätsfrage nun wohl endgiltig ... erledigt".) Über das Verhältnis zu A. HIRN (welcher „so schön als wahr, dreierlei Kategorien von Existenzen statuiert") vergleiche auch M.II. 247, 281, 455, sowie die mannigfachen Hinweise in M.I. (s. Register). TH. GROSS rühmt MAYERs „vornehme Bescheidenheit und wohlwollende Beurteilung Mitstrebender, die wie bekannt, seinen Charakter zierten". R. MAYER erteilt sich selber das Zeugnis, „daß wir als redliche Arbeiter der Wahrheit gedient und dieselbe nach Kräften auch gefördert haben". (An MOLESCHOTT, 13. Dez. 1867; M.II. 362; s. auch M.II. 420, an MOHR.) Seine Lehre ist es, welche „eine Neugestaltung der Naturwissenschaften hervorruft" (M.I. 389; s. auch Anm. 48.) Eine „Geneigtheit, von dokumentierten Eigentumsrechten abzugehen", wird abgelehnt (M.I. 273).

93. Daher auch MAYERs Abneigung gegen rein spekulative Naturphilosophie sowie gegen „Hypothese" im Sinne unerweislicher „Figmente" (s. Anm. 45 u. 66): „Eine Hypothese ist nämlich, wenn ein Algebraist statt des x, das er lösen will, ein u setzt." (An BAUR, 16. Aug. 1841; M.II. 121.) Vergleiche auch KIRCHHOFF 1876: „Aus diesem Grunde stelle ich es als die Aufgabe der Mechanik hin, die in der Natur vor sich gehenden Bewegungen zu beschreiben, und zwar vollständig und auf die einfachste Weise zu beschreiben. Ich will damit sagen, daß es sich nur darum handeln soll, anzugeben, welches die Erscheinungen sind, die stattfinden, nicht darum, ihre Ursache zu ermitteln." (Das in allen Farben schillernde Wort „Ursache" ist hier sichtlich im metaphysischen Sinne eines „Noch-dahinter-Stehens" genommen!) (Siehe auch M.I. 276, Anm. des Herausgebers.)

94. Ähnlich lautet GOETHEs Äußerung über „ein unnützes Geschäft, das wir denen überlassen wollen, die sich gern mit unauflösbaren Problemen beschäftigen und die nichts Besseres zu tun haben". Vgl. hierzu SCHOPENHAUER: „Das Innere solcher Vorgänge bleibt uns doch ein Geheimnis: denn wir stehen daselbst immer draußen. — Die Hauptsache dabei bleibt uns ein Mysterium." Ferner E. DU BOIS-REYMOND: „Über die Grenzen des Naturerkennens" 1879. Dagegen W. OSTWALD in intellektuellem Optimismus: „Es war schon damals der Grundgedanke meiner Weltanschauung, daß ohne Rest *Alles* erforschbar ist oder sein wird, wenn auch das meiste voraussichtlich erst nach langer Zeit" (Lebenslinien II. 191). Siehe auch A. MITTASCH, R. Mayers und A. Schopenhauers Kausallehre, Naturwiss.

1940, 193. R. Mayers Lehre über das Wirken in der Natur, Forsch. u. Fortschr. **1940**, 178.

95. Von einem gewissen inneren Widerstreit (oder einem zeitlichen Schwanken) zwischen voller Offenbarungsgläubigkeit und kritischem Erkenntnistrieb zeugt ein Brief an den weltanschaulich ganz anders eingestellten Physiologen MOLESCHOTT in Turin, vom 13. Dez. 1867 (M.II. 362), worin es heißt: „Ihnen vor allem gebührt das große und bleibende Verdienst, den Satz siegreich verteidigt zu haben, daß wissenschaftliche Gegenstände und Forschungen nicht mit religiösen Dogmen oder gar kirchlichen Fragen vermischt werden dürfen, und wenn wir auch vielleicht ... auf dem supranaturalen Gebiet nicht in allen Punkten harmonieren, so wundere ich mich darüber um so weniger, als ich in dieser Hinsicht, trotz der 53 Jahre, die ich nun auf dem Rücken habe, mit mir selbst nicht einmal ganz ins Reine kommen konnte ...". Dagegen siehe auch M.I. 304, M.II. 338f. sowie M.I. 376: „Man könnte bei KANT anzufragen versucht sein, was ist Vernunft? Vernunft ist die subjektive Religion und Religion ist die objektive Vernunft." Und noch weitergehend: „Aus vollem Herzen rufe ich es aus: eine richtige Philosophie darf nichts andres sein, als eine Propädeutik für die christliche Religion." (Viel angefochtener Schlußsatz des Vortrages bei der Tagung deutscher Naturforscher und Ärzte, Innsbruck 1869; M.I. 357; siehe auch M.I. 362f., 379. Einen ähnlichen Widerspruch hatte RUDOLF WAGNER in Göttingen 1854 gefunden mit seinem Vortrag „Menschenschöpfung und Seelensubstanz"; anschließend der bekannte Streit mit K. VOGT, der auch gegen R. MAYER aufgetreten ist; s. M.I. 365.)

96. Ähnlich hatte schon PARACELSUS betont, daß man „heidnisch" zu verfahren habe, wenn von der Natur gehandelt wird (Darstellung „im Lichte der Natur"), „christlich" jedoch, wenn vom Glauben und der Seele die Rede ist. (ACHELIS, Forsch. Fortschr. **1939**, 226.) Hierzu auch KANT: „Es ist ein Gott in der Seele des Menschen. Fragt sich, ob er auch in der Natur sei." An R. MAYERs Naturanschauung klingt ein Satz von JAKOB GRIMM an: „Niemand kann bezweifeln, daß eine schaffende Urkraft unablässig auch ihr Werk fortdurchdringe und forterhalte: das Wunder der Weltdauer kommt dem der Schöpfung völlig gleich."

97. TH. GROSS: „Die vermeintliche reine Induktion — nichts als eine logische Verwirrung", „ein Scheinbeweis aus der Unmöglichkeit des Perpetuum mobile"; „induktiven Beweis gibt es immer nur für kleine Gebiete. Alle Energieverwandlungen erfolgen in konstanten Größenverhältnissen. Dieser Satz kann nicht durch Erfahrung bewiesen, sondern nur durch Erfahrung näher bestimmt werden." Nach A. KOENIG aber ist die deduktive Ableitung nur eine *petitio principii*. Ebenso HELM: „Wir können nur *einen* Beweis des Energiegesetzes anerkennen, einen *induktiven*." „In tausendfachen induktiven Schlüssen ... muß das Energiegesetz seine Stütze finden." ERNST MACH: „Der Satz vom ausgeschlossenen Perpetuum mobile steht ohne positive Erfahrungen ebenso im Leeren, wie der Satz vom zureichenden Grunde und alle derartige formale Sätze" (s. auch Anm. 46 u. 57).

Bis 1849 hatten sich im Sinne einer Erhaltung der Kraft in allen Umwandlungen ausgesprochen JOULE, HELMHOLTZ, COLDING, HOLTZMANN, SÉGUIN; MAYERs Priorität hat zuerst TYNDALL (1862) stark betont und verteidigt, später in besonders energischer Weise EUGEN DÜHRING (s. hierzu auch M.I. 314f.). A. v. OETTINGEN wirft die Frage auf: Warum fand MAYER zunächst keinen Anklang? „Es ist nicht leicht, den Grund anzugeben. Ich glaube, man war damals jeder Naturphilosophie abhold! Nur Versuche, Tatsachen wurden geschätzt — Spekulationen fast gefürchtet." Ähnlich W. OSTWALD: „Bei der größten naturwissenschaftlichen Entdeckung des 19. Jahrhunderts, dem Energiegesetz, erweckte doch die allzu philosophische

Form ... den Widerspruch der Nächstbeteiligten und hinderte auf mindestens ein Jahrzehnt seine Annahme und Benutzung" [Ann. Natur 1 (1902) 5]. HELMHOLTZ sieht (1881) in den „metaphysisch formulierten Scheinbeweisen für die apriorische Notwendigkeit" des Erhaltungsgesetzes „gerade die schwächste Seite" von MAYERs Leistung. „Das Gesetz ist induktiv gefunden worden." TH. GROSS findet, daß sich HELMHOLTZ metaphysischer benimmt als R. MAYER, wenn er von „letzten Ursachen" redet oder wenn er Ursache u. a. nennt „das hinter dem Wechsel der Erscheinungen unveränderlich Bleibende oder Seiende. — Da ist denn doch die Art, wie der logisch ungeschulte R. MAYER die Kausalität auslegt, vorzuziehen. — Kein Naturforscher war wohl freier von Metaphysik als R. MAYER. MAYERs Auslegung war das sicherste Mittel, um die Metaphysik aus der Naturwissenschaft zu vertilgen"; so ergibt sich die Möglichkeit, „das Kausalgesetz für die Naturerkenntnis wirklich nutzbar zu machen". Freilich: Ein intellektuelles Genie wird (nach DRIESCH) „leicht für einen Metaphysiker angesehen".

98. „Arbeit besteht in dem Durchlaufen eines Raumes unter der Einwirkung einer bestimmten Kraft auf eine bestimmte Masse" (DÜHRING.) Energie ist „Arbeit oder alles, was aus Arbeit entsteht und sich in Arbeit umwandeln läßt" (W. OSTWALD). „Energie ist die Fähigkeit einer Kraft, mechanische Arbeit zu leisten" (J. REINKE). Für PLANCK ist „Energie" eines materiellen Systems „der in mechanischen Arbeitseinheiten gemessene Betrag aller Wirkungen, wenn dasselbe aus seinem Zustand auf beliebige Weise in einen nach Willkür fixierten Nullzustand übergeht"; sie ist „als Funktion der Zustandsgrößen ausdrückbar — ein notwendiges Symbol zum Begreifen der physikalischen Zusammenhänge". Im Energiebegriff laufen Funktionsbegriff und Substanzbegriff zusammen: eine Art Einheit von Substanz und Funktion (jedoch nicht einfach Identität, s. Anm. 132). MACH sieht in der Energie „jenes unzerstörbare Etwas, welches die Differenz zweier physikalischer Zustände charakterisiert und dessen *Maß* die leistbare Arbeit ist bei dem Übergang von dem einen Zustand in den anderen". A. KOENIG: „Energie ist ein zusammenfassender Ausdruck für eine Vielheit konkreter Zuständlichkeiten"; ihre Konstanz kann „keine Evidenz a priori haben". (Siehe auch BUSSE, STUMPF u. a. m.) JEANS: „Es gibt noch ein anderes Aufbauelement (als Materie), das wir Energie nennen, ohne im mindesten zu wissen, was es ist". (Vgl. Anm. 2 u. 24.) Über die latente Energie des Atomes, wie sie in der Radioaktivität sichtbar wird, siehe auch PLANCK, Ann. Naturphil. **7** (1908) 297.

Als Maß der potentiellen Energie dient die Arbeit, die aufgebracht werden muß bzw. geleistet werden kann. 1 mkg = 331 000 gcm^2 sec^{-2} (m.g.h.-Einheiten). 1 Joule = 10^7 Erg.; 1 Calorie = 426,9 kgm. 1 g Masse würde gemäß ihrer Eigenenergie E bei *völliger* Auflösung 9,2 · 10^{12} mkg entwickeln, d. h. etwa 1 000 000 t 10 km hoch heben können. Für die strahlende Energie, die nur in ganzen Vielfachen des elementaren Energiequantums emittiert und absorbiert werden kann, gilt $h = 6,55 · 10^{-27}$ Ergsekunden. Die „Wellenlänge" des Elektrons ist von der Größenordnung der Röntgenstrahlen ($^1/_{40}$ mμ). Andererseits: 1 Röntgenstrahl-Photon hat etwa 0,0001 Elektronenmasse.

99. Von HELMHOLTZ sagt WIENER, Ztschr. f. Naturwiss. **1890**, 336: „Während MAYER seine Ansicht durch Gründe philosophischer Natur zu stützen sucht, geht HELMHOLTZ den Weg, der in der Naturwissenschaft jetzt allenthalben durchdringt: Er stellt an die Spitze *einen* Satz von großer Allgemeinheit, den er der Erfahrung entnimmt — populär ausgedrückt heißt derselbe: Es gibt keine Perpetuum mobile — und folgert aus ihm durch rein mathematische Entwicklung den wichtigen Satz von der Erhaltung der Kraft." Und ERNST MACH: „HELMHOLTZ endlich hat versucht,

das Gesetz der Erhaltung der Kraft allgemein durch die gesamte Physik durchzuführen, und von da an lassen sich die Anwendungen desselben zur Erweiterung der Wissenschaft nicht mehr zählen." (Über die abweichende Beurteilung von HELMHOLTZ durch TH. GROSS; s. Anm. 97.)

100. Nach MAXWELL, LOSCHMIDT, BOLTZMANN gilt: „Jede noch so ungleichförmige Zustandsverteilung ist, wenn auch im höchsten Grade unwahrscheinlich, doch nicht absolut unmöglich. Nur daher, daß es viel mehr gleichförmige als ungleichförmige Zustandsverteilung gibt, stammt die große Wahrscheinlichkeit, daß die Zustandsverteilung mit der Zeit gleichförmig wird" (zitiert nach HELM). „Für den 2. Hauptsatz sieht PLANCK in den Wahrscheinlichkeitsbetrachtungen BOLTZMANNs eine ausreichende Begründung" (OSTWALD). „Der zweite Hauptsatz der Thermodynamik hat seine Stellung als unerschütterliches Dogma, als eines der Grundprivilegien der Physik ein für allemal eingebüßt. Dabei ist seine enorme praktische Bedeutung durchaus nicht geschmälert, aber theoretisch ist er zu einer nur sehr angenähert giltigen Regel herabgesunken" (SMOLUCHOWSKI 1913). Über Ektropie als Tendenz zur Steigerung der freien Energie siehe S. 101.

Noch BERTHELOT (Satz vom „travail maximum") und JULIUS THOMSEN hatten in der gesamten Wärmeentwicklung einer chemischen Reaktion (vgl. den Wärmesummensatz von G. H. HESS), das Maß der Affinität gesehen. GULDBERG und WAAGE (1867) lehrten (im Anschluß an BERTHOLLET) ein „chemisches Gleichgewicht" gemäß dem Massenwirkungsgesetz (besser Konzentrationswirkungsgesetz), das dann thermodynamisch begründet worden ist.

101. Erste Versuche und Äußerungen über die Umwandlung von „Kraft" im Organismus nach zahlenmäßigen Verhältnissen hatten DULONG, DESPRETZ, LIEBIG, sodann ZWAARDEMAAKER und HELMHOLTZ gegeben. 1889—90 hat RUBNER zuerst das Gesetz der Erhaltung der Energie im Tierexperiment als streng giltig erwiesen (mit 99,5% Sicherheit der Äquivalenz), später auch ATWATER. „Die freiwerdenden Energien sind selbst etwas Schaffendes und Wirkendes, nicht die Materie allein, die nur der gewünschte Träger der Energie sein kann" (RUBNER). Schon bei LIEBIG (s. auch S. 38 u. 47) hatte es geheißen: „Die vom tierischen Körper produzierte Wärme wird vollständig durch Verbrennung der Nahrungsmittel auf direktem Wege geliefert. — Wärme, Licht, Magnetismus, Elektrizität stammen von *einer* Mutter. — Mit einer gewissen Summe Affinität erkaufen wir ein Äquivalent Elektrizität. — Die Pflanze ist ein Magazin von Sonnenkraft, und in den Nährstoffen aufgespeicherte Kraft kommt im Tierleib wieder zur Äußerung." ADOLF FICK hat zum ersten Male in strenger Weise die thermodynamischen Gedankengänge des II. Hauptsatzes auf physiologische Vorgänge, d. h. auf die Arbeitsleistung der Muskulatur angewendet (s. WÖHLISCH, Naturwiss. **1938**, 587). Dabei hatte sich gezeigt, daß der Muskel nicht als Wärmekraftmaschine, sondern weit komplizierter chemodynamisch arbeitet (als äußerst kurzhubiger „Implosionsmotor" nach WÖHLISCH).

Schon hier sei berührt, daß, wie es zu geschehen pflegt, auch der Mißbrauch nicht gefehlt hat. R. MAYERs wissenschaftliche Gegenüberstellung von Kraft (Energie) und Stoff (Materie) ist der Ausgangspunkt für eine *Verabsolutierung* der Begriffe geworden, womit eine Art „Religionsersatz" geliefert werden sollte. L. BÜCHNERs Buch „Kraft und Stoff" ist das bekannteste Beispiel. Von KARL VOGT und noch mehr von E. HAECKEL wird als dritter Götze die „*Entwicklung*" hinzugesellt. So entstand eine weitverbreitete, oberflächliche und schlechte Popularphilosophie, die vermeinte, die dunklen Welt- und Lebensrätsel restlos gelöst zu haben. (Siehe auch Abschnitt 33.).

102. „Mechanismus im engeren Sinne" ist nach A. Koenig „die Voraussetzung, daß alle Zustände Bewegungszustände und alle Änderungen Bewegungsänderungen seien"; im weiteren Sinne aber „heißt mechanisch jeder Vorgang, der aus einer bestimmten Art des *Zusammenseins* von Elementen nach *unveränderlich* für dieselben geltenden Gesetzen hervorgeht". (Nach Driesch: „aus räumlicher Konstellation".) Nach Sigwart ist „Mechanismus" die Vorstellung, „daß sich die Natur in Wirkungen erschöpfe, die in äußeren Relationen der Lage und der gegenseitigen Bewegung beruhen. — Die mechanische Auffassung ist kein notwendig integrierender Bestandteil des Energiegesetzes". Noch bei Planck heißt es in den Anfängen (1887): „Neuerdings ist es immer mehr wahrscheinlich geworden, daß sich sämtliche Naturvorgänge auf Bewegungserscheinungen, also auf die Gesetze der Mechanik zurückführen lassen." Und Dühring: „Gelangt man zu der Vorstellung, daß die Ursachen aller Phänomene, welcher Art sie auch sein mögen, in ihrer letzten Grundlage mechanische Kräfte sind, so entzieht sich kein einziger Vorgang der Natur der allgemeinen Möglichkeit einer mechanischen Kennzeichnung." Jedoch: „Die Mitteilung der Kraft durch Übergang von Bewegung ist noch keute die klarste, aber keineswegs eine zureichende Einsicht." Vergleiche Rickerts Formulierung der mechanischen Naturauffassung: „Alle Verschiedenheit der Welt und aller Wechsel beruht auf der Bewegung eines unveränderlichen Substrates im Raume, und diese Bewegung wird beherrscht von allgemeinen Gesetzen. — Die korpuskulare Welt ist zu begreifen als Mechanismus." G. Helm: „Der deduktive Beweis des Energiegesetzes aus der mechanischen Weltanschauung ist ein Scheinbeweis, der leitende Gedanke aber als *Postulat* wichtig für jede mechanische Weltanschauung." Hierzu Kant: „... und es sind die Bewegungsgesetze der bloßen Materie, welche einzig und allein der Begreiflichkeit fähig sind". Und Schopenhauer: „Die mechanische Kausalität ist die faßlichste von allen" (s. auch Anm. 32). Allzuleicht wird indes bei mechanistischem Denken das „Prinzip der größtmöglichen Einfachheit" zu einem trügerischem „Prinzip des größtmöglichen Anthropomorphismus" (nach Dehlinger).

103. Die Anfänge einer systematischen Energetik kritischer Art im Anschluß an R. Mayer liegen bei W. J. M. Rankine, von dem auch der Name „Energetik" stammt. Andererseits finden sich wertvolle Keime schon bei Faraday und Maxwell; bereits ihnen ist (nach G. Helm) „die Energie überall das Wesentliche der Natur". Vor Faradays geistigem Auge „erscheint ein System von Potentialflächen und Kraftlinien, durch welches die Wirkung auf jeden Massenpunkt prädestiniert wird, wo immer er erscheinen möge" (Helm).

104. Sehr weit in der Richtung einer „hypothesenfreien" Wissenschaft im Sinne des Positivismus und Pragmatismus von Spencer, Avenarius, Mach, Peirce u. a. geht F. Wald mit seiner unanschaulichen, rein mathematischen Chemie. „Wenn es gelang, Molekularhypothese und Entropiesatz in Einklang zu bringen, so ist dies ein Glück für die Hypothese, nicht aber für das Entropiegesetz." Immerhin steht Wald der „Atomhypothese" nicht unmittelbar feindlich gegenüber; vielmehr erkennt er an, daß sie gute Hilfsdienste geleistet habe.

Von dem sich hier anbahnenden extremen energetischen Positivismus gilt, daß er als Beitrag zur „Besinnung" über den „positiven" Beobachtungsgehalt chemischer Begriffe nicht ohne Nutzen gewesen ist, daß er im übrigen aber zur Unfruchtbarkeit verurteilt sein mußte. Bei Ostwald heißt es noch 1904: „Auf Grund der chemischen Dynamik ist es möglich, ohne weitere Voraussetzungen die stöchiometrischen Grundgesetze abzuleiten" (Gleichgewicht, Phase, Verbindung, Lösung — alles „ohne Atome"!). Hierzu auch: „Allerdings ist es noch heute außerordentlich schwer, sich der metaphysischen Infektion zu entziehen." Ähnlich RIEHL: „Immer wieder werden die Grundbegriffe der Naturwissenschaft in die Nebel metaphysischer Zweideutigkeit eingehüllt."

105. So wendet sich MACH scharf gegen WUNDTs Axiome (s. S. 276). Im einzelnen heißt es ähnlich wie bei R. MAYER: „Die Wärme verhält sich in manchen Beziehungen wie ein Stoff, in anderen wieder nicht." „Die Wärme ist im Dampf so *latent*, wie der Sauerstoff im Wasser."

106. „Die Energetik will unsere Erfahrungen über die Naturvorgänge *so unmittelbar wie möglich* darstellen, *ohne* das Hilfsmittel erdichteter mechanischer Vorstellungen" (W. OSTWALD). Dagegen HELM: „Man braucht aber deshalb nicht so weit zu gehen wie es OSTWALD getan hat und die Bilder schlechthin verwerfen. — Es ist durchaus nicht nötig, um der Energetik willen, die aus der Mechanik her uns vertrauten Vorstellungen schlechthin preiszugeben."

Im Jahre 1894 sagte OSTWALD: „So fließt der Begriff der Materie mit dem der Energie zusammen, und es bleibt schließlich vom Begriff der Materie nichts mehr übrig. — Jede Erfahrung, jede Reaktion eines Sinnesorganes geschieht durch Energieübetragungen aus dem Raume. — Die *Ursache* eines Überganges nennen wir Druck, Spannung, Kraft, Temperatur, Potential. — Das Trägheitsgesetz ist ein besonderer Fall des allgemeinen Erhaltungsgesetzes" (s. auch Anm. 52). Zeitlich ist ein gewisser Wandel insofern festzustellen, als nach 1900 OSTWALD allmählich Kompromißneigung zeigt, die sich vor allem in der Anerkennung der Atomistik als wissenschaftlich fruchtbarer Methode ausspricht. Den endgültigen Friedensschluß kann folgender Satz andeuten: „Somit darf man die kinetische Gastheorie als eine wissenschaftlich begründete Theorie ansehen" (1913). Wir stellen die Äußerungen aus der Spätzeit in den Vordergrund.

107. In bezug auf das Verhältnis der „Energie" zur „Psyche" herrscht bei OSTWALD keine volle Einheitlichkeit. Einerseits heißt es: „Mit dem äußeren Kreis kann ein innerer gekoppelt sein: das Bewußtsein." Es ist „Tatsache, daß niemals ein geistiger Vorgang ohne Energieaufwand stattfindet". Andererseits aber wird nicht nur von „spezifischer" Nerven- und Hirnenergie, sondern auch von „psychischer Energie" als besonderer Energieform gesprochen. Hier ist R. MAYER vorsichtiger gewesen.

108. Siehe hierzu OSTWALDs Veröffentlichungen über Katalyse, sowie A. MITTASCH, Kurze Geschichte der Katalyse 1939.

109. „Ordnung, Raum, Zeit, Energie" sind nach OSTWALD Begriffe, „welche ihre spezifische Beschaffenheit durch unsere psychophysische Organisation erfahren". Richtig ist: „Jede Empfindung setzt einen Energieaustausch zwischen der Außenwelt und unserem Körper voraus" (L. DE BROGLIE). „Alle Änderungen an Apparaten und alle Sinneseindrücke hängen ab von der Übertragung von Energie, und alle Energieübertragung geschieht durch Photonen: Einschläge von Photonen" (JEANS). Daß aber der *Begriff* „Energie" unmittelbar aus der Wahrnehmung folge, wird mehrfach (von RIEHL u. a.) mit Recht bestritten; auch der Energiebegriff ist ein Produkt des Denkens, aus Wahrnehmungsinhalten logisch abgeleitet, streng genommen ein „Figment", gleichwie „Masse", „Kraft", „Impuls". Eine jede Begriffsbildung ist eine *Umwandlung* der Wirklichkeit, nicht ein bloßes Abbild (s. WINDELBAND, RICKERT u. a.). PH. FRANK wendet sich gegen die „Ehrfurcht der Philosophen vor der Energie", die wohl zu großem Teile von dem Namen herrühre, „unter dem man sich etwas Seelenähnliches vorstellt".

110. Vgl. hierzu G. HELM: „Das Unanschauliche, das einst hervorragende Geister von NEWTONs Fernwirkung abstieß und in dieser Form doch gerade einer der mächtigsten Hebel tieferer Naturerkenntnis geworden ist, hielt auch jetzt wieder manche Forscher der Energetik fern." Andererseits

tadelt HELM selber die Auswüchse dogmatischer Energetik mit deutlichen Worten: „Es gibt die Anschauung, die Energie selbst sei ein existierendes hinter den Erscheinungen spukendes Wesen, ein Etwas, das auch ohne die Erscheinungen da sein könnte, eine unzerstörbare, von Ort zu Ort bewegliche Substanz. Das ist eine völlig grundlose und auch ganz unnütze Vorstellung; die Energie bringt immer nur Beziehungen zum Ausdruck. — ...ich sehe in den Versuchen, der Energie substanzielle Existenz zuzusprechen, einen bedenklichen Abweg von der ursprünglichen Klarheit der R. MAYERschen Anschauungen". „*Wenn* Veränderungen eintreten, so besteht doch zwischen ihnen *diese* bestimmte mathematische Beziehung — das ist die Formel der Energetik, und gewißlich ist das auch die einzige Formel aller wahren Naturerkenntnis. Was darüber hinausgeht, ist Fiktion." (Vgl. auch PLANCKs Vorwurf gegen die extreme Energetik, daß sie „die Jugend verderbe"!)

111. Der panenergetische Grundzug AUERBACHs geht aus Sätzen hervor wie den folgenden: „Im Anfang war die Energie. — Materie ist Energie in Dauerkonfiguration." Das Erhaltungsprinzip aber ist „nur Aufsichtsbehörde, nicht Unternehmer mit Intitiative". Andererseits heißt es: „Merkwürdigerweise hält OSTWALD daran fest, daß das Psychische eine Art Energie sei." — Ähnlich sagt auch J. GRUNEWALD (1910), daß das Ziel des Lebens nicht maximale Entropie sein könne. Siehe hierzu DRIESCH (1903): „Entelechie kann *nicht* die chemischen Potentiale quantitativ ändern und kann auch nicht Intensitätsdifferenzen schaffen, aber *suspendieren*" (später: „Insertion" als äußeres Kennzeichen der Lebenstätigkeit). A. BERNY sagt (1917): „Die Ektropie lenkt und richtet; Ektropie leistet dasselbe wie der metaphysische Entelechiebegriff."

112. Vgl. auch den bemerkenswerten Aufsatz von KARL WAGNER über „Palintropie" 26. Jahrb. d. Schopenhauer-Gesellschaft (1939), 169. Unter „Palintropie" versteht K. WAGNER „das leitende Prinzip der energie- und stoffsammelnden (Entropie-vermindernden) Arbeit des Lebens". „*Es ist das Leben, das der Entropie entgegenwirkt. — Die Palintropie hebt die Folgen der Entropie auf. — Die Entropie der Welt ist konstant. — Nie wird es einen Wärmetod der Erde geben.*" Vielmehr gibt es eine „dauernde *Aufrechterhaltung des Gleichgewichts* zwischen Entropie und ihrer Gegenwirkung, der Palintropie", als einer „Energieaufwertung durch den Organismus. In der bewußten Lenkung der Tätigkeit im Sinne der Palintropie besteht unser Anteil am Bau der Ewigkeiten".

113. Es handelt sich um die bedeutsame Erscheinung chemischer Reaktionskupplung (Induktion), das von SCHÖNBEIN und KESSLER eröffnet worden ist (s. S. 132).

114. Zur Wandlung der wissenschaftlichen Begriffe siehe HAERING, HUND u. a. Wie TH. HAERING betont, kann es bei der „Wanderung der Begriffe" geschehen, daß fortgeschrittene Wissenschaft eine bestimmte Bezeichnung gerade für den Ausgangspunkt jener Wanderung ablehnen muß; dieser Fall liegt bei dem Worte „Energie", das deutlich von *psychischem Kraftgefühl* ausgegangen ist, ganz ausgesprochen vor.

115. Siehe auch OSTWALDs Äußerung in einer Besprechung von FECHNERs Tagesansicht [Ann. Naturphilos. **4** (1905) 99]: „Der energetische Verkehr aller Dinge untereinander, unter anderem auch mit den Sinnesapparaten empfindender Wesen, ist eine ziemlich getreue Kopie von Vorstellungen über die Allbeseelung, entkleidet ihrer mythischen Bestandteile und in das Gebiet der exakten Wissenschaft gebracht."

116. ERNEST SOLVAY (1910) treibt den Energiebegriff bis in das ökonomische Gebiet vor: Der Mensch als „ein energetischer Apparat, der genötigt ist, zur Durchführung der allgemeinen Produktion beizutragen". (Ähnlich hat zuvor schon HELM versucht, energetische Denkweise analogiehaft auf

die Nationalökonomie anzuwenden.) So wurde eine „soziologische Energetik" zu begründen versucht. (S. auch S. 99.)

117. „Energie" im physikalischen Sinne hat nichts zu tun mit der „spezifischen Energie" der Sinnesorgane und Empfindungsnerven als derjenigen Tatsache, „daß jedes Sinnesorgan auf verschiedene Reize stets mit den gleichen Empfindungsqualitäten antwortet" (EISLER). Tatsächlich handelt es sich bei dieser vielerörterten Erscheinung (SCHOPENHAUER, JOHANNES MÜLLER, HELMHOLTZ, WUNDT u. a.) um eine psychophysische Richtungsbestimmtheit im Bereich der A.K. (s. auch Anm. 2 u. 24).

118. Für die extrem einseitige Energetik gilt das Wort von HANS HARTMANN (in „Max Planck", 1938): „Heute darf diese Richtung als völlig überwunden gelten". Nach TH. ZIEGLER war OSTWALDs Energetik „einstweilen noch ein verfrühter Versuch". HELMHOLTZ andererseits ist im Laufe seiner wissenschaftlichen Entwicklung immer mehr von befangener Mechanistik zu umfassender Dynamik vorgeschritten, und ihm sind die Mehrzahl der späteren Physiker und Chemiker, desgleichen auch die Physiologen gefolgt. Siehe hierzu A. MITTASCH: „Kausalismus und Dynamismus, nicht Mechanismus". Forsch. u. Fortschr. **1938**, 127.

119. Über methodische Grenzen der Mechanistik vgl. auch L. DE BROGLIE: „Die potentielle Energie der Wechselwirkung gehört zum ganzen System und kann logisch auf keine Weise unter die Bestandteile des Systems aufgeteilt werden. — Materielle Korpuskeln tauschen Energie und Bewegungsgröße aus. Aber auch wenn sie die ganze kinetische Energie so verlieren, bewahren sie ihre Eigenenergie. Dagegen verliert das Photon im photoelektrischen Effekt seine ganze Energie und vernichtet sich."

120. J. C. MAXWELL, Physikalische Kraftlinien (1861—1862), OSTWALDs Klassiker Nr. 102 (herausgegeben von BOLTZMANN). MAXWELL beabsichtigt eine „Vergleichung" der beobachteten Erscheinungen des Magnetismus und der Elektrizität mit den „mechanischen Wirkungen gewisser Spannungs- und Bewegungszustände eines Mediums": „indem ich mich der mechanischen Bilder bloß zur Erleichterung der Vorstellung, nicht aber zur Angabe der Ursachen der Erscheinungen bediente." Der Ausdruck „Figment" stammt von HELMHOLTZ und ist VAIHINGERs „Fiktion" vorzuziehen, da der „Fiktion" von alters her zu sehr das Moment des Willkürlichen, Gekünstelten, ja Minderwertigen anhaftet. Vgl. auch A. MITTASCH, „Fiktionen in der Chemie". Angew. Ch. **1937**, 423.

Im Grunde ist es wohl der große NEWTON, der als Erster mit einem fruchtbaren „Figment" gearbeitet hat: dem Figment der „Anziehung" (also einem psychisch-voluntaristischen Bilde) zur Begreiflichmachung der streng mechanisch unverständlichen und darum so viel bekämpften „Fernkraft". Tatsächlich hat er, im Gegensatz zu manchen Nachfolgern, die „Anziehung" nur bildlich aufgefaßt haben wollen: Es ist, als ob, wie wenn (s. auch Anm. 21, 66 u. 182).

121. Vgl. hierzu SCHOPENHAUERs Äußerung Anm. 65. Siehe auch A. MITTASCH, Schopenhauer und die Chemie, 26. Jahrb. d. Schopenhauer-Ges. 1939, S. 81; Forsch. u. Fortschr. **1939**, 167.

122. Vgl. hierzu F. TH. FECHNER, Über die physikalische und philosophische Atomenlehre, 1855; BOLTZMANN, Über die Unentbehrlichkeit der Atomistik in der Naturwissenschaft, 1896 (in „Populäre Schriften, 1905, S. 141); K. LASSWITZ, Geschichte der Atomistik u. a. m.; A. BOJANOWSKY, Atomismus und Kontinuumslehre. Ann. Philos. **7** (1928) 229. E. FÄRBER, Der Stetigkeitsgedanke und seine Verwirklichung. Osiris **1937**, 47.

123. Erste Keime einer kinetischen Gastheorie finden sich bereits bei GASSENDI. Er hatte die verschiedenen Aggregatzustände durch die Annahme erklärt, daß im festen Körper die Atome in Reih und Glied nebeneinander

stehen, in der Flüssigkeit ungeordnet, im Gas gleich einem Mückenschwarm umherschwirrend (s. auch Anm. 83).

124. Unstimmigkeiten zwischen Forderungen der Thermodynamik und empirisch wie theoretisch begründeten *Strahlungsgesetzen*, insbesondere für das Verhalten „schwarzer Körper", hatten ein Beschreiten neuer Denkwege erzwungen; die Forschungen von KIRCHHOFF, STEFAN und BOLTZMANN, Lord RAYLEIGH (später fortgeführt von JEANS), W. WIEN (Verschiebungssatz) und H. A. LORENTZ fanden ihre Erfüllung bei PLANCK, mit dem Satz als Ausgangspunkt: „Das System ist im Gleichgewichte, wenn die Summe der Entropien den größtmöglichen Wert annimmt." Für Absorption wie Emission strahlender Energie gelangte PLANCK zu dem Resultat: „Die Energie ist stets ein ganzzahliges Vielfaches eines kleinsten Energiequantums." Unter Aufnahme der Zeitdimension wurde aus dem Energiequantum das elementare Wirkungsquantum, das weiter zu EINSTEINs „Photon" (Lichtquant) samt dem photochemischen Äquivalenzgesetz (1905) führte. „MAX PLANCK gebührt die Ehre, als Erster die Existenz der Quantenphänomene vermutet und erforscht zu haben" (L. DE BROGLIE). PLANCK will „die Versöhnung des Gegensätzlichen durch gegenseitige Befruchtung und Verschmelzung" (HANS HARTMANN). „Klarheit muß unter allen Bedingungen geschaffen werden" (PLANCK 1910). „Die Relativitätstheorie bildet gewissermaßen die Krönung der alten makroskopischen Physik, während die Quantentheorie aus dem Studium der korpuskularen und atomaren Welt hervorgegangen ist" (L. DE BROGLIE).

125. Hatte es noch 1923 bei PLANCK geheißen: „Ein tiefer Eingriff in das Erkenntnissystem der klassischen Physik wird sich als notwendig erweisen", so haben die an PLANCK anschließenden kühnen und fruchtbaren Gedanken von L. DE BROGLIE, SCHRÖDINGER, DIRAC, HEISENBERG, PAULI, FERMI u. a. diesen Eingriff und „Umbruch" zustande gebracht. Auch eine neue „Quantenchemie" wird dabei gewonnen. Der revolutionäre Charakter der neuen Erkenntnisse wird auf das klarste dadurch bezeugt, daß W. WIEN noch 1911 (in seinem Nobelpreisvortrag) gesagt hat: „Es ist von vornherein ausgeschlossen, eine dualistische Betrachtungsweise in die Optik einzuführen, etwa die HUYGENSsche Wellentheorie und die NEWTONsche Emanationstheorie gemeinsam anzunehmen"; aber auch: „Oft kommt in der Wissenschaft der erlösende Gedanke von einer ganz anderen Seite ... Tief einschneidende und neue Gedanken werden hier einsetzen müssen."

126. „BOHRs Theorie ist ein letzter tapferer, aber erfolgreicher Versuch, die Natur in ein mechanisches Schema hineinzuzwängen und dem Atom eine Existenz in Raum und Zeit zuzuschreiben. HEISENBERG befreite sich von den Fesseln mechanischer Bilder und raumzeitlicher Vorstellungen" (JEANS). Es mag übertrieben sein, wenn es bei POINCARÉ heißt: „Wenn also eine Erscheinung *eine* vollständige mechanische Erklärung zuläßt, so wird sie eine unendliche Anzahl anderer mechanischer Erklärungen gestatten." Immerhin zeigt das Nebeneinanderbestehen verschiedener einander widerstreitender Modelle für dieselbe Sache (für den Atomkern: Tröpfchenmodell nach BOHR, Schalenmodell, Kristallmodell u. a. m.) auf das deutlichste, daß es sich hier immer nur um nützliches „Bild und Gleichnis" handelt. „Die Lichtwelle stellt durch all ihre Zerlegungen die Gesamtheit der Möglichkeiten für das Photon dar, das mit ihr verbunden ist" (L. DE BROGLIE).

127. Zu den revolutionären Anschauungen der neuesten Physik bemerkt E. REGENER (1937) mit Beziehung auf Höhenstrahlung: „Daß wir auf diese Weise ein von Ferne an uns herantretendes Problem überhaupt erfassen können, diese Tatsache kann uns in der Hoffnung bestärken, daß wir sowohl mit unserer modernen Physik, wie mit der Erforschung der Ultrastrahlung auf dem richtigen Wege sind." Vgl. hierzu die Diskussion C. F. WEIZSÄCKER

und H. Dingler über die moderne theoretische Physik; Tatwelt **1939**, 97.
Ztschr. f. ges. Naturwiss. **1940**, 75.

128. „Die einzige Aufgabe der theoretischen Physik ist, Resultate zu
erreichen, die mit der Beobachtung verglichen werden können" (Dirac).
„In der älteren Theorie konnten wir viele Dinge erklären, aber wenige berechnen. Heute können wir wenige Dinge erklären, aber vieles berechnen"
(Ausspruch eines amerikanischen Physikers, zitiert bei Sommerfeld). Übertrieben „positivistisch": „Für die *allgemeine* theoretische Physik existieren
weder die Atome, noch die Energie, noch irgendein derartiger Begriff, sondern
einzig jene aus den Beobachtungsgruppen unmittelbar hergeleiteten Erfahrungen" (Helm). Indes sollte die Scheu vor „sinnlosen Fragestellungen"
und vor „metaphysischen Verzerrungen" nicht so weit getrieben werden,
daß eine neue *Dogmatik der Intoleranz* entsteht, die dem Fortschritt ebenso
hinderlich werden kann wie hemmungslose Spekulation. Können doch
vor allem (nach Planck) Fragen, die lange Zeit hindurch „sinnleer waren,
durch den Fortschritt der Wissenschaft sehr sinnvoll werden, wie etwa die
Umwandlung der Elemente oder die Entstehung von Materie aus Licht".
R. Mayers gleichzeitig vorsichtige und unternehmungslustige Haltung
dürfte im großen und ganzen auch heute noch vorbildlich sein. Ohne „metaphysische" Grenzbegriffe wird keine hohe Physik auskommen können.

129. Mehrfach neigt man dazu (z. B. de Broglie, Schrödinger), im
„Kontinuum" des „Wellenbildes" einen höheren Grad der Wahrheit zu
sehen als in der problematischen „Gesamtzahl" von Elementar-Korpuskeln
(Neutronen, Elektronen, Positronen, Photonen), hiermit der metaphysischen
einen Gesamtkraft, des *einen* Willens in der Natur nahekommend. „Die
Wellenmechanik überwindet den Atomismus" (Bojanowsky). Vgl. auch
Oldekop: „Wir mögen den Elektronen noch so komplizierte neue Kräfte
und Gesetzmäßigkeiten zuschreiben (etwa Drehkräfte beliebiger Art usw.),
so bleibt es doch unerfindlich, was das mit dem zielstrebigen Aufbau des
menschlichen Organismus oder mit seinen sinnvollen Handlungen zu tun
haben kann." In diesem Sinne ist auch das Wort von Planck zu verstehen:
„Fortschreitende Abkehr des physikalischen Weltbildes von der Sinnenwelt
bedeutet nichts anderes als eine fortschreitende Annäherung an die reale
Welt."

130. Auch sonst werden in Zeitfolgen gegebene Äquivalenzen öfters als
Kausalverhältnis bezeichnet. So redet z. B. Landois über Wärmeproduktion
im Tierkörper und seinem Sauerstoffverbrauch als über eine „Beziehung
wie zwischen Ursache und Wirkung" (zitiert bei Kroner; s. auch Rubner
S. 85). An anderen Stellen werden ablehnende Stimmen laut. So heißt es
bei Koenig: „Mayer nimmt einen ungewöhnlichen Begriff der Ursache."
Ph. Frank wendet sich gegen Drieschs „Energie als Kausalmaß".

131. In Überspitzung des formalen Gesichtspunktes behauptet v. Oettingen eine *Gleichzeitigkeit von Ursache und Wirkung*. In der Energiegleichung
steht links die schwindende Energie als Ursache und rechts die entstehende
als Wirkung, z. B.

$$p \, d \, x = d \, (^1/_2 \, m \, v^2); \quad \text{allgemein} \quad \frac{d \, P}{dt} + \frac{d \, A}{dt} = 0.$$

Der Begriff des Werdens hat immer zwei Seiten: Schwinden und gleichzeitig
Entstehen; zwischen beiden liegt keine noch so kleine angebbare Zeit, es
ist (nach Dühring) „ein dauerloser Moment".

„Nach bekannter mathematischer Methode folgt, daß schlechthin Ursache
und Wirkung gleichzeitig statthaben; das Differential der Wirkung und
das Differential der Ursache sind ein und dasselbe von verschiedener Seite
betrachtet." Erst bei der Integrierung, wenn eine *endliche* Zeit ins Auge
gefaßt wird, kommt eine Sukzession heraus. Die Wirkungssumme, der Erfolg

ist dann „verursacht", die Ursachensumme ist „verwirkt". (Besser als „Ursache" erscheint v. OETTINGEN das Wort „Urtatsache", weil es ein *Geschehen* andeutet.) Er weist auf RIEHL hin, der ebenfalls die Gleichzeitigkeit von Ursache und Wirkung anerkenne: „Ursache und Wirkung müssen jederzeit koexistieren." Auch nach KANT sind in gewisser Beziehung Ursache und Wirkung zugleich, denn „es kann dazwischen keine leere Zeit gedacht werden". Bei BOLZANO heißt es: „Die vollständige Ursache und ihre eigentliche und unmittelbare Wirkung müssen immer *gleichzeitig* sein." WUNDT spricht von einer Art Antinomie von Gleichzeitigkeit und Aufeinanderfolge. Vgl. auch EWALD: „Die aktuelle Kausalität ist ein energetisches Kontinuum". Gegen die „Gleichzeitigkeit" der Kausalbeziehung siehe NIEWEN, BAVINK u. a.).

132. Zum „Dingbegriff" und Substanzbegriff siehe auch DRIESCH; sowie die Zusammenstellung bei EISLER, Philosophisches Wörterbuch. NIETZSCHE: „Der Intellekt fingiert zu theoretischen und praktischen Zwecken eine Welt beharrender Dinge, die es nicht gibt." Gegen jeden Versuch einer Zurückführung von „Kausalität" auf „Identität" (statt auf Abhängigkeit) hat sich schon MILL gewendet. A. KOENIG verurteilt RIEHLs „Überschätzung des logischen Wertes der Gleichheit", und auch PLANCK betont, daß es sich um eine „Funktion", nicht um „Identität" handle. (Abhängigkeit und Äquivalenz statt Identität.) (Siehe auch Anm. 82 u. S. 63: Beziehung Kraft und Substanz.) „Bei allem Wechsel der Erscheinung beharrt die Substanz" (KANT). Von beschränkter Art aber ist die „Erhaltung der Gestalt".

133. Vgl. KANT: „Alle Veränderung besteht darin, daß entweder etwas Positives, was nicht da war, gesetzt, oder dasjenige, was da war, aufgehoben wird." Ferner MACH: „Nach Ursachen zu fragen, haben wir im allgemeinen nur ein Bedürfnis, wo eine ungewöhnliche Änderung eintritt, analog denen, welche durch unseren Willen eingeleitet werden". Und PLANCK: „Wäre die Ursache der Wirkung wirklich gleich, so gäbe es überhaupt keine Veränderung in der Natur." Siehe auch BÜTSCHLIs Scheidung von Stufen der Kausalität: Causa materialis (der Körper selbst), essentialis (Bewegungseigenschaften der Körper), actualis (Anstoß), finalis (Absichten). „Ursache, unmittelbare Ursache ist die auslösende Ursache" (MAUTHNER).

134. HELM (1887) weist auf den *Kopplungsbegriff* von HELMHOLTZ hin. „Gekoppelt hinsichtlich einer Energieform nennt man zwei Körper, wenn diese Energieform zwischen beiden Körpern übergehen kann, also *ausgelöst* ist, so daß der Eintritt des Übergangs nur davon abhängt, ob einer gewissen Funktion der Intensität jener Energieform in den beiden Körpern verschiedene Werte zukommen." „Wir haben gar kein anderes Mittel, auf die Energie eines Körpers zu wirken, als durch Koppelung", sagt HELMHOLTZ.

135. Daß die auslösende Kraft nicht = Null werden könne, hatte schon DU BOIS-REYMOND 1871 betont; ein gewisser Schwellenwert sei notwendig. Auch bei BUSSE (1900) heißt es: „Immer wird der auslösende Vorgang in der Hinzufügung der zur vollen Bedingung des betreffenden Vorganges noch fehlenden Bedingung oder in der Hinwegräumung eines Hindernisses bestehen. Hierfür ist eine gewisse Energie aufzuwenden; diese Energie kann nicht = Null werden." (Ebenso neuerdings A. WENZL: „Auch eine auslösende Kraft würde doch Arbeit leisten.") Wie aus MAYERs Schriften entnommen, klingt der weitere Satz von BUSSE: „So kann eine sehr geringe Kraft ein beliebig großes Gewicht auslösen; aber die Ursache der lebendigen Kraft des fallenden Gewichtes ist eine vorherige Hebung."

Bei der Katalyse können beide Ausdrücke „Auslösung" und „Beschleunigung" ohne genauere Erläuterung irreführen; „Auslösung" insofern, als ja die typische Katalyse eine *Dauerbeteiligung* des Fremdgebildes verlangt, solange die Reaktion währt (nur bei katalytischer Zündung als Initialzündung genügt einmaliges „Mitmachen"); „Beschleunigung" insofern, als man zunächst an die Mitteilung bestimmter Energiemengen, gleichwie bei der Beschleunigung eines fallenden Körpers durch die Gravitationskraft, denken möchte.

136. Um „Suspendierung" und „Hemmung" handelt es sich auch, wenn RIEHL sagt: „Der Wille bewegt nicht selbst, er *richtet* nur die Bewegung dadurch, daß er einer Menge von Bewegungsimpulsen entgegenwirkt. — Als rein innere Erscheinung kann der Wille nicht bewegen."

137. Hinsichtlich der weiteren Gestaltung der Theorie „diaphysischer Richtkräfte" u. dgl. sei auf das reiche biologische Schrifttum verwiesen. Siehe ferner PREYER, „Erforschung des Lebens" 1878. „Was erteilt den Anstoß"? (Insbesondere für das Entwicklungsgeschehen.) „Vergebens tastet die Chemie nach einer Antwort." „Der Wille braucht bloß den Anstoß zur Umwandlung von Kräften zu geben" (ADOLF MAYER, Los vom Materialismus! 1905). Siehe weiter OLIVER LODGE [Leben und Materie 1908, besprochen von W. OSTWALD, Ann. Naturphil. **9** (1910) 103].

138. REHMKE läßt noch die Frage unentschieden, ob der Leib bei der Wirkung auf die Seele „Kraft" verbrauche. SIGWART erwägt, wieweit etwa ein Willensimpuls „bloß als auslösender Vorgang gegenüber einer disponiblen Energie zu betrachten sei, analog dem Schließen eines elektrischen Stromes, der eine Mine entzündet". NOIRÉ unterscheidet die richtende „Kausalität der Empfindung" (ohne Äquivalenz) von der schaffenden „Kausalität der Bewegung" (mit Äquivalenz).

139. Zwei von diesen Teilbegriffen — die Katalyse war ihm unbekannt — hat SCHOPENHAUER vielfach charakterisiert, wenn er von „Ursache im eigentlichen Sinne", die der Regel „Wirkung und Gegenwirkung sind gleich", folge und bei welcher „der Grad der Wirkung dem Grad der Ursache genau angemessen" sei, die Reiz- und die Motivursache gegenüberstellt. „Im Motiv ... hat jene Heterogeneität zwischen Ursach und Wirkung ... den höchsten Grad erreicht." „Der Stein muß gestoßen werden; der Mensch gehorcht einem Blick." (Ähnlich RIEHL: „Ein Motiv wirkt so gesetzlich wie ein Stoß"). Nach KANT (Prolegomena) gilt: „Dynamische Verknüpfung erfordert keineswegs Gleichartigkeit des Verknüpften; in der Verknüpfung von Ursache und Wirkung kann zwar Gleichartigkeit angetroffen werden, aber sie ist nicht notwendig, der Begriff der Kausalität erfordert sie wenigstens nicht." (Auslösend wirken schließlich auch MAXWELLs gedachte „Dämonen".)

Reizwirkung besteht bei „Sensibilität und Irritabilität" (A. v. HALLER), bzw. „Excitabilität" (FLOURENS), mit „äußeren und inneren Reizen" (PROCHASKA), mit „Koordination" und mit „Reflexen" als „mechanischen" Verknüpfungen von Ursache und Wirkung (BELLs Rückenmarkreflex als „*reflex motion*"; M. HALL und JOHANNES MÜLLER 1833). „Der ideale physiologische Ausdruck der *Verbindung* von „Empfinden" und „Bewegen" in eine Einheit wurde schließlich der Rückenmarksreflex. — Bei JOHANNES MÜLLER wird die äußere Reizung im wahren Sinne reflektiert; *sie soll Empfindung machen und dann auch den motorischen Apparat in Tätigkeit setzen*" (E. MARX).

140. Siehe hierzu A. MITTASCH und E. THEIS, „Von DAVY und DÖBEREINER bis DEACON" (Zur Geschichte der Grenzflächen-Katalyse) 1932; A. MITTASCH, BERZELIUS und die Katalyse, 1935; Kurze Geschichte der Katalyse, 1939. Bei DRIESCH heißt es 1904 noch: „Energetisch muß sich ein Katalysator beteiligen, wenn er wirklich Geschehen ermöglicht."

Die Frage der „katalytischen Kraft" von BERZELIUS, die einst so viel Staub aufgewirbelt hat (s. auch S. 58), ist endgültig dahin zu beantworten, daß an sich der Ausdruck nicht verwerflich ist; doch ist der Begriff nicht nach Analogie der „mechanischen Kraft" zu denken, die energetisch ausgeübt oder überwunden werden kann, sondern nach Analogie der „Willenskraft", die zunächst mit physischer Energiebetätigung nichts zu tun hat, wenn sie auch in ihren Konsequenzen zu wirklicher physikalischer Kraftäußerung führen kann und insofern an die natürlichen energetischen Möglichkeiten gebunden ist. Die „katalytische Kraft" steht in einer Reihe mit anderen „Kräften zweiter Hand" wie der „Lebenskraft" und der „Willenskraft", indem es sich in all diesen Fällen um eine „permanente Bedingung" (Wundt) oder um einen fingierten Inbegriff für die Verursachungsmöglichkeit bestimmter Gruppen von Erscheinungen an Gebilden handelt, die in bezug auf das Geschehen selbst an den Vorrat eigener „freier Energien" gebunden sind und die auf den empfangenen „Anstoß" demgemäß antworten (s. „Ganzheitskausalität", Abschnitt 40). Der Katalysator gibt Anlaß, ohne selber Arbeit zu leisten, und richtet, ohne von seinem „Eigenen" etwas dabei zu verlieren. Dabei beschreitet er den Weg des kleinsten Widerstandes.

141. Dann aber heißt es bei Rubner (1909): „Fermente glattweg als auslösende Körper zu betrachten, geht nicht an." Über die Initialzündung sagt Verworn: „Der Funke gilt als Ursache der Explosion, die bestimmte Lagerung der Atome ist nur eine Bedingung." Genauer Heim: „Nicht der Funke verrichtet die Arbeit, sondern der Explosivstoff selbst mit seiner ungeheueren potentiellen Energie." Vgl. auch Fr. Th. Vischer: „Die Kraft erscheint um so größer, je mehr sie auf ein kleines Gefäß beschränkt aus diesem Punkte ungeheure Wirkungen hervorzubringen vermag." Weiterhin Christmann: „Das Wort Ursache wird in verschiedenem Sinne gebraucht. Der Schlag, den ich auf das explosive Gemisch ausübe, der Reiz, der auf das Tier ausgeübt wird, ist nur ein Teil der Gesamtursache."

142. Siehe hierzu A. Mittasch, Katalyse und Determinismus 1938. Bemerkungen zu Anstoß- und Erhaltungskausalität. Naturwiss. **1938**, 177.

143. Bei stationären Systemen kann man wiederum unterscheiden: a) Solche strenger Art (statisch), unter Beibehaltung von Inhalt und Form, d. h. der gesamten Individualität: ein einzelnes (nichtradioaktives) Atom für sich, eine Molekel für sich, ein bestimmtes Knallgasgemisch für sich, ein Kristall für sich, b) stationäre Systeme zweiter Art (dynamisch), bei denen nur die „Form" im ganzen bestehen bleibt, während Individualität und Eigenschaft des Einzelnen wechseln: ein Wasserfall, eine Flamme, ein in „Stoffwechsel" stehendes Lebewesen.

144. Dieser Kontrast besteht allgemein: Eine abgeschlossene „ruhende" Gasmasse ist ruhend und stationär nur als Kollektiv; werden dagegen die elementaren Teile: Atome, Molekeln usw. betrachtet, so herrscht dauernd und überall A.K. und W.W. der konstituierenden Einzelgebilde, jedoch so, daß die Summe aller Einzelbewegungen, aller Energieübertragungen und -umsetzungen, aller Einzeleffekte und Einzelveränderungen = Null wird.

145. Es ist oft betont worden, von idealistischen wie positivistischen Philosophen (Hegel, Mach), daß es sich bei der „Erhaltung" der elementaren Atome in ihren Verbindungen nur um eine Abstraktion, um ein Figment handelt, da ein Ding mit bestimmten Eigenschaften unmöglich einem Ding mit ganz anderen Eigenschaften gleichgesetzt werden könne. Damit stimmt auch R. Mayers Betonung der „Äquivalenz" und der „Isomerie" der Kräfte, anstatt „Identität". Über den „Doppelaspekt" der Atombegriffes: reale Einzelatome und „gebundene" Atome mit neuen Eigenschaften, siehe insbesondere Paneth, Erkenntnistheor. Stellung des chemischen Elementbegriffes, 1931, dazu auch A. Mittasch, Fiktionen in der Chemie. Angew. Ch. **1937**, 423.

Die begrenzte Beständigkeit des Atoms ist zuerst am Radium erkannt worden. Heute aber kann man schon die Kerne von Uranatomen durch Bestrahlung mit Neutronen zum „Zerplatzen" bringen und so neue atomare Individuen (Ba, Kr usw.) gewinnen.

146. „Die Theorie des Wirkungsquantums wird der Schlüssel sein zum Molekularbau der Materie" (SOMMERFELD 1914). Inbezug auf Weltkonstanten und deren Zusammenhänge siehe P. JORDAN, Naturwiss. **1937**, 513; **1938**, 417.

147. Über Lebensrhythmen und deren Erhaltung siehe RIES, „Entwicklungs- und Differenzierungsperioden im Leben der Zelle", Naturwiss. **1937**, 281; ferner v. HOLST, L. v. BERTALANFFY, DÜRKEN, ADOLF MEYER, UNGERER KLAGES u. a. m. Keimzellen sind „Gestaltatome" der Biologie, so wie Quanten „Gestaltatome elementarer Energien" (L. WOLF).

148. Das Bewußtsein nebst zentralem „Ichgedanken" stellt hier gewissermaßen den eisernen Bestand der E.K. dar; der einzelne psychische Prozeß folgt Regeln der A.K. Siehe hierzu auch R. REININGER, Das psychophysische Problem 1930. DRIESCH, Alltagsrätsel des Seelenlebens 1938. A. BIER: Die Seele 1939. ′— BERGSON über „durée réelle".

Nach HERBART sollen Selbsterhaltungen, welche die Seele im Zusammensein mit anderen realen Wesen ausübt, die Form der „*Vorstellung*" haben — ein Name, welcher alles bezeichnet, was überhaupt *Gegenstand des Bewußtseins* ist. „Und diese Selbsterhaltungen sind die einzigen ursprünglichen Tätigkeiten, welche HERBART der Seele zugesteht, das einzige wahre und wirkliche Geschehen" (LOTZE). Hierzu aber kommt nach LOTZE als ebenso wesentlich „eine Methode der Beziehungen" (W.W. in A.K.). Auch das Wort „Erregung", das für gewöhnlich einen einmaligen Akt der A.K. bedeutet, kann im Sinne eines Dauerzustandes, einer *Beharrung* gebraucht werden (z. B. Tonus, Spannungszustand).

149. Zu beachten bleibt immer, daß „Energie" insofern ein Relationsbegriff ist, als eine strenge Definition des Energieinhaltes eines elementaren Gebildes nur in Beziehung auf ein anderes, gleichartiges oder ungleichartiges Gebilde mit bestimmtem Zustande möglich ist; von der Energie eines einzelnen Neutrons, Protons oder Elektrons zu reden, rein für sich genommen, würde wohl des Sinnes entbehren. Nach MACH setzt jede Feststellung von „Beharrung" oder „Bewegung" (auch rotierende Bewegung) W.W. mit anderen Gebilden voraus und ist insofern immer relativ. Die Unmöglichkeit des Nachweises „absoluter" Bewegung wurde von EINSTEIN zum Axiom genommen. „Terme" betrifft immer die Energie eines *Systems*.

150. Besonders eindrucksvoll sind die Beeinflussungen und Lenkungen durch kleinste Mengen von Katalysatoren, Wirk- und Reizstoffen, für die es unzählige Beispiele gibt: 1 mg O_2 reicht aus, um 5 g native Zellulose vom Polymerisationsgrad 3000 in solche von halbem Polymerisationsgrad umzuwandeln (STAUDINGER). Geringste Mengen eines denaturierenden Eiweißkörpers leiten spontane Spaltung genuiner Eiweißkörper ein (RONDONI). Kleinste Mengen Abwehrferment rufen spezifische Abbaureaktionen hervor (ABDERHALDEN). Zur Erzeugung von „Geißeln" brauchen die Gameten einer einzelligen Grünalge nur eine einzige Crocin-Molekel je Zelle; der Reizstoff wirkt noch in einer Verdünnung 1 : 250 Billionen (Biotin in seinen Wirkfällen: 400 Milliarden); geringe Differenzen des cis-trans-Verhältnisses wirken schon chemotaktisch geschlechtsbestimmend (MOEWUS und R. KUHN).

Nach FLÜGGE könnte es geschehen, daß *ein* Neutron, das den Urankern zündet, neue Neutronen freimacht, die in anderen Kernen das Gleiche tun, so daß in einer Lawinenreaktion beliebige Mengen Kernenergie freigemacht werden könnten: eine „Uranmaschine" mit Mäßigung des Betriebes durch Zufügung von Cadmium!

151. Wie schon R. MAYER und JOHANNES MÜLLER bemerkt haben und SCHOPENHAUER mit besonderem Nachdruck betont hat, tritt in den *Regionen des Lebendigen* die Kausalität im Sinne einer Äquivalenz von Ursache und Wirkung (E.K.) deutlich zurück — bis sie zur Selbstverständlichkeit gewisser

Beziehungen wird —, während der Satz „kleine Ursachen, große Wirkungen" (also A.K.) zu immer größerer Bedeutung gelangt.

152. Von elektrischer Relais- und Verstärkerwirkung wird geredet, wenn durch einen einsetzenden Energiefluß quantitativ bescheidener Art ein anderer, stärkerer Energiestrom veranlaßt oder ausgelöst wird. Es erscheint anfechtbar, wenn von P. Jordan der Verstärkerbegriff dahin erweitert wird, daß schließlich jedes Geschehen nach der Regel „kleine Ursachen, große Wirkungen" darunterfällt; Erscheinungen wie Katalyse, biologische Induktion und Steuerung sind selbständige Gebiete der A.K., denen die Verstärkerwirkung besser nebengeordnet wird. Über biologische Verstärkerwirkung siehe P. Jordan, Naturwiss. **1938**, 537; „Tatwelt" **1938**, 204.

Sind tatsächlich die Lebensvorgänge „Kippvorgänge", die durch den Ablauf ganz weniger Atomgeschehnisse umgeworfen werden könnten? Diese Frage wird von Zilsel, Bünning u. a. verneint.

153. Daß die Scheidung von E.K. und A.K. auch Fragestellungen beleuchten, präzisieren und verschärfen kann, zeigt beispielsweise die *Phylogenetik* mit der Frage: Reichen die sonst aus der Erfahrung bekannten Anstöße oder Impulse der Umwelt (auch Strahlung mannigfacher Art) aus, die Entstehung und Wandlung von Arten zu erklären, oder müssen noch andere, unbekannte, etwa entelechiale oder psychische „schöpferische" Impulse am Werke gewesen sein, unter Erhaltung von bestimmten vorhandenen Größen und Werten neue Größen und Werte im Rahmen der Stoff- und Energiegesetze zu schaffen?

154. Ein deutliches Beispiel für das Zusammenbestehen von E.K. und A.K. auf seelisch-geistigem Gebiete bildet die Auffindung des Erhaltungsprinzips selbst. Zwar: die schöpferische Synthese des Genius verschwimmt im Dunkel des Unbewußten, der geheimnisvollen Intuition, so daß jeder Versuch einer scharfen Zergliederung in unzulängliches Wortgestammel ausläuft. Folgendes jedoch steht fest: Die E.K.-Grundlage bilden in Mayers Psyche erhalten gebliebene Eindrücke und Belehrungen aus früher Jugend, wie sie sich insbesondere auf die Unmöglichkeit eines mechanischen Perpetuum mobile und die Erhaltung von technischen Arbeitswerten bezogen. Tief verankert waren ferner allgemeine Überzeugungen spekulativer Herkunft. Den äußeren *Anstoß* aber, der die einzelnen „Keime" sich in einem Zentrum sammeln und zur Reife entwickeln ließ, gab schließlich die bekannte Beobachtung am Armvenenblut von Matrosen in der Bucht von Surabaya 1840.

155. Von Drieschs Definition der „Ganzheitskausalität", die auf die Wirkung eines „ganzmachenden" Faktors, der Entelechie als Vitalagens gerichtet ist, unterscheidet sich diese Formulierung darin, daß sie unmittelbar an die A.K. anknüpft; letzthin, d. h. in metaphysischer Auslegung, können beide Definitionen wieder zusammentreffen. Siehe hierzu Driesch, insbesondere Philosophische Gegenwartsfragen 1938, S. 82f., 131f. sowie 26. Jahrb. der Schopenhauer-Ges. **1939**, S. 2f., ferner A. Mittasch, Katalyse und Determinismus 1938, S. 81f. „Über Ganzheit in der Chemie", Angew. Ch. **1936**, 417. „Was ist Ganzheitskausalität?" Acta Biotheoretica **1938**, 73. Siehe weiter v. Bertalanffy, Dürken, Beurlen, Feuerborn, Ungerer, Adolf Meyer u. a. m. Smuts: „Das Ganze ist die vera causa." Alverdes: Die Gesamtzelle regelt das Geschehen im Einzeller; usw. „*Die Ganzheitsfrage als solche ist neutral gegenüber dem Vitalismus*" (Driesch).

156. „Polarität" (s. auch Anm. 12) kennzeichnet nicht eigentlich einen völligen Gegensatz — die Bezeichnung plus und minus kann schon in der Elektrizität sachlich in die Irre führen — sondern eine Art dynamischer Distanz (Spannung, Abstand, Ergänzungsbedürftigkeit). Biochemisch zeigt sich das u. a. in dem von Moewus und R. Kuhn untersuchten Falle, da die

Gegensätzlichkeit des Sexualcharakters einer Grünalge auf bestimmte quantitative Differenzen im cis-trans-Verhältnis eines Carotinoid-Prägungsstoffes zurückgeführt werden konnte (Naturwiss. **39**, 97). Siehe auch S. 151.

157. Die statistische Mechanik von CLAUSIUS, MAXWELL, BOLTZMANN, W. GIBBS ist weitergeführt worden in der Quantenmechanik. (Siehe hierzu A. EUCKEN, Naturwiss. **1938**, 230; NERNST, Naturwiss. **1939**, 393). ,,Was wir beobachten, sind immer nur Mittelwerte, und zwar sowohl räumliche wie zeitliche. — Vielleicht sind alle physikalischen Gesetze nur statistische Aussagen'' (GERLACH). Nach JEANS ist das Licht statistisch gesehen Welle, individuell Korpuskel. ,,Das statistische Gesetz bestimmt nur das Verhalten einer großen Zahl von Elektronen, es versagt aber bei der Frage nach dem Verhalten eines einzelnen Elektrons'' (PLANCK). ,,Der diskontinuierliche Charakter der individuellen Phänomene ... wird sozusagen in der Statistik ertränkt'' (L. DE BROGLIE). Vgl. auch FECHNERs Kollektivlehre, sowie v. KRIES u. a. FR. A. LANGE: ,,Wahrscheinlichkeitslehre ist eine Abstraktion von den wirkenden Ursachen, die wir eben nicht kennen, während gewisse allgemeine Bedingungen bekannt sind, die wir unserer Rechnung zugrunde legen.'' Siehe auch SCHLICK, Erkenntnis **1** (1938) 414.

158. Nach Analogie der PERRINschen These könnte man auch die Möglichkeit postulieren, daß eine auf hohe Spannung aufgeladene Leydener-Flasche bei Annäherung eines Leiters unter 10^X Fällen einmal *keine* Entladung geben werde. — Über den Zufall siehe Ausführlicheres in früheren Veröffentlichungen: ,,Katalytische Verursachung'' und ,,Katalyse und Determinismus''. Ferner G. JUST, Der Zufall im organischen Geschehen, 1925. — K. E. VON BAER: ,,Zufall ist ein Geschehen, das mit einem anderen Geschehen zusammentrifft, mit dem es nicht in ursächlichem Zusammenhange steht.'' CZUBER: ,,Wir betrachten ein Ereignis als zufällig, wenn der Einblick in die Umstände uns nicht gestattet, sein Eintreffen oder Nichteintreffen mit Gewißheit vorauszusagen oder sein Eingetroffensein oder sein Nichteingetroffensein als notwendig zu denken.''

Der Satz aber, daß Unordnung wahrscheinlicher sei als Ordnung, wird in gedachter *Allgemeingültigkeit* schon von jedem Schneekristall widerlegt. In der Natur herrscht unverkennbar auch *ein Streben zur Ordnung, zu höherer Ordnung*.

159. Der gegenwärtige Stand der Anschauungen erhellt aus dem Bericht über eine Aussprache im Rahmen einer Tagung des Euckenbundes in Jena Oktober 1938, wiedergegeben ,,Tatwelt'', Dezember 1938; dazu auch WEINSCHENK, Ztschr. f. ges. Naturwiss. **1939**, Heft 11, sowie BAVINK, Unsere Welt 1939, Juniheft. Siehe weiter PLANCK, EDDINGTON, JEANS, P. JORDAN, SCHRÖDINGER, L. DE BROGLIE, GRETE HERMANN, E. MAY, A. WENZL u. a. m. Nach P. JORDAN sind ,,die feinsten, aber zugleich entscheidenden Lebensprozesse grundsätzlich unprognostizierbar''. Das mag richtig sein, bedeutet aber nicht ,,Akausalität'' im ,,philosophischen'' Sinne des Wortes *causa*. Die Sachverhalte, auf welche die Begriffsbildung ,,Akausalität'' gegründet wurde, sollen jedoch in keiner Weise angezweifelt werden. Siehe auch MITTASCH, Kausalismus und Dynamismus, nicht Mechanismus. Forsch. u. Fortschr. **1938**, 127.

Gegen P. JORDANs Behauptung: ,,Innerhalb eines verbleibenden Spielraumes hat das einzelne Radiumatom weitgehende Freiheit, sich zum Zerfall zu entschließen'' — wendet WEINSCHENK ein: ,,Der an und für sich unendliche Spielraum wird durch ein Gesetz der Makrophysik ... so eingeschränkt, daß die Anwendung der Wahrscheinlichkeitsrechnung möglich ist.'' S. auch HORST MAYER, Kausalitätsfragen in der Biologie, Naturwissensch. **1934**, 598.

160. Auf einer einzigen Buchseite eines ,,Akausalikers'' finden wir z. B. die Ausdrücke: ,,Lichterzeugung der Atome'', ,,Absorption von Licht'',

„Hinaufhebung" auf eine bestimmte Energiestufe durch Elektronenstoß", „Energieübertragung", „Verwandlung des Energieüberschusses" ... Was ist das wohl, wenn es nicht „Kausalität" sein soll? Das Unternehmen der „Akausaliker" war vergleichbar dem Benehmen eines Arbeiters, der den Auftrag hatte, ein auf einem Felsen thronendes Götzenbild — den Allmechanismus — zu entfernen, und der sich dann rühmt, auch den gründenden Fels mitbeseitigt und erledigt zu haben. So ist es mit „Akausalität" ähnlich wie mit NIFZSCHEs „Amoralität": Keine völlige Aufhebung von Setzungen und Wertungen, kein „Nihilismus", sondern: *Neue Setzungen und Wertungen!*

161. Nach VAN HELMONT gibt es in jedem Körper „eine ganze Hierarchie von Archeen, deren Anzahl denjenigen der qualitativ verschiedenen Funktionen gleicht" (zitiert nach KRIECK). Ähnlich kennen SENNERT, BLUMENBACH und KIELMEYER Über- und Unterordnung im Organismus. Ebenso wird eine Stufenfolge der Verursachung vertreten von GOETHE, SCHOPENHAUER, LOTZE, FECHNER, E. v. HARTMANN, BOUTROUX (Vielschichtigkeit der Natur), ERICH BECHER („seelische Führung"); ferner OLDEKOP, BAVINK, BURKAMP, A. WENZL, v. BERTALANFFY (hierarchischer Aufbau), NIC. HARTMANN (Schichtung und Rangordnung der Seinsformen mit ihren Funktionen), v. UEXKÜLL, SCHLEICH, BIER (aristokratischer Ordnungsplan), GEBBING, FEYERABEND u. a. m. Siehe hierzu auch A. MITTASCH, Über Kausalitäts-Rangordnung. Forsch. u. Fortschr. **1938**, 16, sowie Katalyse und Determinismus 1938, S. 103f. Hier wurde ausgeführt, daß relative Unbestimmtheiten, Halbbestimmtheiten, Unschärfen und „Freiheiten" auf jeder Stufe des Geschehens bestehen *müssen*, damit Ordnung und Planmäßigkeit in der Welt sei. „Erst die Unbestimmtheitsrelationen geben die für eine harmonische und widerspruchsfreie Ordnung der Erfahrung nötige Freiheit" (HEISENBERG).

162. Wenn, wie DRIESCH betont, „noch nie die geringste Abweichung vom Entropiesatz festgestellt wurde", so wird das daher rühren, daß auch BOLTZMANNsche Statistik gebändigt und begrenzt wird durch eine *Gesetzlichkeit von oben*. Läßt der Mikrophysiker diese außer acht, so kann er zu dem Versuch gelangen, in dem „selbständigen" Benehmen einzelner elementarer Gebilde wie Elektronen und Atome *völlige* Entscheidungsfreiheit zu sehen; und es liegt dann nicht zu fern, von hier aus Schlüsse auf eine vollkommene *Entscheidungsfreiheit des Wollens* zu ziehen, so daß diese „Freiheit des Willens" unmittelbar zu Sachverhalten der Mikrophysik in Beziehung gesetzt wird (P. JORDAN). Diese Betrachtungsweise ist jedoch unvollkommen, da sie den *Stufenbau des biologisch geformten Stoffes* samt ihren Kompetenzen außer acht läßt: vom Atom über Molekel und Makromolekel, Aggregate und Zelle, Gewebe, Organ bis zum Zentralapparat. Ein Überspringen dieser Zwischeninstanzen erscheint dem Benehmen eines Mannes analog, der mit einem Salto mortale vom Gipfel eines Turmes auf den Erdboden gelangen will — oder umgekehrt —, statt die vorhandenen Treppen zu benutzen. „Klassische Physik wie Quantenphysik eignen sich ebensowenig zur Rechtfertigung der metaphysischen Freiheit wie zur Verteidigung des Wunderglaubens oder des Vitalismus" (PH. FRANK). Siehe auch S. 189 und Anm. 173.

163. Bereits CUVIER kennt ein Überordnungssystem des Körpers, mit einem „caractère dominateur" und den Abstufungen: Nervensystem, Zirkulation, Verdauung. BICHAT scheidet (1805) „*vie vegetative*" und „*vie animale*". HIS hat zuerst von organbildenden Bezirken, J. SACHS und HABERLANDT von form- und organbildenden Stoffen gesprochen. Nach FLECHSIG leitet das Urhirn die Befriedigung der ersten Lebensbedürfnisse. CHILD spricht von „hohen Enden der Gradienten", von physiologischer Dominanz und Subordination, WOLTERECK von Zentriertheit, SHERRINGTON von „Integration" (s. auch DONNANS „Integralgleichungen" für Lebens-

erscheinungen), Spatz von „übereinandergeschalteten Reflexbögen" usw.
Der Vorderlappen der Hypophyse mit seinen über 20 Hormonen erscheint
als „das bedeutendste übergeordnete Inkretorgan (master gland), als Zentrum
der endokrinen Drüsen und damit der vegetabilischen Funktion". Eine
Rangordnung der Funktionen kommt auch in der *Lage* der vegetativen
Zentren zum Ausdruck (Armin Müller). Nach Heidenhain besteht durchweg „Enkapsis", d. h. ein hierarchisch geordnetes Gefüge von Ganzheiten.

164. Die Frage, wie aus einer stofflichen Mannigfaltigkeit niederen
Grades eine Mannigfaltigkeit höheren Grades werden kann, kann vom
katalytischen Chemiker in zahlreichen Fällen experimentell gelöst werden;
immer aber gibt es zunächst nur innige molekulare *Gemische* der neuen
Stoffe (in ein oder mehr Phasen), ohne daß eine bestimmte *räumliche Anordnung* der Bestandteile, etwa in spezifischen makroskopischen Figuren
und geometrischen Mustern unmittelbar bewirkt werden könnte. Mithin
gilt: „Eine chemische Substanz kann an und für sich, wie Spemann richtig
erkannt hat, nicht organisieren, ebensowenig wie eine physikalische Struktur";
sie kann nur „beeinflussen" (Herbst). Das Höchste, wozu ein chemischer
Stoff als formativer Katalysator durch den Experimentator gebracht werden
kann, ist wohl eine *rhythmische Anordnung* von Stoffen. Erzeugung und
Erhöhung von stofflicher Mannigfaltigkeit kann ein einfacher Katalysator
als Endresultat von Reaktionsfolgen leisten, nicht aber *beliebige Formbildungen*, die nur als Erzeugnis einer Art schöpferischer Phantasie denkbar
erscheinen. (Nach Riehl: „Kollokation oder Zusammenordnung von
Ursachen".) „Die prospektive Potenz ist in der Tat eine wahre immanente
Ursache jeder Spezifikation einzelner formbildender Prozesse" (Driesch:
zeiträumliche „Insertion" als Mittel der Formbildung; s. auch S. 132, Hasebroek).

Schon 1911 hat Liesegang ein Modell für „formative Katalyse" bei der
Selbstdifferenzierung von Lebewesen gegeben, und zwar in einer Beeinflussung
räumlicher Stoffgruppierung durch einen dabei unverändert bleibenden
Fremdstoff. Wird Silbernitrat in Gelatine auf einer Glasplatte ausgebreitet
und in die Mitte ein Tropfen Chlornatrium gebracht, so entsteht Chlorsilber
in einer durch wechselndes Konzentrationsgefälle verursachten „rhythmischen
Ablagerung" (Liesegangsche Ringe). Bringt man jedoch nahe dem Rande
ein Silberchromatkörnchen hin, so entstehen neue konzentrische „Strukturen" besonderer Art. Wenn hieraus Liesegang den Schluß zieht, „daß
das Vermögen der Zelle zur Selbstdifferenzierung bestimmt sei durch Katalysatoren", so bleibt doch die Frage unbeantwortet, wie eine räumliche makroskopische Gruppierung *anders als rhythmisch*, nach komplizierten und für
jede Art charakteristischen Feldgesetzen, d. h. nach einem dem Genotypus
zugehörigen „Plane", durch „Formkatalysatoren" im dispers-kolloiden Medium verursacht sein könne. „Formbildende Stoffe", Wirkstoffe sind nur
Realisatoren für Gestaltursachen idealer Art (L. Wolf).

165. Der historische Fortschritt in der Erkenntnis der „*Obergesetzlichkeit
des Lebens*" spricht sich beispielsweise in folgenden Äußerungen aus: „Das
menschliche Leben ist, physisch betrachtet, eine eigentümliche animalisch-
chemische Operation" (Hufeland 1796). Der Organismus ist „ein Aggregat
imbibitionsfähiger Kristalle" (Schwann). „Der Naturforscher weist zur Evidenz nach, daß es außer den physikalisch-chemischen und mechanischen
Kräften keine anderen Kräfte in der Natur gibt, und folgert daraus den
unumstößlichen Schluß, daß auch die Organismen durch jene Kräfte erzeugt und gebildet sein müssen" (L. Büchner; ein wahres Muster ober-
flächlichster materialistischer Dogmatik!) „Organische Entwicklung ist
nur (!) die mechanische Folge chemischer Konstitution und beständiger
Wechselbeziehung zur Umgebung" (Haeckel). „Leben ist Selbstzerstörung

mit steter Selbsterneuerung" (W. Ostwald). „Schon bei Protozoen zeigt sich Eigengesetzlichkeit und aktive Individualität" (Alverdes). — Im Grunde ist jedoch das Bestehen einer G.K. mit Wahlhaftigkeit, in einer biologischen Kausalitäts-Rangordnung, schon in dem Satze von Kant ausgesprochen: „Alles Leben beruht auf dem inneren Vermögen, sich selbst nach Willkür zu bestimmen." N. Hartmann unterscheidet (neben logischer und mathematischer) mechanische, biologische, psychische und geistige Kausalität.

166. „Ist die im Fundamentalsten eudämonistische, vom Glücksbedürfnis geleitete Struktur alles Praktischen richtig, so hat jede tatsächlich wirksame Ethik das Glück des Individuums nicht nur zu versprechen, sondern auch ehrlich zu geben" (Burkamp).

167. Dazu noch: „Was wir im Bewußtsein verbannen, wird im Körper wirksam, und was wir ins Bewußtsein ziehen, verliert an seiner leiblichen Kraft" (V. v. Weizsäcker). Der Ausdruck „Unbewußt-Psychisches" wird abgelehnt von Ziehen, Bumke u. a. Schultz-Hencke weist auf eine dreifache Bedeutung des Wortes „Unbewußtes" hin.

168. Außer Betracht bleibt jede überlebte eng anthropistische Zweckmäßigkeitslehre, die alle Gebilde der Natur als für den Menschen nützlich und darum von Gott geschaffen ansah; ebenso jede „falsche Teleologie" (Rickert), die eine „willkürliche Durchbrechung der Naturkausalität", also vor allem die Existenz von Wundern erster Art (S. 163) bedeuten würde. Menschlich gesehen, stehen einem Pantelismus im einzelnen zahllose Dystelien, Irrtümer und Fehlgriffe der „Entelechie" oder der „Seele" entgegen. Die Potenzen sind oft nur „mäßig begabt" (Maeterlinck), sie tasten gleichwie der Mensch in „trial and error". „Es gibt auch etwas gegen Ganzheit und Plan Gleichgiltiges in der Wirklichkeit. Die ganz nüchterne Naturwissenschaft bleibt am besten dabei, das Wort ‚Zweck' und seine Derivate im Rahmen der eigentlichen Biologie zu vermeiden und nur zu reden von *Ganzheit* und *ganzmachenden* bzw. Ganzheit wiederherstellenden Agenzien" (Driesch). K. E. v. Baer unterscheidet Zwecke und Ziele: „Zweck ist eine gewollte Aufgabe, Ziel eine gegebene Richtung des Wirkens." Kielmeyer: „Wir werden doch gestehen müssen, daß die Verkettung von Wirkung und Ursache in den meisten Fällen so aussieht wie eine Verkettung von Mittel und Absicht."

169. Bei L. Euler heißt es: „Es kann kein Zweifel bestehen, daß alle Wirkungen in der Welt ebensowohl durch die Methode der Maxima und Minima aus den Zwecken als aus den wirkenden Ursachen selbst abgeleitet werden können." Hierzu sind später noch weitere Prinzipien finaler Art gekommen; im Organischen das „Prinzip der zunehmenden Stabilität" (Fechner), „das Maximum des gleichzeitig möglichen Lebens" (E. Haeckel), das „Streben nach Form", die „Vermeidung unnötiger Vermehrung der Entropie als wahres lex parsimoniae" (K. Wagner), das Prinzip der doppelten oder mehrfachen Sicherung, der Entsprechung und Abstimmung; im Geistigen das Prinzip „des Wachstums geistiger Energie" (W. Ostwald) u. a. m. Eine besondere Art psychisches Minimumprinzip gab Zöllner, „Über die Natur der Kometen" 1872: „Alle Arbeitsleistungen der Naturwesen werden durch Empfindungen der Lust und Unlust bestimmt, und zwar so, daß die Bewegungen innerhalb eines abgeschlossenen Gebietes von Erscheinungen sich so verhalten, als ob sie den unbewußten Zweck verfolgten, die Summe der Unlustempfindungen auf ein Minimum zu reduzieren."

Nach Kant existiert „eine gewisse *Ahnung* unserer Vernunft oder ein von der Natur uns gleichsam gegebener *Wink*", daß wir mit dem Begriff der Endursachen „wohl gar über die Natur hinausgelangen".

170. Nach LOTZE fordert die erste *Entstehung* der organischen Zweck-mäßigkeit eine sie anregende Schöpferkraft eines ordnenden Bewußtseins, nicht aber die *Erhaltung* und stete Erneuerung. Hinsichtlich der *Entstehung*, die dadurch zur *Schöpfung* wird, kann man von hohen „technischen Erfin-dungen" sprechen, deren sich die Natur für ihre organismischen Zwecke bedient. Zu den feinsten derartigen Hilfsmitteln gehören vor allem der vor-handene und überwindbare „chemische Widerstand", ferner die Kopplung freiwillig stattfindender Vorgänge mit bestimmten erzwungenen, die für die Lebensgestaltung unentbehrlich sind; das Nebeneinander reversibler und irreversibler Prozesse, das „Gehen mit kleinen Schritten" zur Verwirklichung der Ziele usw. (s. auch R. HESSE, Naturwiss. **1929**, 571). Insbesondere die Reaktions-Kopplung gibt der Entelechie die Möglichkeit, auch „unwahr-scheinlichste" Vorgänge zu meistern und damit vorübergehend „ektropisch" zu wirken. Eine wichtige Frage lautet dabei: „Wie kann phänomenologische Teleologie mathematisch erfaßt werden?" (P. JORDAN).

Nach WEISMANN sind zwecktätige Prinzipien „das Ende der Wissenschaft". An ihre Stelle tritt (nach O. ZUR STRASSEN) das „Prinzip der Schrotflinte"; schließlich soll der Zufall die einzige Geschehensform sein, welche Zweck-mäßiges entstehen lassen kann. Dazu LASSON: „Das Lebendige und Gestal-tete aus dem bloßen Zufall regelloser Stoffbewegungen abzuleiten, wäre die Setzung des Wunders aller Wunder." Selbst SCHWANN erklärt es für „schwer, sich aller teleologischen Erklärung zu entschlagen".

171. „Entelechie" ist im wesentlichen gleichbedeutend mit der „Physis" nach HIPPOKRATES, dem „Archäus" und „heimlichen Chimist" von PARA-CELSUS und VAN HELMONT, der „anima" von G. E. STAHL, BUFFONs „moule intérieur", der „Lebenskraft" oder „vis formans" von BLUMENBACH, der „Horme" von MONAKOW, sowie auch SCHOPENHAUERs „Wille in der Natur". Bei G. E. STAHL heißt es: „Die Erhaltung des Lebens und alle dahinaus laufenden Wirkungen eignet sich der Seele, und zwar *einzig* und *allein* der *Seele* zu." Der „Seele" (*anima*), oder „dem geistlichen Wesen" kann insofern auch der Name der „Natur" beigelegt werden. Gegen DRIESCHs „Beweise einer Entelechie" hat einst W. OSTWALD eingewendet, sie seien „künftiger Ent-kräftung durch die Entwicklung der Wissenschaft ausgesetzt"; der „beweg-liche Grund der Grenze zwischen Kenntnis und Unkenntnis" sei nicht für haltbare Gebäude geeignet. Andererseits aber erkennt er den heuristischen Wert des Entelechiebegriffes durchaus an [Ann. Naturphil. **1** (1902) 15; **5** (1906) 400]. „Der Vitalismus wird nunmehr von einem Aphorismus zu einer Lehre." Siehe hierzu auch E. v. HARTMANN, Ann. Naturphil. **2** (1903) 285; sowie W. OSTWALDs Besprechung von DRIESCHs „Vitalismus als Geschichte und als Lehre" 1905; Ann. Naturphil. **5** (1906) 400. Die Stellung eines wissen-schaftlichen Begriffes — analog der „Energie" — wird darnach der „Entele-chie" erst dann zuzubilligen sein, wenn irgendwelche bestimmte Gesetz-mäßigkeiten mit ihm verbunden werden können.

Es erscheint bedeutungsvoll, daß die Tatsachen organischer „Form-bildung" durch Zellbetätigung und „Trieb- und Instinkthandlung", die am meisten nach telischen Begriffen gedrängt haben, schon seit längerem als innerlich verwandt oder „aus einer gemeinsamen Quelle gespeist" gelten; SCHOPENHAUER, DRIESCH, BLEULER, LOESER, DEMOLL, BUYTENDIJK u. a.

172. Eine „logische Rechtfertigung der Entelechielehre" gibt DRIESCH im Jahrb. d. Schopenhauer-Ges. **36** (1939) 52. In Anlehnung an einen alten Satz von DE CANDOLLE über die „Lebenskraft" kann man heute sagen: Das-jenige, was unerklärt und unbegriffen zurückbleibt, nachdem im einzelnen alle Möglichkeiten chemischer, kolloidchemischer und elektrokinetischer Gesetzmäßigkeiten (und deren Verknüpfungen) erschöpft sind, das mag man unbedenklich auf die Rechnung höherer Mächte als dirigierender und koordi-

nierender Potenzen setzen; dann wird die ,,höhere Macht" für den Forscher nie zum Sessel der Bequemlichkeit werden.

173. Wie andere Autoren (z. B. PH. FRANK) betont DRIESCH, daß die Unsicherheitsrelation in der Welt des Kleinsten ,,mit dem Problem der Willensfreiheit *gar nichts*, aber auch absolut *gar nichts* zu tun" habe. (Philosoph. Gegenwartsfragen, S. 175; 26. Jahrb. d. Schopenhauer-Ges. S. 61.) MACH äußerte sich 1871, daß die Bewegungsgleichungen eine gewisse Unbestimmtheit in der Natur übriglassen, woran ,,ein müßiger Philosoph mit Glück Ideen über Willensfreiheit knüpfen" könne. Andererseits WEYRAUCH: ,,Wir können aus keiner unserer Gleichungen ein Resultat ableiten, welches als Empfindung zu denken wäre. So muß eine Berufung auf die Mechanik beim Ausschluß der Willensfreiheit als unbegründet verworfen werden." Das Gleiche wird sinngemäß hinsichtlich einer versuchten Ableitung der Willensfreiheit aus der Quantenmechanik gelten (s. auch S. 164 u. Anm. 162). ,,Die Unbestimmtheits-Relation hat mit dem metaphysischen Begriff der Freiheit gar nichts zu tun" (MIKSCH).

174. Noch heute sind die Anschauungen über ,,Determinismus" nicht übereinstimmend; z. B. PLANCK und V. LAUE gegen HEISENBERG, SCHRÖDINGER, P. JORDAN, EDDINGTON. Auf dem Boden der Begriffe ,,Anstoßkausalität, Ganzheitskausalität und Staffelung der Kausalität" sollte indes eine endgültige Klärung und Einigung möglich sein. ,,Das Versagen der klassischen Form der Kausalität hat nichts mit Indeterminismus im gewöhnlichen Sinne des Wortes zu tun, sondern ist eine Folge der Komplementarität" [M. STRAUSS, Erkenntnis **6** (1936) 338]. Siehe hierzu PLANCK, P. JORDAN, BAVINK, WENZL, BURKAMP, KRIECK u. a.; insbesondere auch die Diskussion in ,,Tatwelt" **14** (1938) 174 (P. JORDAN, W. HELLPACH, A. WENZL, A. EUCKEN, L. MIKSCH u. a.); auch DILTHEY über den ,,Idealismus der Freiheit".

175. Auch ein verblüffender Fall vollkommenen Gedächtnisverlustes durch Kohlenoxydvergiftung lehrt wohl die Möglichkeit totaler Hemmung der ,,Reproduktion" gewisser Vorstellungen durch die A.K. rein stofflicher Einflüsse, nicht aber eine *Beseitigung* jener Vorstellungen schlechthin, etwa durch Verwischung und Ausradierung aller psychischen Engramme (G. E. STÖRRING, Gedächtnisverlust durch Gasvergiftung 1936). ,,Das Gedächtnis vor allem spottet aller mechanistischen Erklärung"; auch läßt sich weiter zeigen, ,,*daß das Erleben spezifischer Zeitzeichen mit der Annahme eines psychomechanischen Parallelismus ganz und gar nicht zu vereinigen ist*" (DRIESCH). HERINGs ,,organisches Gedächtnis" weist nur *Analogien* zum wirklichen psychischen Gedächtnis auf. ORTHNER redet noch von ,,somatischen Erinnerungsbildern".

176. ,,Der Materialismus kann weiter nichts tun als das Nebeneinandergehen von zwei Klassen von Erscheinungen zu behaupten, über deren wirklichen Zusammenhang er absolut nichts weiß. Das Problem vom Zusammenhang der Seele mit dem Körper ist ebenso unlösbar in seiner heutigen Form, als es in der vorwissenschaftlichen Zeit war" (TYNDALL 1874). Hinsichtlich des gegenwärtigen Standes siehe die neuere psychologische Literatur, insbesondere auch DRIESCH, WENZL, BURKAMP, ROTHACKER, PAUL HELWIG, ALOYS MÜLLER, C. WEINSCHENK u. a. Vgl. auch MACH: ,,Wir wissen von der Seele so viel als wir vom Stoff wissen."

177. Der dritte internationale Kongreß für Psychologie 1896 (München) stand in hohem Maße unter dem Zeichen der psychophysischen Kausalität. Durch SIGWART, dem auch STUMPF im wesentlichen zustimmte, war schon 1893 die Voreingenommenheit gegen die ,,psychophysische Wechselwirkung" erfolgreich bekämpft worden; jedoch mit einer gewissen Befangenheit im umgekehrten Sinne: ,,Die Theorie des psychophysischen Parallelismus ist weder durch den Begriff der Kausalität oder das Prinzip der Erhaltung der

Energie gefordert, noch läßt sie sich ihrer Konsequenzen wegen durchführen."
Hierzu auch A. Bier: „An diesem Kausalverhältnis (der psychophysischen
Wechselwirkung, d. Verf.) hat kein Mensch gezweifelt, bis es in Hypothesen
befangene Menschen fertig bekamen, es zu leugnen." Vgl. auch die psychophysischen Axiome von G. E. Müller.

178. Nach Wundt ist die Naturwissenschaft „in keinem Falle in der Lage,
sich das Wirken der Körper aufeinander vollständig begreiflich zu machen". —
„Denn alle konkreten Kausalzusammenhänge, auch die im Bereich des rein
Physischen, sind letztlich nicht zu erklären" (Koenig). Nach Lotze ist eine
jede W.W. ein Geheimnis, also „metaphysisch", aus dem Urgrund der Dinge
folgend. Über die kulturelle Stellung der Naturwiss. s. C. Bosch (1934).

179. Eine rein „mechanistische" Psychologie als eine Mechanik der Vorstellungen ist von Herbart unternommen worden, im großen und ganzen
ohne Erfolg. Doch ist auch heutige Psychologie durchaus auf *mechanistische
Bilder und Figmente* angewiesen: Gedächtnisinhalte, Bewußtseinsschwelle,
Reizschwelle der Empfindung, Enge des Bewußtseins, Tiefenschichten,
Steigrohr des Unbewußten; Auftauchung, Verdrängung, Sperrung, Ver-
klemmung, Hemmung, Verkrampfung, Erregung, Verhaltung, Einstellung,
Entladung, Auslösung, Aufwallung, Einschnappen; Assoziieren, Reprodu-
zieren, freisteigende Vorstellungen, Aufspringen und Aufsprengen von Ge-
dächtnisinhalten, Schwellenerhöhung, Empfindungsverschmelzung, Haltungs-
gefüge, Aufmerksamkeitsspannung, Gefühlstiefe, Willensstärke usw.

180. „Nichts scheint mir so ungereimt zu sein, als über die Geheimnisse
der Natur, den Einfluß der Gestirne, die verborgenen Dinge der Zukunft
zu schreiben, ohne ein einziges Mal untersucht zu haben, ob der menschliche
Geist so weit reiche" (Descartes, in nachgelassenen Schriften). Und doch:
„Ein wissensbegieriges Gemüth will wissen, worin diese formbildenden Qualitäten, Faculteten, Ideae, virtutes formatrices bestehen, wie sie wirken,
formieren. Man will nimmer mit lähren Worten abgespiesen werden" (J. J.
Scheuchzer 1711). Noch bei Mach heißt es: „Wir sind uns selbst nahe
genug und den anderen Teilen der Welt verwandt genug, um auf wirkliche
Erkenntnis zu hoffen." Hierzu auch W. Ostwald: „Die Natur ist immer
vollkommen; gelingt es mir also, etwas von ihr zu übertragen, so habe ich
ein Stück Vollkommenheit." L. de Broglie: „Der Reichtum der Natur
übersteigt immer wieder unsere Vorstellungskraft." Reinke: „Man zeige
mir doch einmal eine Ansicht, die nicht anthropomorph wäre! Bis jetzt
kenne ich keine." (S. auch Anm. 94, Ostwald.)

181. „Daher kommt es, daß man Wörter für Begriffe und Begriffe für
die Dinge selbst hält" (Hamann). Nach Helmholtz sind Worte nur Zeichen,
nicht Abbilder. „Worte sind nur Entscheidungen, nicht Erkenntnisse"
(Chr. Morgenstern). Über den „mechanistischen Zwang" des Sprechens
in einer „Syntax der Sprache" ist schon viel gesagt worden. Er hat dazu
geführt oder verführt, den Ausdruck „Mechanismus" auch da zu gebrauchen,
wo von der Möglichkeit einer erschöpfenden Ableitung aus Gesetzen der
Mechanik in keiner Weise die Rede sein kann; ein unterschiedsloser und
oftmals irreführender Gebrauch der Worte „mechanisch", „Mechanismus"
für jede beliebige Form des Kausalismus ist die Folge gewesen. Siehe hierzu
Mittasch, Kausalismus und Dynamismus, nicht Mechanismus! (Forsch. u.
Fortschr. **1938**, 127.) Schon W. Ostwald wendet sich gegen die Gleichsetzung
der Worte „mechanistisch" und „physikochemisch" [Ann. Naturphil. **1**
(1902) 95]. Vgl. auch Hantzsch: „Daß der Verlauf chemischer Vorgänge
von Chemikern vielfach Mechanismus genannt wird, ist ebenso bedauerlich
wie unrichtig, da es mit Recht beanstandet werden würde, wenn, was niemals
geschieht, umgekehrt ein mechanischer Vorgang als ein Chemismus bezeichnet
worden wäre" [Ber. D. Chem. Ges. **64** (1931) 667].

182. Auf die neueren Versuche einer derartigen Überbrückung, sowie auf die Bestrebungen einer Harmonisierung von Relativitätstheorie und Quantenmechanik kann hier nicht eingegangen werden.

183. Für die gesamte Elektrizitätslehre maßgebend, als „die wichtigste Grundlage des Galvanismus und damit der Elektrotechnik" (GERLACH), ist OHMs geniales Figment eines „elektrischen Stromes" unter der Wirkung eines „Gefälles" (1826) geworden: Höhendifferenz zweier Seen = Spannung oder elektromotorische Kraft, Reibung in der Verbindungsleitung = elektrischer Widerstand, die daraus resultierende Stärke des Wasserstroms = elektrische Stromstärke. Schon vorher war die mechanistische Vorstellung einer elektrischen „Ladung" entstanden. „Die Zahl der Atommodelle ist vielleicht noch größer als die der Äthermodelle" (W. WIEN). „Vielleicht sind auch Stoffe Figmente der erklärungsdurstigen Intelligenz" (HELMHOLTZ). O. LEHMANN (1919): „Die Erscheinungen vollziehen sich so, als ob Atome existierten." Selbst F. WALD hat trotz seiner Abneigung gegen Figmente doch anerkannt, daß die Atomhypothese samt ihren Strukturformeln wertvolle Dienste geleistet hat, nur dürfe man die Formeln nicht als „Abbilder der wirklichen Lage von Atomen" auffassen. Nach MACH ist es „eine Fiktion", daß Wasser aus Sauerstoff und Wasserstoff „bestehe" (s. auch Anm. 119). W. WIEN unterschied „Gedankendinge", z. B. Atome, von willkürlichen Fiktionen.

184. Mathematisierung, wie sie GALILEI, NEWTON, R. MAYER, MAXWELL, HELMHOLTZ, PLANCK u. a. vertreten, bedeutet genau besehen nicht eine „Entgeistigung" der Natur, sondern macht im Gegenteil den Weg frei zu einer totalen *Vergeistigung*. „Die Tatsache, daß das mathematische Bild auf die Natur paßt, muß angesehen werden als ein Zeichen dafür, daß der Wirklichkeit Züge geistiger Natur anhaften" (JEANS). Bei aller Übereinstimmung ernsthafter Forscher in wesentlichen Grundbegriffen und Grundvoraussetzungen bestehen in der auslegenden Wertung noch heute wesentliche Unterschiede in den physikalischen Disziplinen, insbesondere darin, daß entweder die „Bewegung" oder die „Kraft" („Energie") in den Mittelpunkt gestellt wird. In den biologischen Wissenschaften tritt dazu der Begriff „Leben" in den Wettbewerb ein. Die „Zahl" steht außerhalb oder oberhalb und wird bald von der einen, bald der anderen „Richtung" für sich reklamiert — oder auch mitunter geringschätzig abgetan. (S. auch Anm. 102.)

Auf den Streit der „mathematischen" und der „anschaulichen" Richtung der Physik soll hier nicht eingegangen werden. Schließlich entscheidet auch hier der Erfolg des Tuns. Seit wann schilt ein Handwerker einen andern, der mit abweichendem Handwerkszeug, mit abweichender Methode Ähnliches, ja vielleicht Wertvolleres hervorbringt als er selber? Im Grunde kann man vier Weisen unterscheiden in dem Streben, zu einer logischen Ordnung der Natur zu gelangen: 1. mittels des Zahlensymboles; 2. durch Zurückführung auf Bewegungen, und zwar Bewegung von Korpuskeln und Bewegung von Zuständen; 3. durch psychische Deutung; 4. durch Erstickung des Problems in einem Schwall dunkler Begriffsworte. 1. u. 2. sind praktisch fruchtbar, bei kritischer Vorsicht auch 3. in beschränktem Maße, obgleich es im allgemeinen der Feiertagsstimmung vorbehalten ist.

185. Es wird noch bloßes „Figment" oder gar nur „Metapher" sein, wenn LENARD über das Beharrungsprinzip bemerkt: „Man kann auch sagen, es ist ein Sträuben gegen Geschwindigkeitsänderung." Ernst gemeint aber ist es, wenn FR. ZÖLLNER anführt, es seien psychische Qualitäten, Lust- und Unlustgefühle, die die Anziehung und Abstoßung der Atome verursachen. (Über die Natur der Kometen, 2. Aufl. 1872.) Scherzhafte Ausführungen gibt H. KOPP über das Leben, Lieben und Treiben der Atome in seiner Gratulationsschrift für BUNSEN „Aus der Molekularwelt" (1882). Nach SCHMALFUSS

kann z. B. Zucker durch „Urzeugung" entstehen und unter den gleichen Bedingungen „sterben" (s. auch S. 177). Einst sprach man von „Liebe und Haß" der Elemente (Empedokles), später von einem „Empfindungsleben der unorganischen Stoffe" (Noiré u. a.).

Kennzeichnend für den Drang *biologischer* Forschung nach einer Psychisierung ist es, wenn H. Spemann hervorhebt, daß er (in den Ausdrücken „Induktion", „Organisation" usw.) immer wieder Worte gebraucht habe, die „keine physikalischen, sondern *psychologische* Analogien bezeichnen".

186. „Szientifischer Instrumentalismus" und Pragmatismus, der „operative" Standpunkt konstruktiver Begriffsbildung nach Bridgman u. a. als „Regel des Handelns" (Poincaré), mit „Impuls" und „Anweisung auf wohlgeübte Tätigkeiten" (Mach), schließlich auch ethisch geleitet, beherrscht heute weitgehend die Physik wie die Physiologie. „Die Wissenschaft will wirksam getan sein" (Achelis). „Wahrheit wird nicht geoffenbart, sie wird erarbeitet" (H. Hasse). Allzu eng-positivistisch dagegen klingt es, wenn Ph. Frank sagt, es sei Aufgabe der Naturwissenschaft, „mit Hilfe eines geschickt gewählten Zeichensystems Ordnung in unsere Erlebnisse zu bringen"; drängt doch die Wissenschaft nach immer *neuen* Erkenntnis-Erlebnissen, nach immer stärkerer *Erweiterung* der Erfahrung, sowie auch nach deren *Deutung*. Eine „Überwindung der Metaphysik durch logische Analyse der Sprache" (Carnap) kann kein Ziel sein, wohl aber eine kritische Sichtung. (Engherziger Positivismus vertritt nach Sommerfeld „das Prinzip der schlampigen Naturgesetze".)

Metaphysische Bedürfnisse der Wissenschaft wurden mehr oder minder abgelehnt von Virchow, Ostwald, Mach, Haeckel, anerkannt dagegen von Hertz, Helmholtz, Pasteur u. a. m. (Wundt sieht in Machs „Gesetz der Ökonomie den Denkens" ein metaphysisches Prinzip.) Roux will Metaphysik möglichst weit zurückschieben und dafür Physisches setzen. Kroner redet von einer „dogmatischen Vergewaltigung durch Überhauptbegriffe". (Siehe auch Comte, Avenarius, James Peirce u. a. m.) Von Haeckel heißt es bei Wundt, daß ihm „so ziemlich jedes Vergreifen auf philosophischem Gebiet vorbehalten" war. „Nichts ist unbegreiflicher, als daß es Philosophen gibt, die alles begreiflich finden" (O. Liebmann).

187. „Es gibt eine Schwebezone empirischer Richtigkeit, die von der Physik bis zur Geschichte hin reicht" (Hellpach). Der Positivismus, der von dieser „Schwebezone", von „metaphysischem Erweiterungsdenken" nichts wissen will, da er von jeder „metaphysischen Verzerrung" Unheil für den Fortschritt der Wissenschaft befürchtet, wird der Sachlage nicht voll gerecht, so wertvoll seine Bemühungen um strenge Scheidung des sicher und positiv Gewußten und des nur Erschlossenen, Gemeinten, Gedeuteten gewesen sind und noch sind. Er vergißt, daß aus (seiner Meinung nach) sinnleeren Fragen und Deutungen oft die größten Anregungen für den Fortschritt hervorgehen; R. Mayers Auffindung des Satzes von der Erhaltung der Energie ist eines der hervorstechendsten Beispiele hierfür!

Die neue Entwicklung zielt schon in der *Wissenschaft* mehr und mehr nach einer Verinnerlichung und Vergeistigung der Natur, so daß „Mechanismus" und „Materialismus" nur noch *methodische* Geltung haben. Damit wird auch die Kluft überbrückt, die so lange Naturphilosophie und Naturwissenschaft getrennt hat. Siehe hierzu auch Bavink, Burkamp, Franz Böhm, K. Hildebrandt, E. Krieck, M. Planck, K. Sapper, Fr. Seifert, Heimsoeth, Bäumler, Rothacker, Glockner, Hermann Schwarz, Karl Groos, Pichler, Feyerabend, A. Wenzl u. a. m.

188. Wenn wir das psychische Figment zur Realität erheben, so ergibt sich idealistische Metaphysik der Natur, kurz „Metapsychik". A. Bier betont, daß selbst Demokrit nicht „Materialist" im eigentlichen Sinne gewesen

sei: „Zwischen je zwei körperliche Atome schlüpft ein seelisches, welches jenen seine Bewegung mitteilt. Die Seelenatome bewirken nicht nur die Bewegung des Körpers, sondern auch das Denken und Wahrnehmen." Der Standpunkt des Materialismus aber ist: „Das, was lebend *erscheint*, soll aus dem materiellen Vorgang *stammen*" (V. v. WEIZSÄCKER). „Der Materialismus sucht die Welt der Atome auch zur eigentlichen Heimat des Geistes zu machen" (FR. A. LANGE). Von GEBBING wird eine siebenfache Bedeutung des Wortes „Materialismus" angeführt. „Eine Zeit lang hielt es jeder Philosoph für seine vornehmste Aufgabe, den Materialismus zu widerlegen" (E. SCHNEIDER). Das ist heute nicht mehr nötig.

189. Sowohl die klassische Mechanik der Physik wie auch die anschließende mechanistische Physiologie hatte auf „die Zerstörung des Begriffes dessen, was wirkt" (E. MARX) hingearbeitet. Man könnte sagen: In exakter Wissenschaft ist das ursprünglich kräftige „Warum" des Kindes, des Naturmenschen, ja auch des praktischen Lebens kränklich, schwächlich, notleidend geworden, da es immer mehr hinter dem „Wie?" zurücktreten mußte; in Philosophie und Metaphysik kommt es pausbäckig und kraftstrotzend wieder zum Vorschein, fragend nach dem wahren Grund, der wirklichen Ur-Sache, dem endgültigen Ziel. Für dieses „erste und letzte" Warum? gilt, „daß die Naturwissenschaft nie und nirgends das Warum eines Naturvorganges erkannt, sondern immer nur die Naturzustände und den Ablauf des Naturgeschehens zu beschreiben vermocht hat" (K. SAPPER). Oder auch:

„Laß dir in der Natur am Was, Wozu und Wie
Genügen! Das Warum begreifest du doch nie."   (FR. RÜCKERT.)

Und weiter:

„Ist dir es nicht verliehen, lebendig anzuschaun
Die Welt, als einen Leib mit Geist sie aufzubaun,
So zimmre lieber sie aus stoßenden Atomen
Und trägen Kräften, als aus dunstigen Phantomen."   (FR. RÜCKERT.)

190. Bemerkenswert ist eine Äußerung von FECHNER, daß Unorganisches und Organisches „sich in einem Zusammenhange aus etwas gebildet haben, was in seinem Urzustand weder mit dem Organischen noch mit dem Unorganischen rein vergleichbar ist". REINKE hält es angezeigt, „für das transzendente Eingreifen der kosmischen Intelligenz ein Minimum von Fällen anzunehmen". Von K. GROOS wird die allwaltende Weltseele ineinsgesetzt „mit dem dynamischen Kontinuum, das wir von außen her als den leeren Raum bezeichnen". „Lebst Du, Gott, das Leben?" (RILKE).

HAECKEL hatte gelehrt („Natürliche Schöpfungsgeschichte"): „Alle Natur ist für uns belebt, das heißt von göttlichem Geist, von Gesetz, von Notwendigkeit durchdringen. Wir kennen keine Materie ohne diesen göttlichen Geist, keinen Geist ohne Materie." Hiergegen KRÖNIG: „Nach meiner Erfahrung gibt es sehr viele Materie ohne Geist." Auf alle Fälle läßt hier sicheres Wissen im Stiche.

191. Mannigfach wird geltend gemacht, daß es nicht ratsam ist, Begriffe wie „Leben, Seele, Wille" derart zu verallgemeinern, daß auch das Reich des Anorganischen darunterfällt. K. HILDEBRANDT vertritt eine „grundsätzliche Verschiedenheit zwischen Belebtem und Unbelebtem". „Im organischen Reiche erfolgt die Freiheitsbeschränkung anders" (DRIESCH). „Der Dichter mag die Dinge ringsum beseelen; als Denker aber sollten wir aufhören, von einem Lieben und Hassen der Elemente und von Atomempfindungen zu reden" (RIEHL). Ähnlich RICKERT: „Biologisches Leben darf nicht einseitig zum allgemeinen Seinsprinzip gemacht werden. Es ist falsch, das Psychische allein mit dem unmittelbaren realen Sein zu identifizieren, im Gegensatz zur Körperwelt, die uns lediglich mittelbar bekannt sein soll." Hierzu auch BONNET (18. Jahrhundert); „Seelen sind in der Naturforschung etwas sehr

Bequemes: Sie sind immer bereit, alle verlangten Dienste zu leisten." Virchow nennt Haeckels Atom- und Zellularpsychologie „ein bloßes Spiel mit Worten". Nach W. Ostwald (1910) handelt es sich um unnötige Einmischung von Gefühlsmomenten, „seitens derjenigen, die nicht in der strengen Kühnheit des Denkens ihre höchste Lust kennen". So mag eine Scheidung von herber und strenger Alltagsansicht und unbeschwerter und gefühlsbeflügelter Feiertagsansicht (als „*logique du coeur*" nach Pascal) die Losung für den Forscher sein!

192. Eine künftige Systematik des Kausaldenkens wird der psychischen A.K. besondere Aufmerksamkeit zuzuwenden haben, wobei auch die „Parapsychologie" nicht leer ausgehen wird. Zu welch überraschenden Folgerungen diese schon heute führen kann, zeigt das Beispiel des Sehens, das nach Losskij — unbeschadet aller photochemischen und physiologischen Gegebenheiten — letzthin auf die gleiche Stufe mit „Hellsehen" zu stellen ist. Die menschlichen Sinne bedeuten, wie schon Lotze vermutete, eine *Einschränkung* möglicher Wahrnehmung; gewöhnliches Sehen erscheint dann nach Driesch als eine Art „kanalisiertes", d. h. gerichtetes und engbegrenztes Hellsehen, weil der Mensch „sonst — nicht leben könnte wegen der allzu großen Fülle der Gesichte"!

R. Mayers Veröffentlichungen.

Siehe auch W. Ostwalds Klassiker der exakten Wissenschaften:
Nr. 180 R. Mayer, Die Mechanik der Wärme; herausgeg. von A. v. Oettingen.
Nr. 223 R. Mayer, Beiträge zur Dynamik des Himmels, und andere Aufsätze; herausgeg. von B. Hell.

Buch- und Zeitschriften-Literatur.

Buchliteratur.

ALVERDES, FR.: Die Totalität des Lebendigen 1935.
— Leben als Sinnverwirklichung 1937.
D'ANCONA, U.: Der Kampf ums Dasein, Deutsch (HOLZER) 1939.
ANDRÉ, H.: Die Polarität der Pflanze als Schlüssel zur Lösung des Generationswechselproblems 1938.
ANKER, J. u. SVEND DAHL: Werdegang der Biologie 1938.
AUERBACH, FR.: Ektropismus oder die physikalische Theorie des Lebens 1910.
— Die Weltherrin und ihr Schatten, 2. Aufl. 1913.
BAISCH, HELGA: Wahrsinn oder Wahnsinn des Genius? 1939.
BAUCH, BR.: Wahrheit, Wert und Wirklichkeit 1923.
BAUER, H. A.: Grundlagen der Atomphysik 1938.
BAVINK, BR.: Ergebnisse und Probleme der Naturwissenschaften, 5. Aufl. 1933.
BECHER, E.: Naturphilosophie 1914.
— Grundlagen und Grenzen des Naturerkennens 1928.
BENSE, M.: Quantenmechanik und Daseinsrelativität 1938.
— Geist der Mathematik 1939.
BERG, G.: Das Leben im Stoffhaushalt der Erde 1936.
BERGMANN, R.: Der Kampf um das Kausalgesetz 1932.
v. BERTALANFFY, L.: Das Gefüge des Lebens 1936.
BIER, A.: Die Seele 1939.
BIERENS DE HAAN, J. A.: Die tierpsychologische Forschung; ihre Ziele und ihre Wege 1935.
BLEULER, E.: Mechanismus-Vitalismus-Mnemismus 1931.
BLUMENBACH, J. F.: Über den Bildungstrieb und das Zeugungsgeschäft 1781.
BOAS, FR.: Dynamische Botanik 1938.
BOLTZMANN, L.: Populäre Schriften 1905.
BORN, M.: Über den Sinn der physikalischen Theorien 1929.
BOUTROUX, E.: Die Kontingenz der Naturgesetze (Deutsch bei Diederichs, Jena).
BRIDGMAN, P. W.: Die Logik der heutigen Physik; deutsche Übersetzung von KRAMPF, 1932.
DE BROGLIE, L.: Licht und Materie, Deutsch 1938.
TEN BRUGGENCATE, P.: Das astronomische Weltbild der Gegenwart 1934.
BÜNNING, E.: Mechanismus, Vitalismus und Teleologie 1932.
BURKAMP, W.: Die Kausalität des psychischen Prozesses und die unbewußten Aktionsregulationen 1922.
— Struktur der Ganzheiten 1929.
— Wirklichkeit und Sinn, 2. Bde. 1938.
BUSSE, L.: Geist und Körper, Seele und Leib 1903.
BUTTERSACK, F. C.: Körperloses Leben (Diapsychikum) 1936.
— Außersinnliche Welten 1939.
CARREL, A.: Der Mensch, das unbekannte Wesen 1937.
CASPAR, M.: JOHANNES KEPLERS wissenschaftliche und philosophische Stellung 1928.
CASSIRER, E.: Determinismus und Indeterminismus in der modernen Physik 1937.
CHAMBERLAIN, H. ST.: Natur und Leben 1928.
— Die Grundlagen des 19. Jahrhunderts, 5. Aufl. 1904.
CHRISTMANN, FR.: Biologische Kausalität 1928.

CLASSEN, J.: Die Prinzipien der Mechanik bei HERTZ und bei BOLTZMANN 1898.

CLAUSIUS, R.: Über die bewegende Kraft der Wärme 1850 (OSTWALDs Klassiker Nr. 99).

— Abhandlungen über die mechanische Wärmetheorie 1867.

CONRAD-MARTIUS, HEDWIG: Ursprung und Aufbau des lebendigen Kosmos 1939.

DACQUÉ, E.: Natur und Seele 1926.

— Organische Morphologie und Paläontologie 1935.

— Das verlorene Paradies 1938.

DALQ, A.: Form and causality in early development 1938.

DANNEMANN, FR.: Die Naturwissenschaft in ihrer Entwicklung 2. Aufl.

DEBYE, P.: Struktur der Materie 1933.

DEMOLL, R.: Instinkt und Entwicklung 1934.

DENNERT, E. u. a.: Die Natur — das Wunder Gottes 1938.

DIEPGEN, P.: Das physikalische Denken in der Geschichte der Medizin 1939.

DINGLER, H.: Grundlinien einer Kritik und exakten Theorie der Wissenschaften 1907.

— Physik und Hypothese 1921.

— Das System 1930.

— Der Glaube an die Weltmaschine und seine Überwindung 1932.

— Geschichte der Naturphilosophie 1932.

— Die Methode der Physik 1938.

DRIESCH, H.: Naturbegriffe und Natururteile 1901.

— Die Seele als elementarer Naturfaktor 1903.

— Leib und Seele 3. Aufl. 1923.

— Philosophie des Organischen, 4. Aufl. 1928.

— Das Lebensproblem im Lichte moderner Forschung (Sammelwerk 1931).

— Ordnungslehre und Wirklichkeitslehre.

— Parapsychologie 1932.

— Philosophische Gegenwartsfragen 1933.

— Die Maschine und der Organismus 1935.

— Alltagsrätsel des Seelenlebens 1938.

McDOUGALL, WM.: Aufbaukräfte der Seele 1937.

DU BOIS-REYMOND, E.: Über die Grenzen des Naturerkennens 1872.

— Reden und Aufsätze, 2. Aufl. 1886.

DÜHRING, EUGEN: Kritische Geschichte der allgemeinen Prinzipien der Mechanik 1873.

— Robert Mayer, der Galilei des 19. Jahrhunderts 1877; 2. Aufl. 1904.

DÜRKEN, B.: Entwicklungsbiologie und Ganzheit 1936.

EDDINGTON, A. S.: Die Naturwissenschaft auf neuen Bahnen, Deutsch 1935.

EISLER, R.: Leib und Seele 1906.

— Wörterbuch der philosophischen Begriffe, 4. Aufl. 1930.

FEYERABEND, O.: Das organologische Weltbild 1939.

FICK, A.: Mechanik, Arbeit und Wärmeentwicklung bei der Muskeltätigkeit 1882.

FISCHEL, W.: Psyche und Leistung der Tiere 1938.

FRANK, PH.: Das Kausalgesetz und seine Grenzen 1932.

— Das Ende der mechanistischen Physik 1935.

V. FRANKENBERG, G.: Das Wesen des Lebens 1933.

FRANZ, V.: Die Vervollkommnung in der lebenden Natur 1920.

FRIEDERICHS, K.: Ökologie als Wissenschaft von der Natur 1937.

FRIEDLÄNDER, J.: Robert Mayer 1905.

FRIEDMANN, H.: Die Welt der Formen 1930.

V. FRISCH, K.: Du und das Leben 1936.

GEBBING, J.: Wiederbeseelung der Welt 1934.

GEHLEN, A.: Der Mensch, seine Natur und seine Stellung in der Welt 1940.

GERLACH, W.: Das Wesen physikalischer Erkenntnis und Gesetzmäßigkeit 1927.

GOLDSTEIN, K.: Der Aufbau des Organismus 1934.

GROOS, HELMUT: Willensfreiheit oder Schicksal? 1939.

GROSS, TH.: Über den Beweis des Prinzips von der Erhaltung der Energie 1891.

— Robert Mayer und Hermann Helmholtz 1898.

GROTE, M. HARTMANN, HEIDEBROCK, MADELUNG: Das Weltbild der Naturwissenschaften 1936.

HAAS, A. E.: Die Entwicklungsgeschichte des Satzes von der Erhaltung der Kraft 1909.

— Materiewellen und Quantenmechanik 4. u. 5. Aufl. 1934.

— Atomtheorie 1936.

HAECKEL, E.: Gott-Natur 1914.

— Krystallseelen 1917.

HAEBERLIN, P.: Naturphilosophische Betrachtungen 1940.

HAERING, TH.: Philosophie der Naturwissenschaft 1923.

— Naturphilosophie in der Gegenwart 1933.

HALDANE, J. S.: Die philosophischen Grundlagen der Biologie 1932.

— Die Philosophie eines Biologen, Deutsch (ADOLF MEYER) 1936.

v. HANSEMANN: Das konditionale Denken in der Medizin 1912.

HARTMANN, HANS: Max Planck als Mensch und Denker 1938.

HARTMANN, MAX: Biologie und Philosophie 1925.

— Kausalität in Physik und Biologie 1937.

— Philosophie der Naturwissenschaften 1937.

— Naturwissenschaft und Religion 1940.

HARTMANN, M. u. W. GERLACH: Naturwissenschaftliche Erkenntnis und ihre Methoden 1937.

HARTMANN, NICOLAI: Grundzüge einer Metaphysik der Erkenntnis, 2. Aufl. 1925.

— Möglichkeit und Wirklichkeit 1938.

— Der Aufbau der realen Welt 1940.

HEIDEGGER, M.: Vom Wesen des Grundes, 2. Aufl. 1931 (HUSSERL-Festschrift).

HEIM, G.: Ursache, Bedingung 1913.

HEISENBERG, W.: Wandlungen in den Grundlagen der Naturwissenschaft (3 Vorträge) 2. Aufl. 1936.

— E. SCHRÖDINGER u. P. A. M. DIRAC: Die moderne Atomtheorie 1934.

HELL, B.: J. ROBERT MAYER und das Gesetz von der Erhaltung der Energie 1925.

HELLMANN, H.: Einführung in die Quantenchemie 1937.

HELLPACH, W.: Schöpferische Unvernunft 1937.

— Einführung in die Völkerpsychologie 1938.

— Geopsyche 1939.

HELM, G.: Die Lehre von der Energie, historisch-kritisch entwickelt 1887.

— Die Energetik nach ihrer geschichtlichen Entwicklung 1898.

HELMHOLTZ, H.: Über die Erhaltung der Kraft 1847 (Zusätze 1881) (OSTWALDs Klassiker Nr. 1).

— Über die Wechselwirkung der Naturkräfte 1872.

— Die Tatsachen in der Wahrnehmung, 1. Aufl. 1878, 4. Aufl. 1896.

— Vorträge und Reden, 2 Bde. 4. Aufl. 1896.

HENDERSON, L. J.: Die Umwelt des Lebens 1914.

HERMANN, GRETE, E. MAY, TH. u. VOGEL: Die Bedeutung der modernen Physik für die Theorie der Erkenntnis 1937.
HEUER, W.: Vom Wesen der Kausalität 1935.
HILBERT, D. u. W. ACKERMANN: Grundzüge der theoretischen Logik 1938.
HOPF, L.: Materie und Strahlung 1936.
JASPERS, K.: Existenzphilosophie 1938.
JEANS, J.: Die neuen Grundlagen der Naturerkenntnis, deutsch 1934.
JENSEN, P.: Reiz, Bedingung und Ursache in der Biologie 1921.
JENTSCH, E.: Julius Robert Mayer (seine Krankheitsgeschichte und die Geschichte seiner Entdeckung) 1914.
JORDAN, P.: Physikalisches Denken in der neuen Zeit 1935.
— Anschauliche Quantentheorie 1936.
— Die Physik des 20. Jahrhunderts 1936.
ISRAEL, W.: Substanzbegriff und Energieproblem in der modernen Physik 1921.
KEYSER, C. J.: Mathematical Philosophy, 4. Aufl. 1930.
KIELMEYER: Über die Verhältnisse der organischen Kräfte untereinander 1793; neu herausgegeben „Natur und Kraft" 1938.
KOEHLER, O.: Das Ganzheitsproblem in der Biologie 1933.
KÖHLER, WO.: Die physischen Gestalten in Ruhe und im stationären Zustand 1920.
— Psychologische Probleme 1933.
KOENIG, E.: Die Entwicklung des Kausalproblems, 2 Bde. 1888, 1890.
KÖTSCHAU, K. u. ADOLF MEYER: Aufbau einer biologischen Medizin 1936.
KOHLRAUSCH, A.: Körperliche und psychische Lebenserscheinungen 1934.
KOLBENHEYER, E. G.: Die Bauhütte 1925. Neue Fassung 1940.
KOTTJE, FR.: Erkenntnis und Wirklichkeit 1926.
— Illusionen der Wissenschaft 1931.
KRANNHALS, P.: Das organische Weltbild 1936.
KRIECK, E.: Leben als Prinzip der Weltanschauung und Problem der Wissenschaft 1938.
— Das Erkennen und die Wissenschaft 1938.
— Mythologie des bürgerlichen Zeitalters 1939.
v. KRIES, J.: Materielle Grundlagen der Bewußtseinserscheinungen 1901.
— Immanuel Kant und seine Bedeutung für die Naturforschung der Gegenwart 1924.
KRÖNIG: Das Dasein Gottes und das Glück des Menschen 1874.
KRONER, R.: Zweck und Gesetz in der Biologie 1913.
LANGE, FR. A.: Geschichte des Materialismus, 1. Aufl. 1866, 7. Aufl. 1902.
LASSWITZ, K.: Atomismus und Kritizismus 1878.
LEHMANN, E.: Die Grundlagen des Lebendigen 1934.
— FR. M.: Logik und System der Lebenswissenschaften 1935.
LEIBBRAND, W.: Der göttliche Stab des Äskulap 1939.
LENARD, PH.: Große Naturforscher, 3. Aufl. 1937 (S. 240: ROBERT MAYER).
LIESEGANG, R. E.: Beiträge zu einer Kolloidchemie des Lebens 1923.
— Biologische Kolloidchemie 1928.
v. LIPPMANN, E.: Abhandlungen und Vorträge zur Geschichte der Naturwissenschaften Bd. 1 (1906) 527; Bd. 2 (1913) 460.
— Beiträge zur Geschichte der Naturwissenschaften und der Technik 1923 (S. 296: Zum 100jährigen Geburtstage ROBERT MAYERs).
LODGE, SIR OLIVER: Leben und Materie, Deutsch 1908.
LOESER, A.: Psychologische Autonomie des organischen Handelns 1931.
LOTKA, A.: Elements of physical Biology 1925.
LOMONOSSOW: Physikal. chemische Abhandlungen 1741—1751 (OSTWALDs Klassiker Nr. 178).

MACH, E.: Die Geschichte und die Wurzel des Satzes von der Erhaltung der Arbeit 1. Aufl. 1872.
— Die Prinzipien der Wärmelehre 2. Aufl. 1900.
— Populär-wissenschaftliche Vorlesungen 3. Aufl. 1903 (Abschnitt: Prinzip der Erhaltung der Energie).
— Die Mechanik in ihrer Entwicklung historisch-kritisch dargestellt, 9. Aufl. 1922.
— Erkenntnis und Irrtum 3. Aufl. 1917.
MALLY, E.: Wahrscheinlichkeit und Gesetz 1938.
MARAIS, EUGÈNE M.: Die Seele der weißen Ameisen, deutsch 1938.
MAUTHNER, FR.: Wörterbuch der Philosophie 1910.
MAYER, J. R.: Die Mechanik der Wärme 1. Aufl. 1867; 3. Aufl. (WEYRAUCH) 1893.
— Kleinere Schriften und Briefe (WEYRAUCH) 1893.
MEYER, ADOLF: Ideen und Ideale der biologischen Erkenntnis 1934.
— Krisenepochen und Wendepunkte des biologischen Denkens 1935.
MIE, G.: Die Denkweise der Physik 1937.
MITTASCH, A.: Katalytische Verursachung im biologischen Geschehen 1935.
— Katalyse und Katalysatoren in Chemie und Biologie 1936.
— Katalyse und Determinismus 1938.
MOHLER, H.: Beziehungen der Chemie zum neuen Weltbild der Physik 1939.
MOHR, FR.: Mechanische Theorie der chemischen Affinität und die neuere Chemie 1868.
— Allgemeine Theorie der Bewegung und Kraft 1869.
MÜLLER, ARMIN: Struktur und Aufbau der biologischen Ganzheiten 1933.
— Individualität und Fortpflanzung als Polaritätserscheinung 1938.
MÜLLER-FREIENFELS, R.: Psychologie der Wissenschaft 1930.
NERNST, W.: Das Weltgebäude im Lichte der neuen Forschung 1921.
NOIRÉ, L.: Die Doppelnatur der Kausalität 1875.
OERSTED, H. CHR.: Der Geist in der Natur 1850.
OLDEKOP, E.: Das hierarchische Prinzip in der Natur 1930.
ORTHNER, FR.: Energetik des Lebens 1928.
OSTWALD, W.: Die Energie und ihre Wandlungen 1888 (Antrittsvorlesung 1887).
— Lehrbuch der allgemeinen Chemie, 2. Aufl. II. 7 (Chemische Energie).
— Vorlesungen über Naturphilosophie, 3. Aufl. 1905.
— Die Energie 1908.
— Die energetischen Grundlagen der Kulturwissenschaft 1909.
— Philosophie der Werte 1913.
— Große Männer 3. u. 4. Aufl. 1910, S. 61: ROBERT MAYER.
— Abhandlungen und Vorträge, Neue Ausgabe 1916. (Mit 6 Aufsätzen über „Energetik und Philosophie" von 1887—1903.)
OSTWALD, WO.: Metastrukturen der Materie 1935.
PERTHES, G.: Über den Tod 1932.
PETERSEN, H.: Die Eigenwelt des Menschen 1939.
PFLÜGER, E. F. W.: Die teleologische Mechanik der lebendigen Natur, 2. Aufl. 1877.
PICHLER, H.: Das Geistvolle in der Natur 1939.
PLANCK, M.: Das Prinzip von der Erhaltung der Energie 1. Aufl. 1887, 3. Aufl. 1913.
— Vorlesungen über Thermodynamik, 2. Aufl. 1905.
— Die Stellung der neuen Physik zur mechanischen Naturanschauung 1910.
— Wege zur physikalischen Erkenntnis 1933.
— Die Physik im Kampf um die Weltanschauung 1935.
— Vom Wesen der Willensfreiheit 1936.

PLANCK, M.: Der Kausalbegriff in der Physik, 2. Aufl. 1937.
— Determinismus oder Indeterminismus? 1938.
— Religion und Naturwissenschaft, 3. Aufl. 1939.
PÖLL, W.: Wesen und Wesenserkenntnis 1933.
POINCARÉ, H.: Der Wert der Wissenschaft, deutsch 1910.
— Letzte Gedanken, deutsch 1913.
— Wissenschaft und Hypothese, deutsch 3. Aufl. 1919.
PREYER, W.: ROBERT VON MAYER über die Erhaltung der Energie 1889.
RANKE, K. E.: Die Kategorien des Lebendigen 1928.
RASHEVSKY, N.: Mathematical Biophysics 1938.
REHMKE, J.: Die Willensfreiheit 1911.
REICHENAU, L. J.: Wende der Erkenntnis 1935.
REININGER, R.: Das psychophysische Problem, 2. Aufl. 1930.
REINKE, J.: Die Welt als Tat 1899.
— Die schaffende Natur 1919.
— Grundlagen einer Biodynamik 1922.
— Naturwissenschaft, Weltanschauung, Religion 1923.
RICKERT, H.: Grenzen der naturwissenschaftlichen Begriffsbildung, 5. Aufl.
    1929.
— Zur Lehre von der Definition, 3. Aufl. 1929.
— Das Grundproblem der Philosophie 1934.
RIEHL, A.: Der philosophische Kritizismus und seine Bedeutung für die posi-
    tive Wissenschaft, ab 1876, 2 Bde.
— Führende Denker und Forscher 1922. S. 193: ROBERT MAYER.
— Philosophische Studien aus vier Jahrzehnten 1925.
RIEZLER, K.: Gestalt und Gesetz (Metaphysik der Freiheit) 1924.
RINGLEB, F.: Mathematische Methoden der Biologie 1937.
ROHRACHER, H.: Die Vorgänge im Gehirn und das geistige Leben 1939.
ROUX, W.: Entwicklungsmechanik der Organismen 1890.
RUBNER, M.: Kraft und Stoff im Haushalt der Natur 1909.
RÜMELIN, G.: Reden und Aufsätze. Neue Folge 1881. S. 350f. Erinnerungen
    an ROBERT MAYER.
RUGE, W.: Die Melodie des Lebens 1940.
SAPPER, K.: Das Element der Wirklichkeit und die Welt der Erfahrung 1924.
— Naturphilosophie 1928.
— Biologie und organische Chemie 1930.
SCHÄFER, E. A.: Das Leben 1913.
SCHELER, M.: Schriften aus dem Nachlaß, Bd. 1 1933.
SCHINDEWOLF, O. H.: Paläontologie, Entwicklungslehre und Genetik 1926.
SCHMALFUSS, H.: Stoff und Leben 1937.
SCHNEIDER, E.: Entwicklungsgeschichte der naturwissenschaftlichen Welt-
    anschauung, 2. Aufl. 1935.
SCHRÖDINGER, E.: Zwei Vorträge 1932.
SCHULTZ, J.: Die Grundfiktionen der Biologie 1920.
— Das Ich und die Physik 1935.
SEIFERT, FR.: Schöpferische deutsche Philosophie 1938.
SEMON, R.: Die Mneme als erhaltendes Prinzip im Wechsel des organischen
    Geschehens, 4. u. 5. Aufl. 1920.
SIEBECK, R., SCHULTZ-HENCKE, H. u. V. v. WEIZSÄCKER: Über seelische
    Krankheitsentstehung 1939.
SIGWART-Festschrift (70. Geburtstag) 1900; Beiträge A. RIEHL, H. RICKERT,
    L. BUSSE, W. WINDELBAND.
SIHLE, M.: Das Urphänomen des Lebens 1935.
SPEMANN, H.: Experimentelle Beiträge zu einer Theorie der Entwicklung
    1936.

Steinmann, P.: Teleokausalität oder die Fiktion der gerichteten Ursächlich-keit 1932.
Stolte, H. A.: Formgestaltung im Tierreiche 1934.
— Das Werden der Tierformen 1936.
Stumpff, Karl: Grundlagen und Methoden der Periodenforschung 1937.
Stumpf, Karl: Leib und Seele. Der Entwicklungsgedanke (2 Vorträge 1903).
Timerding, H.: R. Mayer u. das Gesetz von per Erhaltung der Energie 1925.
v. Uexküll, J.: Theoretische Biologie, 2. Aufl. 1928.
— Der unsterbliche Geist in der Natur 1938.
— Bedeutungslehre 1940.
Ungerer, E.: Die Regulationen der Pflanze, 2. Aufl. 1926.
— Zeit-Ordnungsformen des organischen Lebens 1936.
Verworn, M.: Kausale und konditionale Weltanschauung 1912.
Volkmann, P.: Erkenntnistheoretischer Grundriß der Naturwissenschaften, 2. Aufl. 1910.
Volterra, V. u. d'Ancona: Les associations biologiques au point de vue mathématique 1935.
Wagner, Adolf: Das Zweckgesetz in der Natur 1923.
Wald, F.: Die Energie und ihre Entwertung 1889.
Walden, P.: Maß, Zahl und Gewicht in der Chemie der Vergangenheit 1931.
Weinschenk, C.: Das Wirklichkeitsproblem der Erkenntnistheorie und das Verhältnis des Psychischen zum Physischen 1936.
v. Weizsäcker, V.: Studien zur Pathogenese 1935.
— Der Gestaltkreis; Einheit von Wahrnehmen und Bewegen 1940.
Wentscher, Else: Der Wille 1910.
Wenzl, A.: Metaphysik der Physik von heute 1935.
— Wissenschaft und Weltanschauung 1936.
— Metaphysik der Biologie von heute 1938.
— Philosophie als Weg 1939.
Weyl, H.: Was ist Materie? 1928.
Weyrauch, J.: Das Prinzip von der Erhaltung der Energie seit Robert Mayer 1885.
— Robert Mayer, der Entdecker des Prinzips von der Erhaltung der Energie 1890.
— Robert Mayer 1915 (Zur Jahrhundertfeier seiner Geburt).
Wien, Wilhelm: Aus der Welt der Wissenschaft 1921.
— Goethe und die Physik 1923.
— Vergangenheit, Gegenwart und Zukunft der Physik 1926.
— Universalität und Einzelforschung 1926.
v. Wiesner, J.: Erschaffung, Entstehung, Entwicklung 1916.
Windelband, W.: Der Wille zur Wahrheit (Rede) 1909.
Winterstein, H.: Kausalität und Vitalismus, 2. Aufl. 1928.
Wolf, Lothar u. W. Troll: Goethes morphologischer Auftrag 1940.
Wolff, G.: Leben und Erkennen 1932.
Woltereck, R.: Grundzüge der allgemeinen Biologie 1932.
Wundt, W.: Die Prinzipien der mechanischen Naturlehre 1910 (Umarbeitung von: Über die physikalischen Axiome 1866).
— Sinnliche und übersinnliche Welt 1914.
— Erlebtes und Erkanntes 1920.
Ziegler, Th.: Die geistigen und sozialen Strömungen im 19. Jahrhundert 19.—20. Tausend 1911 (S. 312: Robert Mayer).
Zimmer, E.: Umsturz im Weltbild der Physik 1934.
Zimmermann, N.: Grundfragen der Deszendenztheorie 1934.
Zöllner, Fr.: Prinzipien einer elektrodynamischen Theorie der Materie 1876.

Verschiedene Autoren: Materie und Energie, Deutsche Buchgenossenschaft (Herausgeber Wildhagen) Berlin 1932.
Organismen und Umwelt; Zweite wissenschaftl. Woche Frankfurt a. M. 1939 (Herausgeber OTTO).
Neue Fortschritte in den exakten Wissenschaften (Wiener Vorträge), ab 1933, bisher 5 Hefte; mit Beiträgen von HEISENBERG, MARK, THIRRING u. a.

Zeitschriftenliteratur.

Philosoph. Monatshefte

29 (1893) 1, 177, K. LASSWITZ, Die moderne Energetik in ihrer Bedeutung für die Erkenntniskritik. Neue Folge **1** (1895) 46, K. LASSWITZ, Über psychophysische Energie und ihre Faktoren.

Vierteljahrsschrift für wissenschaftl. Philosophie

1905, ADLER, Die Metaphysik in der OSTWALDschen Energetik.

Kant-Studien

40 (1935) 118, J. SCHWARZ, Die Lehre von den Potenzen in Schellings Alters-Philosophie, **41** (1936) 16, K. BEURLEN, Der Zeitbegriff und das Kausalitätsprinzip, 38, W. KRAMPF, Studien zur Philosophie und Methodologie des Kausalprinzips, **41** (1937) 346, H. DINGLER, Methodik statt Erkenntnistheorie.

Grenzfragen der Philosophie

1928 (Sammelband der „Neuen psycholog. Studien"), H. BUCHHOLZ, Das Problem der Kontinuität.

Archiv f. systemat. Philosophie

1895, G. HELM, Von der psychophysischen Energie und ihren Faktoren.

Philosoph. Studien

20 (1894), WUNDT, Über psychophys. Kausalität und das Prinzip des psychophysischen Parallelismus.

Jahrb. d. Schopenhauer-Gesellschaft

24 (1937) 20, K. WAGNER, Quantentheorie und Metaphysik; **25** (1938) 191, K. WAGNER, Schopenhauer und die moderne Ganzheitsbetrachtung; **26** (1939) 3, H. DRIESCH, Kausalität und Vitalismus; 81, A. MITTASCH, Schopenhauer und die Chemie; 169, K. WAGNER, Die Palintropie.

Annal. d. Philosophie

1 (1919), O. LEHMANN, „Als Ob" in der Molekularphysik; **2** (1921) 1, R. MÜLLER-FREIENFELS, Rationales und irrationales Erkennen; 41, JUL. SCHULTZ, Fiktionen in der Elektrizitätslehre; 521, JUL. SCHULTZ, Die Fiktion vom Universum als Maschine und die Korrelation des Geschehens; **3** (1923) 511, E. BECHER, Die Führerrolle des Seelischen im Großhirn; **4** (1928) 339, O. BÜTSCHLI, Kants Lehre von der Kausalität; 373, J. REINKE, Natur und Seele; **5** (1925—26) 1, H. DRIESCH, Psychische Gestalten und Organismen; **6** (1927) 54, FR. KOTTJE, Das Problem der vitalen Energie; 205, J. SCHULTZ, Atommodelle; 274, H. DRIESCH, Ganzheit und Wohlordnung; 250, L. V. BERTALANFFY, Über die neue Lebensauffassung; 351, R. BASS, Kausalgesetz und Zeitrichtung; **7** (1928) 17, J. REINKE, Das kinematische und das dynamische Weltbild; 49, L. VON STRAUSS und TORNEY, Das Kausalprinzip in der neuen Physik; 205, K. SAPPER, Kausalität und Finalität; 239, A. BOJANOWSKY

Atomismus und Kontinuumslehre; 339, A. Herzberg, Kausalität und Telepathie; 8 (1929) 1, Th. Vogel, Die empirischen Grundlagen des Determinismus; 58, H. Rudy, Begriffe der biologischen Feldtheorie; 205, O. Bunnemann, Kausalitätsgesetz und Willensfreiheit; 259, Carl Fries, der Zufall.

Beihefte der Ann. d. Philos.
Heft 1, Bunnemann, Organfiktion; Heft 9, Ed. Jung, Das Bildungsprinzip in der Natur.

Erkenntnis (= Annal. d. Philosophie, Neue Folge)
1 (1930—31), M. Schlick, Positivismus und Realismus, H. Reichenbach, Kausalität und Wahrscheinlichkeit; 189, R. v. Mises, Kausalität und statistische Gesetzmäßigkeit; 2 (1931—32), 156, H. Reichenbach, Der physikal. Wahrheitsbegriff; 172, Kausalgesetz und Quantenmechanik; 191, H. Cornelius, Kritik der wissenschaftl. Grundbegriffe; 3 (1932—33) 65, E. Schrödinger, Anmerkungen zum Kausalproblem; 301, J. Popper-Lynkeus, Grundbegriffe; 389, E. Pannekock, Das Wesen des Naturgesetzes; 4 (1934) 79, M. Schlick, Über das Fundament der Erkenntnis; 165, P. Jensen, Kausalität, Biologie und Psychologie; 215, P. Jordan, Quantenphysikal. Bemerkungen zu Biologie und Psychologie; 5 (1935) 52, M. Schlick, Begriff der Ganzheit; 337, E. Bünning, Sind die Organismen mikrophysikalische Systeme?; 349, P. Jordan, Zur Verstärkertheorie der Organismen (Hierzu Diskussion in Prag: Zilsel, Reichenbach, Schlick, Neurath, Ph. Frank); 6 (1936) 1, L. von Strauss und Torney, der Analogiebegriff in der modernen Physik; 90, M. Strauss, Ungenauigkeit, Wahrscheinlichkeit und Unbestimmtheit; 225, H. Baege, Die moderne Tierpsychologie; 275, II. Internation. Kongreß für Einheit der Wissenschaft, verschiedene Autoren über das Kausalproblem, u. a. 293 Niels Bohr, Kausalität und Komplementarität, 317 M. Schlick, Quantentheorie und Erkennbarkeit der Natur, 335 M. Strauss, Komplementarität und Kausalität im Lichte der logischen Syntax, 344 K. Marc-Wogan, Determinismus und Indeterminusmus, 346 J. B. S. Haldane, Some principles of Causal Analysis in Genesis, 357 N. Rashevsky, Physico-Mathematical Methods in Biological and Social Sciences, 374, Poll, Kausalität, 412 P. Hertz, Regelmäßigkeit, Kausalität und Zeitrichtung; 7 (1937) 1, W. Zimmermann, Strenge Objekt-Subjekt-Scheidung als Voraussetzung wissenschaftlicher Biologie; 81, H. Winterstein, Der mikrophysikalische Vitalismus; 142, D. van Dantzig, Begriffe Raum und Zeit; 247, Ph. Frank, Ernst Mach; 180, G. Mannoury, Signifische Analyse der Willenssprache; 211, K. Grelling, der Gestaltbegriff in der neuen Logik; 297, Ph. Frank, Physik und logischer Empirismus; 8 (1939) 69. H. Kelsen, Die Entstehung des Kausalgesetzes aus dem Vergeltungsprinzip.

Annal. d. Naturphilosophie
1 (1902) 5, E. Mach, Die Ähnlichkeit und die Analogie als Leitmotiv der Forschung; 364, G. Helm, Die Wahrscheinlichkeitslehre als Theorie der Kollektivbegriffe; 385, Wo. Ostwald, Über die Bildung wissenschaftlicher Begriffe; 2 (1903) 356, L. Stein, Kausalität und Teleologie; 3 (1904) 125, O. Bütschli, Begriffsbildung und einige Grundbegriffe (insbes. Kausalität, Kraft; Reiz als Auslösungsursache); 136, Portig, Weltgesetz des kleinsten Kraftaufwandes; 314, Möbius, Über den Zweck des Lebens; 4 (1905) 99, W. Ostwald, Besprechung von Fechners „Tagesansicht"; 338, O. Bütschli, Kants Lehre von der Kausalität; 475, P. Flechsig, Hirnphysiologie und Willenstheorie; 5, (1906) 309, J. Waldapfel, Persönliche Energie; 409, H. Hertzog, Energie und Richtkräfte (mit Hervorhebung der Katalyse); 262, W. Ostwald, Besprech. von Harald Höffding, Moderne Philosophie (mit Verteidigung der angegriffenen Energetik); 6 (1907) 58, Goldscheid,

Der Richtungsbegriff (Richtungskausalität); 366, G. Helm, Die kollektiven Formen der Energie (im Anschluß an Fechners Kollektivlehre); 444, Ph. Frank, Kausalgesetz und Erfahrung; 7 (1908) 121, H. Höffding, Kategorien; 193, H. Driesch, Das Leben und der II. Hauptsatz; 297, M. Planck, Zur Dynamik bewegter Systeme; 373, A. E. Haas, Begründung der Energetik durch Leibniz; 443, G. N. Lewis, Masse und Energie; 8 (1909) 333, Rignano, Das biologische Gedächtnis in der Energetik; 371, 413, Krainsky, Energetische Psychologie; 9 (1910) 26, Krainsky (Fortsetzung: das Gedächtnis); 105, Ernest Solvay, Soziale Energetik und positive Politik; 103, W. Ostwald, Besprech. O. Lodge, Materie und Leben; 210, W. Ostwald, Bespr. Auerbach, Ektropismus; 237, J. Grunewald, Zur Energetik des Lebens; 426, M. Hartog, Mechanismus und Leben; 10 (1911) 1, W. Ostwald, Die wissenschaftsgeschichtliche Stellung der Energetik; 105, Besprech. Planck „Die Einheit des physikal. Weltbildes"; 113, Der energetische Imperativ; 75, E. Schenkl, Kopernikanische Taten; 392, L. Wiesner, Ein Wirkungsprinzip der Natur; 397, J. Schultz, Über die philosophische Wichtigkeit einer kausalen Deutung der Welt auch für den Vitalisten; 415, E. Schlegel, Energetik und Bewußtsein; 11 (1912) 157, H. Jaeger, Lust und Unlust in energetischer Betrachtung; 307, G. Chr. Hirsch, Goethe als Biologe; 12 (1913) 138, V. Goldschmidt, Zur Mechanik des organischen Lebens; 13 (1917) 113, H. Niewen, Rechtfertigung des Begriffes der Kausalität; 179, A. Berny, Entelechie und Ektropie; 14 (1926) 94, W. Ostwald, Besprech. Brühl, Johannes Müllers spezifische Sinnesenergien; 159, W. Fick, Beziehungen zwischen Biologie und Energetik, F. Wald, Abhandlungen zur chemischen Energetik; 1 (1902) 15, 182; 2 (1903) 108; 5 (1906) 271; 6 (1907) 229; 8 (1909) 214. W. Frankl, Zur Lehre von der Kausalität 5 (1906) 447; 6 (1907) 150, 377, 381; 8 (1909) 273; 10 (1911) 118, 441 (über Polarität).

Blätter für deutsche Philosophie
3 (1929) 202, Th. Haering, Der Arbeitsbegriff in der Physik; 6 (1932—33) 94, Fr. Hund, Wandlungen der Begriffsbildung in der neueren theoretischen Physik; 111, Felix Krüger, Das Problem der Ganzheit; 8 (1934) 1, Nicolai Hartmann, Sinngebung und Sinnerfüllung; 39, Br. Bauch, Wert und Zweck; 9 (1935) 125, Br. Bauch, Zum Problem der Kausalität; 11 (1937) 285, K. Sapper, Positivismus und Schulphilosophie; 291, L. von Strauss und Torney, Der Korrespondenzgedanke in der Philosophie; 12 (1938) 1, N. Hartmann, Zeitlichkeit und Substanzialität; 13 (1939) 347, Karl Groos, Die induktive Metaphysik und der Gottesbegriff.

Sigwart-Festschrift
„Philosophische Abhandlungen", 1900 (zum 70. Geburtstag). 61, H. Rickert, Psychophysische Kausalität; 91, L. Busse, Die Wechselwirkung zwischen Leib und Seele und das Gesetz von der Erhaltung der Energie; 161, A. Riehl, Robert Mayers Entdeckung und Beweis des Energieprinzips. W. Windelband, Vom System der Kategorien (3. Abdruck 1924).

Naturwiss. Rundschau
1892, W. Ostwald, Studien zur Energetik; 1893, W. Ostwald, Über chemische Energie.

Münchner Universitätsreden
Heft 23 (1932), R. Demoll, Der Wandel der biologischen Anschauungen in den letzten hundert Jahren.

Die Tatwelt
12 (1936) 59, P. Jordan, Gibt es eine Krise der modernen physikalischen Forschung?; 14 (1938) 174, Wissenschaft und Lebenspraxis in der Gegen-

wart: P. Jordan, W. Hellpach, A. Wenzl, A. Eucken, L. Miksch u. a.;
204, P. Jordan, Biologische Verstärkerwirkung.

Verhandl. d. Naturwiss. Vereins Karlsruhe
26 (1916) 83, O. Lehmann, Zum 100. Geburtstage von R. Mayer.

Sitz.Ber. Sächs. Ges. d. Wissensch.
W. Ostwald, Studien zur Energetik **1891**, 271; **1892**, 211.

Abhandl. Mathem. phys. Kl. Sächs. Ges. d. Wissensch.
31 (1909) 165, A. v. Oettingen, Robert Mayers wissenschaftlicher Entwicklungsgang 1841; **28** (1906), Th. Fechner, Das Kausalgesetz.

Sitz.Ber. Preuss. Akad. Wissensch.
1937, Max Hartmann, Die Kausalität in Physik und Biologie.

Verhandl. d. Physik. Ges. Berlin
11 (1892) 4, Th. Gross, Über den Satz von der Entropie; **12** (1893) 1, Th. Gross, Hauptsätze der Energielehre.

Sitz.Ber. Heidelb. Akad. d. Wissensch.
1934 V. v. Weizsäcker, Neue Wege psychophysischer Forschung; E. Hoffmann, Platonismus und Mystik im Altertum (S. 85f: Kausalität bei Plato und Aristoteles); **1935** Fr. Eichholtz, Der biolog. Gedanke in der naturwiss. Medizin; **1938** J. D. Achelis, Die Ernährungsphysiologie des 17. Jahrhunderts; E. Marx, Die Entwicklung der Reflexlehre seit Albrecht von Haller bis in die 2. Hälfte des 19. Jahrhunderts, mit Geleitwort von V. v. Weizsäcker. **1939**. E. Hoffmann, Medizinisch-physikalisches Denken bei Nikolaus von Cues.

Bremer Beiträge zur Naturwissenschaft.
5 (1939) 3. Heft, P. Jordan, Atomvorgänge im biologischen Geschehen.

Freiburger Universitätsreden.
1940. E. G. Steinke, Begriff der physikalischen Energie.

Nova Acta Leopoldina
1 (1933) 276, J. v. Uexküll, Biologie oder Physiologie?; 282, H. Driesch, Die nicht-mechanistische Biologie; 288, G. Wolff, Harnstoffsynthese und Vitalismusfrage; 294, Max Hartmann, Wege der biologischen Erkenntnis; **2** (1934) 1, W. Trendelenburg, Die Beziehungen der Physiologie zur Physik; **7** (1939) Nr. 45, W. J. Schmidt, der molekulare Bau der Zelle. Nr. 46, E. Abderhalden, Rasse und Vererbung in Beziehung zur Feinstruktur von blut- und zelleigenen Eiweißstoffen.

Ztschr. f. die gesamte Naturwiss.
1 (1935/36) 1, K. Hildebrandt, Positivismus und Natur; 106, Adolf Meyer, Das Leib-Seele-Problem in holistisch-biologischer Beleuchtung; 149, A. Benninghoff, Form und Funktion; 129, 357, 494, K. L. Wolf und R. Ramsauer, Zur Geschichte der Naturanschauung in Deutschland; 316, A. Prinz Auersperg u. V. v. Weizsäcker, Zum Begriffswandel der Biologie; 447, K. Beurlen, Das Gestaltproblem in der organischen Natur; 485, A. Nippoldt, Die philosophische Bedeutung der Mathematisierung der Naturwissenschaften; **2** (1936—37) 102, A. Benninghoff, Form und Funktion; 422, O. J. Hartmann, Qualität und Quantität; **3** (1937/38) 375, E. May, Zur Frage der Überwindung des Vitalismus; **4** (1938/39) 209, H. Driesch, Der Weg der

theoretischen Biologie; 422, C. WEINSCHENK, Die moderne Physik und das Gesetz der Kausalität; 5 (1939—40) 2, E. MAY, Die Idee der mechanischen Naturerklärung und ihre Bedeutung für die physikalische Wissenschaft; 58, F. ALVERDES, Biologische Ganzheitsbetrachtung. 6 (1940) 6. F. WAASER, GOETHES Typus-Idee und das Problem der organischen Form.

Acta Biotheoretica

1 (1935) 41, K. SAPPER, Zur Kritik der Ganzheitsbiologie; 173, E. BÜNNING, Kritische Betrachtungen zum Holismus; 2 (1936) 1, F. G. DONNAN, Integral Analysis and the Phenomena of Life; 12, K. SAPPER, Biologie als autonome Wissenschaft; 59, FR. NOLTENIUS, Kausalitätsproblem in der Biologie; 3 (1937) 43, F. G. DONNAN, Fortsetzung; 51, H. DRIESCH, Theorie der organ. Formbildung; 73, A. MITTASCH, Was ist Ganzheitskausalität?; 77, A. u. LYDIA GURWITSCH, Der Feldbegriff in seiner Anwendung auf das Problem der Zellteilung; 81, RASHEVSKY, Mathem. Theorie der Erregungsfortpflanzung im Nerv; 153, A. C. LÉEMANN, Les Fondements Scientifiques de l'Holisme; 167, FR. ALVERDES, Finalität und Ganzheit.

Antike.

13 (1938), W. HEISENBERG, Gedanken der antiken Naturphilosophie.

Mitteilungen des Universitätsbundes Göttingen.

16 (1934) W. HEISENBERG, Atomtheorie und Naturerkenntnis.

Abhandlungen und Berichte des Deutschen Museums, München

1939, 2. Heft. J. ZENNECK, GEORG SIMON OHM; 1939, 4. Heft. C. MATSCHOSS u. MEISSNER, JULIUS ROBERT MAYER.

Arch. experiment. Zellforschung.

1936, 1, C. KÜSTER und BALBACH, Plasmadifferenzierungen.

Paläontolog. Ztschr.

K. TRIPP, Entwicklungsmechanik und Stammesgeschichte (aufgezeigt an Belemnites) 18 (1936) 108; 19 (1937) 180; 20 (1938) 299.

Synthese

1938, 102, H. DRIESCH, Das Ding.

Scientia

1911, 364, W. OSTWALD, Der Wille und seine physische Grundlegung; 1930, 81, A. SOMMERFELD, Über Anschaulichkeit in der modernen Physik; 1936, 181, A. SOMMERFELD, Wege zur physikalischen Erkenntnis; 1937, 31, A. C. LÉEMANN, Physiko-Chemie und Biologie; 1938, 61, W. HEISENBERG, Die gegenwärtigen Aufgaben der theoretischen Physik; 1938, 165, K. SAPPER, Zeitbewußtsein und Zeitschema.

Biolog. Zentralblatt

1936, 69, H. FITTING, Die Hormone als physiologische Reizstoffe.

Psychiatrisch-Neurologische Wochenschrift

1937, Nr. 52, F. C. BUTTERSACK, Außerpersönliches neuro-psychisches System.

Archiv f. Entwicklungsmechanik der Organismen (ROUX)

33 (1911), RAPHAEL LIESEGANG, Nachahmung von Lebensvorgängen. III. Formkatalysatoren; 138 (1938), C. HERBST, Die Gene als Realisatoren und die Natur der prospektiven Potenz.

Journ. of Heredity

1936, 139, JEROME ALEXANDER, Physico-Chemical Determinism on Life and Disease.

Ergebn. d. Vitamin- u. Hormonforschung

1938, H. v. EULER, Bedeutung der Wirkstoffe (Ergone), Enzyme und Hilfsstoffe im Zellenleben.

Chem.Ztg.

1908, 341, E. v. LIPPMANN, Justus Liebig über Robert Mayer; **1929**, 257, E. v. LIPPMANN, Zur Geschichte der „Kausalitäts-Schmerzen".

Angewandte Chemie

1938, 317, W. GERLACH, Grenzen naturwissenschaftlicher Erkenntnis; 617, A. BUTENANDT, Neue Probleme der biolog. Chemie; **1939**, 309, A. KÜHN, Auslösung von Entwicklungsvorgängen durch Wirkstoffe; 469, F. G. DONNAN, Zur Frage der Eigengesetzlichkeit der theoretischen Biologie; 599, H. STUBBE, Einfluß der Ernährung auf erbliche Veränderungen; **1940**, 1, R. KUHN, Befruchtungsstoffe und geschlechtbestimmende Stoffe bei Pflanzen und Tieren; 285, H. G. GRIMM, Chemische Bindung.

Die Chemische Fabrik

1939, 433, CARL BÖHM, Statistische Erforschung von Zusammenhängen.

Naturwissenschaften.

1922, 489, W. NERNST, Zum Giltigkeitsbereich der Naturgesetze; **1928**, 705, K. RIEZLER, Die Krise der „Wirklichkeit"; **1930**, 959, D. HILBERT, Naturerkennen und Logik; **1933**, 248, NIELS BOHR, Licht und Leben; **1937**, 11, E. REGENER, Höhenstrahlung; 273, P. JORDAN, Kernkräfte; 225, R. KUHN, Wirkstoffe in der belebten Natur; 241, E. RIES, Entwicklungs- und Differenzierungsperioden im Leben der Zelle; 279, G. VON FRANKENBERG, Umweg-Zweckmäßigkeit (Paratelie); 193, 288, H. BERGER, Das Elektrenkephalogramm des Menschen; 289, 307, 324, K. LORENZ, Instinktbegriff; 469, FR. KÖGL, Wirkstoffprinzip und Pflanzenwachstum; 513, P. JORDAN, Weltkonstanten; 525, W. WEFELMEYER, Geometr. Modell des Atomkerns; 609, M. BODENSTEIN, Explosive Vorgänge; 625, 641, E. v. HOLST, Vom Wesen der Ordnung im Zentralnervensystem; 757, H. KRIEG, Mechanische Bedingtheit in der Entwicklung der Organismen; **1938**, 81, 97, A. V. HILL, Muskeln und Nerven; 177, A. MITTASCH, Anstoßkausalität und Erhaltungskausalität in der Natur; 209, 225, C. F. v. WEIZSÄCKER, Modellvorstellungen über den Bau der Atomkerne; 273, G. WENTZEL, Schwere Elektronen; 537, P. JORDAN, Verstärkertheorie der Organismen; 585, E. WÖHLISCH, Adolf Fick und die heutige Physiologie; 649, A. MARCH, Die Idee einer atomistischen Struktur des Raumes; 736, F. RENNER, Modelldarstellung der Elementarteilchen; 761, H. J. FEUERBORN, Ganzheit lebender Systeme; 833, M. BODENSTEIN, Atom und Molekel; **1939**, 97, FR. MOEWUS, Carotinoide als Sexualstoffe von Algen; 163, O. HAHN und FR. STRASSMANN, Bruchstücke beim Zerplatzen des Urans; 179, O. KOEHLER, Instinkt oder Verstand?; 185, 204, J. MATTAUCH, Kernphysik; 249, W. FISCHEL, Gedächtnis und Denken bei Tieren und Menschen; 265, A. v. MURALT, Aktionssubstanzen bei Nervenerregung; 305, W. BOTHE, Schnelle und langsame Mesotronen in der kosmischen Ultrastrahlung; 601, H. KIENLE, An den Grenzen von Theorie und Beobachtung; 607, G. GOTTSCHEWSKI, Neue genetische Untersuchungen an Drosophila; 633, H. WEBER, Biologischer Umweltbegriff; 702, H. SUESS, Relatives Alter der Elemente in Meteoriten; 738, G. v. FRANKENBERG, Bedeutung der

Probiermechanismen im Organismenreich; 793, 841, H. Jensen, Die stabilen Atomkerne; Isotopen-Systematik; **1940**, 143, M. Bodenstein, Photochemische Sensibilisation; 194, A. Mittasch, Robert Mayers Begriff der Naturkausalität, mit Beziehung auf Schopenhauers Kausallehre. 177, F. Baltzer, Erbliche Entwicklung; 231, F. E. Lehmann, Organisationszentrum und autonomes Anlagenmuster; 270, H. Lambrecht, Energiequellen der Sterne; 337, Klimke, Raumverformung in der Physik der Kleinen.

Forschungen und Fortschritte

1936, 54, J. H. Schultz, Reichweite des Seelischen im Körpergeschehen; **1937**, 49, A. Kühn, Hormonale Wirkungen in der Insektenentwicklung; 51, E. Wöhlisch, Physiologie der Blutgerinnung; 105, K. Haug, Störungen des Persönlichkeitsbewußtseins; 118, E. Rodenwaldt, Kausalreihe einer Endemie; 117, W. Weyrauch, Papierbereitungsinstinkt bei Wespen; 221, E. Ries, Zelldifferenzierung; 224, Arbeitsrhythmus und Funktionsperioden von Zellen; 239, H. Spemann, Tierische Entwicklung; 268, Fr. Alverdes, Tierpsycholog. Untersuchungen; 269, H. Berger, Das Elektrenkephalogramm; 320, R. Prigge, Immunbiologie; 407, H. Molisch, Einfluß einer Pflanze auf die andere; 423, R. Hoffmann, Plastizität des Nervensystems; **1938**, 16, A. Mittasch, Kausalitäts-Rangordnung; 56, E. Bünning, Aufnahme und primäre Wirkung der Lichtreize in der Pflanze; 68, E. von Holst, Vom ordnenden Prinzip im zentralen Nervensystem; 127, A. Mittasch, Kausalismus und Dynamismus, nicht Mechanismus!; 241, A. Tschirch, Die Seele der Pflanze; 283, R. Hilsch und R. W. Pohl, Lichtelektrischer Sekundärstrom, 303, J. H. Schultz, Neurosen; 395, P. Jordan, Organismen als Verstärker-Anordnungen; **1939**, 57, E. Abderhalden, Stoffwechsel im tierischen Organismus; 67, J. Stark, Das Elektron als Ring, Magnet und Kreisel; 71, A. Seybold, Licht und Pflanze; 121, A. von Muralt, Nervenerregung ein physikalisches und chemisches Problem; 131, B. v. Brandenstein, Die Gestalt des persönlichen Geistes; 159, C. Fr.v Weizsäcker, Umwandlung der chemischen Elemente im Innern der Sterne; 163, R. Fick, Vererbung erworbener Eigenschaften?; 175, E. Plagge, Verpuppungshormon der Schmetterlinge; 189, H. Stubbe, Nährstoffhaushalt und Mutabilität; 241, W. Heisenberg, Atomphysik; 250, R. Fricke, Aktive Zustände der festen Materie; 299, E. Schopper, Atomkernprozesse der Ultrastrahlung; 303, Fr. Alverdes, Finalität, Zweckmäßigkeit und Sinn innerhalb der Biologie; 317, W. Fischel, Einsatz des Könnens bei Menschen und Tieren; 353, H. Lipps, Die Wirklichkeit bei den Naturvölkern; 372, H. v. Euler, Vitamine im tierischen Stoffwechsel; 383, E. Mally, Wahrscheinlichkeit und Gesetz; 388, K. Wezler, Die individuelle Reaktionsweise des menschlichen Organismus; 433, Timoféeff-Ressovsky, Genetik und Evolutionsforschung; **1940**, 37, W. Hellpach, Kosmische Einflüsse auf die menschliche Psychophysis; 57, Fr. Curtius, Neurologische Vererbungsforschung. 178, A. Mittasch, R. Mayers Lehre über das Wirken in der Natur.

Forscher-Zeittafel.

1207—1280 ALBERTUS MAGNUS
1300—1347 WILHELM VON OCCAM
1401—1464 NICOLAUS VON CUES (CUSANUS)
1452—1519 LIONARDO DA VINCI
1473—1543 NICOLAUS KOPERNICUS
1493—1541 THEOPHRASTUS PARACELSUS
1514—1564 ANDREAS VESALIUS
1561—1626 FRANCIS BACON (BACO VON VERULAM)
1564—1642 GALILEO GALILEI
1571—1630 JOHANNES KEPLER
1578—1658 WILLIAM HARVEY
1588—1679 THOMAS HOBBES
1592—1655 PIERRE GASSENDI
1596—1650 RENÉ DESCARTES
1608—1679 GIOVANNI ALFONSO BORELLI
1627—1691 ROBERT BOYLE
1629—1695 CHRISTIAN HUYGENS
1632—1704 JOHN LOCKE
1638—1715 NICOLAS MALEBRANCHE
1643—1727 ISAAC NEWTON
1645—1679 JOHN MAYOW
1646—1716 GOTTFRIED WILHELM LEIBNIZ
1654—1705 JAKOB BERNOULLI
1660—1734 GEORG ERNST STAHL
1667—1748 JOHANN BERNOULLI
1685—1753 GEORGE BERKELEY
1698—1759 PIERRE LOUIS MOREAU DE MAUPERTUIS
1700—1782 DANIEL BERNOULLI
1707—1783 LEONHARD EULER
1711—1776 DAVID HUME
1711—1765 MICHAIL WASILJEWITSCH LOMONOSSOW
1715—1780 ETIENNE BONNOT DE CONDILLAC
1717—1783 JEAN LE RON D'ALEMBERT
1724—1804 IMMANUEL KANT
1728—1799 JOSEPH BLACK
1736—1813 JOSEPHE LOUIS LAGRANGE
1737—1798 LUIGI GALVANI
1738—1822 FRIEDRICH WILHELM HERSCHEL
1742—1786 KARL WILHELM SCHEELE
1743—1794 ANTOINE LAURENT LAVOISIER
1744—1829 JEAN BAPTISTE DE LAMARCK
1748—1822 CLAUDE LOUIS DE BERTHOLLET
1749—1832 JOHANN WOLFGANG GOETHE
1749—1827 PIERRE SIMON DE LAPLACE
1752—1840 JOHANN FRIEDRICH BLUMENBACH
1766—1824 MAINE DE BIRAN

1766—1844 John Dalton
1769—1832 Georges de Cuvier
1769—1859 Alexander v. Humboldt
1770—1831 Georg Wilhelm Friedrich Hegel
1773—1829 Thomas Young
1775—1854 Friedrich Wilhelm Schelling
1777—1857 Karl Friedrich Gauss
1779—1848 Jakob Berzelius
1780—1840 Johann Wolfgang Döbereiner
1788—1860 Arthur Schopenhauer
1789—1854 Georg Simon Ohm
1789—1869 Carl Gustav Carus
1791—1867 Michael Faraday
1792—1876 Karl Ernst v. Baer
1795—1878 Ernst Heinrich Weber
1796—1832 Sadi Carnot
1798—1857 August Comte
1799—1864 Benoit Pierre Emil Clapeyron
1799—1868 Christian Friedrich Schönbein
1801—1873 John Stuart Mill
1801—1887 Gustav Theodor Fechner
1801—1858 Johannes Müller
1803—1873 Justus v. Liebig
1804—1891 Wilhelm Eduard Weber
1805—1865 William Rowan Hamilton
1806—1879 Karl Friedrich Mohr
1809—1889 Charles Darwin
1810—1882 Theodor Schwann
1811—1899 Robert Bunsen
1814—1878 Julius Robert Mayer
1816—1895 Carl Ludwig
1817—1881 Rudolf Hermann Lotze
1818—1889 James Prescott Joule
1818—1896 Emil du Bois-Reymond
1818—1901 Max v. Pettenkofer
1820—1903 Herbert Spencer
1820—1872 William John Macquorn Rankine
1821—1894 Hermann Helmholtz
1821—1902 Rudolf Virchow
1822—1888 Robert Clausius
1822—1895 Louis Pasteur
1824—1907 William Thomson (Lord Kelvin)
1827—1907 Marcellin Berthelot
1828—1875 Friedrich Albert Lange
1829—1910 Eduard Pflüger
1831—1879 Clerc Maxwell
1832—1920 Wilhelm Wundt
1833—1921 Eugen Dühring
1834—1919 Ernst Haeckel
1838—1916 Ernst Mach
1839—1903 Willard Gibbs
1842—1906 Eduard v. Hartmann
1844—1900 Friedrich Nietzsche
1844—1924 Alois Riehl

1844—1901 Ludwig Boltzmann
1845—1923 Wilhelm Konrad Röntgen
1850—1924 Wilhelm Roux
1851—1923 Georg Helm
1852—1933 Hans Vaihinger
1853—1932 Wilhelm Ostwald
1857—1894 Heinrich Hertz
1857—1932 Max Rubner
1863—1936 Heinrich Rickert
1867—1934 Marie Skladowska-Curie
1882—1929 Erich Becher

*

Die vorliegende Arbeit ist die Ausweitung eines Vortrages, den der Verfasser im Dezember 1939 vor der Heidelberger Akademie der Wissenschaften gehalten hat.

Namenverzeichnis.